Dallmann

Baustatik 2

Lehrbücher des Bauingenieurwesens

Bletzinger/Dieringer/Fisch/Philipp • *Aufgabensammlung zur Baustatik*

Dallmann • *Baustatik*

Band 1: Berechnung statisch bestimmter Tragwerke

Band 2: Berechnung statisch unbestimmter Tragwerke

Band 3: Theorie II. Ordnung und computerorientierte Methoden der Stabtragwerke

Engel/Al-Akel • *Einführung in den Erd-, Grund- und Dammbau*

Engel/Lauer • *Einführung in die Boden- und Felsmechanik*

Fouad/Zapke • *Bauwesen Taschenbuch*

Freimann • *Hydraulik in der Wasserwirtschaft*

Göttsche/Petersen • *Festigkeitslehre – klipp und klar*

Jochim/Lademann • *Planung von Bahnanlagen*

Krawietz/Heimke • *Physik im Bauwesen*

Malpricht • *Schalungsplanung im Baubetrieb*

Prüser • *Konstruieren im Stahlbetonbau*

Rjasanowa • *Mathematik für Bauingenieure*

Raimond Dallmann

Baustatik 2

Berechnung statisch unbestimmter Tragwerke

5., aktualisierte Auflage

HANSER

Der Autor:

Prof. Dr.-Ing. Raimond Dallmann
Hochschule Wismar
Fakultät für Ingenieurwissenschaften

Bibliografische Information der Deutschen Nationalbibliothek:
Die Deutsche Nationalbibliothek verzeichnet diese Publikation in der Deutschen Nationalbibliografie; detaillierte bibliografische Daten sind im Internet über http://dnb.d-nb.de abrufbar.

Internet: www.hanser-fachbuch.de

Lektorat: Frank Katzenmayer
Herstellung: Frauke Schafft
Covergestaltung: Max Kostopoulos
Titelmotiv: © gettyimages.de/Xinzheng
Coverkonzept: Marc Müller-Bremer, www.rebranding.de, München
Satz: Raimond Dallmann
Druck und Bindung: Hubert & Co. GmbH & Co. KG BuchPartner, Göttingen
Printed in Germany

Print-ISBN 978-3-446-47279-2
E-Book-ISBN 978-3-446-47387-4

Vorwort

Der vorliegende zweite Band dieses Lehrbuches vermittelt die grundlegenden Kenntnisse zur Berechnung von Formänderungen sowie der Kraft- und Verformungszustände statisch unbestimmter Tragwerke. Der überwiegende Teil des Inhalts ist aus den von mir an der Fachhochschule in Wismar gehaltenen Lehrveranstaltungen entstanden. Das Buch richtet sich an Studenten des Bauingenieurwesens. Vorausgesetzt werden Kenntnisse der Berechnung statisch bestimmter Tragwerke, die im Band 1 behandelt wurden.

Es werden in *Kapitel 1* zunächst die Grundlagen zur Berechnung von Formänderungen stabförmiger Tragwerke vermittelt. Ausgehend von den der Berechnung stabförmiger Bauteile zugrunde liegenden Hypothesen werden die Grundgleichungen der Stabtheorie hergeleitet. Ein weiteres Thema dieses Kapitels ist die Berechnung einzelner Verformungen mit dem Prinzip der virtuellen Kräfte und die Ermittlung von Biegelinien.

Die klassischen Verfahren zur Berechnung statisch unbestimmter Systeme sind das Kraftgrößenverfahren und das Weggrößenverfahren. Beide Methoden werden auf anschaulichem Wege ausführlich erläutert. Das Kraftgrößenverfahren wird in *Kapitel 2* dargestellt, das Drehwinkelverfahren als Spezialfall des allgemeinen Weggrößenverfahrens ist Inhalt von *Kapitel 3*. Sowohl beim Kraftgrößen- als auch beim Drehwinkelverfahren werden neben der Beanspruchung durch äußere Kraftgrößen auch Verformungseinwirkungen ausführlich behandelt.

Die Ermittlung von Einflusslinien für Schnittgrößen und Verformungen statisch unbestimmter Systeme wird in *Kapitel 4* dargestellt und erfolgt auf der Grundlage beider Berechnungsmethoden.

Anhand vieler vollständig durchgerechneter Beispiele wird die Anwendung der theoretischen Grundlagen in jedem Kapitel anschaulich erläutert.

Obwohl das Lehrgebiet der Baustatik durch den Einsatz des Computers einen Wandel erfahren hat, ist die Baustatik als Grundlagenfach für den Konstruktiven Ingenieurbau nach wie vor unverzichtbar. Das Verständnis des Trag- und Verformungsverhaltens einer Konstruktion kann nicht durch den Einsatz von Software ersetzt werden. Nur solide Kenntnisse der Baustatik ermöglichen den Entwurf sicherer, gebrauchstauglicher und wirtschaftlicher Tragwerke.

Es ist nicht Ziel dieses Buches, die Statik der Stabtragwerke umfassend darzustellen, sondern vielmehr in die Methoden zur Berechnung von Verformungen und statisch unbestimmter Tragwerke einzuführen und damit die Grundlage für ein vertieftes Studium der Baustatik zu schaffen. Um einen anschaulichen Zugang zu den Berechnungsverfahren zu ermöglichen und um den Abstraktionsgrad niedrig zu halten, wird auf die Darstellung matrizieller Methoden bewusst verzichtet.

Die klassischen Verfahren fördern durch ihre Anschaulichkeit das Verständnis des Tragverhaltens insbesondere statisch unbestimmter Systeme. Es ist daher wichtig, dass die Vermittlung der Berechnungsmethoden nicht auf die Anwendung rezeptartiger Algorithmen ausgerichtet ist. Spezielle Methoden, die darauf abzielen, die Auflösung von Gleichungssystemen mit vielen Unbekannten zu vermeiden, werden nicht behandelt, da dieser Aspekt heutzutage bedeutungslos ist.

Es wird beim Lesen dieses Buches sicher manche Stellen geben, bei denen sich das erwünschte Verständnis nicht unmittelbar einstellt. Oft ist es dann hilfreich, die Zusammenhänge zunächst in der Anwendung auf ein konkretes Beispiel zu betrachten und danach den nicht richtig verstandenen Abschnitt nochmals zu lesen.

Selbst wenn die Berechnung der Beispiele nachvollzogen werden kann, ist es doch etwas völlig anderes, vor dem leeren Blatt Papier zu sitzen und den richtigen Ansatz zur Lösung finden zu müssen. Darum enthält auch dieses Buch zahlreiche Übungsaufgaben, die die so wichtige eigenständige Übung des Lehrstoffes ermöglichen. Die Lösungen sind am Ende des Buches angegeben. Die vollständigen Lösungswege sind im Internet unter *http://www.bau.hs-wismar.de/Dallmann* oder unter *https://plus.hanser-fachbuch.de/* zu finden.

Ich wünsche mir, dass dieses Buch den Lesern zu dem erhofften Lernerfolg verhilft und würde mich über Hinweise, und Anregungen zur Verbesserung des Inhalts sehr freuen.

Dank gebührt Frau Franziska Kaufmann und ganz besonders Frau Christine Fritzsch vom Carl Hanser Verlag für die sehr freundliche und angenehme Zusammenarbeit.

Für die Kontrolle der Beispiele und Aufgaben sowie für die wertvollen Hinweise bei der Durchsicht des Manuskripts danke ich Frau Bianca Hennings ganz herzlich.

Abschließend möchte ich mich wieder ganz besonders bei meiner Frau Nanette bedanken, die auch beim Entstehen des zweiten Buches viel Geduld und Verständnis aufbringen musste und mich in vielerlei Hinsicht beim Schreiben unterstützte.

Ich danke für die zahlreichen Hinweise sowie für die überwiegend sehr positive Beurteilung des Buches.

Tressow, im Frühjahr 2012 Raimond Dallmann

Vorwort zur fünften Auflage

Auch die dritte und vierte Auflage sind von den Lesern sehr positiv aufgenommen worden. In der vorliegenden fünften Auflage wurden immer noch vorhandene Fehler korrigiert. Sollten weitere Fehler auffallen, bitte ich um entsprechende Hinweise.

Frau Christina Kubiak und Herrn Frank Katzenmayer vom Carl Hanser Verlag danke ich für die gute und angenehme Zusammenarbeit.

Tressow, im Frühjahr 2022 Raimond Dallmann

Inhaltsverzeichnis

1 Berechnung der Weggrößen stabförmiger Tragwerke ... 11
1.1 Einführung ... 11
1.2 Weggrößen ... 12
1.3 Formänderungen ... 12
1.3.1 Formänderungen infolge von Dehnung ... 12
1.3.1.1 Kinematik ... 12
1.3.1.2 Stoffgesetz ... 12
1.3.1.3 Verträglichkeit ... 13
1.3.1.4 Gleichgewicht ... 13
1.3.2 Formänderungen infolge von Biegung und Temperaturdifferenz ... 15
1.3.2.1 Kinematik ... 15
1.3.2.2 Stoffgesetz ... 16
1.3.2.3 Verträglichkeit ... 17
1.3.2.4 Gleichgewicht ... 18
1.3.3 Formänderungen infolge von Querkraft ... 18
1.3.4 Formänderungen infolge von Torsion ... 22
1.3.4.1 Kinematik ... 22
1.3.4.2 Stoffgesetz ... 23
1.3.4.3 Verträglichkeit ... 23
1.3.4.4 Gleichgewicht ... 23
1.4 Analogien ... 24
1.4.1 Analogie zwischen Dehn- und Torsionsstab und Balkengleichgewicht ... 24
1.4.2 Mohrsche Analogie ... 26
1.5 Formänderungsarbeiten ... 28
1.5.1 Äußere Eigenarbeiten ... 28
1.5.2 Äußere Verschiebungsarbeiten ... 28
1.5.3 Innere Verschiebungsarbeit ... 29
1.5.4 Innere Eigenarbeit ... 32
1.6 Ermittlung einzelner Verformungen ... 32
1.6.1 Arbeitsgleichung des Prinzips der virtuellen Kräfte ... 32
1.6.1.1 Federn ... 33
1.6.1.2 Eingeprägte Auflagerverformungen ... 33
1.6.1.3 Gleichgewichtsbedingung des virtuellen Kraftgrößenzustands ... 34

1.6.1.4 Anwendung der Arbeitsgleichung . . . 35
1.6.1.5 Berechnung der Integrale . . . 36
1.6.2 Einheiten . . . 37
1.6.3 Grundfälle der Einzelverformungsberechnung . . . 37
1.6.4 Größenordnung der Verformungsanteile . . . 43
1.7 Ermittlung von Biegelinien . . . 51
1.7.1 Ermittlung der Biegelinie aus der Differenzialgleichung . . . 51
1.7.2 Ermittlung der Biegelinie mithilfe der ω-Zahlen . . . 53
1.8 Der Satz von Betti . . . 59
1.9 Der Satz von Maxwell . . . 60
Aufgaben 1.1 bis 1.13 . . . 61

2 Das Kraftgrößenverfahren . . . 63
2.1 Grundlagen . . . 63
2.1.1 Einführung . . . 63
2.1.2 Statisch bestimmtes Hauptsystem . . . 66
2.1.3 Lastspannungszustand . . . 67
2.1.4 Einheitsspannungszustände . . . 67
2.1.5 Ermittlung der δ-Werte . . . 67
2.1.6 Verformungsbedingungen . . . 68
2.1.7 Ermittlung der Schnittgrößen . . . 68
2.1.8 Einheiten . . . 68
2.1.9 Kontrollen . . . 68
2.1.10 Verformungsbeanspruchungen . . . 69
2.1.10.1 Eingeprägte Auflagerverschiebung . . . 69
2.1.10.2 Eingeprägte Auflagerdrehung . . . 71
2.1.10.3 Temperaturdifferenz ΔT, oben wärmer . . . 72
2.2 Allgemeines Vorgehen . . . 73
2.3 Einfluss der Steifigkeiten, Ersatzfedern . . . 80
2.4 Wahl des Hauptsystems . . . 93
2.5 Verformungsberechnung bei statisch unbestimmten Systemen . . . 94
2.6 Verallgemeinerung des Kraftgrößenverfahrens . . . 108
Aufgaben 2.1 bis 2.16 . . . 111

3 Das Drehwinkelverfahren . . . 114
3.1 Grundlagen . . . 114

3.1.1 Einführung ... 114
3.1.2 Drehwinkelverfahren und allgemeines Weggrößenverfahren ... 116
3.1.3 Kinematisch bestimmtes Hauptsystem ... 116
3.1.3.1 Grundelemente ... 116
3.1.3.2 Ermittlung der erforderlichen Festhaltungen ... 116
3.1.4 Lastverformungszustand ... 118
3.1.5 Einheitsverformungszustände ... 118
3.1.5.1 Knotendrehungen ... 118
3.1.5.2 Stabsehnendrehungen ... 119
3.1.6 Vorzeichen des Drehwinkelverfahrens ... 119
3.1.7 Gleichgewichtsbedingungen ... 119
3.1.8 Ermittlung der Schnittgrößen ... 121
3.1.9 Kontrollen ... 122
3.2 Vorgehensweise beim Drehwinkelverfahren ... 122
3.3 Vergleich von Drehwinkel- und Kraftgrößenverfahren ... 149
Aufgaben 3.1 bis 3.10 ... 150

4 Einflusslinien statisch unbestimmter Systeme ... 152
4.1 Einflusslinien für Schnittgrößen ... 152
4.1.1 Einführung ... 152
4.1.2 Berechnung nach dem Kraftgrößenverfahren ... 153
4.1.3 Auswertung der Einflusslinien ... 158
4.1.3.1 Analytische Integration ... 158
4.1.3.2 Numerische Integration ... 159
4.1.4 Einflusslinien bei Durchlaufträgern ... 163
4.1.5 Einflusslinien bei verzweigten Systemen ... 164
4.1.6 Berechnung nach dem Drehwinkelverfahren ... 169
4.2 Einflusslinien für Weggrößen ... 173
Aufgaben 4.1 bis 4.6 ... 175

Lösungen ... 176

Anhang: Tafeln ... 182

Literaturverzeichnis ... 190

Sachwortverzeichnis ... 191

Inhalt Baustatik 1

1 Einführung

1.1 Einordnung der Statik

1.2 Kräfte

1.3 Der starre Körper

1.4 Axiome der Mechanik

1.5 Das Schnittprinzip

1.6 Gleichgewicht

2 Das zentrale Kräftesystem

2.1 Grafische Behandlung

2.2 Rechnerische Behandlung

2.3 Gleichgewicht am Punkt

3 Das allgemeine ebene Kräftesystem

3.1 Grafische Behandlung

3.2 Rechnerische Behandlung

3.3 Die Gleichgewichtsbedingungen der ebenen Statik

3.4 Koordinatensystem und Vorzeichen

3.5 Auflager der ebenen Statik

3.6 Reduktion verteilter Kräfte

3.7 Darstellung von Streckenlasten

4 Schnittgrößen statisch bestimmter ebener Systeme

4.1 Allgemeines

4.2 Einteilige Tragwerke

4.3 Mehrteilige Tragwerke

4.4 Stützlinien

4.5 Fachwerke

4.6 Gemischte Systeme

5 Systemaufbau

5.1 Abzählkriterium

5.2 Abbauprinzip

5.3 Aufbauprinzip

5.4 Verschiebliche Systeme

6 Kinematik starrer Scheiben

6.1 Kinematik der Einzelscheibe

6.2 Die zwangläufige kinematische Kette

6.3 Polpläne

6.4 Untersuchung der kinematischen Unverschieblichkeit

7 Prinzip der virtuellen Verschiebungen

7.1 Mechanische Arbeit

7.2 Begriff der virtuellen Verschiebung

7.3 Prinzip der Lagrangeschen Befreiung

8 Räumliche Tragwerke

8.1 Einführung

8.2 Beispiele

9 Einflusslinien für Schnittgrößen statisch bestimmter Systeme

9.1 Einführung

9.2 Kinematische Ermittlung der Einflusslinien

1 Berechnung der Weggrößen stabförmiger Tragwerke

1.1 Einführung

Jedes Tragwerk verformt sich infolge vorhandener Einwirkungen. Die Modellvorstellung des starren Körpers, von der wir in Baustatik 1 ausgegangen sind, muss aufgegeben werden, um Verformungen in die Betrachtungen einbeziehen zu können.

Warum müssen Verformungen überhaupt berechnet werden?

Bauwerke müssen nicht nur tragfähig, sondern auch gebrauchstauglich sein. Um die Gebrauchstauglichkeit eines Bauwerks gewährleisten zu können, müssen die Verformungen des Tragwerks beschränkt bleiben. Die Kenntnis der Verformungen ist also wichtig, um beurteilen zu können, ob ihre Größe die Nutzung des Bauwerks nicht beeinträchtigt.

Obwohl die Schnittgrößen bei statisch bestimmten Systemen nur mithilfe von Gleichgewichtsbedingungen ermittelt werden konnten, haben wir die aus der mechanischen Wirkung des Momentes resultierende Biegung der stabförmigen Bauteile als wichtiges Hilfsmittel für die Veranschaulichung des Tragverhaltens kennen gelernt.

Statisch unbestimmte Tragwerke können nur dann berechnet werden, wenn die Verformungen des Tragwerks berücksichtigt werden. Da bei statisch unbestimmten Systemen die Gleichgewichtsbedingungen nicht ausreichen, um die Schnittgrößen zu ermitteln, müssen als zusätzliche Gleichungen Verformungsbedingungen formuliert werden.

Auch wenn wir nicht mehr davon ausgehen, dass der Körper unverformbar, also starr ist, setzen wir jedoch voraus, dass die Verformungen so klein sind, dass ihr Einfluss auf die Ermittlung der Schnittgrößen vernachlässigt werden kann. Die Gleichgewichtsbedingungen werden in Bezug auf das unverformte Tragwerk formuliert, man nennt dies *Theorie I. Ordnung*.

Zur Erläuterung der Zusammenhänge betrachten wir den Kragträger in *Bild 1.1*. Im oberen Teil des Bildes ergibt sich das Auflagermoment im Einspannpunkt unter der Annahme des starren Kragträgers ohne Einfluss der Horizontalkraft F_h, da diese keinen Hebelarm bezüglich des Auflagerpunktes hat.

Berücksichtigen wir bei der Formulierung der Gleichgewichtsbedingungen, dass sich der Kragträger infolge der Vertikalkraft verformt, wie in *Bild 1.1* unten dargestellt ist, ergibt sich für das Auflagermoment ein zusätzlicher Anteil infolge der Horizontalkraft F_h, da aufgrund der Durchbiegung δ ein Hebelarm entstanden ist. Die Berücksichtung dieses Einflusses wird mit *Theorie II. Ordnung* bezeichnet. Die Bedeutung dieses Einflusses für die Schnittgrößen ist von der Größe des Produkts $F_h \cdot \delta$ abhängig. Wir gehen in diesem Buch davon aus, dass die Verformung und die Normalkräfte so klein sind, dass die Gleichgewichtsbedingungen in Bezug auf das unverformte Tragwerk formuliert werden können. Die Größe der Verformung muss daher bekannt sein, um zu beurteilen, ob sie für die Formulierung des Gleichgewichts von Bedeutung ist.

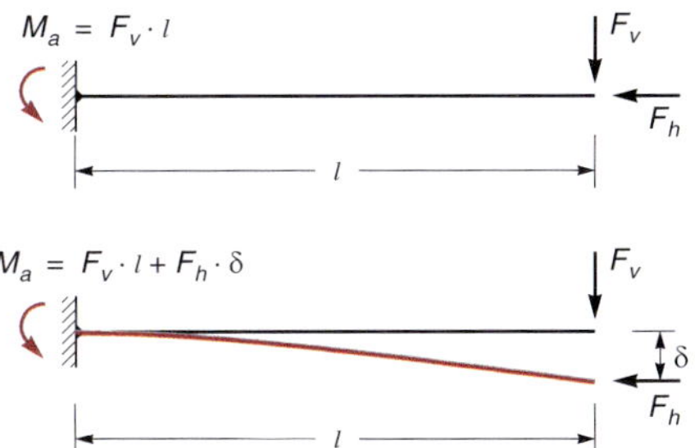

Bild 1.1 Einfluss der Verformungen auf die Schnittgrößen

Verformungen werden also benötigt:

- zum Nachweis der Gebrauchstauglichkeit eines Bauwerkes
- zur Berechnung statisch unbestimmter Systeme (Verformungsbedingungen des Kraftgrößenverfahrens)
- zur Beurteilung des Einflusses der Verformung auf die Schnittgrößen (Theorie II. Ordnung)

Wir werden in diesem Buch nur *Stabtragwerke* betrachten. Das sind Tragwerke, die aus linienförmigen Bauteilen, also aus *Stäben* bestehen. Wie im Folgenden dargestellt wird, kann bei stabförmigen Bauteilen aus der Verformung der Stabachse auf die Verformung des gesamten Bauteils geschlossen werden.

1.2 Weggrößen

In Analogie zu inneren und äußeren Kräften unterscheidet man *innere* und *äußere Weggrößen.*

Äußere Weggrößen sind Verformungen, die an einem Bauteil von außen sichtbar sind bzw. sichtbar gemacht werden können. Beispiele äußerer Weggrößen sind Verschiebungen einzelner Punkte eines Bauteils oder Verdrehungen von Punkten der Schwerachse stabförmiger Bauteile.

Innere Weggrößen sind den inneren Kraftgrößen, also den Schnittgrößen zugeordnet. Es sind bezogene Größen, wie z. B. die Dehnung eines Stabes infolge einer Normalkraft. Allgemein werden die inneren Weggrößen als Verzerrungen bezeichnet.

1.3 Formänderungen

Jedes Bauteil ist ein dreidimensionaler Körper. Jeder Punkt seines Volumens kann sich in den drei Koordinatenrichtungen des Raumes bewegen. Die hier betrachteten *stabförmigen Bauteile* sind dadurch gekennzeichnet, dass eine Abmessung groß gegenüber den beiden anderen ist. Die Stablänge ist viel größer als die Abmessungen des Querschnittes.

Ziel der folgenden Betrachtungen ist es, den Verformungszustand des dreidimensionalen Körpers „Stab“ durch die Verformungen der Stabachse zu beschreiben. Dies gelingt durch Annahmen, also durch *Hypothesen*, wie in den nächsten Abschnitten dargestellt wird.

1.3.1 Formänderungen infolge von Dehnung

Wird ein Stab nur durch Normalkräfte beansprucht, kann unterstellt werden, dass in gewisser Entfernung von Punkten, in denen die Lasteinleitung erfolgt, die Verformungen aller Querschnittspunkte gleich sind. Aufgrund dieser Hypothese kann der gesamte Verformungszustand des Stabes durch die Verformung der Schwerachse beschrieben werden.

1.3.1.1 Kinematik

Die kinematischen oder geometrischen Beziehungen verknüpfen die inneren Weggrößen, also die Dehnungen bzw. allgemein Verzerrungen mit den äußeren Weggrößen, in diesem Fall die Axialverschiebung u.

Wir betrachten das differenzielle Element in *Bild 1.2.* Die unverformte Lage, auch Referenzkonfiguration genannt, ist schwarz dargestellt. Durch die Beanspruchung wird der Stab in Richtung seiner Achse um den Wert u verschoben. An der Stelle $x + \mathrm{d}x$ hat sich die Verschiebung um einen differenziellen Zuwachs verändert und beträgt $u + \mathrm{d}u$. Durch die differenzielle Änderung hat sich die Länge des Elementes um den Wert $\mathrm{d}u$ vergrößert, das Element wird gedehnt.

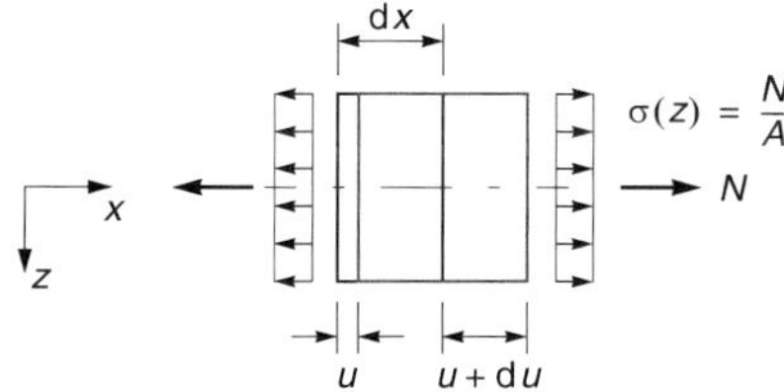

Bild 1.2 Differenzielles Element mit konstanter Dehnungsverteilung

Die Dehnung ist der Quotient aus Verlängerung und Ursprungslänge:

$$\varepsilon = \frac{\mathrm{d}u}{\mathrm{d}x} = u' = \varepsilon_N + \varepsilon_{T_0} \qquad (1.1)$$

1.3.1.2 Stoffgesetz

Die elastischen Dehnungen hängen mit den Spannungen über das Werkstoffgesetz zusammen. Es wird im Rahmen dieses Buches nur das *Hookesche*[1] *Gesetz* betrachtet, also linear elastisches Werkstoffverhalten vorausgesetzt. Der Proportionalitätsfaktor zwischen Dehnung und Spannung ist der Elastizitätsmodul E.

$$\sigma = E\varepsilon_N \Rightarrow \varepsilon_N = \frac{\sigma}{E}$$

1 Robert Hooke (1635 – 1703), britischer Physiker

Sind die Dehnungen im Querschnitt konstant, so folgt daraus auch eine konstante Spannungsverteilung im Querschnitt:

$$\sigma = \frac{N}{A} \Rightarrow \varepsilon_N = \frac{N}{EA} \tag{1.2}$$

Ein zusätzlicher, über den Querschnitt konstanter Dehnungsanteil ergibt sich aus einer gleichmäßigen Temperaturänderung T_0. Der Begriff Temperaturänderung bedeutet, dass sich die Temperatur zwischen zwei Zeitpunkten geändert hat. Die Dehnung infolge der Temperaturbeanspruchung ist der Temperaturänderung T_0 proportional. Der Proportionalitätsfaktor α_T ist eine Werkstoffkonstante, er wird auch als Temperaturausdehnungskoeffizient bezeichnet

$$\varepsilon_{T_0} = \alpha_T \cdot T_0 \tag{1.3}$$

Die gesamte Dehnung des Materials ist die Summe beider Anteile:

$$\varepsilon = \varepsilon_N + \varepsilon_{T_0} = \frac{N}{EA} + \alpha_T \cdot T_0 \tag{1.4}$$

1.3.1.3 Verträglichkeit

Die Verträglichkeitsbedingung besagt, dass die Dehnung aus der kinematischen Beziehung in Gl. (1.1) gleich der Dehnung aus der werkstofflichen Beziehung in Gl. (1.4) sein muss.

Damit ergibt sich die Differenzialgleichung 1. Ordnung für die Längsverschiebung *u:*

$$u' = \frac{N}{EA} + \alpha_T \cdot T_0 \tag{1.5}$$

Die zweite Ableitung der Verschiebung lautet:

$$u'' = \frac{N'}{EA} + \alpha_T \cdot T_0' \quad \text{für } EA = \text{konst.} \tag{1.6}$$

1.3.1.4 Gleichgewicht

Der differenzielle Zusammenhang zwischen der Normalkraft und der verteilten Belastung in Richtung der Stabachse ergab sich in Baustatik 1 zu:

$$N' = -p(x) \tag{1.7}$$

Daraus folgt die Differenzialgleichung 2. Ordnung des Dehnstabes durch Einsetzen von Gl. (1.7) in Gl. (1.6):

$$u'' = \frac{-p}{EA} + \alpha_T \cdot T_0' \tag{1.8}$$

Eine Übersicht über die Differenzialgleichungen des Dehnstabes ist in *Tabelle 1.1* angegeben.

Tabelle 1.1 Differenzialgleichungen des Dehnstabes

Differenzialgleichung	Gleichgewicht	Stoffgesetz	Kinematik
1. Ordnung	$N' = -p$	$\varepsilon = \frac{N}{EA} + \alpha_T \cdot T_0$	$\varepsilon = u'$
		$u' = \frac{N}{EA} + \alpha_T \cdot T_0$	
2. Ordnung	$u'' = \frac{-p}{EA}$		

Beispiel 1.1

Für den in *Bild 1.3* dargestellten einseitig festgehaltenen Dehnstab ist der Verschiebungsverlauf infolge Eigengewicht zu ermitteln.

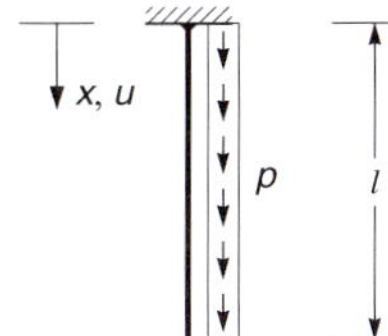

Bild 1.3 Einseitig festgehaltener Dehnstab unter Eigengewicht

Der Normalkraftverlauf lässt sich unmittelbar aus Gleichgewichtsbedingungen aufschreiben:

$$N(x) = p(l - x)$$

$$u' = \frac{N(x)}{EA} = \frac{p(l-x)}{EA}$$

$$u(x) = \int u'(x)\mathrm{d}x = \int \frac{p(l-x)}{EA}\mathrm{d}x$$

$$= \frac{p}{EA}\int (l-x)\,\mathrm{d}x = \frac{p}{EA}\left(lx - \frac{x^2}{2} + c\right)$$

Die Ermittlung der Integrationskonstanten c erfolgt durch Anpassung an die Randbedingung $u(0) = 0$.

$$u(0) = \frac{p}{EA}\left(l0 - \frac{0^2}{2} + c\right) = 0 \Rightarrow c = 0$$

Damit liegt der Verschiebungsverlauf fest:

$$u(x) = \frac{p}{EA}\left(lx - \frac{x^2}{2}\right)$$

Die Verschiebung ist anschaulich am freien Stabende maximal, also an der Stelle $x = l$. Mathematisch entspricht dies der Nullstelle der Ableitung des Verschiebungsverlaufes $u(x)$, die der Normalkraftfunktion proportional ist, siehe Gl. (1.5).

$$u_{\max} = u(l) = \frac{p}{EA}\left(l^2 - \frac{l^2}{2}\right) = \frac{pl^2}{2EA}$$

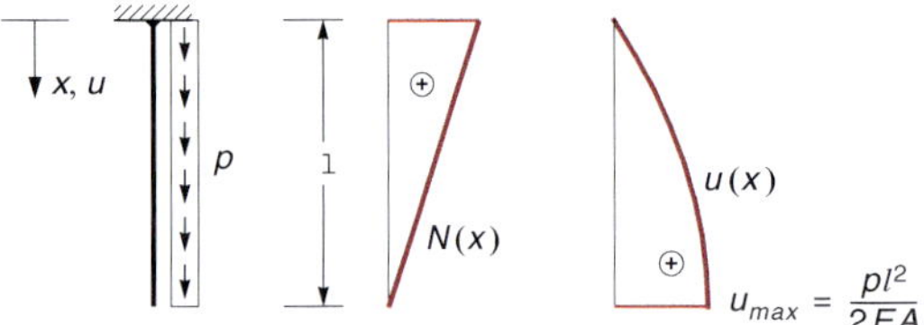

Bild 1.4 Verlauf von Längsverschiebung und Normalkraft

Beispiel 1.2

Für den in *Bild 1.5* dargestellten beidseitig festgehaltenen Dehnstab ist der Verschiebungsverlauf infolge der linear verteilten Streckenlast zu ermitteln.

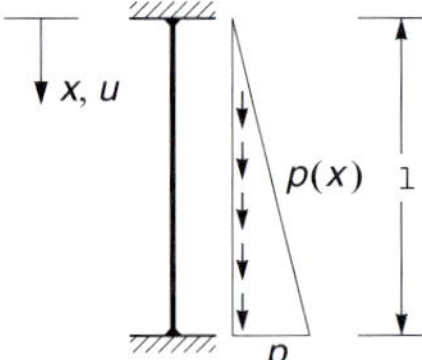

Bild 1.5 Beidseitig festgehaltener Dehnstab mit linear verteilter Belastung

Für diese Lagerung lässt sich die Normalkraft nicht mehr aus Gleichgewichtsbedingungen ermitteln, da zur Ermittlung von zwei unbekannten Auflagerkräften nur eine Gleichgewichtsbedingung ($\sum F = 0$ in Richtung der Stabachse) zur Verfügung steht. Es muss daher von der Differenzialgleichung 2. Ordnung, Gl. (1.8), ausgegangen werden:

$$u'' = \frac{-p(x)}{EA}$$

Die Lastfunktion $p(x)$ wird durch die folgende Geradengleichung beschrieben:

$$p(x) = \frac{p}{l}x$$

Diese Differenzialgleichung kann durch zweimalige Integration gelöst werden, wobei zwei unbekannte Integrationskonstante auftreten, die durch Anpassen der Lösung an die Randbedingungen ermittelt werden.

$$u'' = \frac{-p(x)}{EA} = \frac{-p}{l \cdot EA}x$$

$$u'(x) = \frac{-p}{l \cdot EA}\int x\,dx = \frac{-p}{2l \cdot EA}x^2 + c_1 = \frac{N}{EA}$$

$$u(x) = \frac{-p}{2l \cdot EA}\int x^2 dx + c_1\int dx = \frac{-p}{6l \cdot EA}x^3 + c_1 x + c_2$$

Randbedingungen: $u(0) = 0$, $u(l) = 0$

$$u(0) = \frac{-p}{6l \cdot EA}0^3 + c_1 0 + c_2 = 0 \Rightarrow c_2 = 0$$

$$u(l) = \frac{-p}{6l \cdot EA}l^3 + c_1 l = 0 \Rightarrow c_1 = \frac{pl}{6EA}$$

Damit liegt der Verschiebungsverlauf fest:

$$u(x) = \frac{-p}{6l \cdot EA}x^3 + \frac{pl}{6EA}x = \frac{p}{6l \cdot EA}(l^2 x - x^3)$$

Der Normalkraftverlauf folgt aus der Ableitung der Verschiebung:

$$u'(x) = \frac{N}{EA}$$

$$\Rightarrow N(x) = EAu'(x) = \frac{p}{6l}(l^2 - 3x^2) = \frac{pl}{6} - \frac{p}{2l}x^2$$

Die Verschiebung ist dort maximal, wo ihre Ableitung, also die Normalkraft, gleich null ist:

$$\frac{pl}{6} - \frac{p}{2l}x^2 = 0$$

$$\Rightarrow x_0 = \frac{l}{\sqrt{3}}$$

Daraus folgt die maximale Verschiebung mit:

$$u_{max} = u(x_0) = \frac{p}{6l \cdot EA}\left(l^2 \frac{l}{\sqrt{3}} - \left(\frac{l}{\sqrt{3}}\right)^3\right) = \frac{pl^2}{9\sqrt{3} \cdot EA}$$

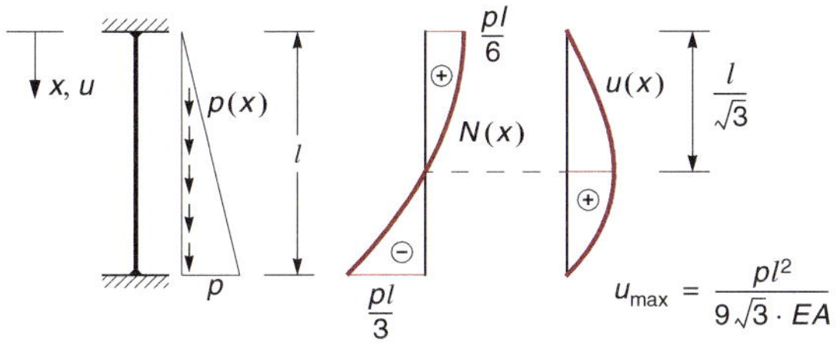

Bild 1.6 Verlauf von Längsverschiebung und Normalkraft

1.3.2 Formänderungen infolge von Biegung und Temperaturdifferenz

Auch im Fall der Biegebeanspruchung lassen sich die Verformungen des dreidimensionalen Bauteils „Balken" durch eine Hypothese aus den Verformungen der Schwerachse ableiten. Diese nach Jakob Bernoulli[1] benannte Hypothese unterstellt, dass die Querschnitte auch nach der Verformung eben und senkrecht zur Schwerachse bleiben.

In *Bild 1.7* ist die Biegeverformung eines einfachen Balkens dargestellt. Die dargestellten geraden Linien, die vor der Verformung senkrecht zur Balkenachse sind, sind auch nach der Verformung Geraden und senkrecht zur Balkenachse.

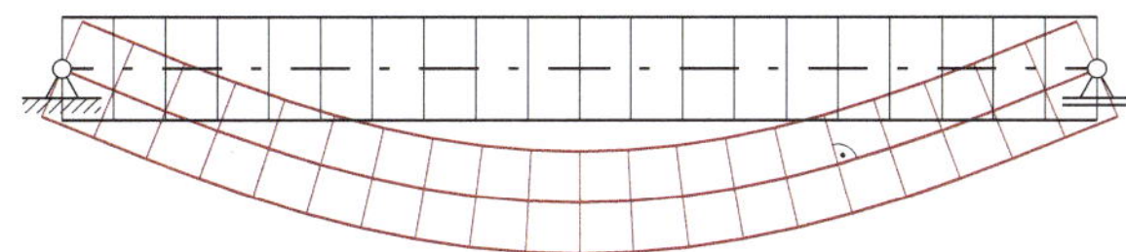

Bild 1.7 Verformungen des Bernoullischen Balkenmodells

1.3.2.1 Kinematik

Gesucht ist der Zusammenhang zwischen der Krümmung des Balkens als innere Weggröße und der Verschiebung der Balkenachse als äußere Weggröße.

Wir betrachten zur Herleitung der kinematischen Beziehungen das differenzielle Balkenelement in *Bild 1.8*. Aufgrund der Wirkung des Biegemoments wird die untere Faser des Elements gezogen und verlängert sich. Entsprechend wird die obere Faser gedrückt und dadurch verkürzt. Die Querschnittslinien bleiben nach der Bernoulli-Hypothese auch im verformten Zustand gerade und sind senkrecht zur Schwerachse. Ersetzen wir die Kurve, die die Verformung der Schwerachse beschreibt, durch den Krümmungskreis, bilden alle Fasern des Balkenelements Segmente konzentrischer Kreise mit gleichem Zentriwinkel $d\varphi$.

Da wir eine reine Momentenbeanspruchung voraussetzen, wird die Schwerachse des Balkens nicht gedehnt und behält ihre ursprüngliche Länge dx. Eine Faser des Balkenelements in einer beliebigen Höhe z hat die Länge ds. Aufgrund der Ähnlichkeit der Kreisausschnitte folgt die Beziehung:

$$\frac{ds}{\rho + z} = \frac{dx}{\rho} \Rightarrow \frac{ds}{dx} = \frac{\rho + z}{\rho} = 1 + \frac{z}{\rho}$$

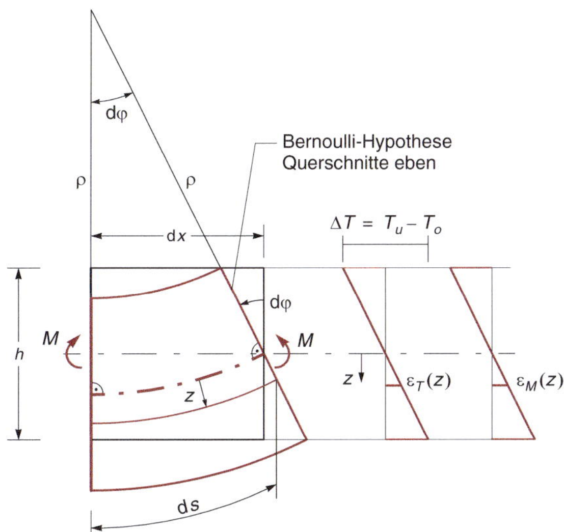

Bild 1.8 Differenzielles Balkenelement in verformter Lage

Die Dehnung der betrachteten Faser an der Stelle z beträgt:

$$\varepsilon(z) = \frac{ds - dx}{dx} = \frac{ds}{dx} - 1$$

1 Jakob Bernoulli (1655 – 1705), Schweizer Mathematiker

Mit $\frac{ds}{dx} = 1 + \frac{z}{\rho}$ folgt:

$$\varepsilon(z) = 1 + \frac{z}{\rho} - 1 = \frac{z}{\rho} \tag{1.9}$$

Die Dehnungen sind aufgrund der Bernoulli-Hypothese linear über den Querschnitt verteilt. Die Steigung der Geradengleichung ist der Reziprokwert des Krümmungsradius, also die Krümmung κ.

$$\varepsilon(z) = \kappa \cdot z \tag{1.10}$$

Die Krümmung einer Kurve gibt an, wie sich die Neigung ihrer Tangente mit zunehmender Bogenlänge ändert.

$$\kappa = \frac{1}{\rho} = \frac{d\varphi}{ds}$$

Durch Anwendung der Kettenregel folgt:

$$\frac{d\varphi}{ds} = \frac{d\varphi}{dx} \cdot \frac{dx}{ds} = \frac{d\varphi}{dw'} \cdot \frac{dw'}{dx} \cdot \frac{dx}{ds} = w'' \cdot \frac{d\varphi}{dw'} \cdot \frac{dx}{ds}$$

Mit $ds^2 = dw^2 + dx^2$ ergibt sich:

$$\frac{ds^2}{dx^2} = \frac{dw^2}{dx^2} + \frac{dx^2}{dx^2}$$

$$\frac{ds}{dx} = \sqrt{w'^2 + 1}$$

Die Ableitung w' ist gleich dem Anstieg der Tangente an die Biegelinie, siehe *Bild 1.9*. Daher gilt:

$$w' = -\tan\varphi \text{ bzw. } \varphi = -\arctan w'$$

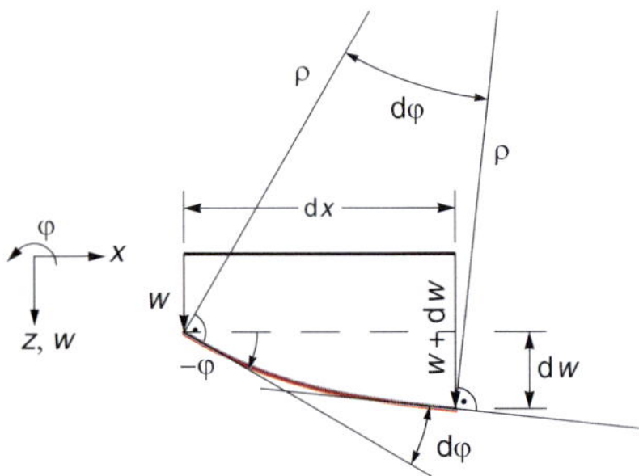

Bild 1.9 Geometrische Beziehungen an verformter Stabachse

Damit folgt:

$$\frac{d\varphi}{dw'} = \frac{-1}{1 + w'^2}$$

Die Krümmung der Biegelinie wird somit:

$$\kappa = \frac{d\varphi}{ds} = w'' \cdot \frac{d\varphi}{dw'} \cdot \frac{dx}{ds} = w'' \cdot \frac{-1}{1 + w'^2} \cdot \frac{1}{\sqrt{w'^2 + 1}}$$

$$\kappa = \frac{-w''}{(1 + w'^2)^{3/2}} \tag{1.11}$$

Wir werden uns im Folgenden auf die Betrachtung kleiner Verformungen beschränken. Diese Voraussetzung vereinfacht die Zusammenhänge erheblich und ist deswegen zulässig, da Tragwerke so ausgelegt werden müssen, dass die Gebrauchstauglichkeit gewährleistet ist.

Unter dieser Annahme ist die Neigung w' der Biegelinie so klein, dass ihr Quadrat gegenüber eins vernachlässigt werden kann, d. h. $w'^2 \ll 1$. Damit vereinfacht sich Gl. (1.11) zu:

$$\kappa = -w'' \tag{1.12}$$

1.3.2.2 Stoffgesetz

Wir setzen linear-elastisches Werkstoffverhalten, also die Gültigkeit des *Hookeschen Gesetzes* voraus. Der Zusammenhang zwischen Spannung und Dehnung ist damit:

$$\sigma = E \cdot \varepsilon \text{ bzw. } \varepsilon = \frac{\sigma}{E}$$

Ersetzen wir in Gl. (1.9) die Dehnung durch die Spannung, dann ergibt sich:

$$\varepsilon_M(z) = \frac{\sigma_M(z)}{E} = \frac{z}{\rho} \text{ bzw. } \kappa = \frac{1}{\rho} = \frac{\sigma_M(z)}{Ez}$$

Der Index *M bei* ε_M bedeutet, dass die Dehnung durch das Moment verursacht wird.

Im Hauptachsensystem gilt:

$$\sigma_M(z) = \frac{M \cdot z}{I}$$

Daraus folgt für die Krümmung:

$$\kappa_M = \frac{M}{EI} \text{ bzw. } M = EI \cdot \kappa_M \tag{1.13}$$

Das Biegemoment ist der Krümmung der Biegelinie proportional. Der Proportionalitätsfaktor ist die Biegesteifigkeit *EI*.

Ein zusätzlicher Krümmungsanteil wird von einer Temperaturdifferenz ΔT zwischen unterer und oberer Balkenseite erzeugt. Zur Erläuterung dieser Einwirkung betrachten wir den Temperaturverlauf in *Bild 1.10*, der in guter Näherung als linear angenommen werden kann. Dieser Verlauf wird in die dargestellten beiden Anteile zerlegt.

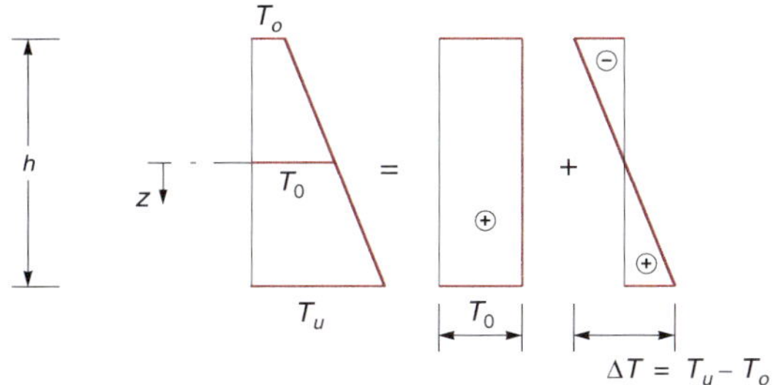

Bild 1.10 Aufteilung des linearen Temperaturverlaufs

Der konstante Anteil mit der Temperatur in Höhe der Schwerachse stellt eine gleichmäßige Temperaturbeanspruchung dar, die eine konstante Dehnung im gesamten Querschnitt bewirkt. Diese Einwirkung wurde bereits in Abschnitt 1.3.1 behandelt.

Der lineare Anteil ist in Höhe der Schwerachse gleich null und erzeugt einen linearen Dehnungsverlauf.

$$\varepsilon_T(z) = \alpha_T \cdot T(z) = \alpha_T \cdot \frac{\Delta T}{h} \cdot z$$

Mit $\varepsilon_T(z) = \frac{z}{\rho} = \kappa_T \cdot z$ folgt:

$$\kappa_T = \frac{\varepsilon_T(z)}{z} = \alpha_T \cdot \frac{\Delta T}{h}$$

Die gesamte Krümmung ist die Summe beider Anteile:

$$\kappa = \kappa_M + \kappa_T = \frac{M}{EI} + \alpha_T \cdot \frac{\Delta T}{h} \qquad (1.14)$$

1.3.2.3 Verträglichkeit

Die Krümmung aus der kinematischen Beziehung in Gl. (1.12) muss der Krümmung aus dem Materialgesetz in Gl. (1.14) entsprechen. Daraus folgt die Differenzialgleichung zweiter Ordnung des Bernoullischen Balkens:

$$w'' = -\frac{M}{EI} - \alpha_T \cdot \frac{\Delta T}{h} \qquad (1.15)$$

Unter Voraussetzung der Annahme infinitesimal kleiner Verformungen betrachten wir nochmals *Bild 1.8*. Für infinitesimal kleine Winkel gilt $\sin\varphi \approx \tan\varphi \approx \varphi$. Damit folgt aus der Neigungsänderung $d\varphi$ des Querschnitts die Verlängerung einer Querschnittsfaser an der Stelle z zu:

$$\Delta dx = d\varphi \cdot z$$

Die Dehnung ist damit:

$$\varepsilon(z) = \frac{d\varphi \cdot z}{dx} = \varphi' \cdot z$$

In linearisierter Form ($\tan\varphi \approx \varphi$) gilt:

$$\varphi = -w' \qquad (1.16)$$

Daraus folgt:

$$\varepsilon(z) = -w'' \cdot z$$

Unter Berücksichtigung von:

$$\varepsilon(z) = \frac{\sigma(z)}{E} + \alpha_T \cdot \frac{\Delta T}{h} \cdot z = \frac{M}{EI} \cdot z + \alpha_T \cdot \frac{\Delta T}{h} \cdot z$$

ergibt sich:

$w'' = -\frac{M}{EI} - \alpha_T \cdot \frac{\Delta T}{h}$, also wiederum Gl. (1.15).

Unter Berücksichtigung der linearisierten kinematischen Beziehungen ist in *Bild 1.8* die Länge der gekrümmten Biegelinie ungefähr gleich der differenziellen Abmessung dx. Damit gilt für die Winkeländerung $d\varphi$ näherungsweise:

$$d\varphi \approx \frac{dx}{\rho} \Rightarrow \frac{d\varphi}{dx} = \varphi' \approx \frac{1}{\rho} = \kappa \qquad (1.17)$$

Mit $w' \approx -\varphi$ folgt $w'' \approx -\varphi' \approx -\kappa$

1.3.2.4 Gleichgewicht

Der differenzielle Zusammenhang zwischen der Belastung senkrecht zur Stabachse und den Schnittgrößen ergab sich in Baustatik 1 mit zwei Differenzialgleichungen erster Ordnung:

$$V' = -q \qquad M' = V - m \tag{1.18}$$

bzw. mit einer Differenzialgleichung zweiter Ordnung:

$$M'' = -q - m' \tag{1.19}$$

Daraus folgt die Differenzialgleichung 4. Ordnung des Bernoulli-Balkens:

$$w'''' = \left(-\frac{M}{EI} - \alpha_T \frac{\Delta T}{h}\right)''$$

$$w'''' = -\frac{M''}{EI} = \frac{q + m'}{EI}\text{, für konstantes } EI\text{, bzw.:}$$

$$EIw'''' = q + m' \tag{1.20}$$

1.3.3 Formänderungen infolge von Querkraft

Die Schubspannung infolge von Querkraft ergibt sich im Hauptachsensystem aus der folgenden Beziehung:

$$\tau = \frac{V \cdot S}{I \cdot b} \text{ bzw. } T = \frac{V \cdot S}{I} \tag{1.21}$$

Diese Beziehung folgt aus einer Gleichgewichtsbetrachtung aufgrund der Änderung der Normalspannungen in Richtung der Achse des Balkens und wurde in der Festigkeitslehre hergeleitet.

Für linear-elastisches Werkstoffverhalten gilt das Hookesche Gesetz für den Zusammenhang zwischen der Schubspannung τ und der Gleitung γ:

$$\tau = G \cdot \gamma \text{ bzw. } \gamma = \frac{\tau}{G}$$

Der Schubmodul G ist mit dem Elastizitätsmodul E durch folgende Beziehung verknüpft:

$$G = \frac{E}{2(1 + \mu)} \tag{1.22}$$

Wir betrachten einen infinitesimal kleinen Balkenabschnitt der Länge dx. Der Schubfluss T bzw. die Schubspannung τ ist parabolisch über die Querschnittshöhe verteilt. In der Schwerachse ist die Schubspannung extremal und am oberen und unteren freien Rand ist die Schubspannung gleich null. Da die Schubverzerrung γ der Schubspannung proportional ist, ist der Winkel γ in der Schwerachse am größten, an den freien Rändern ist γ gleich null. Wir denken uns nun den infinitesimalen schmalen Streifen durch horizontale Schnitte in rechteckige Teile zerlegt. Das obere und untere Rechteck ist fast unverzerrt, an den freien Rändern ist der rechte Winkel erhalten. Die Rechtecke an der Schwerachse verzerren sich am meisten. Dazwischen ist die Schubverzerrung dem Verlauf der Schubspannung entsprechend abgestuft. Die Rechtecke müssen nach der Verformung wieder zusammen passen, da es sich um ein kontinuierlich zusammenhängendes Material handelt. Wie in *Bild 1.11* dargestellt ist, folgt aus dem lückenlosen Zusammensetzen der einzelnen Rechtecke eine S-förmige Verwölbung des Querschnitts. Diese Verwölbung verletzt die Bernoulli-Hypothese!

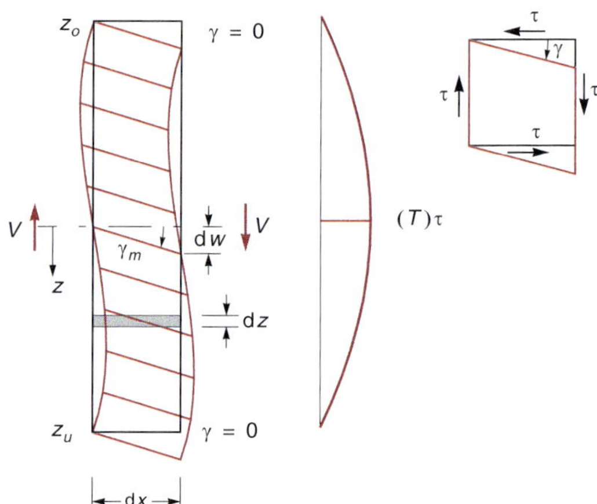

Bild 1.11 Querschnittsverformung infolge von Schubspannungen

Um die Schubverformungen als integrale Größe der Schwerachse zuzuordnen, betrachten wir die Äquivalenz der Arbeiten, die einerseits von den Schubspannungen auf den Verzerrungen über die Querschnittshöhe geleistet wird, andererseits die Arbeit, die vom Integral der Schubspannungen über die Querschnittsfläche, also der

Querkraft auf der Schubverformung der Schwerachse geleistet wird.

Die Äquivalenz der Arbeiten der Querkraft V auf dw und der Schubflussresultierenden $T \cdot dz$ auf $\gamma \cdot dx$ ergibt:

$$V \cdot dw = \int T \cdot dz \cdot \gamma \cdot dx$$

Wir dividieren beide Seiten der Gleichung durch dx und ersetzen den Schubfluss nach Gl. (1.21) durch die erzeugende Querkraft.

$$V \cdot \frac{dw}{dx} = \int T \cdot \underbrace{\frac{T}{b \cdot G}}_{\gamma} \cdot dz = \int \frac{V^2 \cdot S^2}{b \cdot G \cdot I^2} dz$$

Nach Division der Gleichung durch V und Erweiterung der rechten Seite mit der Querschnittsfläche A folgt:

$$\frac{dw}{dx} = \frac{V}{A \cdot G} \cdot \underbrace{A \int \frac{S^2}{b \cdot I^2} dz}_{\kappa_V} \qquad (1.23)$$

Damit ergibt sich:

$$\frac{dw}{dx} = w' = \gamma_m = \kappa_V \cdot \frac{V}{A \cdot G} \qquad (1.24)$$

Wie aus *Bild 1.11* deutlich wird, ist $\frac{dw}{dx} = w'$ der mittlere Winkel der Schubverzerrung γ_m.

In *Bild 1.11* wurde vorausgesetzt, dass der Querschnitt sich nicht verdreht. Um den Zusammenhang zwischen der Ableitung der Biegelinie w', dem Schubwinkel γ und der Querschnittsdrehung φ zu erhalten, betrachten wir das differenzielle Element in *Bild 1.12*. Links ist das Element analog zu *Bild 1.11* dargestellt. Die Schubverzerrung ist darin mit dem Mittelwert γ_m als konstant über die Balkenhöhe angenommen. Wird nun das Balkenelement um einen Winkel φ gegen die Horizontale gedreht, wie rechts in *Bild 1.12* dargestellt ist, so reduziert sich die Ableitung w' um diesen Winkel. Der Winkel φ stellt die Neigung des Querschnitts dar. Damit folgt:

$$w' = \gamma - \varphi$$

Damit wird aus Gl. (1.24):

$$w' = \gamma_m - \varphi = \kappa_V \cdot \frac{V}{A \cdot G} - \varphi \qquad (1.25)$$

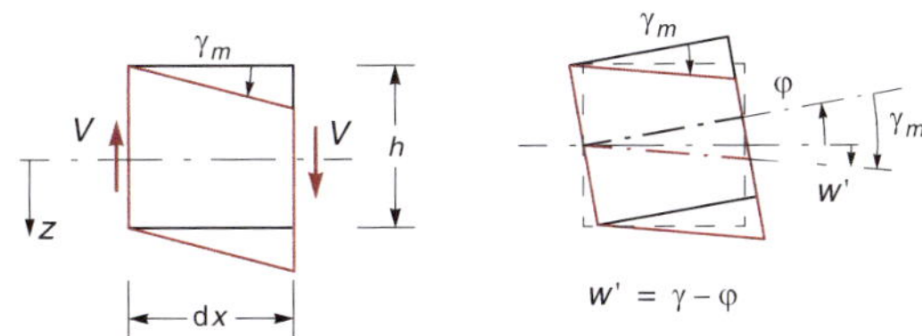

Bild 1.12 Schubverzerrtes Element mit Querschnittsdrehung

Einfache Ableitung von Gl. (1.25) ergibt:

$$w'' = \gamma'_m - \varphi' = \gamma'_m - \kappa \qquad (1.26)$$

φ' ist in linearisierter Form nach Gl. (1.17) die Krümmung des Balkens.

Unter Berücksichtigung von Biege- **und** Schubverformungen folgt aus Gl. (1.26) nach Ersetzen der Krümmung durch die Beziehung Gl. (1.14) und Ersetzen der Schubverzerrung durch die Querkraft nach Gl. (1.24):

$$w'' = -\frac{M}{EI} - \alpha_T \frac{\Delta T}{h} + \kappa_V \frac{V'}{AG} \qquad (1.27)$$

κ_V ist ein querschnittsabhängiger Beiwert:

$$\kappa_V = A \int \frac{S^2}{b \cdot I^2} dz = \frac{A}{I^2} \int \frac{S^2}{b} dz \qquad (1.28)$$

Das Trägheitsmoment I ist nicht von z abhängig und kann daher vor das Integral geschrieben werden.

Wir zeigen die Berechnung des Beiwerts κ_V für den Rechteckquerschnitt in *Bild 1.13*. Da die Breite des Querschnitts konstant ist, ist nur das statische Moment S eine Funktion der Koordinate z. Die Querschnittsfläche und das Trägheitsmoment betragen:

$$A = b \cdot h$$

$$I = \frac{b \cdot h^3}{12}$$

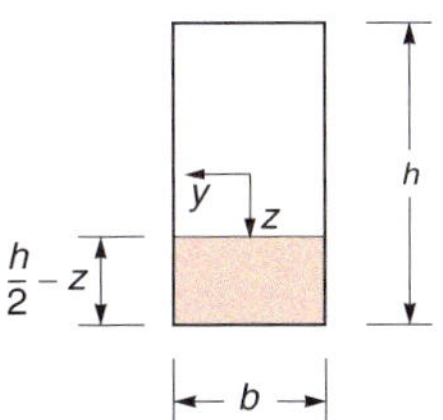

Bild 1.13 Rechteckquerschnitt

Wir berechnen zunächst das statische Moment als Funktion von z:

$$S(z) = \left(\frac{h}{2} - z\right) \cdot b \cdot \left[\frac{h}{2} - \left(\frac{h}{2} - z\right)/2\right]$$

$$= \left(\frac{bh}{2} - bz\right) \cdot \left(\frac{h}{4} + \frac{z}{2}\right) = \frac{bh^2}{8} - \frac{bz^2}{2}$$

Damit kann das Integral ausgewertet werden:

$$\int_{-h/2}^{h/2} S^2\,\mathrm{d}z = \int_{-h/2}^{h/2} \left(\frac{bh^2}{8} - \frac{bz^2}{2}\right)^2 \mathrm{d}z$$

$$= \int_{-h/2}^{h/2} \left(\frac{b^2h^4}{64} - \frac{b^2h^2z^2}{8} + \frac{b^2z^4}{4}\right) \mathrm{d}z$$

$$= \frac{b^2h^5}{64} - \frac{b^2h^5}{96} + \frac{b^2h^5}{320} = \frac{b^2h^5}{120}$$

$$\kappa_V = \frac{A}{b \cdot I^2} \int_{-h/2}^{h/2} S^2 dz = \frac{bh}{b\left(\frac{bh^3}{12}\right)^2} \frac{b^2h^5}{120} = 1{,}2$$

Für einen Vollkreisquerschnitt erhält man analog: $\kappa_V \approx 1{,}185$

Für Doppel-T-Profile gilt näherungsweise: $\kappa_V \approx \frac{A}{A_{\text{Steg}}}$

Die Differenzialgleichungen des Balkens sind in *Tabelle 1.2* zusammengestellt. Anteile aus Schubverformungen sind grau gekennzeichnet.

Tabelle 1.2 Differenzialgleichungen des Balkens

Differenzial-gleichung	Gleichgewicht	Stoffgesetz	Kinematik
1. Ordnung	$V' = -q$ $M' = V - m$	$\varphi' = \frac{M}{EI} + \alpha_T \frac{\Delta T}{h}$ $\gamma = \kappa_V \frac{V}{AG}$	$w' = \gamma - \varphi$
2. Ordnung	$M'' = -q - m'$	$\kappa = \frac{M}{EI} + \alpha_T \frac{\Delta T}{h}$ $\gamma' = \kappa_V \frac{V'}{AG}$	$\kappa = -w'' + \gamma'$
		$w'' = -\frac{M}{EI} - \alpha_T \frac{\Delta T}{h} + \kappa_V \frac{V'}{AG}$	
4. Ordnung	$EIw'''' = q + m' - \kappa_V \frac{EI}{AG} q''$		

Beispiel 1.3

Für den in *Bild 1.14* dargestellten Kragträger ist der Durchbiegungsverlauf $w(x)$ infolge der konstanten Streckenlast zu ermitteln.

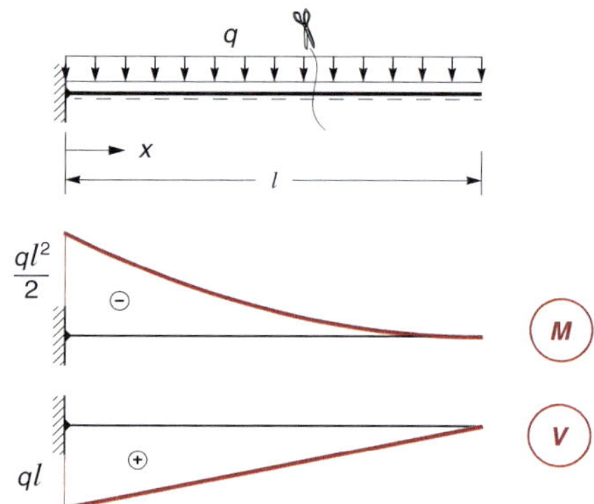

Bild 1.14 Zustandslinien des Kragarms

Weil das System statisch bestimmt ist, kann die Momentenlinie aus Gleichgewichtsbedingungen ermittelt werden. Für die mathematische Behandlung wird der Funktionsverlauf benötigt. Er folgt aus der Gleichgewichtsbedingung $\sum M = 0$ am abgetrennten Teilsystem in *Bild 1.15:*

$$\sum M_{(i)} = 0{:}\quad -M(x) - q \cdot (l - x)^2/2 = 0$$

$$\Rightarrow M(x) = -\frac{q}{2}(l - x)^2$$

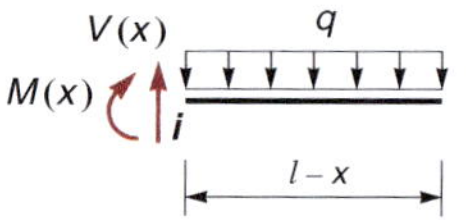

V(x) q M(x) i l − x

Bild 1.15 Abgetrenntes Teilsystem

Mit dem bekannten Momentenverlauf kann die Differenzialgleichung 2. Ordnung direkt integriert werden.

$$w'' = -\frac{M(x)}{EI} = \frac{q}{2EI}(l - x)^2 = \frac{q}{2EI}(l^2 - 2lx + x^2)$$

$$w' = \int w''\mathrm{d}x = \frac{q}{2EI}\left(l^2x - lx^2 + \frac{1}{3}x^3\right) + c_1$$

$$w = \int w'\mathrm{d}x = \frac{q}{2EI}\left(\frac{1}{2}l^2x^2 - \frac{1}{3}lx^3 + \frac{1}{12}x^4\right) + c_1x + c_2$$

Die Integrationskonstanten folgen aus den Randbedingungen, dass die Durchbiegung w sowie die Tangentenneigung w' an der Einspannung gleich null sein müssen.

$$w'(0) = -\varphi(0) = 0 \Rightarrow c_1 = 0$$

$$w(0) = 0 \Rightarrow c_2 = 0$$

$$w(x) = \frac{q}{24EI}(6l^2x^2 - 4lx^3 + x^4)$$

Es ist anschaulich klar, dass die Durchbiegung am freien Ende des Kragträgers am größten ist. Sie folgt durch Einsetzen von $x = l$ in die Funktionsgleichung.

$$w_{max} = w(l) = \frac{q}{24EI}(6l^2l^2 - 4ll^3 + l^4) = \frac{ql^4}{8EI}$$

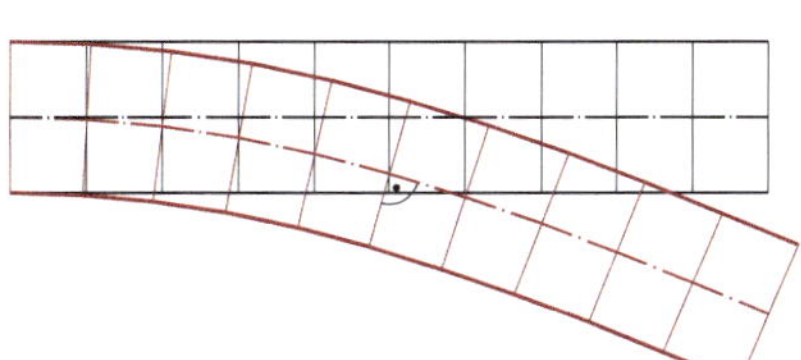

Bild 1.16 Biegeverformungen des Kragarms

Berücksichtigung der Querkraftverformung

Wir berechnen nun den Anteil der Verformung, der sich aus dem Querkraftverlauf ergibt. Ist der Querkraftverlauf bekannt, kann aus Gl. (1.24) die Verformung infolge Schub durch Integration ermittelt werden. Die Querkraft verläuft geradlinig:

$$V(x) = q(l - x)$$

Damit folgt:

$$w' = \kappa_V \cdot \frac{V(x)}{A \cdot G} = \frac{\kappa_V}{AG}q(l - x)$$

$$w = \frac{\kappa_V}{AG}q\left(lx - \frac{1}{2}x^2\right) + w_0$$

Die Integrationskonstante folgt aus der Randbedingung:

$$w(0) = 0 \Rightarrow w_0 = 0$$

$$w(x) = \frac{\kappa_V}{AG}q\left(lx - \frac{1}{2}x^2\right)$$

$$w_{max} = w(l) = \frac{\kappa_V}{AG}q\left(ll - \frac{1}{2}l^2\right) = \frac{\kappa_V}{AG}\frac{ql^2}{2}$$

Bild 1.17 zeigt die Verformung des Kragträgers infolge der Querkraftbeanspruchung. Zur Verdeutlichung ist der gesamte Träger in Rechtecke unterteilt. Die Schubverformungen der einzelnen Rechtecke nehmen dem Querkraftverlauf entsprechend von rechts nach links zu. Am freien Rand ist die Gleitung gleich null, daher ist zwischen Schwerachse und Querschnittslinie ein rechter Winkel. Auf die Darstellung der S-förmigen Verwölbung wurde verzichtet. Die Schubgleitung ist somit als Mittelwert über die Querschnittshöhe als konstant angenommen.

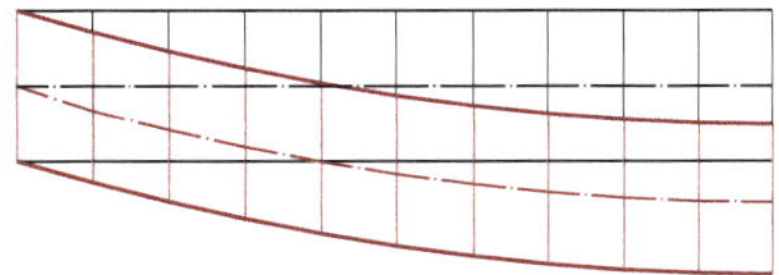

Bild 1.17 Querkraftverformungen des Kragarms

Um eine Vorstellung zu bekommen, welche Größenordnung die Querkraftverformung hat, berechnen wir das Verhältnis der maximalen Verformung infolge Biegung zur maximalen Verformung infolge Schub:

$$\frac{w_{max}^V}{w_{max}^M} = \frac{\frac{\kappa_V}{AG}\frac{ql^2}{2}}{\frac{ql^4}{8EI}} = \kappa_V\frac{4EI}{AGl^2}$$

Es wird exemplarisch ein Rechteckquerschnitt zugrunde gelegt:

$$\kappa_V = 1{,}2$$

Für eine Querdehnzahl $\mu = 0{,}2$ (Beton, Stahl) ergibt sich:

$$G = \frac{E}{2(1 + \mu)}$$

$$\frac{E}{G} = 2(1 + \mu) = 2(1 + 0{,}2) = 2{,}4$$

$$\frac{I}{A} = \frac{\frac{bd^3}{12}}{bd} = \frac{d^2}{12}$$

Damit folgt das Verhältnis der Verformungen in Abhängigkeit von der Querschnittshöhe und der Länge des Kragträgers.

$$\frac{w^V_{max}}{w^M_{max}} = \kappa_V \frac{4EI}{AGl^2} = 1{,}2 \cdot 2{,}4 \cdot \frac{4}{12}\frac{d^2}{l^2} = 0{,}96\frac{d^2}{l^2}$$

Aus *Tabelle 1.3* wird deutlich, dass der Anteil der Schubverformung vernachlässigbar ist, wenn die Länge des Stabes deutlich größer ist als die Höhe des Querschnitts. Als Grenzwert kann ein Verhältnis von $d/l \approx 1/4$ angesehen werden. Die Schubverformung kann also bei schlanken Stäben vernachlässigt werden. Bei anderen Querschnitten kann der Anteil der Schubverformung deutlich größer sein als bei dem hier zugrunde gelegten Rechteck. In Abschnitt 1.6.4 wird die Größenordnung der Verformungsanteile nochmals für andere Querschnitte untersucht.

Tabelle 1.3 Einfluss der Schubverformungen

$\frac{d}{l}$	$\frac{w^V_{max}}{w^M_{max}}$ in %	$\frac{d}{l}$	$\frac{w^V_{max}}{w^M_{max}}$ in %
1/20	0,24	1/5	3,84
1/10	0,96	1/4	6,00
1/6	2,67	1/3	10,67

1.3.4 Formänderungen infolge von Torsion

Die verschiedenen Formen der Torsion sind aus der Festigkeitslehre bekannt. Wir beschränken uns hier auf die sogenannte *St. Venantsche*[1] Torsion, die *Wölbkrafttorsion* wird nicht behandelt. Die Herleitungen werden an einem Kreisquerschnitt durchgeführt. *Bild 1.18* zeigt einen infinitesimalen Abschnitt eines durch ein Torsionsmoment beanspruchten Stabes. Auch für diese Beanspruchung gehen wir von einer Annahme aus, die es ermöglicht, die Verformungen aller Punkte des Querschnitts auf die Verformungen der Stabachse zurückzuführen.

Die Hypothese besagt, dass die radialen Linien des Kreisquerschnittes sowie die Mantellinien des Stabes nach der Verformung gerade bleiben. Daraus folgt, dass die Schubverzerrungen γ proportional zum Abstand von der Stabachse sind.

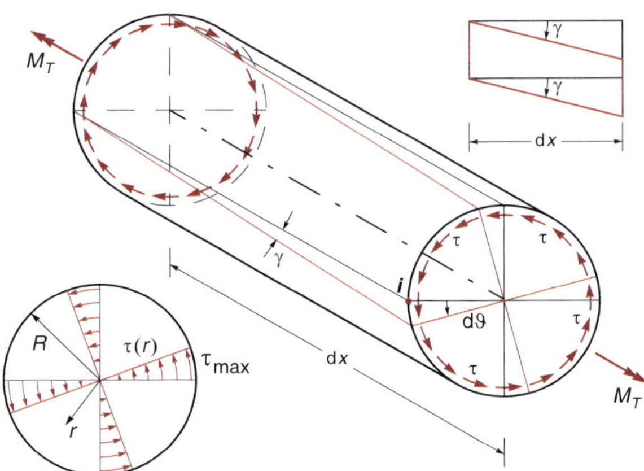

Bild 1.18 Stab mit Kreisquerschnitt unter Torsionsbeanspruchung

1.3.4.1 Kinematik

Auch bei der Torsionsbeanspruchung gehen wir davon aus, dass die Verformungen unendlich klein sind. Wir betrachten daher im Folgenden linearisierte geometrische Beziehungen. Da für die Beanspruchung nur die Verformungsänderung relevant ist, ist in *Bild 1.18* die Änderung der Querschnittsdrehung $d\vartheta$ dargestellt. Aufgrund dieser Verdrehung verschieben sich die Querschnittspunkte proportional zum Abstand von der Schwerachse. Der markierte Punkt *i* in einem beliebigen Abstand r von der Schwerachse verschiebt sich durch die Drehungsänderung $d\vartheta$ um $d\vartheta \cdot r$. Aus der entsprechenden Linie der Mantelfläche folgt dieselbe Verschiebung mit $\gamma(r) \cdot dx$. Beide Verschiebungen müssen gleich sein, daher folgt:

$$\gamma(r) \cdot dx = d\vartheta \cdot r$$
$$\gamma(r) = \frac{d\vartheta}{dx} \cdot r = \vartheta' \cdot r \qquad (1.29)$$

Der Winkel γ ist die Schubverzerrung des differenziellen Elements, wie in *Bild 1.18* oben rechts dargestellt ist. Die vertikale Abmessung des dargestellten Rechtecks entspricht einer infinitesimal kleinen Länge der Abwicklung der Mantelfläche im Abstand r von der Schwerachse.

1 Barré De Saint Venant (1797 – 1886), französischer Physiker

Die Ableitung ϑ' des Drehwinkels ϑ wird als *Verdrillung* bezeichnet.

1.3.4.2 Stoffgesetz

Das Hookesche Gesetz verknüpft die Schubspannungen τ mit den Schubverzerrungen γ:

$$\gamma = \frac{\tau}{G} \tag{1.30}$$

1.3.4.3 Verträglichkeit

Die Schubverzerrung aus dem Werkstoffgesetz Gl. (1.30) muss der Schubverzerrung aus der kinematischen Beziehung Gl. (1.29) entsprechen. Damit folgt:

$$\frac{\tau}{G} = \vartheta' \cdot r \text{ bzw. } \tau = G \cdot \vartheta' \cdot r \tag{1.31}$$

Die Schubspannungen τ sind proportional zum Abstand von der Stabachse. Der geradlinige Verlauf kann durch den Maximalwert der Schubspannung am Rand des Querschnitts ausgedrückt werden:

$$\tau = \frac{\tau_{max}}{R} \cdot r \tag{1.32}$$

Das Moment infolge der Schubspannungen ist dem Torsionsmoment äquivalent:

$$M_T = \int_A \tau dA \cdot r \tag{1.33}$$

Ersetzen wir τ durch die Beziehung Gl. (1.32), ergibt sich:

$$M_T = \frac{\tau_{max}}{R} \int_A r^2 dA = \frac{\tau_{max}}{R} I_T \Rightarrow \tau_{max} = \frac{M_T}{I_T} \cdot R \tag{1.34}$$

Aus Gl. (1.32) wird nach Ersetzen von τ_{max} durch die Beziehung aus Gl. (1.34) und mit Berücksichtigung von Gl. (1.31):

$$\tau = \frac{M_T}{I_T} \cdot r = G \cdot \vartheta' \cdot r$$

Damit ergibt sich der Zusammenhang zwischen der Verdrehung ϑ und dem Torsionsmoment M_T als Differenzialgleichung erster Ordnung.

$$\vartheta' = \frac{M_T}{GI_T} \tag{1.35}$$

1.3.4.4 Gleichgewicht

Die Gleichgewichtsbedingung am differenziellen Element des durch Torsion beanspruchten Stabes wird nachfolgend hergeleitet, um die Differenzialgleichungen zu vervollständigen.

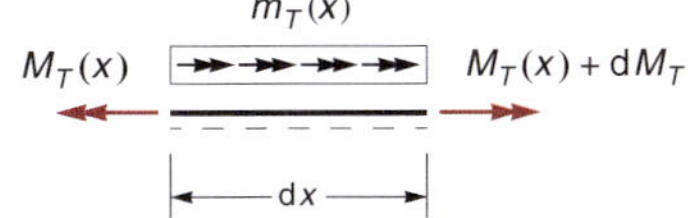

Bild 1.19 Differenzielles Element mit Torsionsbeanspruchung

Aus dem Momentengleichgewicht in Richtung der x-Achse folgt der Zusammenhang zwischen dem Torsionsmoment und der Belastung in Gl. (1.36).

$$\sum M_x = 0: \quad M_T(x) + dM_T - M_T(x) + m_T(x)dx = 0$$

$$\frac{dM_T}{dx} = M'_T = -m_T \tag{1.36}$$

Durch Ableitung von Gl. (1.35) und Einsetzen von Gl. (1.36) folgt die Differenzialgleichung 2. Ordnung des Torsionsstabes:

$$\vartheta'' = \frac{M'_T}{GI_T} = \frac{-m_T}{GI_T}$$

$$GI_T\vartheta'' = -m_T \tag{1.37}$$

Die Differenzialgleichungen des Torsionsstabes sind in *Tabelle 1.4* zusammengestellt.

Tabelle 1.4 Differenzialgleichungen des Torsionsstabes

Differenzialgleichung	Gleichgewicht	Stoffgesetz	Kinematik
1. Ordnung	$M'_T = -m_T$	$\gamma = \frac{M_T}{GI_T} \cdot r$	$\gamma = \vartheta' \cdot r$
		$\vartheta' = \frac{M_T}{GI_T}$	
2. Ordnung	$\vartheta'' = \frac{-m_T}{GI_T}$		

1.4 Analogien

1.4.1 Analogie zwischen Dehn- und Torsionsstab und Balkengleichgewicht

In Abschnitt 1.3.1 wurde ein beidseitig gelagerter Dehnstab berechnet, siehe Beispiel 1.2. Die Auflagerkräfte konnten nicht durch Anwendung von Gleichgewichtsbedingungen berechnet werden, weil die Lagerung des Stabes statisch unbestimmt ist. Die Auflagerkräfte konnten nur durch Lösung der Differenzialgleichung unter Berücksichtigung der Verformungen ermittelt werden.

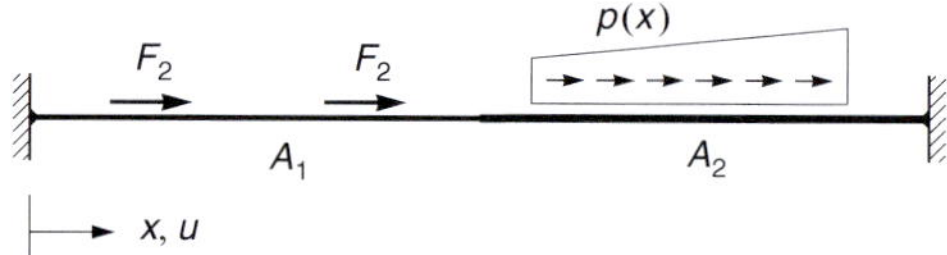

Bild 1.20 Dehnstab mit Belastung

Der in *Bild 1.20* dargestellte Dehnstab könnte durch Lösung der Differenzialgleichung nur durch einen sehr hohen Aufwand berechnet werden.

Es wird nun erläutert, wie die Auflagerkräfte auf einfache Weise ermittelt werden können. Grundlage ist die Analogie der Differenzialgleichungen des Dehnstabes und des Torsionsstabes mit den differenziellen Gleichgewichtsbedingungen des Balkens.

Wie aus *Tabelle 1.5* ersichtlich ist, besteht ein formal völlig analoger Aufbau der beiden Differenzialgleichungen erster Ordnung für die verschiedenen mechanischen Modelle.

Tabelle 1.5 Analoge Differenzialgleichungen erster Ordnung

Dehnung	Torsion	Biegung
$N' = -p$	$M_T' = -m_T$	$V' = -q$
$u' = \frac{N}{EA} + \alpha_T \cdot T_0$	$\vartheta' = \frac{M_T}{GI_T}$	$M' = V - m$

Während die Gleichungen des Balkens reine Gleichgewichtsbedingungen darstellen, enthalten die Gleichungen des Dehnstabes auch die kinematischen Beziehungen und das Werkstoffgesetz. Der Vergleich der Funktionen zeigt, dass die Normalkraft des Dehnstabes der Querkraft des Balkens entspricht. Weiterhin entspricht die Verschiebung des Dehnstabes dem Biegemoment des Balkens. Bei einem statisch bestimmt gelagerten Balken können die Schnittgrößen M und V nur durch die Anwendung von Gleichgewichtsbedingungen berechnet werden. Daher kann der Normalkraft- und Verschiebungsverlauf des Dehnstabes auch auf diesem Weg berechnet werden, wenn die Zustandsgrößen entsprechend uminterpretiert werden.

Es ist allerdings zu beachten, dass die Berechnung der Auflagerkräfte bei einem beidseitig gelenkig gelagerten Balken durch die Gleichgewichtsbedingung $\sum M = 0$ erfolgt. Dem entspricht die Verformungsbedingung des Dehnstabes, die die Dehnsteifigkeit EA enthält. Ist die Dehnsteifigkeit abschnittsweise unterschiedlich, so kann dies einfach berücksichtigt werden, indem die Hebelarme der Kräfte für die Momentengleichgewichtsbedingung im Verhältnis der Querschnittsflächen verändert werden. Anschaulich bedeutet dies, dass eine einheitliche Dehnsteifigkeit für alle Abschnitte zugrunde gelegt wird, die Länge des Abschnitts jedoch so bestimmt wird, dass sich dieselbe Verformung ergibt. Dieser Zusammenhang ist in *Bild 1.21* erläutert. Nach Gl. (1.4) gilt:

$$\varepsilon = \frac{\Delta l}{l} = \frac{N}{EA} \Rightarrow \Delta l = \frac{N}{EA} l = \frac{N\,l}{EA}$$

Die Verformung ist also vom Verhältnis l/A abhängig. Wird der obere Stab durch einen Stab mit der halben Querschnittsfläche ersetzt, so ist auch die Länge zu halbieren, um dieselbe Verformung zu erhalten.

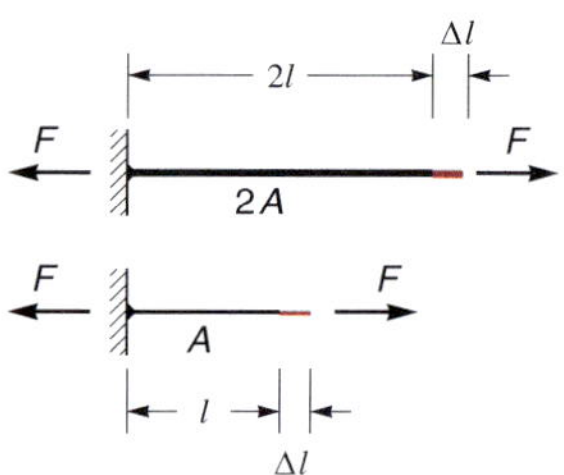

Bild 1.21 Stäbe mit gleichen Verformungen

Für die Anwendung der analogen Beziehungen sind weiterhin noch die Randbedingungen des Problems zu beachten. Beim Dehnstab gibt es zwei Möglichkeiten.

1. Die Verschiebung (Verdrehung) ist bekannt (in der Regel gleich null), die Normalkraft unbekannt. Dies entspricht beim Balken einem bekannten Moment und einer unbekannten Querkraft.
2. Die Normalkraft ist bekannt, die Verschiebung unbekannt. Dies entspricht beim Balken einer bekannten Querkraft und einem unbekannten Moment.

Die für den Dehnstab angegebenen Randbedingungen gelten sinngemäß auch für den Torsionsstab. Es ist dann *Normalkraft* durch *Torsionsmoment* und *Verschiebung* durch *Verdrehung* zu ersetzen.

Die analogen Randbedingungen sind in *Bild 1.22* zusammengestellt. Das statische System mit den analogen Randbedingungen wird auch als *adjungiertes* System bezeichnet.

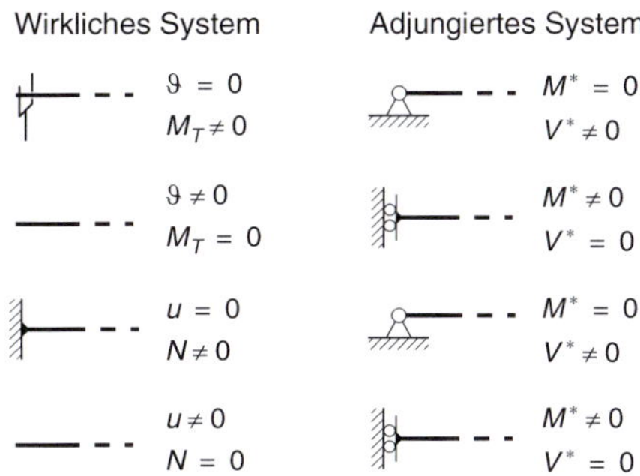

Bild 1.22 Analoge Randbedingungen

Beispiel 1.4

Für den in *Bild 1.23* dargestellten beidseitig gabelgelagerten Torsionsstab ist der Verlauf der Torsionsmomente und des Drehwinkels infolge der angegebenen Belastung zu ermitteln.

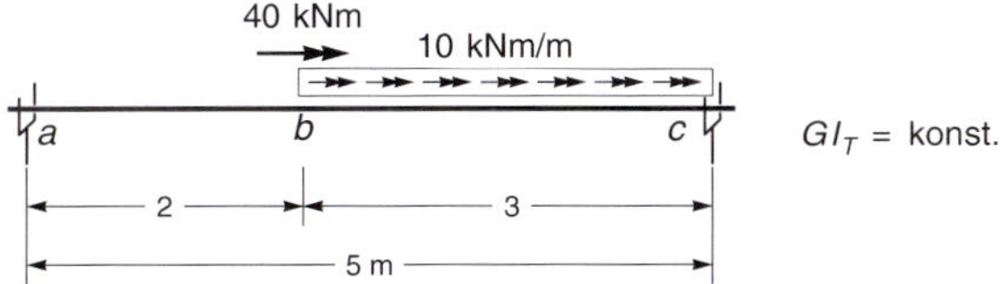

Bild 1.23 Beidseitig gabelgelagerter Torsionsstab

Das adjungierte statische System mit der entsprechenden Belastung ist in *Bild 1.24* dargestellt.

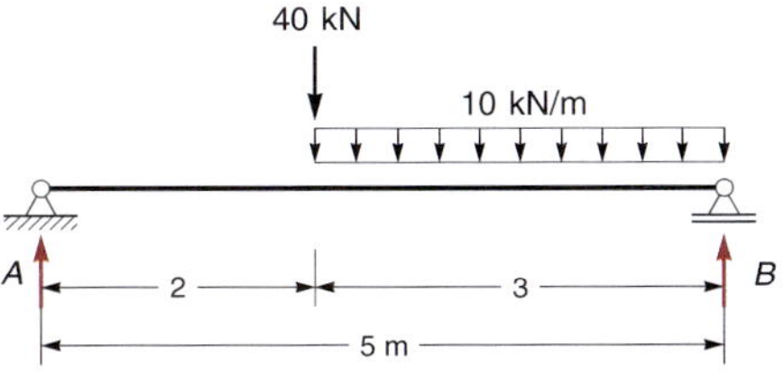

Bild 1.24 Analoges System mit Belastung

$$\sum M_{(a)} = 0: \quad B \cdot 5 - 40 \cdot 2 - 10 \cdot 3 \cdot 3{,}5 = 0 \Rightarrow B = 37$$

$$\sum V = 0: \quad 40 + 10 \cdot 3 - 37 - A = 0 \Rightarrow A = 33$$

Mit den bekannten Auflagerkräften kann der Verlauf der Querkräfte und der Momente gezeichnet werden. Diese Zustandslinien in *Bild 1.25* entsprechen den Torsionsmomenten und der GI_T-fachen Verdrehung des Torsionsstabes.

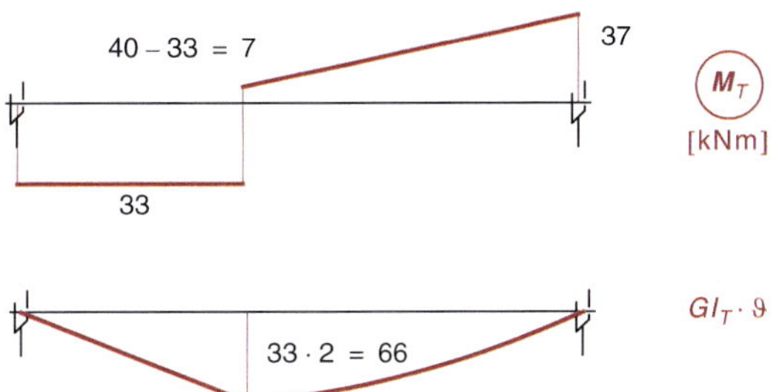

Bild 1.25 Verlauf der Torsionsmomente und der Verdrehung

Beispiel 1.5

Für den in *Bild 1.26* dargestellten beidseitig festgehaltenen Dehnstab ist der Normalkraft- und Verschiebungsverlauf infolge der angegebenen Belastung zu ermitteln.

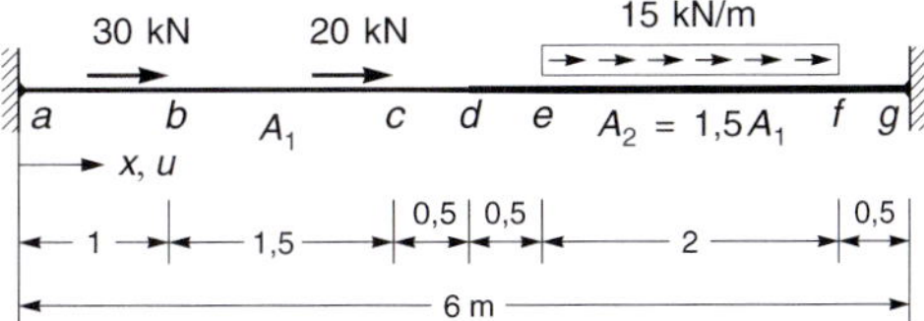

Bild 1.26 Beidseitig festgehaltener Dehnstab

Es wird zunächst das adjungierte statische System mit der entsprechenden Belastung gebildet, siehe *Bild 1.27*.

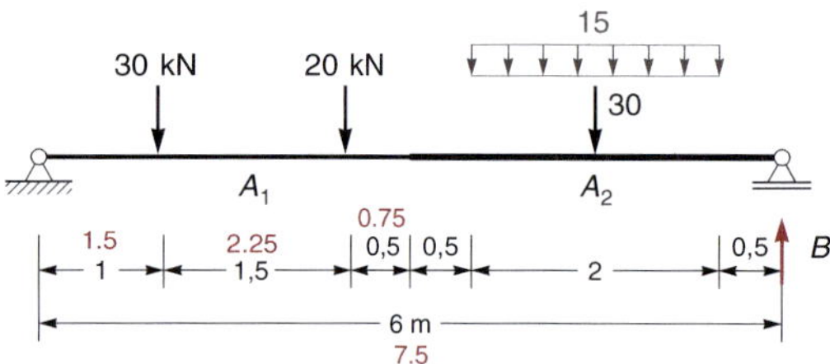

Bild 1.27 Adjungiertes System mit Belastung

Um die Auflagerkraft B mit der Gleichgewichtsbedingung $\sum M = 0$ zu berechnen, sind die in *Bild 1.27* farbig eingetragenen Abmessungen für die Hebelarme zu berücksichtigen, jedoch **nicht** für die Bildung von Resultierenden verteilter Belastungen. Die farbig gekennzeichneten Abmessungen ergeben sich durch Multiplikation mit dem Faktor 1,5. Dadurch werden die EA_2-fachen Verschiebungen ermittelt.

$$\sum M_{(a)} = 0: \quad B \cdot 7{,}5 - 30 \cdot 1{,}5 - 20 \cdot 3{,}75 - 30 \cdot 6 = 0$$

$$\Rightarrow B = 40$$

Mit der bekannten Auflagerkraft B kann der Querkraftverlauf gezeichnet werden. Dieser Querkraftverlauf entspricht den Normalkräften des Dehnstabes.

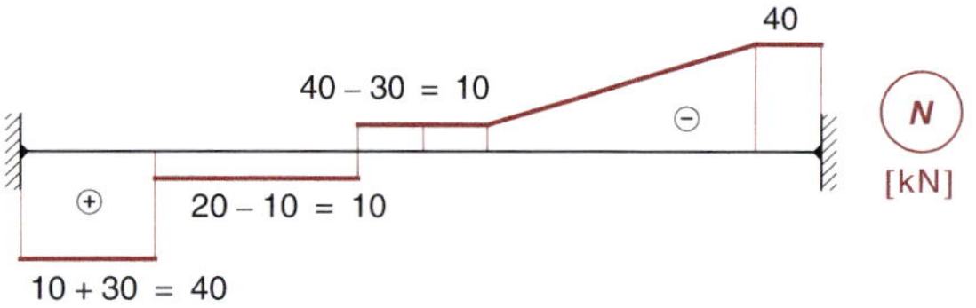

Bild 1.28 Normalkraftverlauf

Die EA_2 -fachen Verschiebungen ergeben sich durch die Berechnung der „Momentenlinie" unter Berücksichtigung der farbig eingetragenen Längen. Die „Momente" in den Punkten b und c werden am linken Teilsystem und die „Momente" in den Punkten d, e und f am rechten Teilsystem ermittelt.

$$M_b = 40 \cdot 1{,}5 = 60$$

$$M_c = 40 \cdot 3{,}75 - 30 \cdot 2{,}25 = 82{,}5$$

$$M_d = 40 \cdot 3 - 30 \cdot 1{,}5 = 75$$

$$M_e = 40 \cdot 2{,}5 - 30 \cdot 1 = 70$$

$$M_f = 40 \cdot 0{,}5 = 20$$

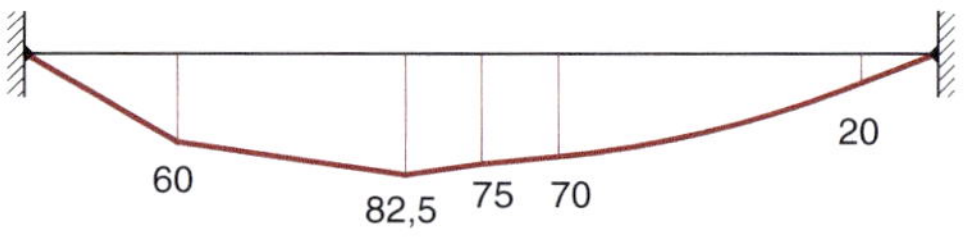

Bild 1.29 Verlauf der EA_2-fachen Axialverschiebung

1.4.2 Mohrsche Analogie

Die Mohrsche[1] Analogie beruht auf dem formal gleichen Aufbau der Differenzialgleichungen zweiter Ordnung des Balkens. Ohne Berücksichtigung des Temperaturterms lauten diese Gleichungen (siehe *Tabelle 1.2)*:

Gleichgewicht: $M'' = -q$

Verträglichkeit: $w'' = -\dfrac{M}{EI}$

Wird der Quotient $\dfrac{M}{EI}$ als Belastung q^* aufgefasst, kann die Biegelinie mit den bekannten baustatischen Methoden der Schnittgrößenermittlung als „Momentenlinie" infolge der „Belastung" q^* ermittelt werden.

Zur Berücksichtigung abschnittsweise unterschiedlicher Trägheitsmomente multiplizieren wir die Differenzialgleichung mit einer Vergleichssteifigkeit EI_c und erhalten:

$$EI_c w'' = -\frac{I_c}{I} M$$

Auch bei der Mohrschen Analogie sind die Randbedingungen des tatsächlichen Systems so zu modifizieren, wie es der Analogie zwischen den Kraft- und Weggrößen entspricht. Die Rand- und Übergangsbedingungen von tatsächlichem und adjungiertem System sind in *Bild 1.30* dargestellt.

1 Otto Mohr (1835 – 1918), Professor für Mechanik und Statik in Dresden

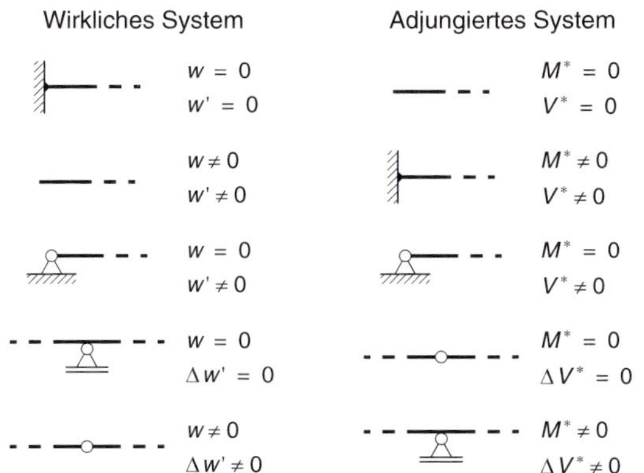

Bild 1.30 Rand- und Übergangsbedingungen

Beispiel 1.6

Für den in *Bild 1.31* dargestellten Gelenkträger ist die Biegelinie infolge der angegebenen Belastung nach der Mohrschen Analogie zu ermitteln.

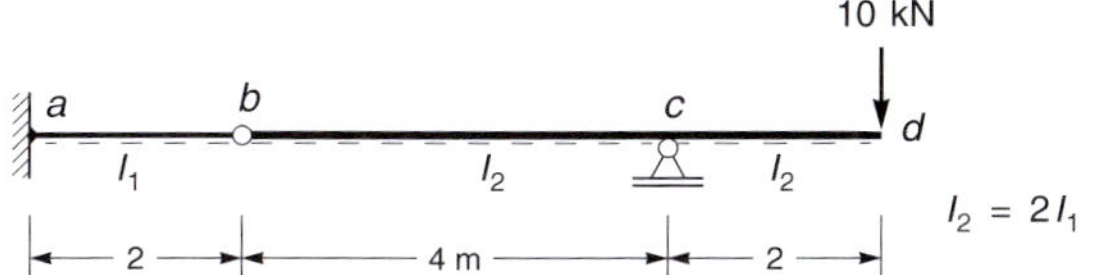

Bild 1.31 Gelenkträger mit Einzelkraft

Es wird zunächst die Momentenlinie infolge der Einzelkraft ermittelt, sie ist in *Bild 1.32* angegeben.

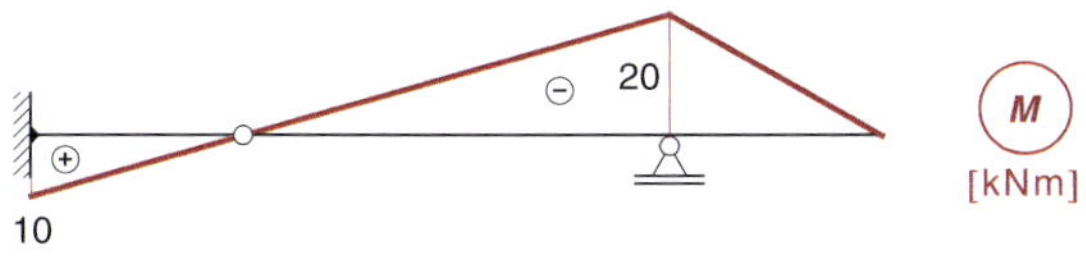

Bild 1.32 Momentenlinie infolge Einzelkraft

Für die Berechnung der konjugierten Belastung wählen wir $I_c = I_2$. Die Momente im Bereich $a - b$ sind daher mit dem Faktor 2 zu multiplizieren.

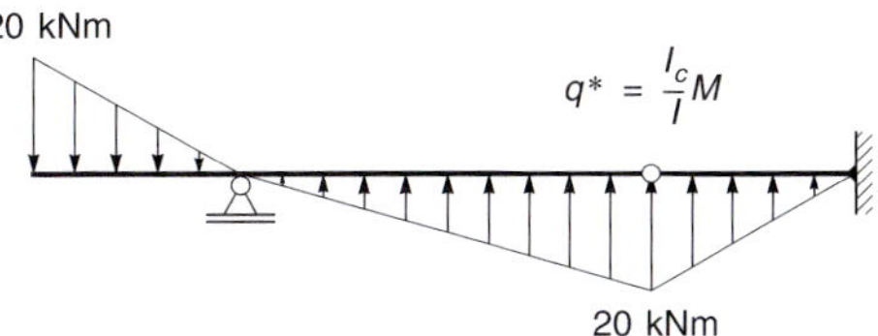

Bild 1.33 Adjungiertes System und Belastung

Die Momentenlinie M^* infolge der konjugierten Belastung entspricht der EI_c-fachen Biegelinie des tatsächlichen Systems. Wir berechnen nur die Ordinaten in den Punkten *b* und *d*.

$$M_b^* = -\frac{20 \cdot 2^2}{3} = -26{,}67$$

Die Gelenkkraft im Punkt *c* ergibt sich aus der Momentensumme bezüglich des Punktes *b* am freigeschnittenen Teilsystem *a – c:*

$$V_c^* = \left(\frac{20 \cdot 2^2}{3} + \frac{20 \cdot 4^2}{3}\right) / 4 = 33{,}33$$

Damit folgt das Auflagermoment am freigeschnittenen Kragträger *c – d:*

$$M_d^* = 33{,}33 \cdot 2 + \frac{20 \cdot 2^2}{3} = 93{,}33$$

Im oberen Teil von *Bild 1.34* ist die Momentenlinie M^* am adjungierten System dargestellt. Der untere Teil des Bildes zeigt die Zustandslinie als Durchbiegung des wirklichen Systems.

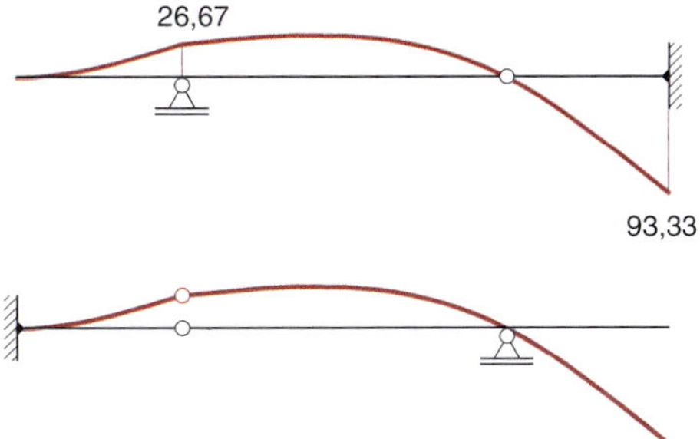

Bild 1.34 Verlauf der EI_c-fachen Durchbiegung

1.5 Formänderungsarbeiten

Der Begriff der mechanischen Arbeit wurde im Zusammenhang mit dem Prinzip der virtuellen Verschiebungen in Baustatik 1, Kapitel 7 eingeführt. Mechanische Arbeit ist das Skalarprodukt aus Kraftgrößen- und Weggrößenvektor:

$$W = \int \boldsymbol{F}(\boldsymbol{r}) \cdot \mathrm{d}\boldsymbol{r} \text{ bzw. } W = \int \boldsymbol{M} \cdot \mathrm{d}\varphi$$

In skalarer Form lautet die Gleichung:

$$W = \int F(s)\,\mathrm{d}s$$

In dieser Form ist zu beachten, dass die Arbeit ein Skalarprodukt ist. $F(s)$ ist daher die Komponente des Kraftvektors $\boldsymbol{F}$ in Richtung der Verschiebung.

Für die weiteren Betrachtungen werden einige neue Begriffsbildungen im Zusammenhang mit mechanischer Arbeit benötigt. Wie in *Bild 1.35* dargestellt ist, unterscheidet man *Eigen-* und *Verschiebungsarbeiten*, die jeweils *äußere* oder *innere Arbeiten* darstellen können.

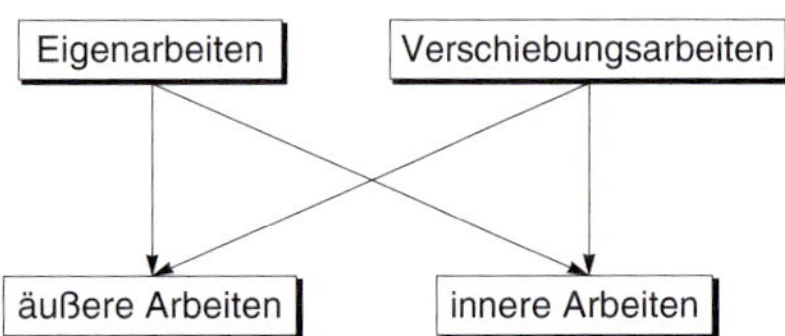

Bild 1.35 Arten mechanischer Arbeit

1.5.1 Äußere Eigenarbeiten

Wir gehen von der Voraussetzung aus, dass die Belastung unendlich langsam, d. h. ohne Schwingung aufgebracht wird. Um die Feder in *Bild 1.36* zu verlängern, muss mit einer Kraft gezogen werden, die der Verlängerung der Feder proportional ist. Wird eine Masse an der entspannten Feder befestigt und plötzlich losgelassen, so ist die Gewichtskraft sofort in voller Größe vorhanden. Da die Feder noch völlig entspannt ist, entsteht ein Schwingungsvorgang und kein statischer Fall. Wird die gesamte Masse jedoch nach und nach in vielen kleinen Teilen aufgebracht (theoretisch unendlich viele), verlängert sich auch die Feder sukzessiv, und es werden unendliche viele Gleichgewichtszustände durchlaufen.

Da die Verformung von der Last selbst erzeugt wird, sind die Kraft F und die Verformung w proportional. Für das Beispiel der Dehnfeder in *Bild 1.36* gilt das Hookesche Gesetz $F = k \cdot w$ mit der Federkonstanten k. Damit wird die mechanische Arbeit:

$$W_{\text{eig}} = \int F\,\mathrm{d}w = \int kw\,\mathrm{d}w = \frac{1}{2}kw^2 = \frac{1}{2}Fw$$

Aus dem linearen Zusamenhang des Hookeschen Gesetzes folgt aus der Berechnung des Integrals der für die Eigenarbeit typische Faktor $1/2$. In *Bild 1.36* ist die Eigenarbeit der Flächeninhalt des schraffierten Dreiecks.

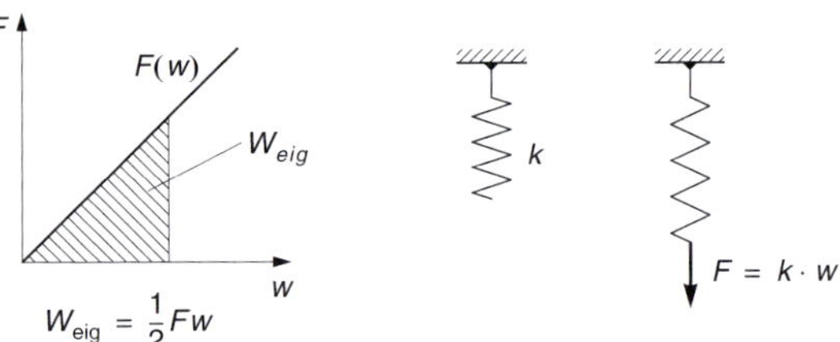

Bild 1.36 Veranschaulichung der Eigenarbeit

Wir fassen zusammen:

Eigenarbeit ist die Arbeit, die eine Kraftgröße auf Wegen leistet, die von ihr selbst verursacht werden.

1.5.2 Äußere Verschiebungsarbeiten

Um den Begriff der Verschiebungsarbeit zu erläutern, betrachten wir den Balken in *Bild 1.37*. Auf den Balken wirken zwei Lastgruppen ein, die durch je eine Einzelkraft repräsentiert werden. Die Kraft F_j steht daher für eine ganze Gruppe von Lasten, der Balken auf zwei Stützen ist stellvertretend für ein beliebiges statisches System. Die Allgemeinheit der folgenden Betrachtungen wird durch die Vereinfachung nicht eingeschränkt.

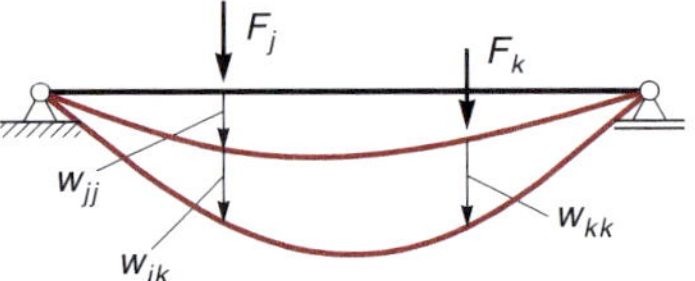

Bild 1.37 Äußere Verschiebungsarbeiten bei Wirkung zweier Lastgruppen

Beide Lastgruppen werden nun nacheinander auf das System aufgebracht.

1. Es wird die Lastgruppe F_j aufgebracht.

Der Balken ist zunächst unverformt, F_j wird unendlich langsam aufgebracht und leistet auf dem dabei erzeugten Weg Eigenarbeit:

$$W_{\text{eig}} = \frac{1}{2} F_j \cdot w_{jj}$$

Bei der Doppelindizierung der Verformung w bedeutet der erste Index den Ort der Verformung, der zweite Index die Ursache der Verformung. w_{jj} ist die Verformung an der Stelle j infolge der Lastgruppe F_j.

2. Es wird die Lastgruppe F_k aufgebracht.

Der Balken ist bereits verformt. Diese Verformung ist die Ausgangslage für die Lastgruppe F_k und daher ohne Bedeutung. Wie vorher F_j wird nun F_k unendlich langsam aufgebracht und leistet auf dem dabei erzeugten Weg Eigenarbeit:

$$W_{\text{eig}} = \frac{1}{2} F_k \cdot w_{kk}$$

Die Lastgruppe F_j ist schon in voller Größe vorhanden und bleibt konstant, d. h. die Arbeit von F_j auf der von F_k erzeugten Verschiebung ist:

$$F_j \cdot w_{jk} = W_{\text{ver}}$$

Die Verschiebungsarbeit entspricht dem Flächeninhalt des Rechtecks in *Bild 1.38*. w_{jk} ist die Verformung an der Stelle j infolge der Lastgruppe F_k.

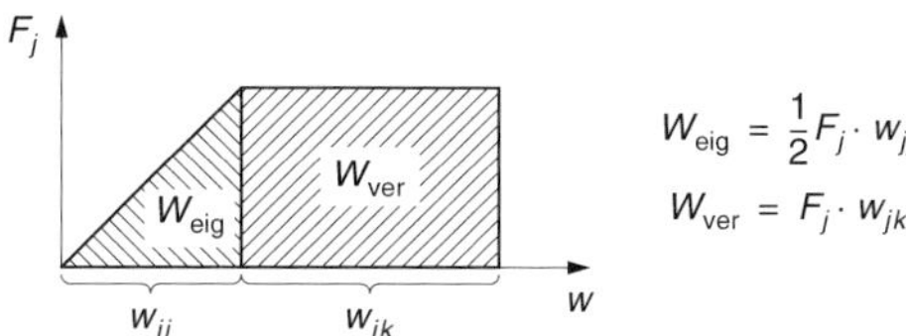

Bild 1.38 Veranschaulichung von Eigen- und Verschiebungsarbeit

Die gesamte von F_j geleistete Arbeit ist die Summe aus Eigen- und Verschiebungsarbeit.

$$W = W_{\text{eig}} + W_{\text{ver}} = \frac{1}{2} F_j \cdot w_{jj} + F_j \cdot w_{jk}$$

Es gilt also:

Verschiebungsarbeit ist die Arbeit, die eine Kraftgröße auf Wegen leistet, die von einer anderen Kraft- oder Verformungsgröße verursacht werden.

Am Beispiel des Dehnstabes in *Bild 1.39* betrachten wir nochmals den Unterschied zwischen Eigen- und Verschiebungsarbeit.

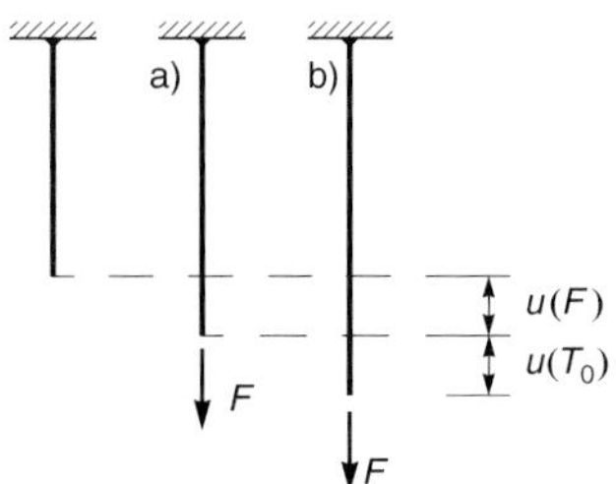

Bild 1.39 Dehnstab mit Kraft- und Temperaturbeanspruchung

1. Es wird die Kraft F aufgebracht.

Die Kraft leistet auf der von ihr selbst erzeugten Verlängerung des Stabes $u(F)$ Eigenarbeit:

$$W_{\text{eig}} = \frac{1}{2} F \cdot u(F)$$

2. Der Stab wird um T_0 erwärmt.

Durch die Erwärmung entsteht eine zusätzliche Verlängerung des Stabes $u(T_0)$. Die schon in voller Größe vorhandene Kraft F leistet auf der durch die Temperatur erzeugten Verlängerung $u(T_0)$ Verschiebungsarbeit:

$$W_{\text{ver}} = F \cdot u(T_0)$$

1.5.3 Innere Verschiebungsarbeit

Zur Betrachtung innerer Verschiebungsarbeiten stellen wir uns die Frage, wo die bei der Verformung eines Bauteils von den äußeren Kräften geleistete Arbeit bleibt.

Nach dem Energiesatz der Mechanik ist die Änderung der Energie eines Körpers gleich der an ihm geleisteten Arbeit, d. h., die von den äußeren Kräften geleistete Arbeit ist als Formänderungsenergie im Bauteil gespeichert: $W_a = \Delta\Pi$

Die gespeicherte Energie entspricht der von den inneren Molekularbindungen des Bauteils geleisteten negativen inneren Arbeit.

$W_a + W_i = 0$ bzw. $W_a = -W_i$

Der Begriff *innere Arbeit* ist eine sprachliche Vereinfachung. Man versteht darunter die Arbeit, die von den inneren Kraftgrößen geleistet wird. Durch Anwendung des Schnittprinzips haben wir in Baustatik 1 die inneren Beanspruchungen sichtbar gemacht und die Wirkung des abgetrennten Teilsystems durch äußere Größen, die Schnittgrößen, ersetzt. Der herausgeschnittene Teil des Stabes in *Bild 1.40* wird durch eine Normalkraft N beansprucht. Diese Schnittkraft wirkt von außen auf die Schnittfläche, stellt also eine äußere Kraftgröße dar. Die innere Kraftgröße N_i, die an der Innenseite der Schnittfläche vorhanden sein muss, hat denselben Betrag wie die äußere Schnittgröße N, ist ihr aber aus Gleichgewichtsgründen entgegengerichtet.

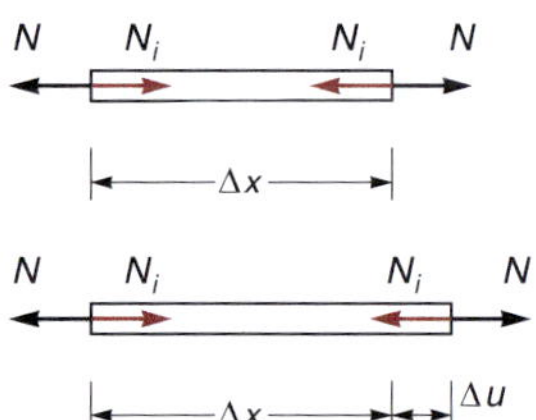

Bild 1.40 Äußere und innere Kräfte

N steht stellvertretend für die Schnittgrößen infolge äußerer Kräfte, N_i steht stellvertretend für die inneren molekularen Bindungen des Materials, die betragsmäßig gleich N sind.

Erfährt nun der Stab eine Verlängerung, wie in *Bild 1.40* unten dargestellt ist, so leistet die innere Kraftgröße N_i negative Arbeit auf der Verschiebung Δu, da Kraft und Verschiebung entgegengerichtet sind.

$$W_i = -N_i \cdot \Delta u = -N \cdot \Delta u \qquad (1.38)$$

Der Betrag der inneren Größe N_i ist durch den Betrag der Schnittgröße N ersetzt worden. Dadurch ist die innere Arbeit durch die äußere Kraftgröße ausgedrückt.

Bei der Arbeit in Gl. (1.38) wurde vorausgesetzt, dass die Verformung Δu nicht durch die Normalkraft N, sondern durch eine andere Einwirkung verursacht wird, also Verschiebungsarbeit vorliegt.

Innere Verschiebungsarbeit der Schnittgrößen

Wie bei der Erläuterung der äußeren Verschiebungsarbeit werden wieder zwei Zustände in *Bild 1.41* betrachtet.

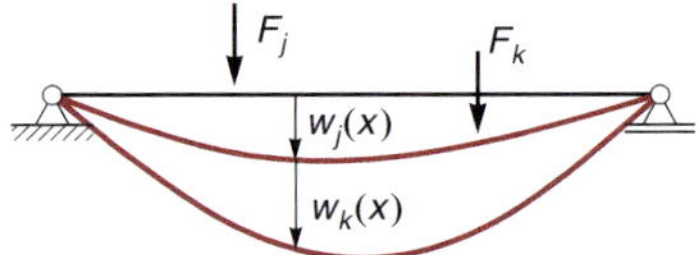

Bild 1.41 Innere Verschiebungsarbeiten bei Wirkung zweier Lastgruppen

1. Ein Spannungszustand j infolge der Lastgruppe F_j mit Verformungen w_j und Spannungen σ_j und τ_j an jeder Stelle x des Balkens.
2. Der vorhandene Zustand j erfährt nun infolge der Lastgruppe F_k Verschiebungen w_k, Dehnungen ε_k und Schubverzerrungen γ_k.

F_j und F_k sind stellvertretend für äußere Lasten und Momente zu sehen.

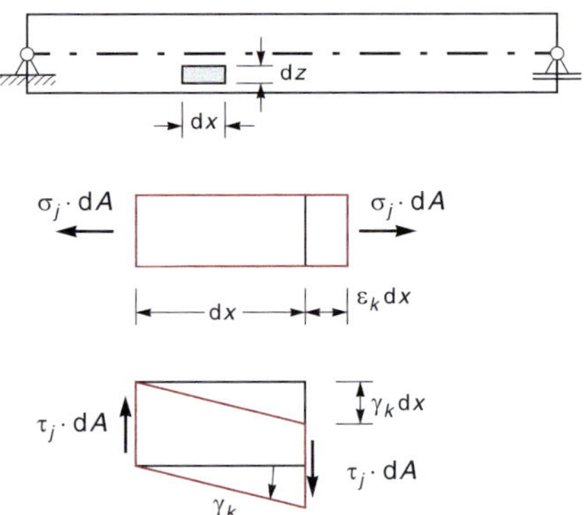

Bild 1.42 Differenzielle Elemente mit Verzerrungen infolge von Normal- und Schubspannungen

Zur Berechnung der inneren Arbeiten schneiden wir aus dem Balken in *Bild 1.42* das dargestellte differenzielle Element heraus. An diesem Element ist ein Spannungszustand j infolge der Lastgruppe F_j vorhanden. Die Normalspannung σ_j sowie die Schubspannung τ_j ergeben sich aus den Schnittgrößen durch:

$$\sigma_j = \frac{N_j}{A} + \frac{M_j}{I}z \qquad \tau_j = \frac{V_j \cdot S(z)}{I \cdot b} \tag{1.39}$$

In Gl. (1.39) wurde vorausgesetzt, dass ein *Hauptachsensystem* zugrunde liegt.

Wird nun die Lastgruppe F_k aufgebracht, entsteht durch diese Beanspruchung ein *zusätzlicher* Verformungszustand k, der die in *Bild 1.42* farbig eingezeichneten Verzerrungen ε_k und γ_k am differenziellen Element erzeugt.

Die vom Spannungszustand j auf den Wegen des Verformungszustands k geleistete differenzielle Verschiebungsarbeit ist:

$$-\mathrm{d}W^i_{jk} = \sigma_j \mathrm{d}A \cdot \varepsilon_k \mathrm{d}x + \tau_j \mathrm{d}A \cdot \gamma_k \mathrm{d}x$$

Daraus folgt die gesamte Arbeit durch Integration über das Volumen des Balkens:

$$-W^i_{jk} = \int\limits_x \int\limits_A (\sigma_j \cdot \varepsilon_k + \tau_j \cdot \gamma_k) \mathrm{d}A\mathrm{d}x \tag{1.40}$$

Das Minuszeichen der inneren Arbeit folgt aus der vorherigen Betrachtung nach Gl. (1.38).

Die Verzerrungen ε_k und γ_k in Gl. (1.40) werden durch die sie erzeugenden Schnittgrößen ausgedrückt.

$$\begin{aligned} \varepsilon_k &= \frac{\sigma_k}{E} + \alpha_T T_0 + \alpha_T \frac{\Delta T}{h} z \\ &= \frac{N_k}{EA} + \frac{M_k}{EI} z + \alpha_T T_0 + \alpha_T \frac{\Delta T}{h} z \\ \gamma_k &= \frac{\tau_k}{G} = \frac{V_k \cdot S}{IG \cdot b} \end{aligned} \tag{1.41}$$

Gl. (1.39) und (1.41) eingesetzt in Gl. (1.40) ergibt bei Bezug auf die Schwerachse mit den Beziehungen:

$$\int \mathrm{d}A = A, \ \int z \mathrm{d}A = 0, \ \int z^2 \mathrm{d}A = I$$

$$-W^i_{jk} = \int\limits_{(x)} \left[\frac{N_j N_k}{EA} + \frac{M_j M_k}{EI} + N_j \alpha_T T_0 + M_j \alpha_T \frac{\Delta T}{h} + \kappa_V \frac{V_j V_k}{GA} \right] \mathrm{d}x$$

κ_V ist der bereits aus Abschnitt 1.3.3 bekannte querschnittsabhängige Beiwert zur Berücksichtigung der Schubdeformation.

$$\kappa_V = \frac{A}{I^2} \int \frac{S^2}{b} \mathrm{d}z$$

Eine weitere Möglichkeit der Herleitung der inneren Arbeiten besteht darin, direkt die integralen Kraft- und Verzerrungsgrößen des Querschnitts an einem differenziellen Linienelement der Länge $\mathrm{d}x$ zu betrachten und nicht wie zuvor die Spannungen an einem differenziellen Volumenelement. *Bild 1.43* zeigt die am differenziellen Stabelement wirkenden Schnittgrößen und die zugehörigen Weggrößen, auf denen sie Arbeit leisten. Man nennt dies konjugierte Größen.

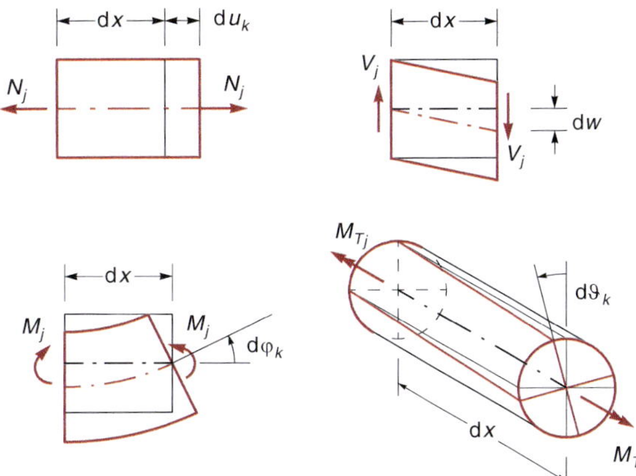

Bild 1.43 Differenzielle Elemente mit zugehörigen Schnittgrößen und Verformungen

Die differenzielle negative, innere Verschiebungsarbeit lautet damit:

$$-\mathrm{d}W^i_{jk} = N_j \mathrm{d}u_k + M_j \mathrm{d}\varphi_k + V_j \mathrm{d}w_k + M_{T_j} \mathrm{d}\vartheta_k$$

Mit $\frac{\mathrm{d}u}{\mathrm{d}x} = \varepsilon$, $\frac{\mathrm{d}\varphi}{\mathrm{d}x} = \kappa$, $\frac{\mathrm{d}w}{\mathrm{d}x} = \gamma$ und $\frac{\mathrm{d}\vartheta}{\mathrm{d}x} = \vartheta'$ folgt:

$$-\mathrm{d}W^i_{jk} = N_j \varepsilon_k \mathrm{d}x + M_j \kappa_k \mathrm{d}x + V_j \gamma_k \mathrm{d}x + M_{T_j} \vartheta'_k \mathrm{d}x$$

Die Verzerrungen ε_k, κ_k, γ_k, ϑ'_k werden wieder durch die sie erzeugenden Einwirkungen ersetzt.

$$\varepsilon_k = \frac{N_k}{EA} + \alpha_T T_0 \qquad \gamma_k = \frac{\kappa_V V_k}{GA}$$

$$\kappa_k = \frac{M_k}{EI} + \alpha_T \frac{\Delta T}{h} \qquad \vartheta'_k = \frac{M_{T_k}}{GI_T}$$

Hinweis: Unter γ_k ist hier die gemittelte Schubverzerrung γ_m nach *Bild 1.11* zu verstehen, während γ_k aus Gl. (1.41) die über die Querschnittshöhe veränderliche Schubverzerrung $\gamma_k(z)$ darstellt.

$$\begin{aligned} -W^i_{jk} &= \int (N_j\varepsilon_k + M_j\kappa_k + V_j\gamma_k + M_{Tj}\vartheta'_k)\mathrm{d}x \\ &= \int \left\{ N_j\left(\frac{N_k}{EA} + \alpha_T T_0\right) + M_j\left(\frac{M_k}{EI} + \alpha_T\frac{\Delta T}{h}\right)\right. \\ &\quad \left. + V_j\frac{\kappa_V V_k}{GA} + M_{Tj}\frac{M_{Tk}}{GI_T}\right\}\mathrm{d}x \\ &= \int \left\{ \frac{N_j N_k}{EA} + N_j\alpha_T T_0 + \frac{M_j M_k}{EI} + M_j\alpha_T\frac{\Delta T}{h}\right. \\ &\quad \left. + \kappa_V\frac{V_j V_k}{GA} + \frac{M_{Tj}M_{Tk}}{GI_T}\right\}\mathrm{d}x \end{aligned} \qquad (1.42)$$

1.5.4 Innere Eigenarbeit

Im Falle der Eigenarbeit erzeugt die Lastgruppe den Weg, auf dem sie Arbeit leistet, selbst. Es gilt daher $j = k$ und wie in Abschnitt 1.5.1 erläutert, ist der Faktor $1/2$ zu berücksichtigen. Temperaturanteile entfallen, da nur Kraftgrößen Verformungen erzeugen können, auf denen sie selbst Arbeit leisten. Die innere Eigenarbeit lautet somit:

$$-W^i_{\text{eig}} = \frac{1}{2}\int_{(x)} \left(\frac{N^2}{EA} + \frac{M^2}{EI} + \kappa_V\frac{V^2}{GA} + \frac{M_T^2}{GI_T}\right)\mathrm{d}x$$

1.6 Ermittlung einzelner Verformungen

1.6.1 Arbeitsgleichung des Prinzips der virtuellen Kräfte

Um einzelne Schnittgrößen zu ermitteln, haben wir in Baustatik 1 das Prinzip der virtuellen Verschiebungen als gleichwertige Formulierung des Gleichgewichts kennen gelernt. Mit dem *Prinzip der virtuellen Kräfte* ist es möglich, einzelne Verformungen zu berechnen. Beide Varianten sind spezielle Formulierungen des übergeordneten Prinzips der virtuellen Arbeiten. Das Prinzip der virtuellen Kräfte ist eine gleichwertige Formulierung der Verträglichkeitsbedingungen.

Der Begriff *virtuell* bedeutet in diesem Zusammenhang, dass die Kräfte bzw. Kraftgrößen nicht tatsächlich vorhanden sein müssen, sondern nur gedacht sind. Es wird jedoch vorausgesetzt, dass der virtuelle Kraftzustand die Gleichgewichtsbedingungen erfüllt. Auf diese Bedingung werden wir in Abschnitt 1.6.1.3 eingehen.

Die grundsätzliche Idee besteht darin, eine virtuelle Kraftgröße aufzubringen, die auf der gesuchten Verformung Arbeit leistet.

Virtuelle Größen werden durch Überstreichen gekennzeichnet, also $\bar{F}$, $\bar{M}$, $\bar{w}$, $\bar{W}$, etc.

Wiederum werden zwei Lastgruppen betrachtet, die nacheinander aufgebracht werden:

1. Es wird die virtuelle Belastung $\bar{F}_j$ aufgebracht, der Index j bezeichnet den Ort. $\bar{F}_j$ erzeugt den virtuellen Zustand $\bar{w}, \bar{M}, \bar{V}, \bar{N}$.
2. Es wird die wirkliche Belastung F_k aufgebracht, der Index k bezeichnet die Ursache. F_k erzeugt den wirklichen Zustand w, M, V, N.

Es werden folgende Arbeiten geleistet:

- $\bar{W}^a_{jk}$ ist die äußere Verschiebungsarbeit der virtuellen Lasten auf den Wegen des wirklichen Zustandes.
- $\bar{W}^i_{jk}$ ist die innere Verschiebungsarbeit der virtuellen Schnittgrößen auf den Verformungen des wirklichen Zustandes.

Die äußere Verschiebungsarbeit enthält die gesuchte Verformung. Zur Rechenvereinfachung wird die äußere virtuelle Kraftgröße gleich eins gesetzt: $\bar{F}_j = \bar{1}$ bzw. $\bar{M}_j = \bar{1}$.

Die Arbeitsgleichung wird nach der äußeren Arbeit aufgelöst:

$$\bar{W}^a_{jk} = -\bar{W}^i_{jk}$$

Anstelle der Indizes j und k stehen nun virtueller und tatsächlicher Zustand.

$$\bar{1} \cdot \delta_j = \int \left\{ \frac{\bar{M}M}{EI} + \frac{\bar{N}N}{EA} + \kappa_V \frac{\bar{V}V}{GA} + \frac{\bar{M}_T M_T}{GI_T} + \alpha_T \left(\bar{N} T_0 + \bar{M} \frac{\Delta T}{h} \right) \right\} dx + \sum \frac{\bar{F}F}{k_F} + \sum \frac{\bar{M}M}{k_M} - \sum \bar{C}c - \sum \bar{M}_E \varphi \tag{1.43}$$

Die Arbeitsgleichung (1.43) wurde um vier Terme in der letzten Zeile ergänzt, die nachfolgend erläutert werden.

1.6.1.1 Federn

Die beiden ersten Terme der letzten Zeile berücksichtigen elastische Auflagerfedern. Infolge der tatsächlichen Einwirkung entstehen an federnd gelagerten Punkten Verformungen. Diese Verformungen sind im oberen Teil von *Bild 1.44* mit den Bezeichnungen w und φ dargestellt.

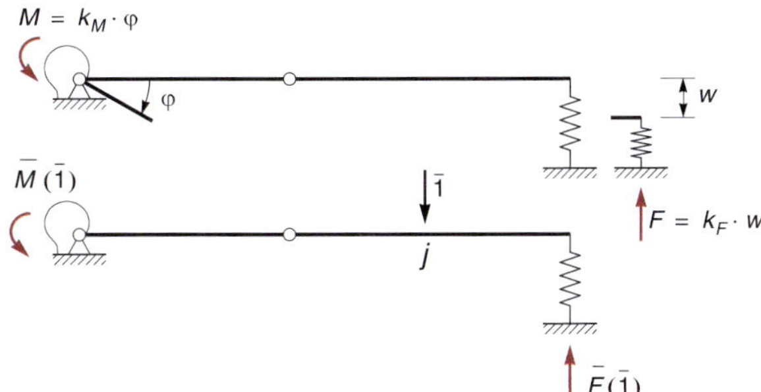

Bild 1.44 Innere Arbeit bei elastischer Lagerung

Die infolge der virtuellen Belastung in den Federn vorhandenen virtuellen Federkräfte bzw. Federmomente leisten auf den tatsächlichen Verformungen innere Verschiebungsarbeit. Exemplarisch ist in *Bild 1.44* der virtuelle Zustand für die Berechnung der Durchbiegung im Punkt j angegeben.

$$-\bar{W}^i = \bar{F} \cdot w + \bar{M} \cdot \varphi$$

Die Verformungen werden nach dem Hookeschen Gesetz durch die sie erzeugenden Kraftgrößen ersetzt:

$$w = \frac{F}{k_F} \text{ bzw. } \varphi = \frac{M}{k_M}$$

Damit folgt:

$$-\bar{W}^i = \bar{F} \cdot w + \bar{M} \cdot \varphi = \frac{\bar{F}F}{k_F} + \frac{\bar{M}M}{k_M}$$

Die beiden Arbeitsterme sind dann positiv, wenn die virtuelle und die tatsächliche Kraftgröße in der Feder gleichgerichtet sind.

1.6.1.2 Eingeprägte Auflagerverformungen

Die in der Arbeitsgleichung (1.43) auf der rechten Seite mit einem Minuszeichen auftretenden Terme berücksichtigen den Einfluss eingeprägter Auflagerweggrößen.

Zur Erläuterung dieser Terme betrachten wir den Gelenkträger in *Bild 1.45*, bei dem eine Auflagerdrehung φ an der Einspannung sowie eine Auflagerverschiebung c am rechten Auflager eingeprägt werden. Um eine Verformung in einem Punkt des Systems zu berechnen, ist die entsprechende virtuelle Kraftgröße in diesem Punkt aufzubringen.

Exemplarisch betrachten wir die vertikale Verschiebung des Punktes j. Zur Berechnung dieser Verschiebung wird die virtuelle Kraft $\bar{1}$ im Punkt j angesetzt. Diese virtuelle Größe erzeugt an den Auflagern die virtuellen Auflagerkraftgrößen $\bar{M}_E(\bar{1})$ und $\bar{C}(\bar{1})$. Diese Kraftgrößen leisten auf den eingeprägten Auflagerweggrößen zusätzliche äußere Arbeit.

$$\bar{W}^a_{jk} = \bar{1} \cdot w_{jk} + \bar{M}_E(\bar{1}) \cdot \varphi + \bar{C}(\bar{1}) \cdot c$$

Durch das Umstellen der Gleichung nach der gesuchten Verformung erscheinen die zusätzlichen Terme mit negativen Vorzeichen auf der rechten Seite der Arbeitsgleichung. Das Minuszeichen resultiert also aus der Tatsache, dass die Terme äußere Arbeiten darstellen, die ursprünglich auf der linken Seite der Arbeitsgleichung stehen.

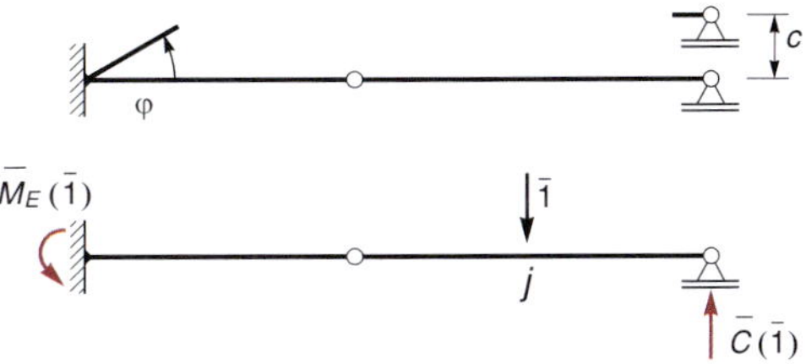

Bild 1.45 Arbeitsterme infolge eingeprägter Auflagerweggrößen

1.6.1.3 Gleichgewichtsbedingung des virtuellen Kraftgrößenzustands

Um zu erläutern, warum der virtuelle Zustand die Gleichgewichtsbedingungen erfüllen muss, betrachten wir noch einmal die Herleitung der inneren Verschiebungsarbeit. Exemplarisch beschränken wir uns auf den Anteil infolge reiner Dehnung. Der Verformungszustand aus *Bild 1.43* oben links, ist in *Bild 1.46* links noch einmal dargestellt. Die korrekte Darstellung ist rechts zu sehen. Der Unterschied besteht darin, dass links die Normalkraft als konstant vorausgesetzt wurde und daher die Arbeit auf der Verschiebung u_k in der Summe null ergibt, sodass nur der differenzielle Zuwachs der Verschiebung von Bedeutung ist.

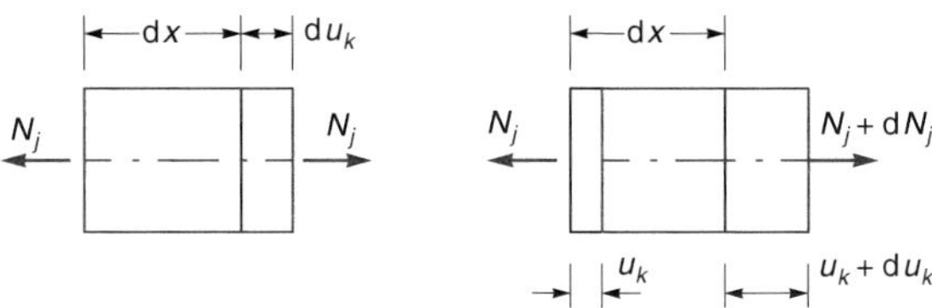

Bild 1.46 Differenzielles Element mit Dehnungszustand

Die innere Verschiebungsarbeit unter Berücksichtigung der Veränderlichkeit der Normalkraft lautet:

$$-\mathrm{d}W^i_{jk} = (N_j + \mathrm{d}N_j)(u_k + \mathrm{d}u_k) - N_j u_k$$
$$= N_j u_k + N_j \mathrm{d}u_k + \mathrm{d}N_j u_k + \mathrm{d}N_j \mathrm{d}u_k - N_j u_k$$
$$= N_j \mathrm{d}u_k + \mathrm{d}N_j u_k$$

Der Term $\mathrm{d}N_j \mathrm{d}u_k$ entfällt, da er ein Produkt zweier differenzieller Größen darstellt und darum als „von höherer Ordnung klein" vernachlässigt werden kann.

Mit $\frac{\mathrm{d}u_k}{\mathrm{d}x} = \varepsilon_k = \frac{N_k}{EA}$ bzw. $\mathrm{d}u_k = \varepsilon_k \mathrm{d}x = \frac{N_k}{EA}\mathrm{d}x$ folgt:

$$-\mathrm{d}W^i_{jk} = N_j \frac{N_k}{EA}\mathrm{d}x + \mathrm{d}N_j u_k = N_j \frac{N_k}{EA}\mathrm{d}x + \frac{\mathrm{d}N_j}{\mathrm{d}x} u_k \mathrm{d}x$$
$$= N_j \frac{N_k}{EA}\mathrm{d}x + N_j' u_k \mathrm{d}x$$

Die gesamte innere Arbeit wird somit:

$$-W^i_{jk} = \int \frac{N_j N_k}{EA}\mathrm{d}x + \int N_j' u_k \mathrm{d}x$$

Die Gleichgewichtsbedingung des Dehnstabes, Gl. (1.7) lautet:

$$N' = -p(x)$$

Erfüllt also der Zustand des Kräftesystems j die Gleichgewichtsbedingungen, kann N_j' durch die verteilte Tangentialbelastung aus der Beziehung $N_j' = -p_j$ ersetzt werden.

$$-W^i_{jk} = \int \frac{N_j N_k}{EA}\mathrm{d}x - \int p_j u_k \mathrm{d}x$$

Die innere Kraftgröße N wurde durch die äußere Belastung p ersetzt. Daher ist der Arbeitsterm infolge p als äußere Arbeit zu interpretieren. Stellt der Zustand j einen virtuellen Zustand dar, der nur durch eine virtuelle Einzelkraft oder ein virtuelles Einzelmoment erzeugt wurde, existiert keine verteilte virtuelle Belastung p_j, die äußere Arbeit leistet. Damit der Term $\int N_j' u_k \mathrm{d}x$ gleich null ist, muss daher $N_j' = 0$ gelten. Das bedeutet, dass der virtuelle Zustand die Gleichgewichtsbedingung erfüllen muss, damit die Arbeitsgleichung in der angegebenen Form gültig ist.

Ein weiterer Zugang zur Arbeitsgleichung des Prinzips der virtuellen Kräfte ergibt sich aus der Differenzialgleichung 1. Ordnung, die den Zusammenhang zwischen Schnittgrößen und den äußeren Weggrößen darstellt. Die Gleichung beinhaltet die werkstofflichen und kinematischen Beziehungen und stellt eine Verträglichkeitsbedingung dar. Der Anteil aus gleichmäßiger Temperatur wird hier weggelassen, um die Darstellung übersichtlicher zu machen. Die Gleichung lautet damit:

$$u' = \frac{N}{EA} \quad \text{bzw.} \quad u' - \frac{N}{EA} = 0$$

Diese Gleichung bedeutet mechanisch, dass die Differenz der Dehnung aus der Ableitung der Verschiebungsfunktion einerseits und der elastischen Dehnung aus der Beanspruchung durch die Normalkraft andererseits, gleich null sein muss, damit der Stab keine Lücken aufweist.

Diese Bedingung wird nun äquivalent mit dem Prinzip der virtuellen Kräfte formuliert. Ist die Dehnungsdifferenz gleich null, so ist auch die Arbeit, die eine virtuelle, also nur gedachte Normalkraft auf der Dehnungsdifferenz verrichtet, gleich null.

$$\int \left(u' - \frac{N}{EA} \right) \bar{N} \, dx = 0$$

Der Ausdruck in der Klammer stellt eine Dehnung dar. Durch Multiplikation mit der Länge dx des differenziellen Elements ergibt sich die Verschiebung, auf der $\bar{N}$ Arbeit leistet. Ausmultipliziert folgt:

$$\int \left(u' - \frac{N}{EA} \right) \bar{N} \, dx = \int u' \bar{N} \, dx - \int \frac{N}{EA} \bar{N} \, dx = 0$$

Der zweite Term ist die innere Arbeit, die wir aus der Arbeitsgleichung (1.43) kennen. Der erste Term wird nun durch partielle Integration umgeformt:

$$\int u' \bar{N} \, dx = -\int u \bar{N}' dx + u\bar{N}\big|_R$$

Das Symbol $|_R$ bedeutet, dass die Größen am Rand des Integrationsgebietes auszuwerten sind. Ist der virtuelle Zustand durch eine Einzelkraftgröße verursacht, dann muss $\bar{N}' = 0$ gelten, damit die Gleichgewichtsbedingung erfüllt ist. In diesem Fall verschwindet das Integral $\int u \bar{N}' dx$.

Wir betrachten noch den durch partielle Integration formal entstandenen Randterm $u\bar{N}\big|_R$. Er ist gleich null, wenn einer der beiden Faktoren gleich null ist. An einem Rand, an dem die Verschiebung verhindert (gleich null) ist, also an einem Auflager, verschwindet das Produkt unabhängig von $\bar{N}$. An einem anderen Rand, an dem die Verschiebung u ungleich null ist, muss demnach die virtuelle Normalkraft $\bar{N}$ gleich null sein, damit der gesamte Randterm verschwindet. Dies ist dann der Fall, wenn der virtuelle Zustand die Gleichgewichtsbedingungen erfüllt.

Es wurde hier exemplarisch nur der Anteil der Verschiebungsarbeit aus der Dehnung des Stabes gezeigt. Für die anderen Anteile können die Zusammenhänge auf entsprechende Weise dargestellt werden, worauf im Rahmen dieses Buches aber verzichtet wird.

Es ist aber noch zu bemerken, dass sich aus den Herleitungen nicht die Forderung ergeben hat, dass der virtuelle Zustand auch die Verträglichkeitsbedingungen erfüllen muss.

Wir fassen das Ergebnis der Betrachtungen in folgendem Satz zusammen:

Der virtuelle Kraftgrößenzustand zur Berechnung von Verformungen mit der Arbeitsgleichung muss die Gleichgewichtsbedingungen erfüllen.

1.6.1.4 Anwendung der Arbeitsgleichung

Wie man mithilfe von Gl. (1.43) eine Verformung ermittelt, wird am Beispiel des durch eine konstante Streckenlast beanspruchten Kragträgers in *Bild 1.47* gezeigt.

Gesucht ist die vertikale Verschiebung der Kragarmspitze. Bevor die wirkliche Belastung auf den Träger einwirkt, wird gedanklich eine virtuelle Kraftgröße aufgebracht, die auf der gesuchten Verformung Arbeit leistet. In diesem Fall ist dies eine vertikale Kraft, die mit der Größe eins aufgebracht wird. Die virtuelle Kraft erzeugt eine virtuelle Momentenlinie sowie virtuelle Verformungen. Die dabei geleistete äußere und innere Eigenarbeit ist nicht von Interesse und wird nicht weiter betrachtet.

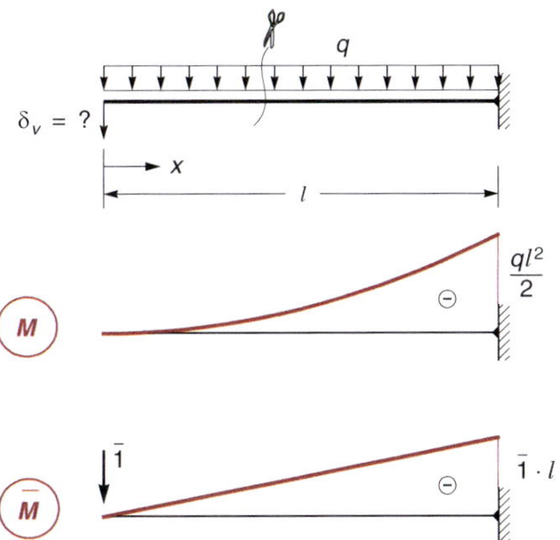

Bild 1.47 Wirklicher und virtueller Zustand am Kragträger

Es wird nun die wirkliche Belastung aufgebracht. Sie erzeugt die dargestellte Momentenlinie und verformt den Kragträger. Durch diese Verformung wird die schon vorhandene virtuelle Kraft verschoben und leistet äußere Verschiebungsarbeit. Die ebenfalls schon vorhandenen virtuellen Momente leisten innere Verschiebungsarbeiten auf den Krümmungen, die von der wirklichen Belastung erzeugt werden.

Aus der Arbeitsgleichung des Prinzips der virtuellen Kräfte, Gl. (1.43), verbleibt auf der rechten Seite nur der erste Term unter dem Integral, da alle anderen Terme in diesem Fall gleich null sind. Es ist also die folgende Gleichung auszuwerten:

$$\bar{1} \cdot \delta = \int_0^l \frac{M\bar{M}}{EI} \mathrm{d}x = \int_0^l \bar{M} \underbrace{\frac{M}{EI}}\mathrm{d}x$$

virtuelle Kraft: $\bar{1}$; virtuelles Moment: $\bar{M}$; tatsächliche gesuchte Weggröße: δ; tatsächliche Krümmung $\left(-\frac{M}{EI} = \kappa = w''\right)$

Um das Integral der rechten Seite berechnen zu können, müssen die Momentenlinien aus *Bild 1.47* als Funktion von x formuliert werden. Nach einem Schnitt an variabler Stelle x folgen die Funktionsverläufe aus dem Gleichgewicht am linken Teilsystem in *Bild 1.48*.

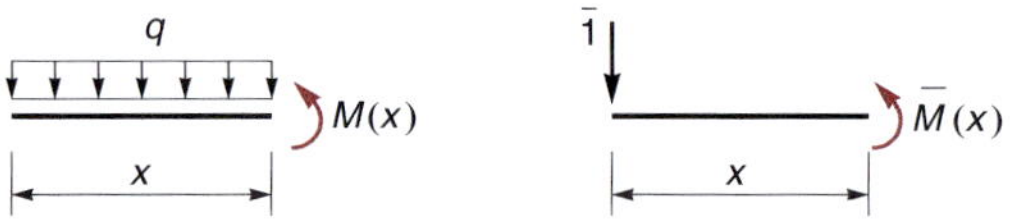

q, M(x), x; $\bar{1}$, $\bar{M}(x)$, x

Bild 1.48 Schnitt an variabler Stelle x

$$M(x) = -\frac{1}{2}qx^2$$

$$\bar{M}(x) = -\bar{1}x = -x$$

Damit kann das Integral berechnet werden.

$$\delta_v = \frac{1}{EI}\int_0^l \left(-\frac{1}{2}qx^2\right)(-x)\,\mathrm{d}x = \frac{q}{2EI}\int_0^l x^3\,\mathrm{d}x = \frac{ql^4}{8EI}$$

Das Berechnungsergebnis entspricht dem in Beispiel 1.3.

Es ist rechentechnisch vorteilhaft, mit EI_c-fachen Verformungen zu arbeiten. Wir multiplizieren daher die Arbeitsgleichung mit einer beliebigen Vergleichssteifigkeit EI_c. Die EI_c-fache Verformung wird abgekürzt durch einen Strich gekennzeichnet, der aber selbstverständlich nichts mit dem Ableitungssymbol zu tun hat.

Ohne Berücksichtigung von Querkraft und Torsionsmomenten, also für ebene Systeme und schlanke Stäbe folgt Gl. (1.44).

$$\bar{1} \cdot \delta' = \frac{I_c}{I}\int M\bar{M}\,\mathrm{d}x + \frac{I_c}{A}\int N\bar{N}\,\mathrm{d}x + EI_c\left\{\int \bar{N}\alpha_T T_0\,\mathrm{d}x + \int \bar{M}\alpha_T \frac{\Delta T}{h}\,\mathrm{d}x + \sum\frac{F\bar{F}}{k_F} + \sum\frac{M\bar{M}}{k_M} - \sum\bar{C}c - \sum\bar{M}_E\varphi\right\} \tag{1.44}$$

Die Arbeitsgleichung (1.43) bzw. (1.44) vereinfacht sich bei Fachwerksystemen erheblich, da als Schnittgrößen nur Normalkräfte vorhanden sind. Aus Gl. (1.43) verbleibt dann:

$$\bar{1} \cdot \delta = \int \frac{N\bar{N}}{EA}\mathrm{d}x + \int \alpha_T T_0 \bar{N}\,\mathrm{d}x - \sum \bar{C}c$$

In diesem Fall ist es günstig, eine Vergleichsdehnsteifigkeit EA_c zu wählen und die EA_c-fachen Verformungen zu berechnen. Daraus ergibt sich die folgende Form der Arbeitsgleichung:

$$\bar{1} \cdot \delta' = \frac{A_c}{A}\int N\bar{N}\,\mathrm{d}x + EA_c\left\{\int \alpha_T T_0 \bar{N}\,\mathrm{d}x - \sum \bar{C}c\right\}$$

Diese Gleichung kann noch weiter vereinfacht werden, da bei Fachwerksystemen die Normalkräfte stabweise konstant sind. Dasselbe gilt für die Temperatur T_0. Das Integral über $\mathrm{d}x$ ergibt die Länge des Integrationsbereiches, also die Stablänge. Damit folgt:

$$\bar{1} \cdot \delta' = \sum_{i=1}^{n}\left\{\frac{A_c}{A}N_i\bar{N}_i l_i + EA_c\left(\alpha_T T_0 \bar{N}_i l_i - \sum \bar{C}c\right)\right\} \tag{1.45}$$

1.6.1.5 Berechnung der Integrale

Die analytische Auswertung der Integrale in der Arbeitsgleichung (1.44) stellt zwar für abschnittsweise konstante Biegesteifigkeit EI kein grundsätzliches Problem dar, ist aber für die praktische Rechnung viel zu umständlich.

Für die wichtigsten Funktionsverläufe sind die Integrale der Produkte zweier Funktionen ausgewertet. Sie sind in *Tafel A7* angegeben. Voraussetzung für die Anwendung ist eine abschnittsweise konstante Biegesteifigkeit EI.

Die Anwendung der Integraltafel *A7* wird nun für den Kragträger in *Bild 1.47* gezeigt. Auszuwerten ist das Integral $\int M\bar{M}\,dx$. Man nennt dies auch die „Überlagerung" der Momentenlinien.

Die tatsächliche Momentenlinie hat an der Kragarmspitze eine horizontale Tangente, da die Querkraft gleich null ist. Dieser Spezialfall ist in den Zeilen 8 und 9 der *Tafel A7* zu finden. Horizontale Tangenten der Funktionsverläufe sind in der *Tafel A7* durch einen kleinen Kreis gekennzeichnet. Werden diese speziellen Fälle benutzt, so muss sichergestellt sein, dass die Querkraft in diesen Punkten gleich null ist! Die virtuelle Momentenlinie entspricht dem dreiecksförmigen Verlauf der Spalte 2. Es ist nicht von Bedeutung, ob die Ordinaten des Dreiecks oder der Parabel auf der linken oder rechten Seite liegen. Entscheidend ist grundsätzlich die Orientierung der Verläufe zueinander. Aus diesem Grund ist die Parabel der Zeile 8 zu wählen. Mit Zeile 8 und Spalte 2 ergibt sich:

$$\int M\bar{M}\,dx = l \cdot \frac{1}{4} \cdot j \cdot k = l \cdot \frac{1}{4} \cdot (-l) \cdot \left(-\frac{ql^2}{2}\right) = \frac{ql^4}{8}$$

Eine andere Möglichkeit zur Ermittlung des Integrals besteht darin, die Momentenlinie in Einzelanteile zu zerlegen. Dies wäre zwingend notwendig gewesen, wenn an der Kragarmspitze die Querkraft ungleich null gewesen wäre, also keine horizontale Tangente vorgelegen hätte.

$$\begin{aligned}\int \bar{M}M\,dx &= \int \bar{M}(M_1 + M_2 + \ldots)\,dx \\ &= \int \bar{M}M_1\,dx + \int \bar{M}M_2\,dx + \ldots\end{aligned} \tag{1.46}$$

Die Zerlegung erfolgt hier in den linearen Anteil aus dem Moment an der Einspannung und die eingehängte $ql^2/8$-Parabel.

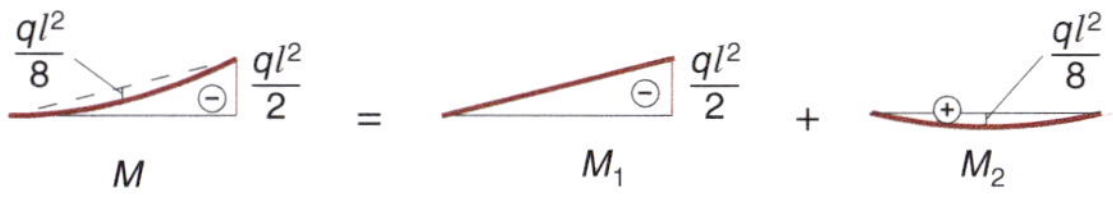

Bild 1.49 Zerlegung der Momentenlinie

$$\int \bar{M}M\,dx = \int \bar{M}M_1\,dx + \int \bar{M}M_2\,dx$$

Beide Anteile sind mit dem virtuellen Momentenverlauf zu überlagern.

Für das Integral $\int \bar{M}M_1\,dx$ folgt aus Zeile 2, Spalte 2:

$$\int \bar{M}M_1\,dx = l \cdot \frac{1}{3} \cdot j \cdot k = l \cdot \frac{1}{3} \cdot (-l) \cdot \left(-\frac{ql^2}{2}\right) = \frac{ql^4}{6}$$

Das Integral $\int \bar{M}M_2\,dx$ ergibt sich aus Zeile 7, Spalte 2:

$$\int \bar{M}M_2\,dx = l \cdot \frac{1}{3} \cdot j \cdot k = l \cdot \frac{1}{3} \cdot (-l) \cdot \frac{ql^2}{8} = -\frac{ql^4}{24}$$

Das endgültige Ergebnis ist die Summe beider Anteile.

$$\int \bar{M}M\,dx = \int \bar{M}M_1\,dx + \int \bar{M}M_2\,dx = \frac{ql^4}{6} - \frac{ql^4}{24} = \frac{ql^4}{8}$$

1.6.2 Einheiten

Die äußere Arbeit in Gl. (1.44) enthält die gesuchte Verformung. Um diese Verformung zu erhalten, ist die Arbeit durch die dimensionsbehaftete virtuelle Kraftgröße zu dividieren. Wird die virtuelle Kraftgröße als Einheitsgröße vorgegeben, so kann das Ergebnis der Auswertung der Arbeitsgleichung direkt als Verformung interpretiert werden. Es ist hinsichtlich der Einheiten immer daran zu denken, dass die berechnete Verformung eigentlich die Verschiebungsarbeit in der Einheit kNm darstellt. Für die praktische Berechnung ist dies jedoch ohne weitere Bedeutung, da das Ergebnis der Verformung immer in der Einheit vorliegt, die der mechanischen Bedeutung entspricht. Verschiebungen ergeben sich in der Längeneinheit, die auch bei den zugrunde liegenden Schnittgrößen verwandt wurden, Verdrehungen sind dimensionslos.

1.6.3 Grundfälle der Einzelverformungsberechnung

Die Grundfälle der Einzelverformungsberechnung sind in *Tabelle 1.6* zusammengestellt. Die Fälle 3. bis 6. sind aus den Fällen 1. und 2. abgeleitet.

Tabelle 1.6 Grundfälle zur Berechnung von Einzelverformungen

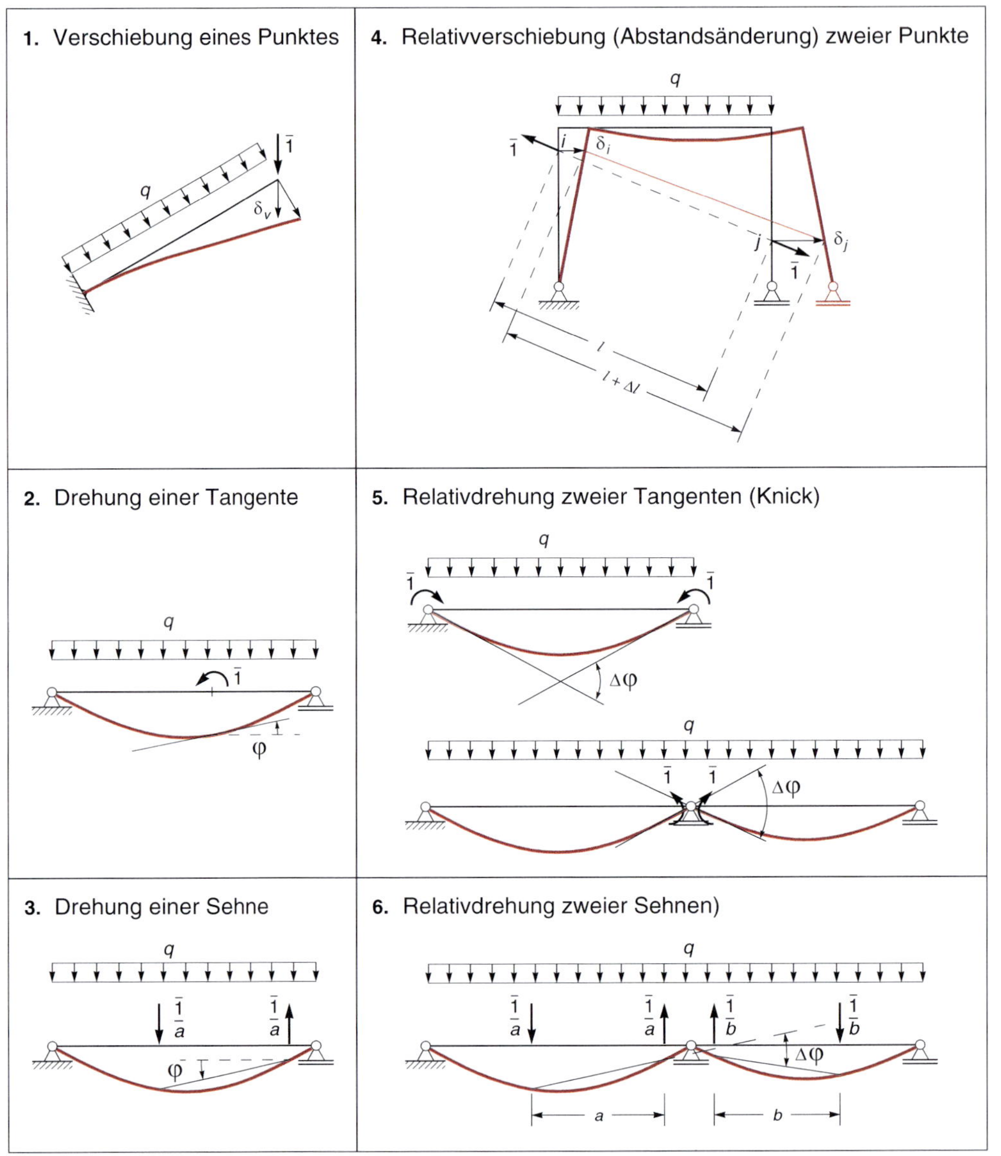

Jeder Fall kann aus der Überlegung entwickelt werden, welche Kraftgröße auf der gesuchten Verformung Arbeit leistet. Der Arbeitsbegriff als Skalarprodukt aus Kraft- und Verformungsgröße ist auch wichtig zum Verständnis der berechneten Verformung. Die virtuelle Einzelkraft leistet Arbeit auf der Komponente der Verschiebung in ihrer Richtung. Sind zwei Komponenten der Verschiebung bekannt, so erhält man die wirkliche Verschiebung durch die Konstruktion in *Bild 1.50*, also aus dem Schnittpunkt der Senkrechten im Endpunkt der Verschiebungskomponenten und **nicht** aus einer Parallelogrammkonstruktion.

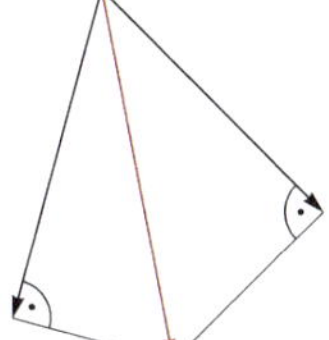

Bild 1.50 Konstruktion der resultierenden Verschiebung

Bei der Berechnung einer Abstandsänderung zweier Punkte ist zu beachten, dass nicht die Längenänderung der Verbindungslinie der Punkte ermittelt wird, sondern die Projektion dieser Längenänderung in Richtung der unverformten Verbindungslinie, wie dies in *Tabelle 1.6* unter 4. dargestellt ist.

Beispiel 1.7

Für den in *Bild 1.51* dargestellten Gelenkträger sind die angegebenen Verformungen zu ermitteln.

1. Die vertikale Verschiebung des Punktes *b* infolge der angegebenen Streckenlast $q = 10$ kN/m.
2. Die Verdrehung des Querschnittes (Tangente) rechts von *d* infolge *q*.
3. Die vertikale Verschiebung des Gelenkes *d* infolge einer Temperaturdifferenz $\Delta T = 50°$ (oben wärmer) im Bereich *c – e*.
4. Die Verdrehung des Querschnittes in *e* infolge einer Auflagersenkung in *c* um 3 cm.

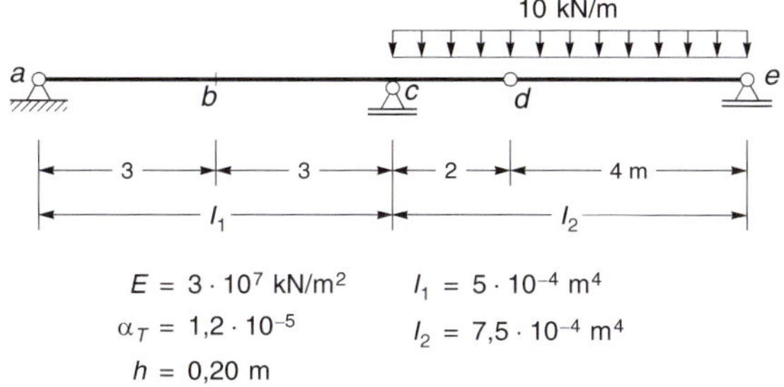

Bild 1.51 Gelenkträger

Für die Berechnung der Verformungen wird die Momentenlinie infolge der Streckenlast benötigt, sie ist in *Bild 1.52* angegeben.

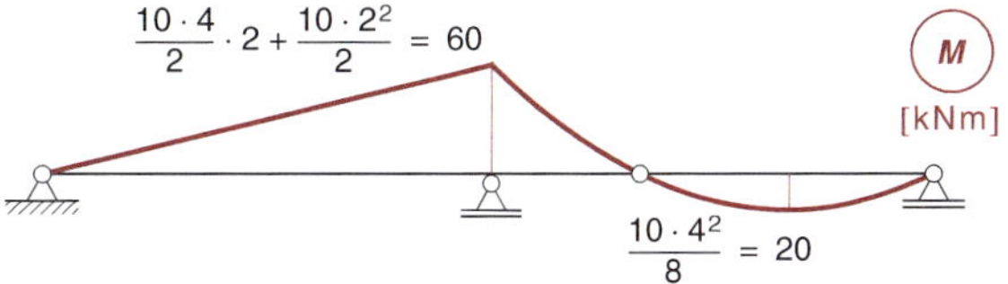

Bild 1.52 Momentenlinie infolge Streckenlast

Als Vergleichsträgheitsmoment I_c wird das größte Trägheitsmoment, hier also I_2 gewählt. Dann sind alle Verhältnisse I_c/I größer als eins. Grundsätzlich ist die Wahl des Vergleichsträgheitsmoments beliebig. Es ist jedoch empfehlenswert, ein gewisses Schema einzuhalten, weil dadurch die Fehleranfälligkeit der Berechnung reduziert wird. Die Wahl von I_c sollte daher immer in gleicher Weise erfolgen, d. h. wie hier als das größte im System vorhandene Trägheitsmoment.

$$I_c = I_2 \Rightarrow \begin{cases} \dfrac{I_c}{I_2} = 1 \\ \dfrac{I_c}{I_1} = \dfrac{7{,}5 \cdot 10^{-4}}{5 \cdot 10^{-4}} = 1{,}5 \end{cases}$$

$$EI_c = 3 \cdot 10^7 \cdot 7{,}5 \cdot 10^{-4} = 22500 \text{ kNm}^2$$

1. Die vertikale Verschiebung des Punktes *b* infolge der angegebenen Streckenlast $q = 10$ kN/m.

- Virtueller Zustand

Es wird eine virtuelle Kraftgröße aufgebracht, die auf der gesuchten Verformung Arbeit leistet. Für die gesuchte Verschiebung ist eine vertikale virtuelle Einzelkraft $\bar{1}$ im Punkt *b* anzusetzen und die daraus resultierende virtuelle Momentenlinie zu bestimmen, siehe *Bild 1.53*.

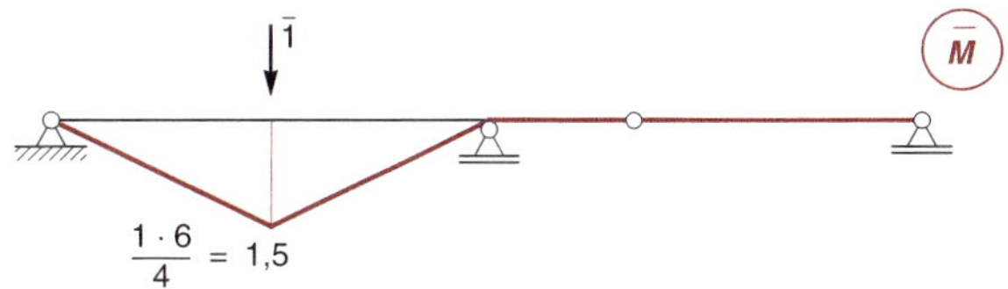

Bild 1.53 Virtueller Zustand zur Berechnung von δ_b

- Arbeitsgleichung des Prinzips der virtuellen Kräfte

Aus der Arbeitsgleichung (1.44) ist nur der erste Term relevant:

$$\bar{1} \cdot \delta' = \frac{I_c}{I}\int M\bar{M}\,dx$$

Es wird das Integral über das Produkt zweier Funktionen ausgewertet. Ist eine der beiden Funktionen gleich null, so verschwindet das Produkt $M\bar{M}$ und das Integral ist gleich null. Für die Auswertung sind daher nur die Bereiche zu berücksichtigen, in denen beide Momentenlinien ungleich null sind. In diesem Fall ist dies nur der Bereich *a – c*. Die Auswertung des Integrals erfolgt durch Anwendung der *Tafel A7*. Der spezielle Fall der Momentenlinie infolge einer mittigen Einzelkraft ist in Zeile 5 gegeben, der dreiecksförmige Verlauf findet sich in Spalte 2. Da beide Momentenlinien auf unterschiedlichen Seiten liegen, ist das Integral negativ. Damit folgt die EI_c-fache Durchbiegung:

$$\bar{1} \cdot \delta'_b = -1{,}5 \cdot 6 \cdot \frac{1}{4} \cdot 1{,}5 \cdot 60 = -202{,}5$$

Die wirkliche Verformung ergibt sich nach Division durch EI_c:

$$\delta_b = \frac{\delta'_b}{EI_c} = \frac{-202{,}5}{22500} = -0{,}009 \text{ m}$$

Das negative Vorzeichen bedeutet, dass die Arbeit der virtuellen Kraft negativ ist, virtuelle Kraft und wirkliche Verformung also entgegengerichtet sind. Der Punkt *b* verschiebt sich daher nach oben.

2. Die Verdrehung des Querschnittes (Tangente) rechts von *d* infolge *q*.

- Virtueller Zustand

Auf einer Drehung leistet ein Einzelmoment Arbeit, es ist demnach die Momentenlinie infolge eines Momentes $\bar{1}$ rechts vom Gelenkpunkt *d* zu ermitteln. siehe *Bild 1.54*.

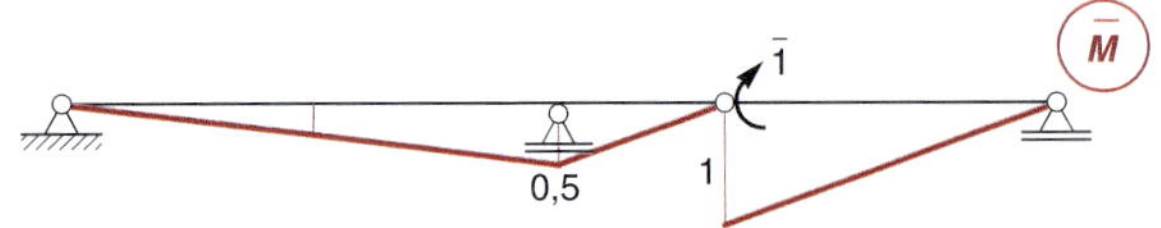

Bild 1.54 Virtueller Zustand zur Berechnung von $\varphi_{d,\,re}$

- Arbeitsgleichung des Prinzips der virtuellen Kräfte

Auch bei dieser Berechnung ist nur der erste Term der Arbeitsgleichung auszuwerten, da alle anderen gleich null sind:

$$\bar{1} \cdot \varphi'_{d,\,re} = \frac{I_c}{I}\int M\bar{M}\,dx$$

In diesem Fall ist sowohl die tatsächliche als auch die virtuelle Momentenlinie in allen Bereichen ungleich null. Das auszuwertende Integral der Arbeitsgleichung ist daher in allen Stäben des Systems auszuwerten. Die Auswertung ist in *Tabelle 1.7* durchgeführt. Aus dem Ergebnis der tabellarischen Auswertung folgt die wirkliche Verformung:

$$\bar{1} \cdot \varphi'_{d,\,re} = -81{,}67$$

$$\varphi_{d,\,re} = \frac{\varphi'_{d,\,re}}{EI_c} = \frac{-81{,}67}{22500} = -0{,}00363 \text{ rad}$$

In *Bild 1.55* ist die Verformung infolge der Streckenlast qualitativ dargestellt. Im gesamten Bereich *a – d* liegt die Momentenlinie auf der oberen Seite. Aufgrund der daraus resultierenden Krümmung verbiegt sich der Stab *a – c* nach oben, da an den Auflagern die Verschiebung gleich null ist. Da der Stab *c – d* dieselbe Krümmung hat und im Punkt *c* kein Knick auftreten darf, verschiebt sich der Gelenkpunkt *d* nach unten. Durch diese Verschiebung dreht sich der rechte Träger im Gegenuhrzeigersinn. Dieser Anteil an der Verdrehung rechts vom Gelenkpunkt resultiert also aus den Krümmungen im Bereich *a – d*.

In *Tabelle 1.7* ist dieser Anteil die Summe der ersten drei Zeilen. Der Wert in der letzten Zeile entspricht dem Winkel zwischen der Stabsehne und der Tangente an die Biegelinie des rechten Trägers. Es ist der Anteil, der sich aus der Krümmung infolge der Momente im Bereich *d – e* ergibt.

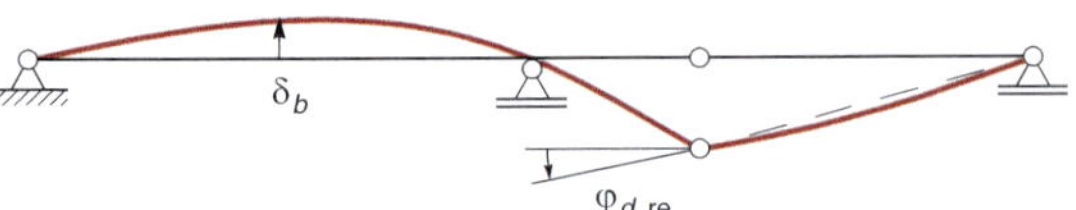

Bild 1.55 Biegelinie infolge der Streckenlast

Tabelle 1.7 Auswertung der Arbeitsgleichung

Bereich	$\frac{I_c}{I}$	l	M	$\overline{M}$	$\frac{I_c}{I}\int M\overline{M}\,dx$	Ergebnis
$a-c$	1,5	6,0	⊖ 60	⊕ 0,5	$1{,}5 \cdot 6{,}0 \cdot \frac{1}{3} \cdot 0{,}5 \cdot (-60)$	−90,00
$c-d$	1,0	2,0	60 ⊖	0,5 ⊕	$1{,}0 \cdot 2{,}0 \cdot \frac{1}{3} \cdot 0{,}5 \cdot (-60)$	−20,00
			⊕ 5	0,5 ⊕	$1{,}0 \cdot 2{,}0 \cdot \frac{1}{3} \cdot 0{,}5 \cdot 5$	1,67
$d-e$	1,0	4,0	⊕ 20	1 ⊕	$1{,}0 \cdot 4 \cdot \frac{1}{3} \cdot 1 \cdot 20$	26,67
						−81,67

3. Die vertikale Verschiebung des Gelenkes d infolge einer Temperaturdifferenz $\Delta T = 50°$ (oben wärmer) im Bereich $c-e$.

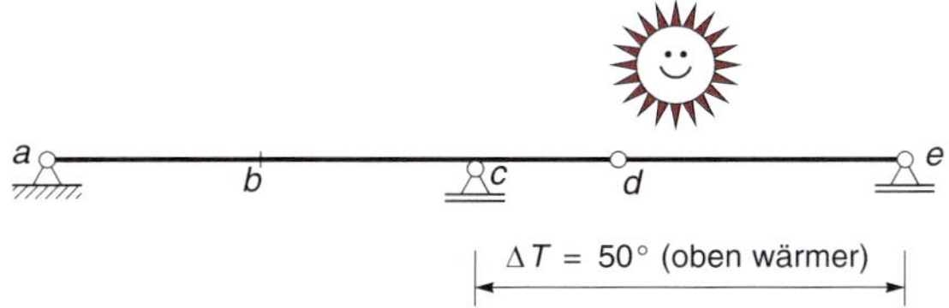

Bild 1.56 Gelenkträger mit Temperaturbeanspruchung

Eine Verformungsbeanspruchung erzeugt am statisch bestimmten System keine Schnittgrößen. Die Momentenlinie infolge der Temperaturdifferenz ist identisch null!

- Virtueller Zustand

Es wird eine virtuelle Einzelkraft $\bar{1}$ im Punkt d aufgebracht und die Momentenlinie ermittelt, wie in *Bild 1.57* dargestellt ist.

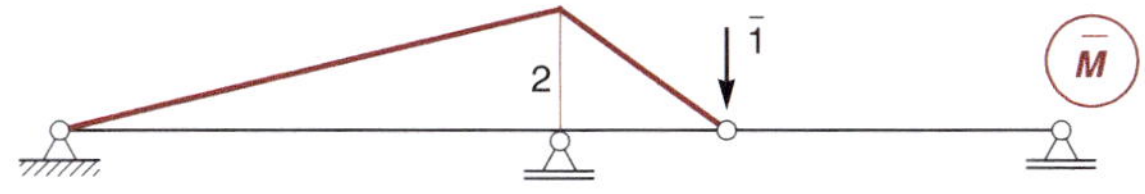

Bild 1.57 Virtueller Zustand zur Berechnung von δ_d

- Arbeitsgleichung des Prinzips der virtuellen Kräfte

Aus der Arbeitsgleichung ist der Term auszuwerten, der die Temperaturdifferenz ΔT enthält:

$$\bar{1} \cdot \delta'_d = EI_c \int \overline{M} \alpha_T \frac{\Delta T}{h} dx$$

Es ist in diesem Fall nicht sinnvoll, zunächst die EI_c-fache zu berechnen. Da nur der Term infolge ΔT auszuwerten ist, kann EI_c auf beiden Seiten der Arbeitsgleichung gestrichen werden. Die Gleichung lautet dann:

$$\bar{1} \cdot \delta_d = \int \overline{M} \alpha_T \frac{\Delta T}{h} dx$$

Nur im Bereich $c-d$ sind sowohl die virtuelle Momentenlinie als auch die Temperaturbeanspruchung ungleich null. Daher ist nur dieser Bereich auszuwerten. Es handelt sich wiederum um das Integral über das Produkt zweier Funktionen. Die erste Funktion ist $\overline{M}$, die zweite Funktion ist die Konstante $\alpha_T \cdot \Delta T/h$. Die Konstante kann vor das Integral gezogen werden und es verbleibt das Integral über $\overline{M}$, in diesem Fall der Flächeninhalt der dreieckigen Momentenlinie im Bereich $c-d$. In der Integraltafel entspricht dies der Überlagerung von Dreieck und Rechteck. Das Vorzeichen des Arbeitsterms infolge ΔT ist positiv, da die Seite wärmer wird, auf der die virtuelle Momentenlinie liegt, hier also die obere Seite.

$$\bar{1} \cdot \delta_d = 2 \cdot \frac{1}{2} \cdot 2 \cdot 1{,}2 \cdot 10^{-5} \cdot \frac{50}{0{,}2} = 0{,}006 \text{ m}$$

Um die Verformungsfigur zu zeichnen, beginnen wir mit dem Bereich $a-c$. Da die Momentenlinie identisch null ist und in diesem Bereich auch keine Temperaturdifferenz wirkt, hat der Stab keine Krümmung. Durch die Auflager in den Punkten a und c ist die Verformung in diesem Bereich gleich null. Im Punkt c ist kein Gelenk im Stab, darum kann hier kein Knick vorhanden sein. Der verformte Stab $c - d$ muss also im Punkt c eine horizontalen Tangente haben. Aufgrund der Temperaturdifferenz wird die obere Faser des Balkens verlängert und die untere Faser gestaucht. Mit der daraus resultierenden Krümmung kann die Verformung des Bereiches $c - d$ gezeichnet werden und es folgt daraus eine Verschiebung des Gelenkpunktes d nach unten. Dieses Ergebnis entspricht der obigen Berechnung.

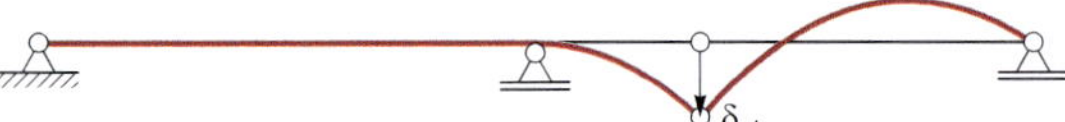

Bild 1.58 Verformung infolge Temperaturdifferenz

4. Die Verdrehung des Querschnittes in e infolge einer Auflagersenkung in c um 3 cm.

Die eingeprägte Auflagerverschiebung stellt einen Verformungslastfall dar, der an dem vorliegenden statisch bestimmten System keine Schnittgrößen erzeugt.

- Virtueller Zustand

Weil eine Verdrehung gesucht ist, ist ein virtuelles Moment $\bar{1}$ im Punkt e anzusetzen. Die Momentenlinie infolge der Auflagersenkung ist gleich null, daher wird auch keine virtuelle Momentenlinie benötigt. Die virtuelle Größe, die auf der tatsächlichen eingeprägten Auflagersenkung im Punkt c Arbeit leistet, ist die virtuelle Auflagerkraft an der Stelle, an der die Verformung eingeprägt wird. In diesem Beispiel wird also die Auflagerkraft im Punkt c benötigt. Den virtuellen Zustand und die Berechnung der Auflagerkraft zeigt *Bild 1.59*.

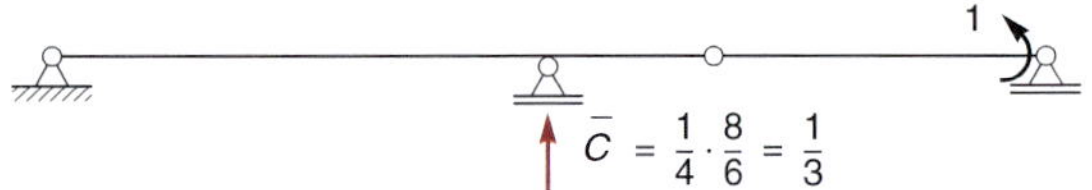

Bild 1.59 Virtueller Zustand zur Berechnung von $\varphi_{d,\,re}$

- Arbeitsgleichung des Prinzips der virtuellen Kräfte

Es ist der Term der Arbeitsgleichung auszuwerten, der die eingeprägte Auflagerverschiebung enthält:

$$\bar{1} \cdot \varphi'_e = -EI_c\bar{C}c$$

Wie bei der Beanspruchung infolge Temperaturdifferenz kann die Vergleichssteifigkeit EI_c herausgestrichen werden:

$$\bar{1} \cdot \varphi_e = -\bar{C}c = -\left[-\frac{1}{3} \cdot 0{,}03\right] = 0{,}01 \text{ rad}$$

Bei der Auswertung des Arbeitsterms in der oberen Gleichung ist zu beachten, dass ein negatives Vorzeichen zunächst aus der Arbeitsgleichung stammt. Das Produkt in der eckigen Klammer ist die Arbeit, die die virtuelle Kraftgröße auf der tatsächlichen eingeprägten Verformung leistet. Das Vorzeichen dieser Arbeit hängt davon ab, ob Kraft- und Weggröße gleichgerichtet sind oder nicht. In diesem Beispiel sind beide Größen entgegengerichtet, daher ist die Arbeit negativ.

Bild 1.60 zeigt die Verformung des Gelenkträgers infolge der Absenkung des mittleren Auflagers. Da der Verformungslastfall keine Biegemomente erzeugt, bleiben die Stäbe gerade. Der linke Einfeldbalken mit Kragarm dreht sich durch die Lagerverschiebung im Uhrzeigersinn. Daraus resultiert die Drehung des rechten Balkens im Gegenuhrzeigersinn. Wie ersichtlich ist, handelt es sich um ein rein kinematisches Problem. Um im Punkt c eine Verschiebung zu ermöglichen, muss das Auflager entfernt werden. Dadurch wird aus dem statisch bestimmten System eine zwangläufige kinematische Kette. Die Verschiebung der kinematischen Kette wird so vorgegeben, dass die Verschiebung im Punkt c 3 cm beträgt. Daraus kann die gesuchte Drehung am rechten Auflager geometrisch ermittelt werden. Die Verschiebung des Gelenkpunktes folgt aus dem Strahlensatz mit 4 cm. Damit ergibt sich die Drehung des rechten Balkens wie in *Bild 1.60* angegeben.

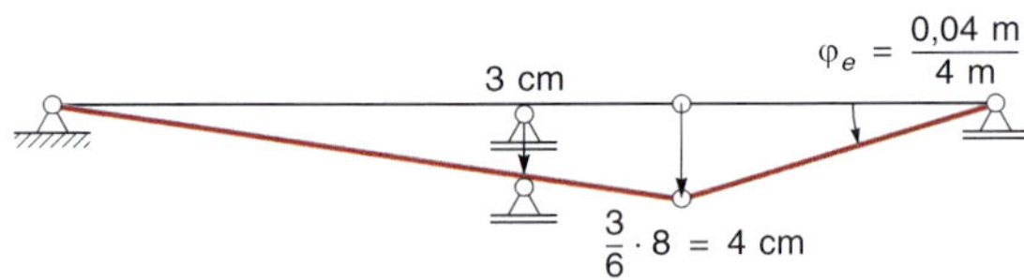

Bild 1.60 Verformung infolge eingeprägter Auflagerverschiebung

Aus der obigen Betrachtung der Auflagerverschiebung als kinematisches Problem wird anschaulich deutlich, warum vorgegebene Auflagerweggrößen bei statisch bestimmten Systemen keine Schnittgrößen, also Beanspruchungen verursachen. Um eine Auflagerweggröße vorzugeben, ist zunächst eine entsprechende kinematische Bindung zu lösen. Dadurch entsteht bei einem statisch bestimmten System eine kinematische Kette, die sich zwängungsfrei bewegt. Ist das System statisch unbestimmt, so bleibt das System nach dem Lösen einer Bindung unverschieblich und die Auflagerverformung kann nur unter Krafteinwirkung aufgebracht werden.

1.6.4 Größenordnung der Verformungsanteile

Bei den bisher betrachteten Beispielen zur Berechnung von Verformungen traten keine Normalkräfte auf. Ein Anteil der Verformung infolge der Dehnung oder Stauchung der Stabachse war deshalb nicht zu berücksichtigen.

Das statische System in *Bild 1.61* enthält einen Pendelstab, der für den horizontalen Balken ein einwertiges Auflager darstellt. Da der Pendelstab sich infolge der Normalkraft verlängert, ist der Balken in diesem Punkt nicht starr, sondern elastisch gelagert. Ziel der folgenden Betrachtungen ist es, den Anteil der einzelnen Schnittgrößen an der gesamten Verformung zu beurteilen.

Die tatsächliche Beanspruchung besteht aus einer Einzelkraft von 1 kN an der Spitze des Kragarms. Infolge dieser Kraft entstehen die angegebenen Schnittgrößenverläufe *M* und *V*. Im Pendelstab wirkt eine Zugkraft von 2 kN.

Für die Verformungsberechnung wird ein einheitlicher Querschnitt zugrunde gelegt. Betrachtet wird die Verschiebung der Kragarmspitze. Um diese Verformung zu berechnen, wird eine virtuelle Kraft $\bar{1}$ aufgebracht. Der virtuelle Zustand ist also gleich dem tatsächlichen Zustand.

Die Arbeitsgleichung unter Berücksichtigung aller Schnittgrößen lautet:

$$\bar{1} \cdot \delta' = \frac{I_c}{I}\int M\bar{M}\,dx + \frac{I_c}{A}\int N\bar{N}\,dx + \frac{EI_c}{GA}\kappa_V\int V\bar{V}\,dx$$
$$= \delta'_M + \delta'_N + \delta'_V$$

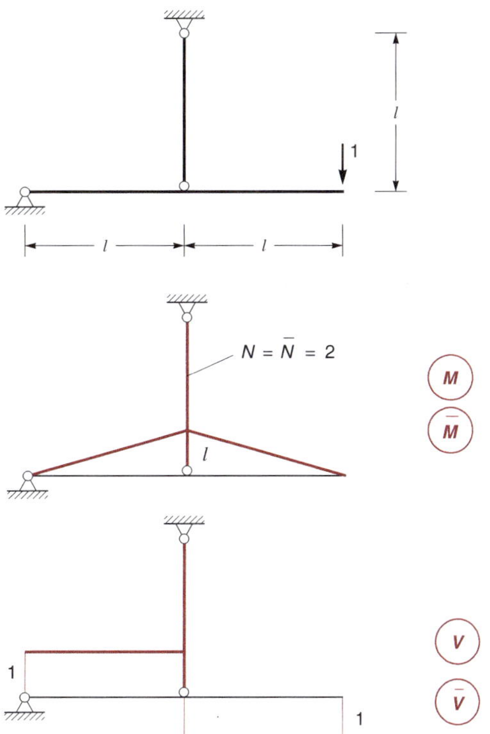

Bild 1.61 System zur Ermittlung der Verformungsanteile

Die Verformungsanteile werden getrennt ausgewertet.

$$\delta'_M = \frac{I_c}{I}\int M\bar{M}\,dx = 2l \cdot \frac{1}{3} \cdot l^2 = \frac{2}{3}l^3$$

Die EI_c-fache Verformung infolge der Biegemomente ist von der dritten Potenz der Länge abhängig. Um den Einfluss der Abmessungen des Stabes, d. h. das Verhältnis von Stabdicke zu Stablänge, auf die Verformungsanteile infolge der Normal- und Querkräfte zu beurteilen, werden diese Anteile so umgeformt, dass der Faktor l^3 separiert wird und die Terme vom Verhältnis h/l abhängen.

$$\delta'_N = \frac{I_c}{A}\int N\bar{N}\,dx = \frac{I_c}{A} \cdot l \cdot 2^2 = \frac{I_c}{A}4l = \frac{I_c}{h^2 A}4l^3 \cdot \frac{h^2}{l^2}$$

$$\delta'_V = \frac{EI_c}{GA}\kappa_V\int V\bar{V}\,dx = \frac{EI_c}{GA}\kappa_V \cdot 2l \cdot 1^2 = \frac{EI_c}{GA}\kappa_V \cdot 2l$$

Das Verhältnis von Elastizitäts- zu Schubmodul ist werkstoffabhängig. Für Stahl gilt nach Gl. (1.22) mit $\mu = 0{,}3$:

$$\frac{E}{G} = 2(1+\mu) = 2(1+0{,}3) = 2{,}6$$

Damit folgt:

$$\delta'_V = \frac{EI_c}{GA}\kappa_V\int V\bar{V}\,dx = \frac{I_c}{A}\kappa_V \cdot 5{,}2l = \frac{I_c}{h^2A}\kappa_V \cdot 5{,}2l^3 \cdot \frac{h^2}{l^2}$$

Es wird das Verhältnis der drei Verformungseinflüsse zur Gesamtverformung ermittelt:

$$\frac{\delta'_M}{\delta'_M+\delta'_N+\delta'_V} = \frac{\delta_M}{\delta_M+\delta_N+\delta_V} = \frac{\delta_M}{\delta}, \frac{\delta_N}{\delta}, \frac{\delta_V}{\delta}$$

Die Werte $I_c/(h^2A)$ und κ_V sind querschnittsabhängig. Für zwei Profilreihen sind diese Werte in den *Tabellen 1.8* und *1.9* angegeben. Wir betrachten aus beiden Reihen das jeweils ungünstigste Walzprofil.

- Walzprofil der Reihe HEA

Wie aus *Tabelle 1.8* hervorgeht, sind die Werte für das Profil HEA 260 am ungünstigsten, ergeben also die größten Verformungsanteile.

$$\kappa_V = 4{,}8762$$

$$\frac{I_c}{h^2A} = 0{,}1926$$

$$\frac{I_c}{I}\int M\bar{M}\,dx = \frac{2}{3}l^3$$

$$\frac{I_c}{A}\int N\bar{N}\,dx = 0{,}1926 \cdot 4l^3 \cdot \frac{h^2}{l^2} = 0{,}7704l^3 \cdot \frac{h^2}{l^2}$$

$$\frac{EI_c}{GA}\kappa_V\int V\bar{V}\,dx = 0{,}1926 \cdot 4{,}8762 \cdot 5{,}2l^3 \cdot \frac{h^2}{l^2} = 4{,}884l^3 \cdot \frac{h^2}{l^2}$$

Tabelle 1.8 Charakteristische Querschnittswerte für HEA-Profile

HEA	$\frac{I}{A}$ in m²	$\frac{I_c}{h^2A}$	κ_V		HEA	$\frac{I}{A}$ in m²	$\frac{I_c}{h^2A}$	κ_V		HEA	$\frac{I}{A}$ in m²	$\frac{I_c}{h^2A}$	κ_V
100	0,0016	0,1786	4,82		260	0,0120	0,1926	4,88		500	0,0439	0,1829	3,54
120	0,0024	0,1843	4,77		280	0,0140	0,1927	4,72		550	0,0528	0,1810	3,30
140	0,0033	0,1854	4,58		300	0,0162	0,1921	4,81		600	0,0625	0,1795	3,08
160	0,0043	0,1863	4,52		320	0,0185	0,1924	4,68		650	0,0724	0,1767	2,92
180	0,0055	0,1895	4,67		340	0,0208	0,1912	4,46		700	0,0828	0,1739	2,71
200	0,0069	0,1900	4,60		360	0,0231	0,1889	4,31		800	0,1061	0,1700	2,51
220	0,0084	0,1908	4,63		400	0,0283	0,1864	3,90		900	0,1315	0,1660	2,33
240	0,0101	0,1910	4,71		450	0,0358	0,1849	3,69		1000	0,1596	0,1628	2,20

Tabelle 1.9 Charakteristische Querschnittswerte für IPE-Profile

IPE	$\frac{I}{A}$ in m²	$\frac{I_c}{h^2A}$	κ_V		IPE	$\frac{I}{A}$ in m²	$\frac{I_c}{h^2A}$	κ_V		IPE	$\frac{I}{A}$ in m²	$\frac{I_c}{h^2A}$	κ_V
80	0,0010	0,1638	2,69		200	0,0068	0,1702	2,66		360	0,0224	0,1727	2,62
100	0,0017	0,1660	2,66		220	0,0083	0,1714	2,69		400	0,0274	0,1711	2,55
120	0,0024	0,1673	2,64		240	0,0099	0,1727	2,73		450	0,0341	0,1686	2,42
140	0,0033	0,1683	2,62		270	0,0125	0,1721	2,68		500	0,0416	0,1662	2,35
160	0,0043	0,1689	2,63		300	0,0155	0,1727	2,62		550	0,0501	0,1656	2,27
180	0,0055	0,1705	2,62		330	0,0188	0,1727	2,62		600	0,0590	0,1640	2,24

Tabelle 1.10 Verformungsanteile bei einem Walzprofil HEA 260

$\frac{h}{l}$	$\frac{\delta_M}{\delta}$ in %	$\frac{\delta_V}{\delta}$ in %	$\frac{\delta_N}{\delta}$ in %
1/20	97,92	1,79	0,28
1/10	92,18	6,75	1,07
1/6	80,93	16,47	2,60
1/5	74,67	21,88	3,45
1/4	65,36	29,92	4,72
1/3	51,48	41,91	6,61

- Walzprofil der Reihe IPE

Es werden die Werte für das Profil IPE 240 zugrunde gelegt, da sie nach *Tabelle 1.9* die größten Verformungsanteile ergeben.

$$\kappa_V = 2{,}73$$

$$\frac{I_c}{h^2 A} = 0{,}1727$$

$$\frac{I_c}{I}\int M\bar{M}\,dx = \frac{2}{3}$$

$$\frac{I_c}{A}\int N\bar{N}\,dx = 0{,}1727(4)\cdot\frac{h^2}{l^2} = 0{,}6908\cdot\frac{h^2}{l^2}$$

$$\frac{EI_c}{GA}\kappa_V\int V\bar{V}\,dx = 5{,}2\cdot 0{,}1727\cdot 2{,}73\cdot\frac{h^2}{l^2} = 2{,}452\frac{h^2}{l^2}$$

Tabelle 1.11 Verformungsanteile bei einem Walzprofil IPE 240

$\frac{h}{l}$	$\frac{\delta_M}{\delta}$ in %	$\frac{\delta_V}{\delta}$ in %	$\frac{\delta_N}{\delta}$ in %
1/20	98,84	0,91	0,26
1/10	95,50	3,51	0,99
1/6	88,42	9,03	2,55
1/5	84,13	12,38	3,49
1/4	77,24	17,76	5,00
1/3	65,63	26,82	7,56

Die Anteile der Verformungen sind in den Tabellen *1.10* und *1.11* in Abhängigkeit vom Verhältnis h/l zusammengestellt. Die Anteile der Verformung infolge Querkraft sind bei dem Breitflanschprofil HEA 260 gegenüber dem schmalflanschigen IPE 240 deutlich größer. Wie aus *Tabelle 1.8* ersichtlich ist, nimmt der Beiwert κ_V mit zunehmender Profilhöhe deutlich ab. Dies ist dadurch begründet, dass die Breite der Walzprofile der Reihe HEA ab HEA 300 konstant bleibt.

Obwohl die ungünstigsten Werte der beiden Walzprofile zugrunde gelegt wurden, wird deutlich, dass die Anteile der Querkraftverformung für schlanke Stäbe vernachlässigbar sind. Bei gedrungenen Bauteilen kann dieser Anteil jedoch in Abhängigkeit von der Querschnittsform durchaus in nicht vernachlässigbarer Größenordnung liegen.

Die Verformungsanteile infolge der Normalkräfte sind deutlich niedriger. Dabei ist jedoch zu beachten, dass für den Pendelstab, der durch seine Verlängerung die Verformung erzeugt, das gleiche Profil zugrunde gelegt wurde, wie für den horizontalen Balken, der durch Biegemomente beansprucht wird. Bei großen Normalkräften kann der Verformungsanteil jedoch auch bei durch Biegung beanspruchten Stäben von einer Größenordnung sein, die nicht zu vernachlässigen ist. Bei nur durch Normalkräften beanspruchten Stäben ist die Querschnittsfläche jedoch so klein, dass der Einfluss der Dehnung berücksichtigt werden muss.

Die Anteile der Verformung aus Querkraft und Normalkraft können bei schlanken, durch Biegung beanspruchten Stäben im Allgemeinen vernachlässigt werden.

Beispiel 1.8

Für den in *Bild 1.62* dargestellten Dreigelenkrahmen sind die angegebenen Verformungen zu ermitteln. Für jede der Beanspruchungen ist die Verformungsfigur zu skizzieren.

1. Die vertikale Verschiebung des Punktes c infolge der angegebenen Streckenlast q = 20 kN/m.
2. Die horizontale Verschiebung des Punktes b infolge der angegebenen Streckenlast q = 20 kN/m.

1

3. Die horizontale Verschiebung des Punktes *b* infolge einer gleichmäßigen Erwärmung des Riegels von $T_0 = 30°$.
4. Die Relativdrehung der Tangenten im Punkt *c* infolge einer gleichmäßigen Erwärmung des Riegels von $T_0 = 30°$.

Bei der Berechnung der Verformungen infolge der Streckenlast ist der Einfluss der Normalkraftverformung zu berücksichtigen.

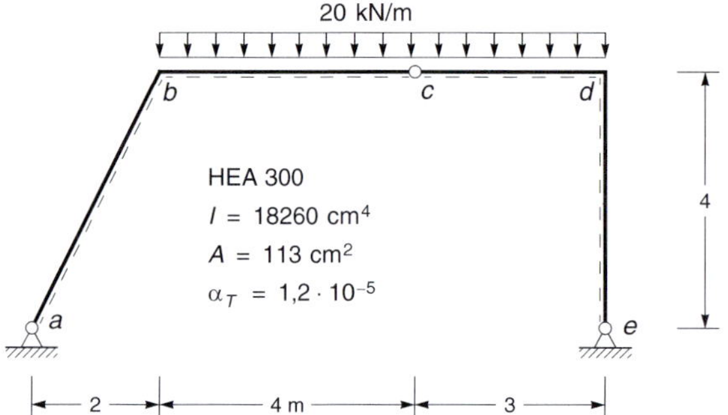

Bild 1.62 Dreigelenkrahmen

Es wird eine Stahlkonstruktion zugrunde gelegt, die mit einem einheitlichen Walzprofil HEA 300 ausgeführt wird. Daraus ergeben sich folgende Werte:

$$EI = 18260 \cdot 10^{-8}\ \text{m}^4 \cdot 2{,}1 \cdot 10^8\ \text{kN/m}^2 = 38346\ \text{kNm}^2$$

$$\frac{I}{A} = \frac{18260\ \text{cm}^4}{113\ \text{cm}^2} = 162 \cdot 10^{-4}\ \text{m}^2 = 0{,}0162\ \text{m}^2$$

1. Die vertikale Verschiebung des Punktes *c* infolge der angegebenen Streckenlast $q = 20$ kN/m.

Es wird die Momenten- und Normalkraftlinie infolge der Streckenlast benötigt, die Zustandslinien sind in *Bild 1.63* angegeben. Da die Auflager auf gleicher Höhe liegen, können die vertikalen Auflagerkräfte unmittelbar aus der Gleichgewichtsbedingung $\sum M = 0$ um einen der Auflagerpunkte ermittelt werden.

$$\sum M_{(a)} = 0: \quad E_v \cdot 9 - 20 \cdot 7 \cdot 5{,}5 = 0 \Rightarrow E_v = 85{,}56$$

$$\sum M_{(e)} = 0: \quad A_v \cdot 9 - 20 \cdot 7^2/2 = 0 \Rightarrow A_v = 54{,}44$$

Die Gelenkkraft im Punkt *c* kann am abgetrennten Teilsystem *c* – *d* – *e* aus der Bedingung $\sum V = 0$ berechnet werden. Mit der bekannten Gelenkkraft ergeben sich die Momente in den Punkten *b* und *d* an den herausgeschnittenen Stäben *c* – *d* und *b* – *c*, wie in *Bild 1.63* dargestellt ist. Die horizontale Auflagerkraft im Punkt *e* folgt aus der Momentenlinie des linken Stiels, sie ist gleich der horizontalen Auflagerkraft im Punkt *a*. Die Normalkräfte im Riegel sowie im rechten Stiel folgen direkt aus den Auflagerkräften. Die Normalkraft im Stab *a* – *b* ergibt sich aus der Zerlegung von A_v und A_h in Richtung der Stabachse.

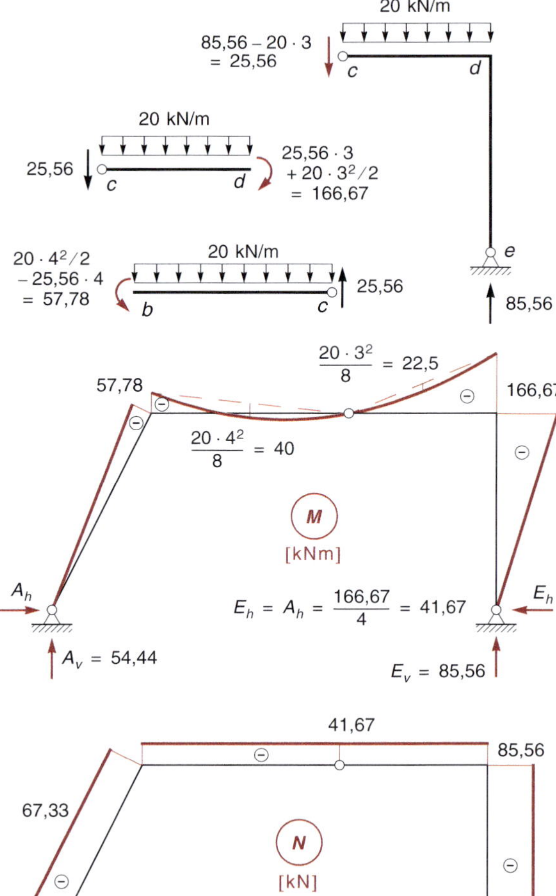

Bild 1.63 Momenten- und Normalkraftlinie infolge der Streckenlast

1

- Virtueller Zustand

Es wird eine virtuelle Einzelkraft $\bar{1}$ im Punkt *c* aufgebracht und die Momenten- sowie die Normalkraftlinie ermittelt, wie in *Bild 1.64* dargestellt ist. Die Berechnung erfolgt analog zur Schnittgrößenermittlung infolge der Streckenlast.

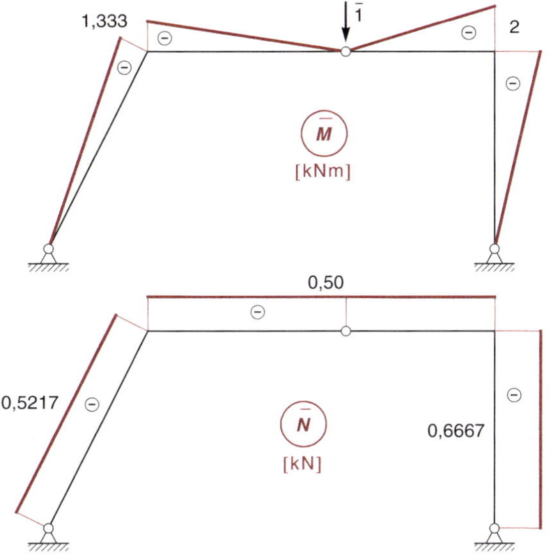

Bild 1.64 Virtueller Zustand zur Berechnung von $\delta_{c,v}$

- Arbeitsgleichung des Prinzips der virtuellen Kräfte

Es sind die folgenden Terme der Arbeitsgleichung auszuwerten:

$$\bar{1} \cdot \delta'_{c,v} = \frac{I_c}{I}\int M\bar{M}\,dx + \frac{I_c}{A}\int N\bar{N}\,dx$$

Zunächst wird das Integral $\frac{I_c}{I}\int M\bar{M}\,dx$ berechnet. Die Auswertung erfolgt in *Tabelle 1.12*.

Um den Einfluss der Normalkraftverformung zu ermitteln, werten wir zunächst das Integral $\int N\bar{N}\,dx$ aus und lassen den Faktor I_c/A unberücksichtigt.

$$\int N\bar{N}\,dx = 4{,}47 \cdot 0{,}5217 \cdot 67{,}33 + 7{,}00 \cdot 0{,}50 \cdot 41{,}67 + 4{,}00 \cdot 0{,}6667 \cdot 85{,}56 = 531{,}03$$

Die Summe beider Anteile ergibt die gesamte Verformung:

$$\bar{1} \cdot \delta'_{c,v} = 879{,}30 + \frac{I_c}{A} \cdot 531{,}03$$

$$\bar{1} \cdot \delta'_{c,v} = 879{,}30 + 0{,}0162 \cdot 531{,}03 = 879{,}30 + 8{,}60 = 887{,}9$$

$$\frac{8{,}60}{887{,}9} \cdot 100\,\% = 1\,\%$$

Tabelle 1.12 Auswertung der Arbeitsgleichung

Bereich	$\frac{I_c}{I}$	l	M	$\bar{M}$	$\frac{I_c}{I}\int M\bar{M}\,dx$	Ergebnis
$a-b$	1,0	4,47	⊖ 57,78	⊖ 1,333	$1{,}0 \cdot 4{,}47 \cdot \frac{1}{3} \cdot (-57{,}78) \cdot (-1{,}333)$	114,76
$b-c$	1,0	4,00	57,78 ⊖	1,333 ⊖	$1{,}0 \cdot 4{,}00 \cdot \frac{1}{3} \cdot (-57{,}78) \cdot (-1{,}333)$	102,69
$b-c$	1,0	4,00	⊕ 40	1,333 ⊖	$1{,}0 \cdot 4{,}00 \cdot \frac{1}{3} \cdot 40 \cdot (-1{,}333)$	–71,09
$c-d$	1,0	3,00	⊖ 166,67	⊖ 2	$1{,}0 \cdot 3{,}00 \cdot \frac{1}{3} \cdot (-166{,}67) \cdot (-2)$	333,33
$c-d$	1,0	3,00	⊕ 22,5	⊖ 2	$1{,}0 \cdot 3{,}00 \cdot \frac{1}{3} \cdot 22{,}5 \cdot (-2)$	–45,00
$d-e$	1,0	4,00	166,67 ⊖	2 ⊖	$1{,}0 \cdot 4{,}00 \cdot \frac{1}{3} \cdot (-166{,}67) \cdot (-2)$	444,53
						879,30

Die Berücksichtigung der Längenänderung der Stäbe infolge der Normalkräfte hat auf die vertikale Verschiebung des Gelenkpunktes nur einen Einfluss von einem Prozent und ist daher vernachlässigbar.

Die wirkliche Verschiebung beträgt ohne Normalkraftverformungsanteil:

$$\frac{879{,}30}{38346} = 0{,}0229 \text{ m} = 22{,}9 \text{ mm}$$

2. Die horizontale Verschiebung des Punktes *b* infolge der angegebenen Streckenlast $q = 20$ kN/m.

- Virtueller Zustand

Da derselbe Lastfall zugrunde liegt, ist nur der virtuelle Zustand neu zu ermitteln. Dieser folgt durch Ansatz einer virtuellen Horizontalkraft $\bar{1}$ im Punkt *b*. Die daraus resultierende Momenten- und Normalkraftlinie ist in *Bild 1.65* dargestellt. Die Berechnung erfolgt wieder analog zum vorherigen Vorgehen.

- Arbeitsgleichung des Prinzips der virtuellen Kräfte

Es sind wieder folgende Terme der Arbeitsgleichung zu berücksichtigen:

$$\bar{1} \cdot \delta'_b = \frac{I_c}{I}\int M\bar{M}\,\mathrm{d}x + \frac{I_c}{A}\int N\bar{N}\,\mathrm{d}x$$

Die Auswertung des ersten Integrals erfolgt in *Tabelle 1.13*.

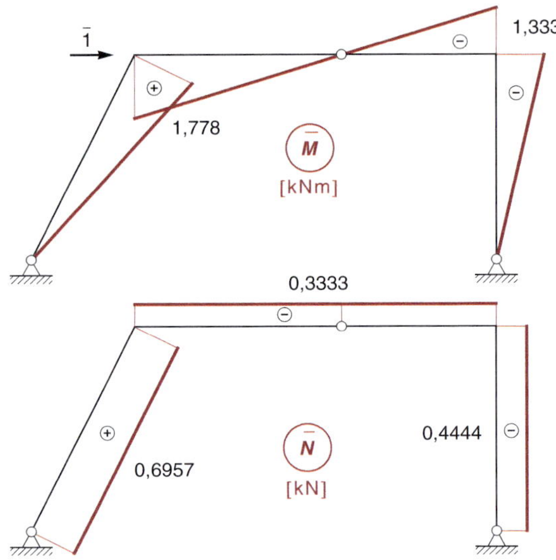

Bild 1.65 Virtueller Zustand zur Berechnung von $\delta_{b,h}$

Das Integral $\int N\bar{N}\mathrm{d}x$ ergibt:

$$\int N\bar{N}\mathrm{d}x = -4{,}47 \cdot 0{,}6957 \cdot 67{,}33 + 7{,}00 \cdot 0{,}3333 \cdot 41{,}67 + 4{,}00 \cdot 0{,}4444 \cdot 85{,}56 = 39{,}93$$

Tabelle 1.13 Auswertung der Arbeitsgleichung

Bereich	$\frac{I_c}{I}$	l	M	$\bar{M}$	$\frac{I_c}{I}\int M\bar{M}\,\mathrm{d}x$	Ergebnis
a – b	1,0	4,47	⊖ 57,78	⊕ 1,778	$1{,}0 \cdot 4{,}47 \cdot \frac{1}{3} \cdot (-57{,}78) \cdot 1{,}778$	–153,07
b – c	1,0	4,00	57,78 ⊖	1,778 ⊕	$1{,}0 \cdot 4{,}00 \cdot \frac{1}{3} \cdot (-57{,}78) \cdot 1{,}778$	–136,98
	1,0	4,00	⊕ 40	1,778 ⊕	$1{,}0 \cdot 4{,}00 \cdot \frac{1}{3} \cdot 40 \cdot 1{,}778$	94,83
c – d	1,0	3,00	⊖ 166,7	⊖ 1,333	$1{,}0 \cdot 3{,}00 \cdot \frac{1}{3} \cdot (-166{,}7) \cdot (-1{,}333)$	222,21
	1,0	3,00	⊕ 22,5	⊖ 1,333	$1{,}0 \cdot 3{,}00 \cdot \frac{1}{3} \cdot 22{,}5 \cdot (-1{,}333)$	–30,00
d – e	1,0	4,00	166,7 ⊖	1,333 ⊖	$1{,}0 \cdot 4{,}00 \cdot \frac{1}{3} \cdot (-166{,}7) \cdot (-1{,}333)$	296,29
						293,28

$$\bar{1} \cdot \delta'_{b,h} = 293{,}28 + \frac{I_c}{A} 39{,}93$$

$$\bar{1} \cdot \delta'_{b,h} = 293{,}28 + 0{,}02 \cdot 39{,}93$$
$$= 293{,}28 + 0{,}80 = 294{,}08$$

$$\frac{0{,}80}{293{,}28} \cdot 100\ \% = 0{,}27\ \%$$

Unter Vernachlässigung des Normalkraftverformungsanteils folgt die wirkliche Horizontalverschiebung zu:

$$\delta_{b,h} = \frac{293{,}28}{38346} = 0{,}0076\ \text{m} = 7{,}6\ \text{mm}$$

Skizze der Verformung infolge der Streckenlast

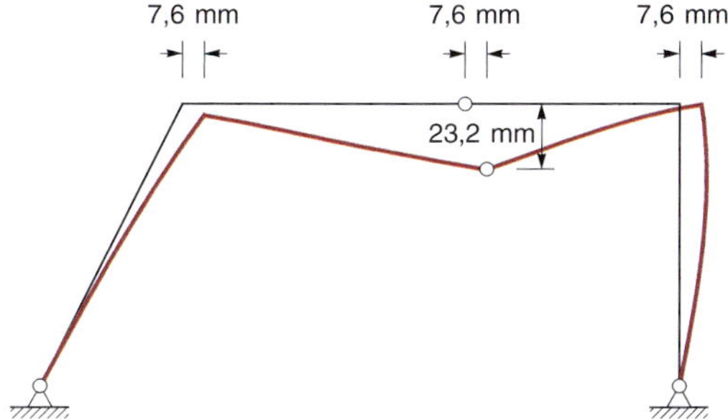

Bild 1.66 Verformung infolge der Streckenlast

Die Verformung des Rahmens infolge der Streckenlast ist in *Bild 1.66* dargestellt. Wie sich die Skizze ergibt, ist im Folgenden beschrieben.

Wie die Berechnung ergeben hat, ist der Einfluss der Normalkraftverformung vernachlässigbar klein. Die Stäbe können daher als *dehnstarr* betrachtet werden. Das heißt, sie können sich infolge von Normalkräften weder verlängern noch verkürzen. Daraus folgt, dass sich alle Punkte des Riegels um denselben Wert horizontal verschieben. Die Verschiebung des Punktes *b* und *d* muss senkrecht zur Stabachse sein, da die Stiele sich nicht verlängern oder verkürzen. Für den Punkt *d* bedeutet dies, dass die vertikale Verschiebung gleich null ist. Es sei an dieser Stelle daran erinnert, dass wir unendlich kleine Verformungen voraussetzen. Für beliebig große Verschiebungen würde sich der Punkt *d* auf einer Kreisbahn um den Auflagerpunkt *e* bewegen. Bei unendlich kleinen Verschiebungen bewegt sich der Punkt in Richtung der Tangente an die Kreisbahn, hier also rein horizontal!

Aus der Annahme der Dehnstarrheit der Stäbe folgt auch, dass sich alle Punkte des Riegels um dasselbe Maß in horizontaler Richtung verschieben. Mit den berechneten Verschiebungen der Punkte *b, c* und *d* liegt der Polygonzug der Stabsehnen fest. Aufgrund der Momentenlinie in *Bild 1.63* kann nun die Krümmung der Stäbe qualitativ ergänzt werden.

3. Die horizontale Verschiebung des Punktes *b* infolge einer gleichmäßigen Erwärmung des Riegels von $T_0 = 30°$.

Da das System statisch bestimmt ist, erzeugt die Temperaturbeanspruchung keine Schnittgrößen. Der virtuelle Zustand ist in *Bild 1.65* schon vorhanden.

- Arbeitsgleichung des Prinzips der virtuellen Kräfte

Aus der Arbeitsgleichung (1.44) verbleibt nur der Term, der die gleichmäßige Temperaturbeanspruchung T_0 enthält:

$$\bar{1} \cdot \delta'_b = EI_c \int \alpha_T T_0 \bar{N}\, dx$$

Die Vergleichssteifigkeit EI_c kann wieder auf beiden Seiten der Gleichung gestrichen werden:

$$\bar{1} \cdot \delta_b = \int \alpha_T T_0 \bar{N}\, dx$$

Für die Auswertung ist nur der Riegelbereich zu berücksichtigen, da nur dieser erwärmt wird. Die Normalkraft und die Temperatur sind konstant und können vor das Integral geschrieben werden. Das Integral über dx ergibt die Länge des Stabes. Die Auswertung des Integrals kann auch mithilfe der Integraltafel für zwei konstante Funktionsverläufe erfolgen. Damit erhalten wir:

$$\bar{1} \cdot \delta_{b,h} = \alpha_T T_0 \bar{N} \int dx = \alpha_T T_0 \bar{N} l$$
$$= 1{,}2 \cdot 10^{-5} \cdot 30 \cdot (-0{,}3333) \cdot 7$$
$$= -0{,}00084\ \text{m} = -0{,}84\ \text{mm}$$

Der Faktor $\alpha_T T_0$ ist die Temperaturdehnung ε_T.

Das negative Vorzeichen der Arbeit bedeutet, dass die virtuelle Kraft und die Verschiebung entgegengerichtet sind. Der Punkt *b* verschiebt sich also nach links.

Die Verschiebungen der anderen Riegelpunkte c und d können nun einfach aus der Temperaturdehnung ε_T berechnet werden. Diese beträgt:

$$\varepsilon_T = \alpha_T T_0 = 1{,}2 \cdot 10^{-5} \cdot 30 = 0{,}00036$$

Damit ergibt sich die Verlängerung der beiden Riegelabschnitte $b-c$ und $c-d$:

$$\Delta l_{b-c} = 0{,}00036 \cdot 4 = 0{,}00144 \text{ m}$$

$$\Delta l_{c-d} = 0{,}00036 \cdot 3 = 0{,}00108 \text{ m}$$

Die Verschiebungen der Punkte c und d betragen:

$$\delta_{c,h} = 0{,}00144 - 0{,}00084 = 0{,}0006 \text{ m} = 0{,}6 \text{ mm}$$

$$\delta_d = 0{,}00108 + 0{,}0006 = 1{,}68 \text{ mm}$$

4. Die Relativdrehung der Tangenten im Punkt c infolge einer gleichmäßigen Erwärmung des Riegels von $T_0 = 30°$.

- Virtueller Zustand

Es ist ein virtuelles Doppelmoment im Gelenkpunkt anzusetzen, da dieses auf der gesuchten Relativdrehung, also dem Knick im Gelenkpunkt Arbeit leistet. Obwohl wie bei der Berechnung der Horizontalverschiebung nur die Normalkraft im Riegelbereich benötigt wird, ist in *Bild 1.67* auch die Momentenlinie angegeben, da es sich hier um einen besonderen Lastfall handelt. Das Doppelmoment ist in der Summe gleich null. Es ergeben sich nur deshalb Schnittgrößen, weil die beiden Momente an zwei unterschiedlichen Scheiben angreifen. Betrachten wir die Momentensumme bezüglich des linken Auflagerpunktes, so heben sich die beiden Momente am Gelenkpunkt auf und es verbleibt nur die vertikale Auflagerkraft am rechten Auflager, da beide Auflagerpunkte auf derselben Höhe liegen. Die vertikale Auflagerkraft muss daher gleich null sein. Daraus folgt, dass die Querkraft im Riegel verschwindet und daher die Momentenlinie im Riegel konstant verlaufen muss. Im Gelenkpunkt ist das Moment gleich null. Unmittelbar links und rechts davon ist der Angriffspunkt der Einzelmomente. In diesen Punkten ist in der Momentenlinie ein Sprung um den Betrag des angreifenden Momentes, in diesem Fall also der Sprung von null auf den Wert eins. Die horizontale Auflagerkraft im rechten Auflagerpunkt entspricht der Querkraft im rechten Stiel, die sich aus der Steigung der Momentenlinie zu $1/4$ ergibt. Dieser Wert ist gleich der Normalkraft im Riegel.

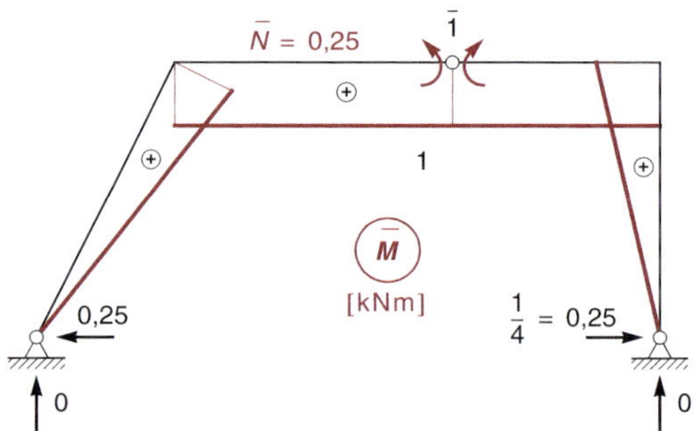

Bild 1.67 Virtueller Zustand zur Berechnung des Knicks im Gelenk

- Arbeitsgleichung des Prinzips der virtuellen Kräfte

Der auszuwertende Term der Arbeitsgleichung ist der gleiche wie bei der Berechnung der Horizontalverschiebung.

$$\bar{1} \cdot \Delta\varphi_c = \alpha_T T_0 \bar{N} \int dx = \alpha_T T_0 \bar{N} l$$

$$= 1{,}2 \cdot 10^{-5} \cdot 30 \cdot 0{,}25 \cdot 7$$

$$\Delta\varphi_c = 0{,}00063 \text{ rad}$$

Skizze der Verformung infolge gleichmäßiger Erwärmung des Riegels

Die in *Bild 1.68* dargestellte Verformung kann aus den berechneten horizontalen Verschiebungskomponenten der Riegelpunkte vollständig skizziert werden. Im Punkt d ist die vertikale Verschiebung gleich null. Der Punkt b verschiebt sich senkrecht zur Achse des geneigten Stiels. Daher ist das Verhältnis der vertikalen zur horizontalen Verschiebung gleich dem Verhältnis der vertikalen zur horizontalen Abmessung des Stiels.

Die Lage des Gelenkpunkts c folgt aus der Bedingung, dass der rechte Winkel in der rechten Rahmenecke erhalten bleibt.

Wie aus der Skizze erkennbar ist, setzt sich der Knick im Gelenkpunkt aus der Summe der Beträge der Drehungen der beiden Teilscheiben des Dreigelenkrahmens zusammen. Diese können aus den horizontalen Verschiebungen der Punkte b und d berechnet werden. Damit folgt für den Knick:

$$\Delta\varphi_c = \frac{0{,}00084 + 0{,}00168}{4} = 0{,}00063 \text{ rad}$$

Das Ergebnis bestätigt also den durch formale Anwendung der Arbeitsgleichung erhaltenen Wert. Die Berechnung mit dem Prinzip der virtuellen Kräfte ist jedoch vorzuziehen, da für die Ermittlung keine Anschauung nötig ist und somit eine Fehlermöglichkeit entfällt.

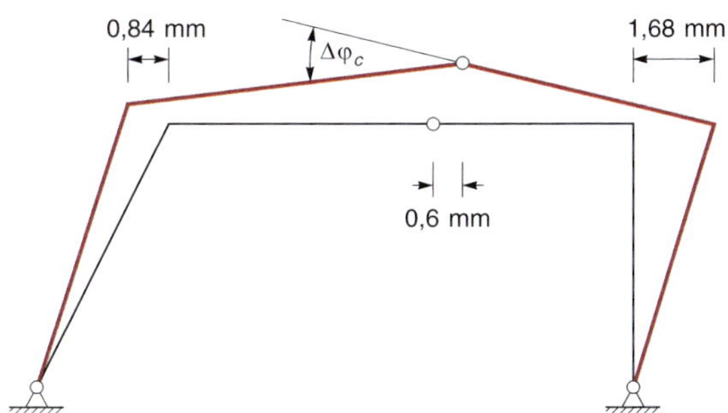

Bild 1.68 Verformung infolge gleichmäßiger Erwärmung des Riegels

1.7 Ermittlung von Biegelinien

1.7.1 Ermittlung der Biegelinie aus der Differenzialgleichung

Die Ermittlung von Biegelinien durch Lösung der Differenzialgleichung ist nur bei einfachen statischen Systemen mit vertretbarem Aufwand möglich.

Die beiden Differenzialgleichungen zweiter Ordnung des Balkens nach Theorie erster Ordnung lauten ohne Berücksichtigung von Schubverformungen und Temperatur:

$$M'' = -q$$

$$w'' = -\frac{M}{EI}$$

Bei statisch bestimmten Systemen sind die beiden Differenzialgleichungen 2. Ordnung entkoppelt. Die Momente sind allein aus Gleichgewichtsbedingungen bestimmbar. Ist der Momentenverlauf bekannt, lässt sich die Biegelinie aus der Differenzialgleichung zweiter Ordnung $EIw'' = -M$ ermitteln.

Das Vorgehen zur analytischen Ermittlung der Biegelinie wird für den Einfeldbalken mit konstanter Streckenlast in *Bild 1.69* gezeigt.

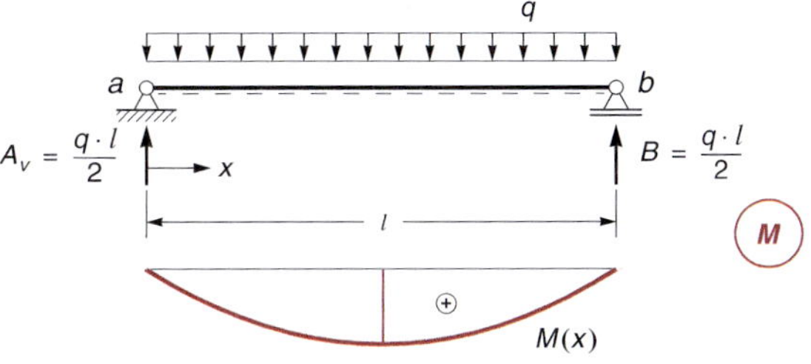

Bild 1.69 Einfeldbalken mit konstanter Streckenlast

Die Momentenlinie des Balkens ist eine Parabel mit dem Maximalwert von $q \cdot l^2/8$. Um die Differenzialgleichung zu lösen, muss die Momentenlinie als Funktion von x aufgestellt werden. Durch einen Schnitt an variabler Stelle x und dem Momentengleichgewicht am abgetrennten Teilsystem folgt:

$$M(x) = A_v \cdot x - \frac{q \cdot x^2}{2} = \frac{q \cdot l}{2}x - \frac{q \cdot x^2}{2} = \frac{q}{2}(lx - x^2)$$

Die Berechnung der Biegelinie erfolgt durch Integration der Differenzialgleichung $EIw''(x) = -M(x)$

$$EIw'(x) = -\int M(x)\mathrm{d}x = -\frac{q}{2}\int (lx - x^2)\mathrm{d}x$$

$$= \frac{q}{2}\int (x^2 - lx)\mathrm{d}x = \frac{q}{2}\left(\frac{x^3}{3} - l\frac{x^2}{2}\right) + c_1$$

$$EIw(x) = EI\int w'(x)\mathrm{d}x = \frac{q}{2}\int\left(\frac{x^3}{3} - l\frac{x^2}{2}\right)\mathrm{d}x + c_1\int \mathrm{d}x$$

$$= \frac{q}{2}\left(\frac{x^4}{12} - l\frac{x^3}{6}\right) + c_1 x + c_2$$

$$= \frac{q}{24}(x^4 - 2lx^3) + c_1 x + c_2$$

Die Bestimmung der Integrationskonstanten erfolgt durch Anpassung der Lösung an die Randbedingungen.

$$w(0) = 0 \Rightarrow c_2 = 0$$

$$w(l) = 0 \Rightarrow \frac{q}{24}(l^4 - 2l^4) + c_1 \cdot l = 0 \Rightarrow c_1 = \frac{ql^3}{24}$$

Damit folgt $EIw(x)$:

$$EIw(x) = \frac{q}{24}(x^4 - 2lx^3) + \frac{ql^3}{24}x = \frac{q}{24}(x^4 - 2lx^3 + l^3x)$$

$$= \frac{ql^4}{24}\left(\frac{x^4}{l^4} - 2\frac{x^3}{l^3} + \frac{x}{l}\right) = \frac{ql^4}{24}(\xi^4 - 2\xi^3 + \xi) \quad \text{mit } \xi = \frac{x}{l}$$

Aufgrund der Symmetrie von System und Belastung ist die Durchbiegung in Feldmitte, also an der Stelle $\xi = 0{,}5$ maximal:

$$EIw_{\max} = EIw(0{,}5) = \frac{ql^4}{24}(0{,}5^4 - 2 \cdot 0{,}5^3 + 0{,}5)$$

$$w_{\max} = \frac{5}{384}\frac{ql^4}{EI}$$

Bei statisch unbestimmten Systemen sind die beiden Differenzialgleichungen zweiter Ordnung gekoppelt, da die Schnittgrößen nicht aus Gleichgewichtsbedingungen ermittelt werden können. Es ist daher von der Differenzialgleichung vierter Ordnung auszugehen. Die Anwendung erfolgt für den beidseitig eingespannten Balken mit konstanter Streckenlast in *Bild 1.70*.

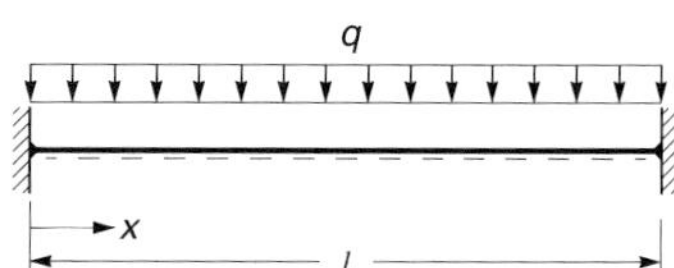

Bild 1.70 Beidseitig eingespannter Balken

Durch viermalige Integration der Differenzialgleichung $EIw'''' = q$ folgt:

$$EIw''' = qx + c_1 = -V$$

$$EIw'' = \frac{1}{2}qx^2 + c_1x + c_2 = -M$$

$$EIw' = \frac{1}{6}qx^3 + \frac{1}{2}c_1x^2 + c_2x + c_3$$

$$EIw = \frac{1}{24}qx^4 + \frac{1}{6}c_1x^3 + \frac{1}{2}c_2x^2 + c_3x + c_4$$

Zur Ermittlung der Integrationskonstanten werden vier Randbedingungen benötigt. Diese ergeben sich aus der Bedingung, dass an beiden Endpunkten des Balkens sowohl die Durchbiegung als auch die Verdrehung des Balkens gleich null sein muss. Die Verdrehung des Balkens entspricht der Ableitung der Biegelinie.

Die Randbedingungen lauten:

$$w(0) = 0 \Rightarrow c_4 = 0$$

$$w'(0) = 0 \Rightarrow c_3 = 0$$

$$w(l) = \frac{1}{24}ql^4 + \frac{1}{6}c_1l^3 + \frac{1}{2}c_2l^2 = 0$$

$$w'(l) = \frac{1}{6}ql^3 + \frac{1}{2}c_1l^2 + c_2l = 0$$

Aus den beiden letzten Gleichungen folgen die Konstanten c_1 und c_2 mit:

$$c_1 = -\frac{ql}{2} \qquad c_2 = \frac{ql^2}{12}$$

Damit folgt $EIw(x)$:

$$EIw = \frac{1}{24}qx^4 + \frac{1}{6}\left(-\frac{ql}{2}\right)x^3 + \frac{1}{2}\frac{ql^2}{12}x^2$$

$$= \frac{ql^4}{24}\left(\frac{x^4}{l^4} - 2\frac{x^3}{l^3} + \frac{x^2}{l^2}\right) = \frac{ql^4}{24}(\xi^4 - 2\xi^3 + \xi^2)$$

Es ist anschaulich klar, dass die maximale Durchbiegung in der Mitte des Balkens, also bei $\xi = 0{,}5$ auftritt. Sie beträgt:

$$EIw_{\max} = EIw(0{,}5) = \frac{ql^4}{24}(0{,}5^4 - 2 \cdot 0{,}5^3 + 0{,}5^2) = \frac{ql^4}{384}$$

$$w_{\max} = \frac{1}{384}\frac{ql^4}{EI}$$

Durch die verhinderte Verdrehung der Endpunkte des Balkens beträgt die maximale Durchbiegung bei beidseitiger Einspannung nur ein $1/5$ der Durchbiegung des gelenkig gelagerten Balkens.

Die Ableitungen folgen mit:

$$EIw = \frac{ql^4}{24}(\xi^4 - 2\xi^3 + \xi^2)$$

$$EIw' = \frac{ql^3}{24}(4\xi^3 - 6\xi^2 + 2\xi) = \frac{ql^3}{12}(2\xi^3 - 3\xi^2 + \xi)$$

$$M = -EIw'' = -\frac{ql^2}{12}(6\xi^2 - 6\xi + 1)$$

$$V = -EIw''' = -\frac{ql}{12}(12\xi - 6) = -\frac{ql}{2}(2\xi - 1)$$

Bei der Differenziation ist die Kettenregel zu beachten. Es gilt:

$$(\ )' = \frac{d(\ )}{dx} = \frac{d(\ )}{d\xi}\frac{d\xi}{dx} = \frac{d(\ )}{d\xi}\frac{1}{l}$$

Die Zustandslinien sind in *Bild 1.71* dargestellt.

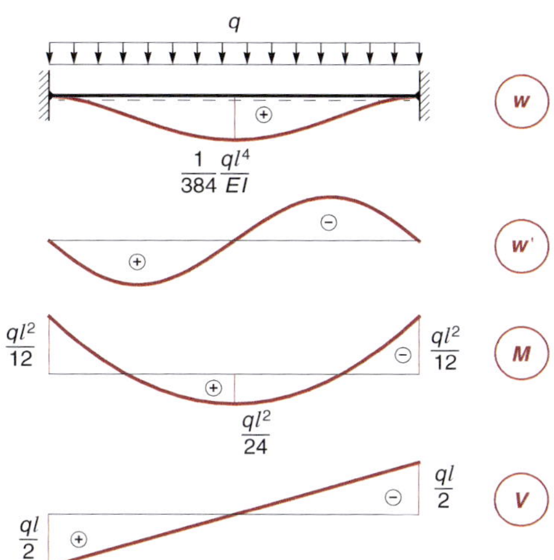

Bild 1.71 Zustandslinien des eingespannten Balkens

1.7.2 Ermittlung der Biegelinie mithilfe der ω-Zahlen

Das Verfahren besteht aus einer Kombination von Einzelverformungsberechnung und Lösung der Differenzialgleichung. Dies entspricht der Vorgehensweise bei der Ermittlung der Momentenlinie, wenn die $ql^2/8$-Parabel von der Verbindungslinie der Stabendmomente „eingehängt" wird. Es wird im Folgenden nur die Verschiebung senkrecht zur Stabachse betrachtet.

Die gesamte Biegelinie wird innerhalb eines Abschnittes aus zwei Anteilen zusammengesetzt, wie für den Stab in *Bild 1.72* dargestellt ist.

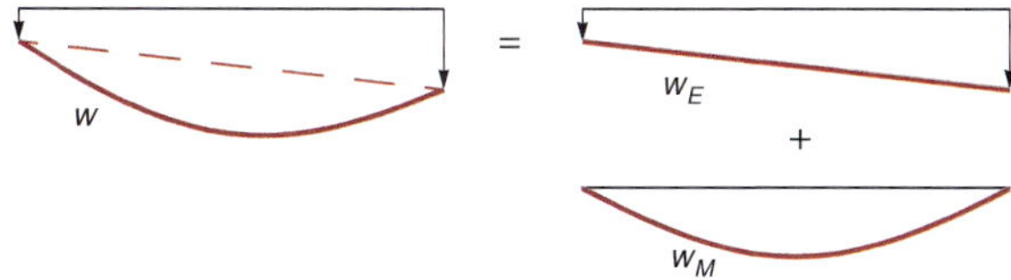

Bild 1.72 Superposition der Biegelinie

Der erste Anteil ergibt sich daraus, dass sich die Endpunkte verschieben können. Der zweite Verformungsanteil ist die Krümmung, die sich infolge der Beanspruchung durch Biegemomente ergibt.

$$w = w_E + w_M$$

- w_E ist der Anteil der Durchbiegung infolge der Verschiebungen der Endpunkte des Stabes. Die Berechnung der Einzelverschiebungen erfolgt durch Anwendung der Arbeitsgleichung des Prinzips der virtuellen Kräfte.
- w_M ist der Anteil der Durchbiegung infolge der durch Momente erzeugten Krümmung am einfachen Balken.

Ausgangspunkt für die Berechnung von w_M ist die Differenzialgleichung zweiter Ordnung:

$$-EIw'' = M$$

Im Bereich eines stetigen Momentenverlaufs kann die Biegelinie durch zweimalige Integration der Momente ermittelt werden:

$$w(x) = -\frac{1}{EI}\iint M(x)\,dx + c_1 x + c_2$$

Die Integrationskonstanten c_1 und c_2 ergeben sich durch Anpassen an die Randbedingungen des beidseitig gelenkig gelagerten Balkens:

$$w(x=0) = 0$$
$$w(x=l) = 0$$

Damit lässt sich die Durchbiegung für einen bekannten Momentenverlauf ermitteln. Die Funktionsverläufe werden dabei zweckmäßigerweise durch die dimensionslose Koordinate $\xi = x/l$ ausgedrückt.

Für den beidseitig gelenkig gelagerten Einfeldbalken mit konstanter Streckenlast in Abschnitt 1.7.1 ergab sich als Durchbiegungsverlauf:

$$EIw(\xi) = \frac{q \cdot l^4}{24}(\xi^4 - 2\xi^3 + \xi)$$

Ausgedrückt durch das maximale Moment des Balkens $M_{max} = ql^2/8$ folgt:

$$w(\xi) = \frac{1}{EI} \cdot \frac{1}{3} \cdot M \cdot l^2 \cdot (\xi^4 - 2\xi^3 + \xi)$$

Multipliziert mit der Vergleichssteifigkeit EI_c ergibt sich:

$$EI_c w = \frac{1}{3} \cdot M \cdot l^2 \cdot \frac{I_c}{I} \cdot (\xi^4 - 2\xi^3 + \xi)$$

$$EI_c w = \frac{1}{3} \cdot M \cdot l^2 \cdot \frac{I_c}{I} \cdot \omega_{P1}$$

$$\omega_{P1} = \xi^4 - 2\xi^3 + \xi$$

Diese sogenannten ω-Funktionen sind für die wichtigsten Momentenverläufe in *Tafel A1* zusammengestellt.

Wir ermitteln nun als weiteres Beispiel die ω-Funktion für den linearen Momentenverlauf in *Bild 1.73*.

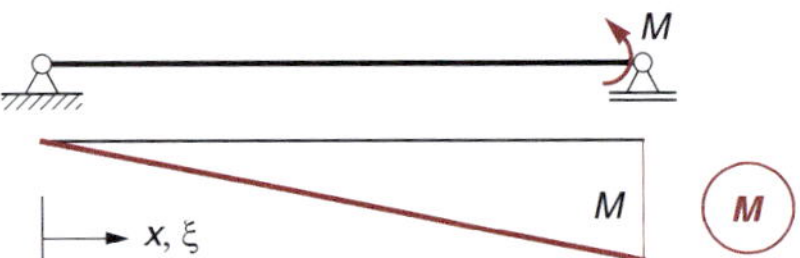

Bild 1.73 Einfeldbalken mit dreiecksförmigem Momentenverlauf

Es wird der geradlinige Momentenverlauf als Funktion von x aufgestellt. Die EI-fache Durchbiegung folgt durch zweifache Integration der Differenzialgleichung.

$$M(x) = M \cdot \frac{x}{l}$$

$$EIw''(x) = -\frac{M}{l} \cdot x$$

$$EIw'(x) = -\int M(x)\mathrm{d}x = -\frac{M}{l}\int x\,\mathrm{d}x = -\frac{M}{l} \cdot \frac{x^2}{2} + c_1$$

$$EIw(x) = \int EIw'(x)\mathrm{d}x = -\frac{M}{l}\int \frac{x^2}{2}\mathrm{d}x + c_1\int \mathrm{d}x$$

$$= -\frac{M}{l}\frac{x^3}{6} + c_1 x + c_2$$

Randbedingungen:

$$w(x=0) = 0 \Rightarrow c_2 = 0$$

$$w(x=l) = 0 \Rightarrow c_1 = \frac{M \cdot l}{6}$$

$$EIw(x) = -\frac{M}{l}\frac{x^3}{6} + \frac{M \cdot l}{6}x$$

$$EIw(\xi) = -\frac{M \cdot l^2}{6}\xi^3 + \frac{M \cdot l^2}{6}\xi = \frac{M \cdot l^2}{6}(-\xi^3 + \xi)$$

Nach Multiplikation mit EI_c folgt:

$$EI_c w(\xi) = \frac{1}{6} \cdot M \cdot l^2 \cdot \frac{I_c}{I} \cdot (-\xi^3 + \xi) = \frac{1}{6} \cdot M \cdot l^2 \cdot \frac{I_c}{I} \cdot \omega_D$$

$$\omega_D = (-\xi^3 + \xi)$$

Für die Ermittlung der Biegelinie mithilfe der ω-Zahlen ist die Momentenlinie in einem Stababschnitt in die Grundfälle in *Tafel A1* zu zerlegen. Für das Beispiel in *Bild 1.74* sind die drei angegebenen Grundformen zu superponieren.

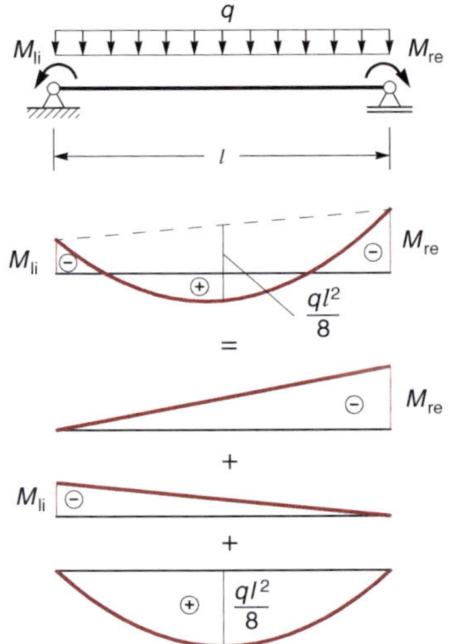

Bild 1.74 Zerlegung einer Momentenlinie

Wir fassen das Vorgehen zur Biegelinienermittlung mithilfe der ω -Zahlen zusammen:

1. Ermittlung der Momentenlinie infolge der vorhandenen Belastung.
2. Berechnung einzelner Verformungen mit der Arbeitsgleichung des Prinzips der virtuellen Kräfte an ausgewählten Tragwerkpunkten zur Bestimmung von w_E.

   Solche Punkte sind Steifigkeitssprünge sowie Unstetigkeitsstellen der Biegelinie, wie Gelenkpunkte. Weiterhin sind es Punkte, die erforderlich sind, um eine Bereichsunterteilung vorzunehmen, die es ermöglicht, die Momentenlinie im betrachteten Teilbereich aus den tabellierten Grundformen zusammenzusetzen.

3. Ermittlung des Krümmungsanteils w_M aus der Momentenlinie durch Auswertung der tabellierten ω-Funktionen.

Addition der Anteile w_E und w_M ergibt die gesuchte Biegelinie.

Ist ein Stab durch eine Temperaturdifferenz beansprucht, so entsteht ein zusätzlicher Krümmungsanteil, der ebenfalls durch Anwendung der ω-Zahlen ermittelt werden kann. Statt der Momentenordinate ist der Wert $\alpha_T \cdot \Delta T / h$ in *Tafel A1* einzusetzen.

Die Durchführung dieses Vorgehens wird nun anhand einiger Beispiele gezeigt.

Beispiel 1.9

Für den in *Bild 1.75* dargestellten Einfeldbalken ist die Biegelinie infolge der angegebenen Einzelkraft zu ermitteln. Die Ordinaten der Biegelinie sind im Abstand von 1,0 m zu berechnen.

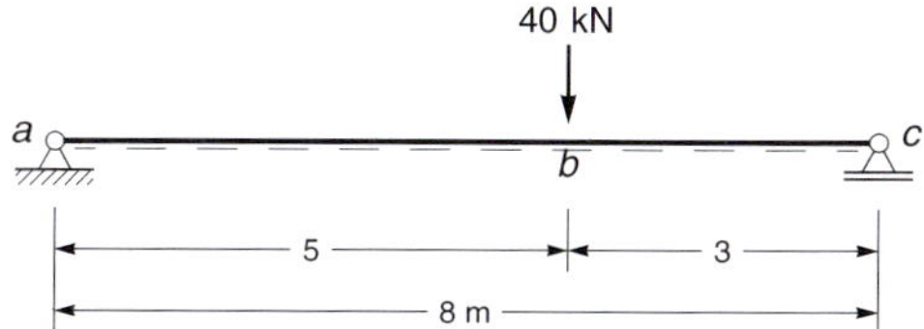

Bild 1.75 Einfeldbalken mit Einzelkraft

1. Ermittlung der Momentenlinie

Die Momentenlinie infolge der Einzelkraft ist in *Bild 1.76* angegeben. Sie ist nicht als Grundform für die Anwendung der ω-Zahlen tabelliert.

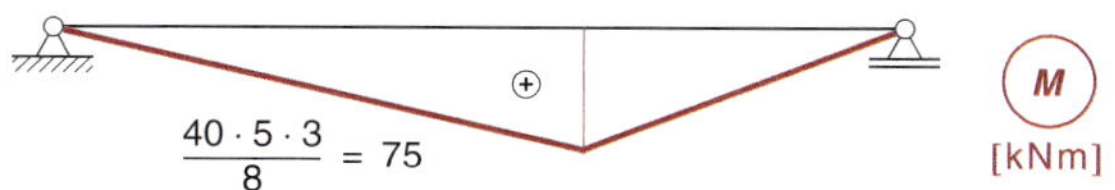

Bild 1.76 Momentenlinie infolge Einzelkraft

2. Berechnung einzelner Verformungen

Der gesamte Balken ist in zwei Abschnitte zu unterteilen, darum ist die Durchbiegung im Angriffspunkt der Einzelkraft als Einzelverformung mit dem Prinzip der virtuellen Kräfte zu berechnen. Der virtuelle Zustand zur Berechnung der Verschiebung des Punktes *b* ist in *Bild 1.77* dargestellt.

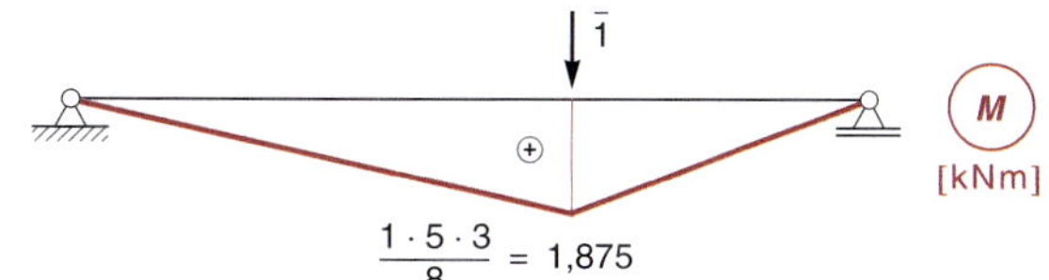

Bild 1.77 Virtueller Zustand

Die Auswertung der Arbeitsgleichung ergibt:

$$\bar{1} \cdot \delta'_b = \frac{I_c}{I} \int M \bar{M} \, dx = 1 \cdot 8 \cdot \frac{1}{3} \cdot 75 \cdot 1{,}875 = 375$$

3. Ermittlung der Ordinaten

- Bereich $a - b$, $n = 5$

$$w = w_E + w_M$$

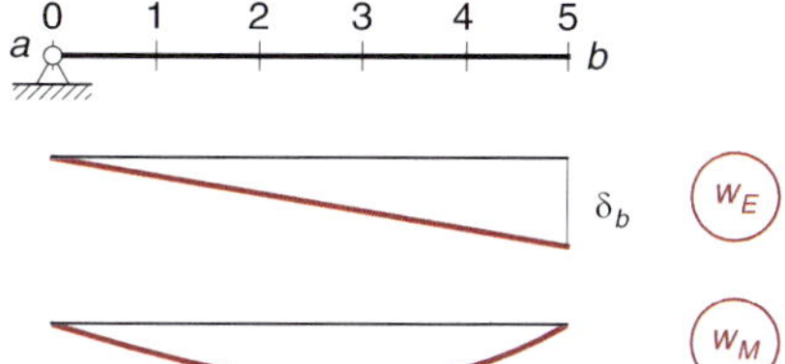

Bild 1.78 Verformungsanteile im Bereich $a - b$

Die Verformungsanteile sind in *Bild 1.78* dargestellt. Der Anteil infolge der Krümmung folgt nach *Tafel A1*, Spalte 2 für den dreiecksförmigen Momentenverlauf:

$$EI_c \cdot w_M = \frac{1}{6} \cdot M \cdot l^2 \cdot \frac{I_c}{I} \cdot \omega_D$$

$$= \frac{1}{6} \cdot 75 \cdot 5^2 \cdot 1{,}0 \cdot \omega_D = 312{,}5\omega_D$$

Die 10^4-fachen Funktionswerte ω_D für die Unterteilung $n = 5$ folgen aus *Tafel A3*. Sie sind in *Tabelle 1.14*, Zeile 2 in grau angegeben.

Tabelle 1.14 Ermittlung der Verformung im Bereich $a - b$

	0	1	2	3	4	5
w_E	0	75	150	225	300	375
$\omega_D \cdot 10^4$	0	1920	3360	3840	2880	0
$w_m = 312{,}5\omega_D$	0	60	105	120	90	0
	0	135	255	345	390	375

- Bereich $b - c$, $n = 3$

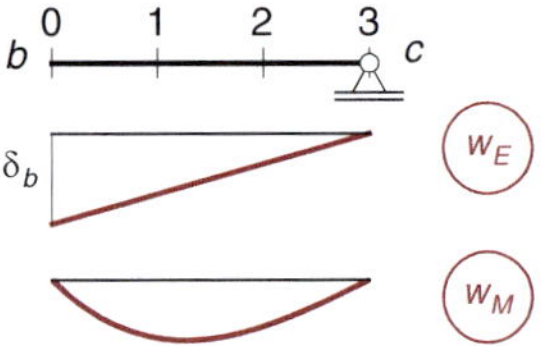

Bild 1.79 Verformungsanteile im Bereich $b - c$

Die Auswertung erfolgt in *Tabelle 1.15* mit den ω'_D-Werten nach *Tafel A3*.

$$EI_c \cdot w_M = \frac{1}{6} \cdot M \cdot l^2 \cdot \frac{I_c}{I} \cdot \omega'_D$$

$$EI_c \cdot w_M = \frac{1}{6} \cdot 75 \cdot 3^2 \cdot 1{,}0 \cdot \omega'_D = 112{,}5\omega'_D$$

Tabelle 1.15 Ermittlung der Verformung im Bereich $b - c$

	0	1	2	3
w_E	375	250	125	0
$\omega'_D \cdot 10^4$	0	3704	2963	0
$w_m = 112{,}5\omega'_D$	0	41.67	33,33	0
	375	291,67	158,33	0

Das Ergebnis der Auswertung ist für den gesamten Träger in *Bild 1.80* dargestellt. Die maßstäbliche Darstellung der Ordinaten am Gesamtsystem ermöglicht eine Kontrolle der Plausibilität der Ergebnisse. In diesem Beispiel muss die Biegelinie im Punkt *b* stetig sein, es darf kein Knick vorhanden sein

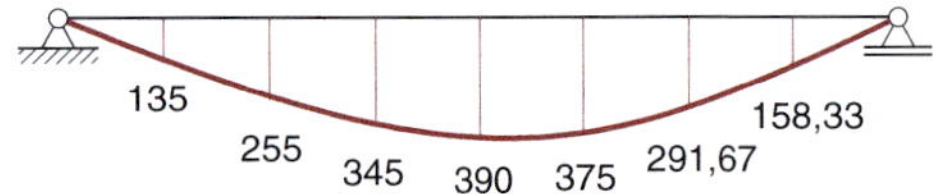

Bild 1.80 Verlauf der EI_c-fachen Durchbiegung

Beispiel 1.10

Für den in *Bild 1.81* dargestellten Einfeldträger mit Kragarm ist die Biegelinie infolge der angegebenen Belastung zu ermitteln. Die Ordinaten der Biegelinie sind im Abstand von 1,0 m zu berechnen.

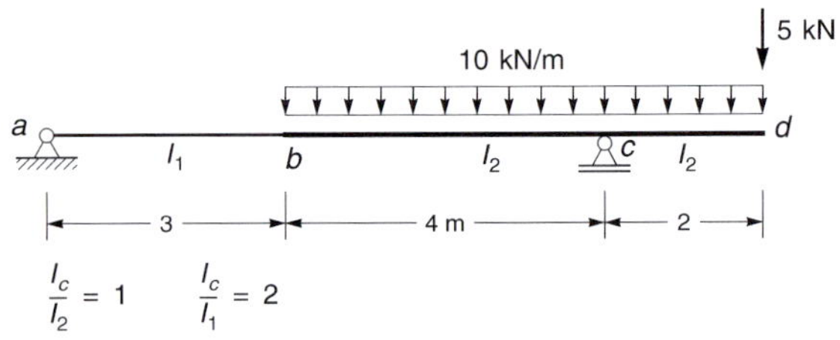

Bild 1.81 Einfeldträger mit Kragarm

1. Ermittlung der Momentenlinie

Die für die Ermittlung der Verformungen erforderliche Momentenlinie ist in *Bild 1.82* angegeben.

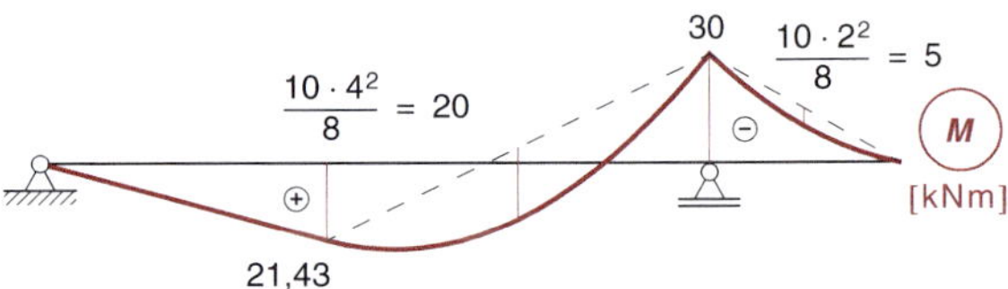

Bild 1.82 Einfeldträger mit Kragarm

2. Berechnung einzelner Verformungen

Es erfolgt zunächst die Berechnung aller Einzelverformungen, die für den Anteil w_E benötigt werden. Der gesamte Träger ist in drei Abschnitte zu unterteilen. Eine Unterteilung im Punkt *b* ist aus zwei Gründen erforderlich. Einerseits ändert sich die Biegesteifigkeit sprunghaft, andererseits wechselt der Funktionsverlauf der Momentenlinie.

Es sind daher die Einzelverformungen in den Punkten *b* und *d* mit der Arbeitsgleichung des Prinzips der virtuellen Kräfte zu berechnen. Die virtuellen Zustände sind in *Bild 1.83* dargestellt.

Für die Auswertung der Arbeitsgleichung und die Anwendung der ω-Zahlen werden die Momentenlinien in den Bereichen $b - c - d$ zerlegt, wie in *Bild 1.84* dargestellt ist.

Die Auswertung der Arbeitsgleichung $\bar{1} \cdot \delta' = \frac{I_c}{I}\int M\bar{M}dx$ erfolgt in den *Tabellen 1.16* und *1.17*.

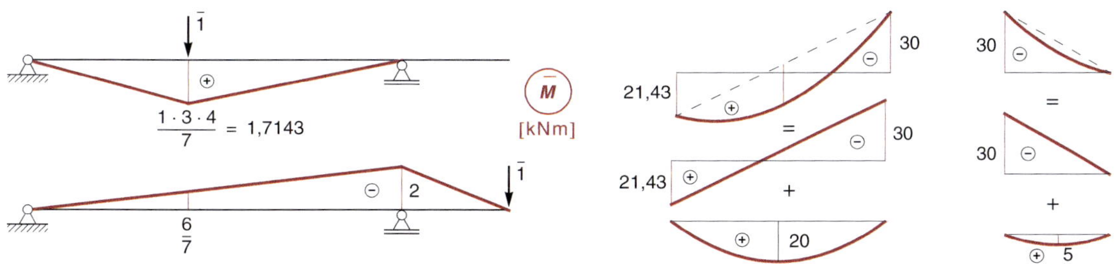

Bild 1.83 Virtuelle Zustände

Bild 1.84 Zerlegung der Momentenlinie

Tabelle 1.16 Berechnung von δ'_b

Bereich	$\frac{I_c}{I}$	l	M	$\bar{M}$	$\frac{I_c}{I}\int M\bar{M}\,dx$	Ergebnis
$a-b$	2,0	3,0	⊕ 21,43	⊕ $\frac{12}{7}$	$2{,}0 \cdot 3{,}0 \cdot \frac{1}{3} \cdot \frac{12}{7} \cdot 21{,}43$	73,47
$b-c$	1,0	4,0	21,43 ⊕ ⊖ 30	$\frac{12}{7}$ ⊕	$1{,}0 \cdot 4{,}0 \cdot \frac{1}{6} \cdot \frac{12}{7} \cdot (2 \cdot 21{,}43 - 30)$	14,70
	1,0	4,0	⊕ 20	$\frac{12}{7}$ ⊕	$1{,}0 \cdot 4{,}0 \cdot \frac{1}{3} \cdot \frac{12}{7} \cdot 20$	45,71
					δ'_b =	133,88

Tabelle 1.17 Berechnung von δ'_d

Bereich	$\frac{I_c}{I}$	l	M	$\bar{M}$	$\frac{I_c}{I}\int M\bar{M}\,dx$	Ergebnis
$a-b$	2,0	3,0	⊕ 21,43	⊖ $\frac{6}{7}$	$2{,}0 \cdot 3{,}0 \cdot \frac{1}{3} \cdot \left(-\frac{6}{7}\right) \cdot 21{,}43$	–36,74
$b-c$	1,0	4,0	21,43 ⊕ ⊖ 30	$\frac{6}{7}$ ⊖ 2	$1{,}0 \cdot 4{,}0 \cdot \frac{1}{6} \cdot \left[-\frac{6}{7} \cdot (2 \cdot 21{,}43 - 30) - 2 \cdot (21{,}43 - 2 \cdot 30)\right]$	44,08
	1,0	4,0	⊕ 20	$\frac{6}{7}$ ⊖ 2	$1{,}0 \cdot 4{,}0 \cdot \frac{1}{3} \cdot \left(-\frac{6}{7} - 2\right) \cdot 20$	–76,19
$c-d$	1,0	2,0	30 ⊖	2 ⊖	$1{,}0 \cdot 2{,}0 \cdot \frac{1}{3} \cdot (-2) \cdot (-30)$	40,00
	1,0	2,0	⊕ 5	2 ⊖	$1{,}0 \cdot 2{,}0 \cdot \frac{1}{3} \cdot (-2) \cdot 5$	–6,67
					δ'_d =	–35,52

- Bereich $a - b,\ n = 3$

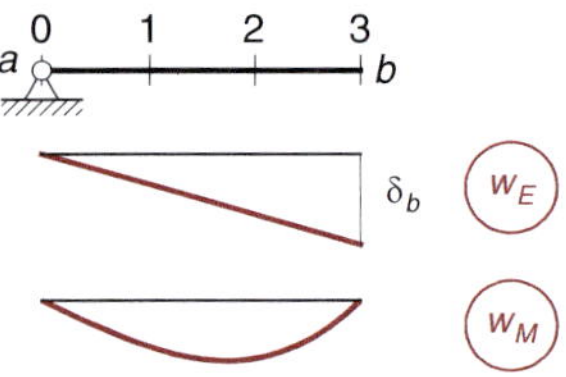

Bild 1.85 Verformungsanteile im Bereich $a - b$

$$EI_c \cdot w_M = \frac{1}{6} \cdot M \cdot l^2 \cdot \frac{I_c}{I} \cdot \omega_D$$

$$= \frac{1}{6} \cdot 21{,}43 \cdot 3^2 \cdot 2{,}0 \cdot \omega_D = 64{,}29\omega_D$$

Tabelle 1.18 Ermittlung der Verformung im Bereich $a - b$

	0	1	2	3
w_E	0	44,63	89,25	133,88
$\omega_D \cdot 10^4$	0	2963	3704	0
$w_m = 64{,}29\omega_D$	0	19,05	23,81	0
	0	63,68	113,06	133,88

- Bereich $b - c,\ n = 4$

Für die Anwendung der ω-Zahlen ist der trapezförmige Momentenverlauf aus *Bild 1.84* weiter zu zerlegen. Die Zerlegung erfolgt in zwei Teildreiecke, wie in *Bild 1.86* dargestellt ist.

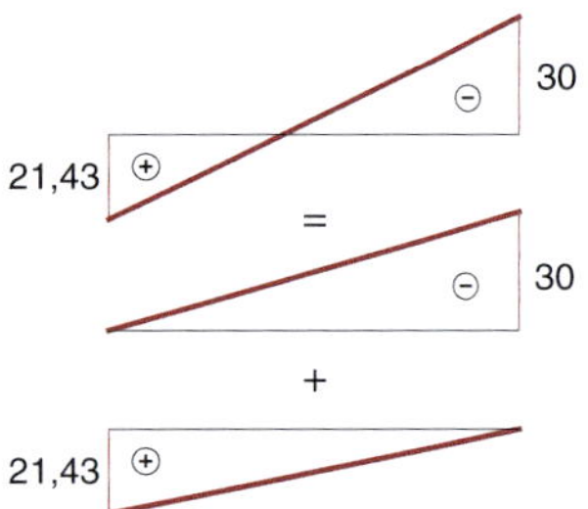

Bild 1.86 Zerlegung eines Trapezes

Damit sind in diesem Teilbereich drei Anteile für w_M zu berücksichtigen, die beiden Dreiecke und die Parabel aus *Bild 1.84:*

$$w_M = w_M^{D1} + w_M^{D2} + w_M^P$$

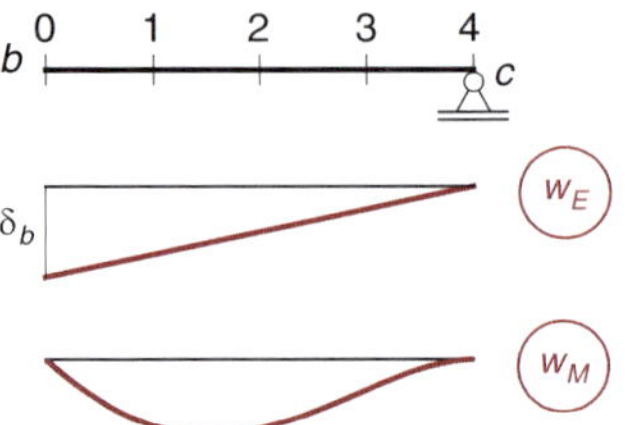

Bild 1.87 Verformungsanteile im Bereich $b - c$

$$EI_c \cdot w_M^{D1} = \frac{1}{6} \cdot M \cdot l^2 \cdot \frac{I_c}{I} \cdot \omega_D$$

$$= \frac{1}{6} \cdot (-30) \cdot 4^2 \cdot 1{,}0 \cdot \omega_D = -80\omega_D$$

$$EI_c \cdot w_M^{D2} = \frac{1}{6} \cdot M \cdot l^2 \cdot \frac{I_c}{I} \cdot \omega'_D$$

$$= \frac{1}{6} \cdot 21{,}43 \cdot 4^2 \cdot 1{,}0 \cdot \omega'_D = 57{,}15\omega'_D$$

$$EI_c \cdot w_M^P = \frac{1}{3} \cdot M \cdot l^2 \cdot \frac{I_c}{I} \cdot \omega_{P1}$$

$$= \frac{1}{3} \cdot 20 \cdot 4^2 \cdot 1{,}0 \cdot \omega_{P1} = 106{,}67\omega_{P1}$$

Tabelle 1.19 Ermittlung der Verformung im Bereich $b - c$

	0	1	2	3	4
w_E	133,88	100,41	66,94	33,47	0
$\omega_D \cdot 10^4$	0	2344	3750	3281	0
$w_M^{D1} = -80\omega_D$	0	–18,75	–30,00	–26,25	0
$\omega'_D \cdot 10^4$	0	3281	3750	2344	0
$w_M^{D2} = 57{,}15\omega'_D$	0	18,75	21,43	13,40	0
$\omega_P \cdot 10^4$	0	2227	3125	2227	0
$w_M^P = 106{,}67\omega_{P1}$	0	23,75	33,33	23,75	0
	133,88	124,16	91,70	44,37	0

- Bereich $c - d,\ n = 2$

Die Momentenlinie wird in diesem Bereich nach *Bild 1.84* in ein Dreieck und eine Parabel zerlegt. Der Verformungsanteil w_M setzt sich aus Dreieck und Parabel zusammen.

$$w_M = w_M^D + w_M^P$$

c 0 1 2 d

δ_d w_E

w_M

$$EI_c \cdot w_M^D = \frac{1}{6} \cdot M \cdot l^2 \cdot \frac{I_c}{I} \cdot \omega'_D$$

$$= \frac{1}{6} \cdot (-30) \cdot 2^2 \cdot 1{,}0 \cdot \omega'_D = -20\omega'_D$$

$$EI_c \cdot w_M^P = \frac{1}{3} \cdot M \cdot l^2 \cdot \frac{I_c}{I} \cdot \omega_{P1}$$

$$= \frac{1}{3} \cdot 5 \cdot 2^2 \cdot 1{,}0 \cdot \omega_{P1} = 6{,}677\omega_{1P}$$

Tabelle 1.20 Ermittlung der Verformung im Bereich $c - d$

	0	1	2
w_E	0	–17,76	–35,52
$\omega'_D \cdot 10^4$	0	3750	0
$w_M^D = -20\omega'_D$	0	–7,50	0
$\omega_P \cdot 10^4$	0	3125	0
$w_M^P = 3{,}667\omega_{P1}$	0	2,08	0
	0	–23,18	–35,52

Die maßstäbliche Darstellung der Verformung am gesamten System in *Bild 1.88* zeigt wieder die Plausibilität der ermittelten Ergebnisse.

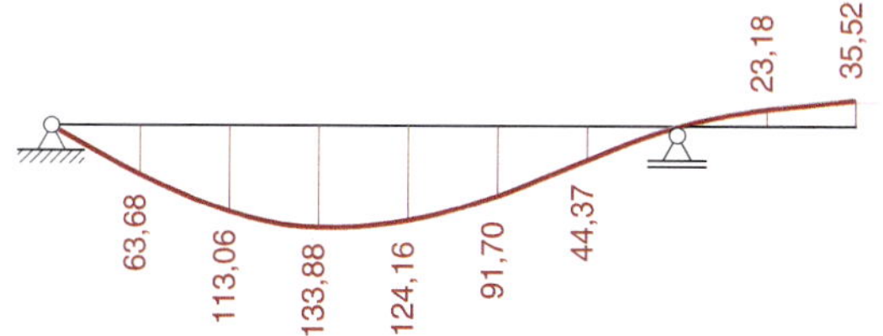

Bild 1.88 Darstellung der Biegelinie

1.8 Der Satz von Betti

Bild 1.89 zeigt ein statisches System unter Einwirkung zweier Kräftesysteme, die durch die dargestellten Kräfte F_j und F_k repräsentiert werden. Beide Kräftesysteme werden in unterschiedlicher Reihenfolge aufgebracht.

- Reihenfolge I

1. Aufbringen des Kräftesystems F_j

   F_j leistet Eigenarbeit auf der Verschiebung δ_{jj}.

2. Aufbringen des Kräftesystems F_k

   F_k erzeugt eine zusätzliche Verformung und leistet Eigenarbeit auf der Verschiebung δ_{kk}. Das schon in voller Größe vorhandene Kräftesystem F_j leistet Verschiebungsarbeit auf der von F_k erzeugten Verschiebung δ_{jk}.

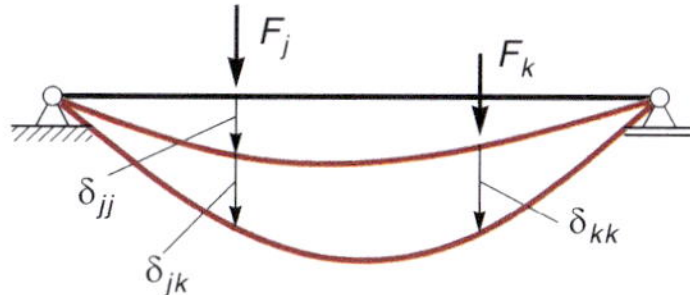

Bild 1.89 System unter Wirkung zweier Kräftesysteme (I.)

Die gesamte geleistete Arbeit ist:

$$W_I = \frac{1}{2}\sum F_j\delta_{jj} + \frac{1}{2}\sum F_k\delta_{kk} + \sum F_j\delta_{jk}$$

$$W_I = W_{jj}^{eig} + W_{kk}^{eig} + W_{jk}$$

Die Reihenfolge des Aufbringens der Kräftesysteme wird nun vertauscht, wie in *Bild 1.90* dargestellt ist.

- Reihenfolge II

1. Aufbringen des Kräftesystems F_k

   F_k leistet Eigenarbeit auf der Verschiebung δ_{kk}.

2. Aufbringen des Kräftesystems F_j

   F_j erzeugt eine zusätzliche Verformung und leistet Eigenarbeit auf der Verschiebung δ_{jj}. Das schon in voller Größe vorhandene Kräftesystem F_k leistet Verschiebungsarbeit auf der von F_j erzeugten Verschiebung δ_{kj}.

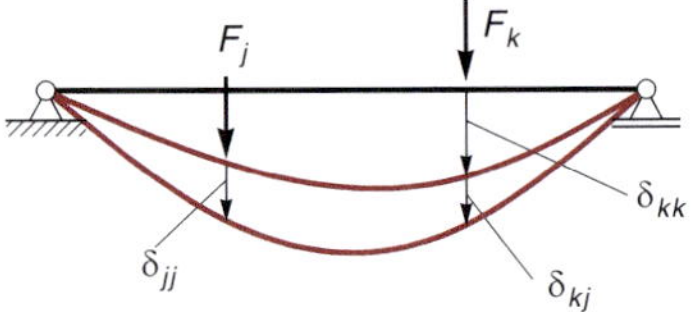

Bild 1.90 System unter Wirkung zweier Kräftesysteme (II.)

Damit ergibt sich die Gesamtarbeit zu:

$$W_{II} = \frac{1}{2}\sum F_k \delta_{kk} + \frac{1}{2}\sum F_j \delta_{jj} + \sum F_k \delta_{kj}$$

$$W_{II} = W_{kk}^{\text{eig}} + W_{jj}^{\text{eig}} + W_{kj}$$

Da die Gesamtarbeit unabhängig von der Reihenfolge ist, gilt:

$$W_I = W_{II}$$

Da die Eigenarbeiten entfallen, verbleibt:

$$W_{jk} = W_{kj}\text{, bzw. } \sum F_j \delta_{jk} = \sum F_k \delta_{kj}$$

Dies ist der Satz von Betti:

Die Verschiebungsarbeit eines ersten Kräftesystems *j* auf den Wegen eines zweiten Kräftesystems ist gleich der Verschiebungsarbeit, die das zweite Kräftesystem *k* auf den Wegen des ersten leistet.

1.9 Der Satz von Maxwell

Die Spezialisierung des Satzes von Betti auf je eine einzige Einheitskraftgröße ergibt den Satz von Maxwell.

Mit $F_j = F_k = 1$ bzw. $M_j = M_k = 1$ folgt aus dem Satz von Betti:

$$\delta_{jk} = \delta_{kj}$$

Die gegenseitigen Verformungen zweier Einheitsfälle sind gleich. Ort und Ursache dürfen vertauscht werden.

In *Bild 1.91* wird dieser Satz an einem einfachen Beispiel verifiziert. Es wird für jede der beiden angreifenden Einheitskraftgrößen jeweils die Verformung ermittelt, auf der die andere Kraftgröße Arbeit leistet. Im linken Teil des Bildes erfolgt die Ermittlung der Verdrehung am linken Auflagerpunkt infolge der Einheitskraft. Im rechten Teil des Bildes wird die Verschiebung infolge des Einheitsmoments an der Stelle ermittelt, an der die Einheitskraft wirkt.

Da die für die Berechnung der Verformung benötigten virtuellen Zustände genau dem jeweils anderen Einheitslastfall entsprechen, ergibt die Auswertung der Arbeitsgleichung dieselben Ergebnisse.

Die Drehung des linken Auflagerpunktes infolge der Einheitskraft ist also gleich der Verschiebung im Angriffspunkt der Kraft infolge des Einheitsmomentes am linken Auflager. Bei dieser Aussage ist zu beachten, dass eine Verdrehung und eine Verschiebung natürlich unterschiedliche Dimensionen haben.

Um diesen scheinbaren Widerspruch zu lösen, ist daran zu denken, dass die berechneten Integrale Arbeiten darstellen. Die Verformungen erhält man, indem die Arbeit durch die dimensionsbehafteten virtuellen Einheitskraftgrößen dividiert wird.

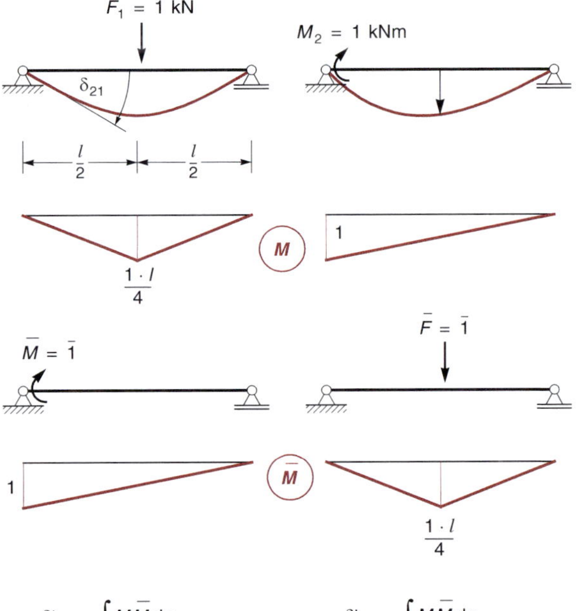

Bild 1.91 Verifizierung des Satzes von Maxwell am einfachen Balken

Aufgaben

Für die Systeme der Aufgaben 1.1 und 1.2 ist der Verlauf des Torsionsmomentes sowie der Verlauf der GI_T-fachen Verdrehung mit den analogen Beziehungen nach Abschnitt 1.4.1 zu ermitteln.

Aufgabe 1.1

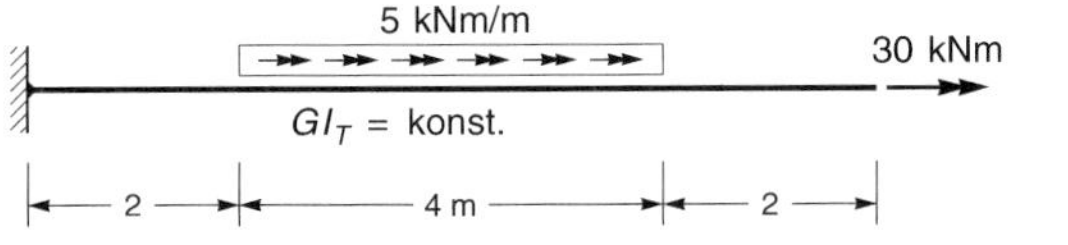

Aufgabe 1.2

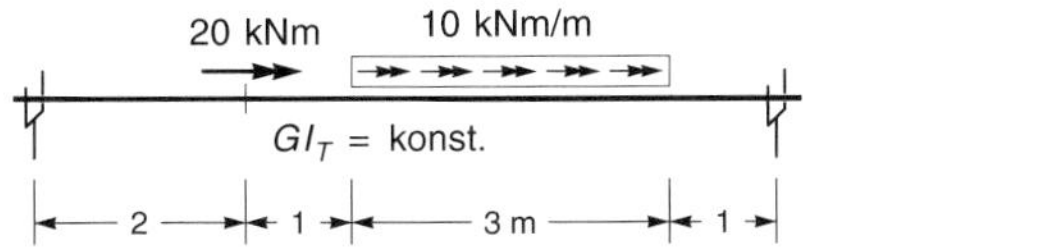

Für die Systeme der Aufgaben 1.3 bis 1.5 ist der Verlauf der Normalkraft sowie der Verlauf der EA-fachen Verschiebung mit den analogen Beziehungen nach Abschnitt 1.4.1 zu ermitteln.

Aufgabe 1.3

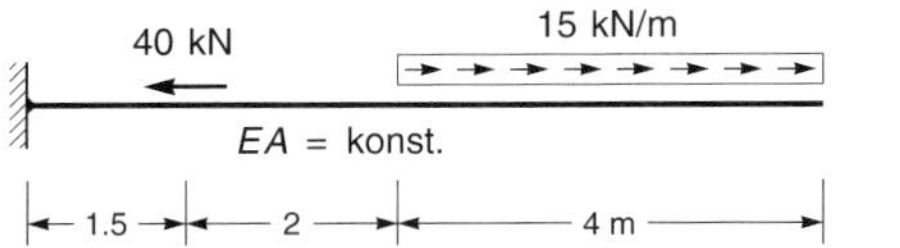

Aufgabe 1.4

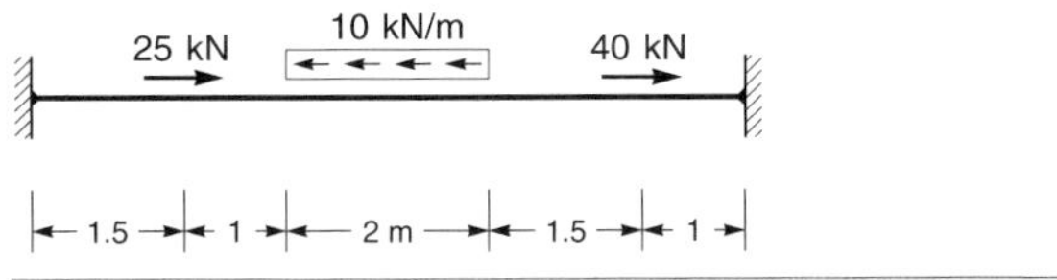

Aufgabe 1.5

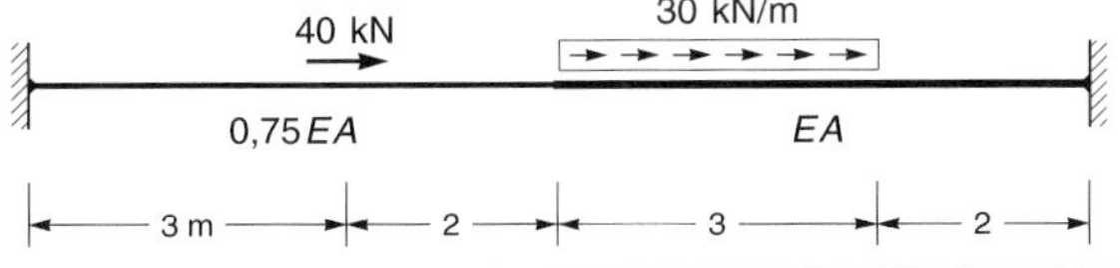

Für die Systeme der Aufgaben 1.6 bis 1.9 sind die EI-fachen Durchbiegungen in den farbig gekennzeichneten Punkten mit der Mohrschen Analogie sowie mit dem Prinzip der virtuellen Kräfte zu ermitteln.

Aufgabe 1.6

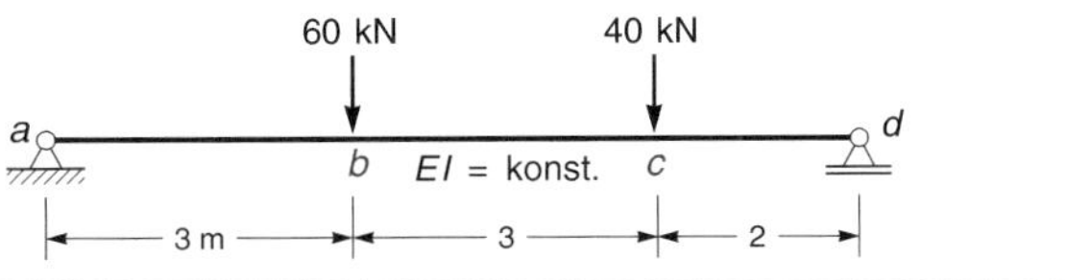

Aufgabe 1.7

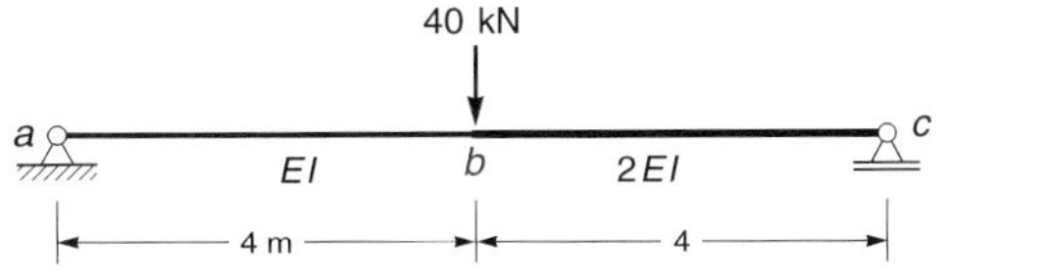

Aufgabe 1.8

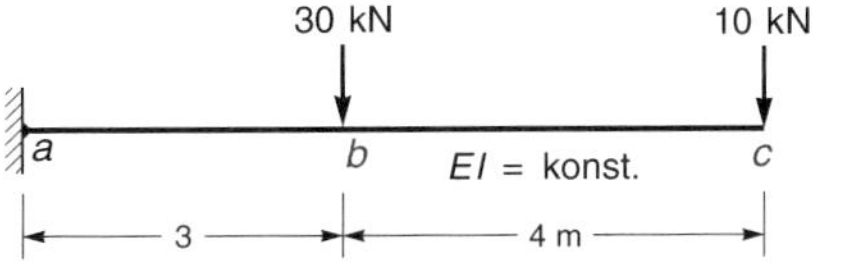

Aufgabe 1.9

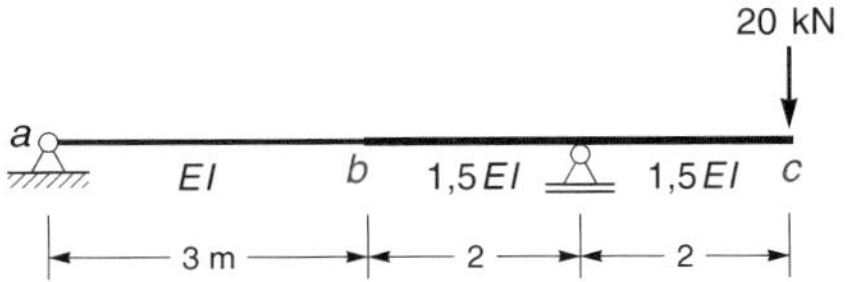

Aufgabe 1.10

Das dargestellte System ist durch folgende Einwirkungen beansprucht:

- Lastfall 1:

Konstante Streckenlast im gesamten Bereich

- Lastfall 2:

Temperaturdifferenz $\Delta T = 40°$ (oben wärmer) im Bereich $a - b$

- Lastfall 3:

Eingeprägte Drehung des Auflagers im Punkt a um 0,02 rad im Uhrzeigersinn.

- Lastfall 4:

Eingeprägte Senkung des Auflagers im Punkt d um 4 cm.

Gesucht sind:

1. Die Verschiebung des Punktes b infolge Lastfall 1.
2. Die Verschiebung des Punktes b infolge Lastfall 2.
3. Die Verschiebung des Punktes c infolge Lastfall 1.
4. Die Drehung der Tangente rechts vom Punkt b infolge Lastfall 1.
5. Die Drehung der Tangente links vom Punkt b infolge Lastfall 1.
6. Die Relativdrehung der Tangenten (Knick) im Punkt b infolge Lastfall 1.
7. Die Drehung der Tangente im Punkt d infolge Lastfall 3.
8. Die Relativdrehung der Tangenten (Knick) im Punkt b infolge Lastfall 4.
9. Die Biegelinie des Systems mithilfe der ω-Zahlen infolge Lastfall 1. Die Ordinaten sind im Abstand von 0,5 m zu berechnen.

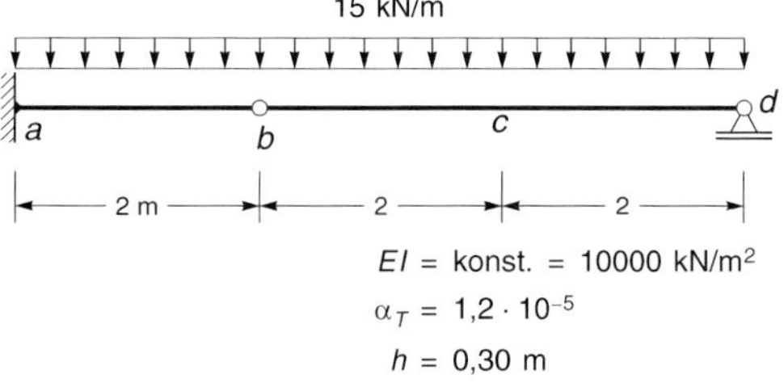

Aufgabe 1.11

Für das dargestellte System sind zu ermitteln:

1. Die horizontale Verschiebung des Punktes d infolge der angegebenen Horizontalkraft.
2. Die horizontale Verschiebung des Punktes d infolge Abkühlung des Stabes $b-d$ um 40°.

Die Normalkraftverformung in den Pendelstäben ist zu berücksichtigen.

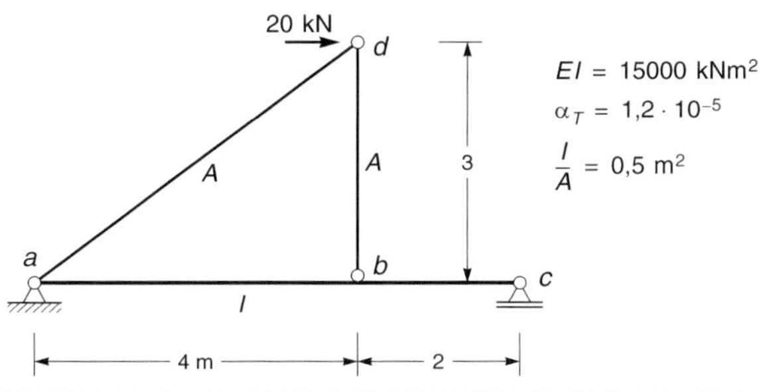

Aufgabe 1.12

Für das dargestellte System sind zu ermitteln:

1. Die horizontale Verschiebung des Riegels infolge der angegebenen Streckenlast.
2. Skizze der Verformung des Systems infolge der angegebenen Streckenlast.
3. Die horizontale Verschiebung des Riegels infolge einer Senkung des Auflagerpunktes c um 4 cm.

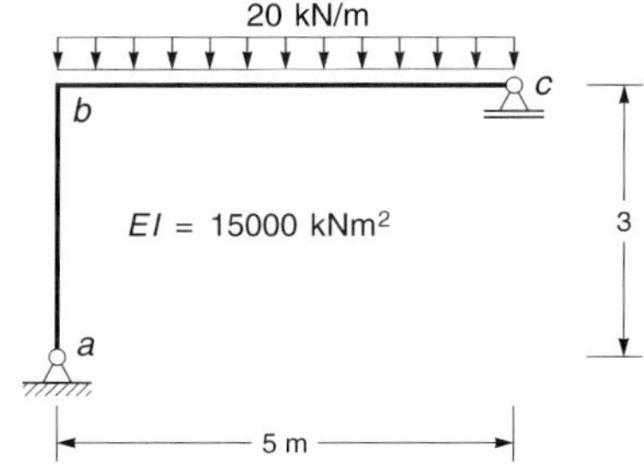

Aufgabe 1.13

Für das dargestellte System sind zu ermitteln:

1. Die Biegelinie des Systems mithilfe der ω-Zahlen infolge der angegebenen Belastung. Die Ordinaten sind im Abstand von 1,0 m zu berechnen.
2. Die Relativdrehung der Tangenten (Knick) im Punkt d infolge der angegebenen Belastung.

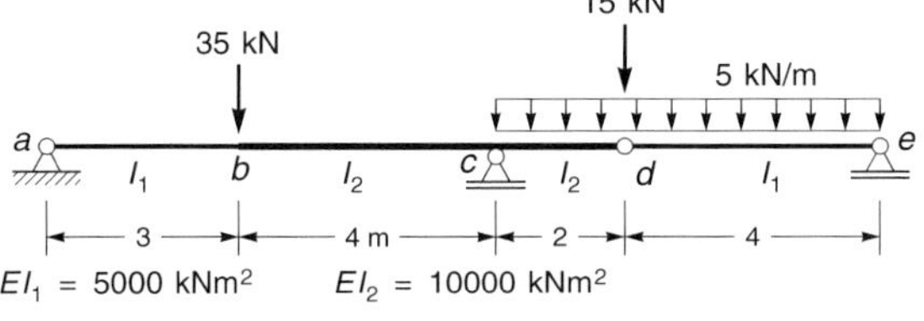

2 Das Kraftgrößenverfahren

2.1 Grundlagen

2.1.1 Einführung

Ein statisch bestimmtes System ist dadurch gekennzeichnet, dass die Bilanz zwischen unbekannten Kraftgrößen und den für die Berechnung zur Verfügung stehenden Gleichungen ausgewogen ist. Diese Bilanz wird durch das Abzählkriterium geprüft. Wenn alle Auflager- und Schnittgrößen mithilfe der Gleichgewichtsbedingungen ermittelt werden können, ist ein System statisch bestimmt.

Sind mehr unbekannte Auflager- und Schnittgrößen als Gleichgewichtsbedingungen vorhanden, so ist das System statisch unbestimmt. Die Unbekannten können nicht allein durch Gleichgewichtsbedingungen berechnet werden, es müssen zusätzlich Verformungen betrachtet werden, um die Lösung zu ermitteln.

Wir betrachten zur Erläuterung der Zusammenhänge den einseitig eingespannten Balken in *Bild 2.1*.

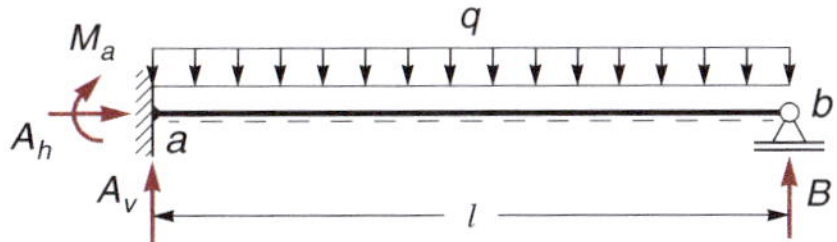

Bild 2.1 Einseitig eingespannter Balken

Durch die dreiwertige Lagerung im Punkt *a* sowie die einwertige Lagerung in *b* sind insgesamt vier unbekannte Auflagerreaktionen vorhanden. Das Abzählkriterium ergibt:

$$n = a + z - 3p = 4 + 0 - 3 \cdot 1 = 1$$

Das System ist also einfach statisch unbestimmt. Um die Gleichgewichtsbedingungen zu erfüllen, sind nur drei Auflagerreaktionen erforderlich. Ist eine der vier Unbekannten gleich null, so lassen sich die anderen drei Kraftgrößen mithilfe der Gleichgewichtsbedingungen ermitteln.

Damit nur drei unbekannte Kraftgrößen vorhanden sind, setzten wir eine der vier Unbekannten gleich null. Wir wählen zunächst die Auflagerkraft *B*. Wenn *B* gleich null ist, entspricht dies einem einfachen Kragträger.

Das Nullsetzen der Auflagerkraft *B* entspricht also dem Lösen einer kinematischen Bindung, hier dem Entfernen des einwertigen Auflagers.

Das durch das Lösen der Bindung entstandene veränderte System nennt man *statisch bestimmtes Hauptsystem*, es ist in *Bild 2.2* dargestellt.

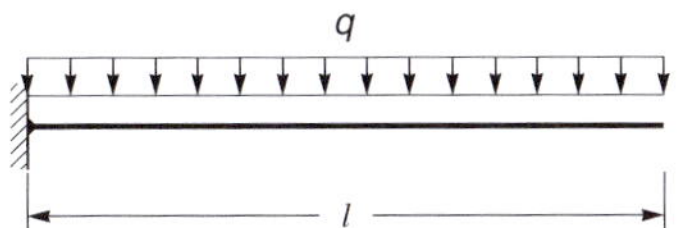

Bild 2.2 Statisch bestimmtes Hauptsystem

An diesem System können nun alle Auflagerkräfte und Schnittgrößen ermittelt werden. Die Momentenlinie sowie die Verformung infolge der Belastung am statisch bestimmten Hauptsystem zeigt *Bild 2.3*. Diese Lösung nennt man *Lastspannungszustand*. Durch die Verformung des Kragträgers infolge der Belastung entsteht eine vertikale Verschiebung des Punktes *b*, die am wirklichen System nicht auftreten kann, da dort ein Auflager vorhanden ist.

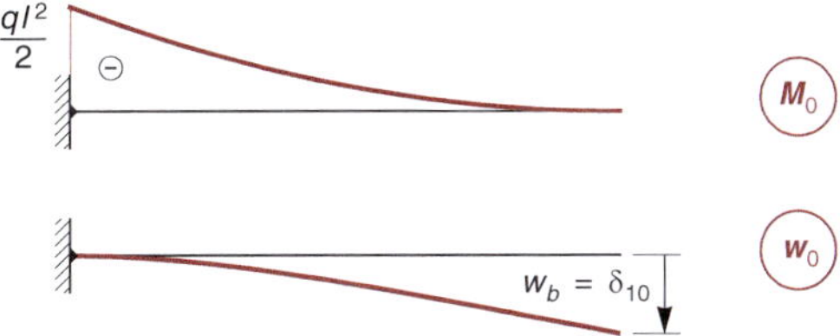

Bild 2.3 Momentenlinie und Verformung infolge der Streckenlast am statisch bestimmten Hauptsystem

Durch das Entfernen des Auflagers, also das Lösen der Bindung, wird eine Verformungsbedingung verletzt, in diesem Fall die Bedingung, dass die Verschiebung des Auflagerpunktes *b* gleich null sein muss.

Die Verformungsbedingung wird verletzt, weil durch das Lösen der Bindung eine Kraftgröße zu null gesetzt wurde, die tatsächlich nicht gleich null ist.

Die Idee des Kraftgrößenverfahrens besteht nun darin, die im Punkt *b* wirkende, noch unbekannte Auflagerkraft in ihrer Größe so zu bestimmen, dass die Verformung infolge der Belastung wieder rückgängig gemacht wird. Dafür wird die Verformung des Punktes *b* benötigt. Um die Verschiebung infolge der Streckenlast mit dem Prinzip der virtuellen Kräfte zu berechnen, wird eine virtuelle Kraft $\bar{1}$ im Punkt *b* aufgebracht, siehe *Bild 2.4*. Durch Auswertung der Arbeitsgleichung folgt die gesuchte Verformung:

$$\bar{1} \cdot \delta'_{10} = \delta'_{10} = \frac{I_c}{I}\int \bar{M} M_0 \,dx = 1 \cdot \frac{l}{4} \cdot \left(-\frac{ql^2}{2}\right) \cdot l = -\frac{ql^4}{8}$$

Der Grund für die Bezeichnung der Verformung mit einer Doppelindizierung wird später deutlich werden.

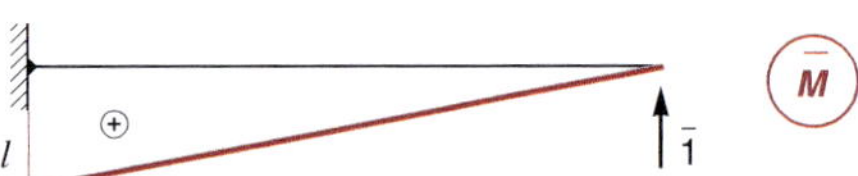

Bild 2.4 Virtueller Zustand

Die berechnete Verformung δ'_{10} muss nun mit einer Kraft an der Spitze des Kragträgers rückgängig gemacht werden. Wie groß muss diese Kraft sein, damit sie den Punkt *b* wieder in die Ausgangslage zurückschiebt?

Um zu ermitteln, welche Verformung eine Einzelkraft im Punkt *b* am Kragträger bewirkt, bringen wir eine Kraft der Größe eins auf, siehe *Bild 2.5*. Es wäre jedoch grundsätzlich auch möglich, einen anderen Wert anzusetzen. Die Lösung infolge der angesetzten Einheitskraftgröße bezeichnet man als *Einheitsspannungszustand*.

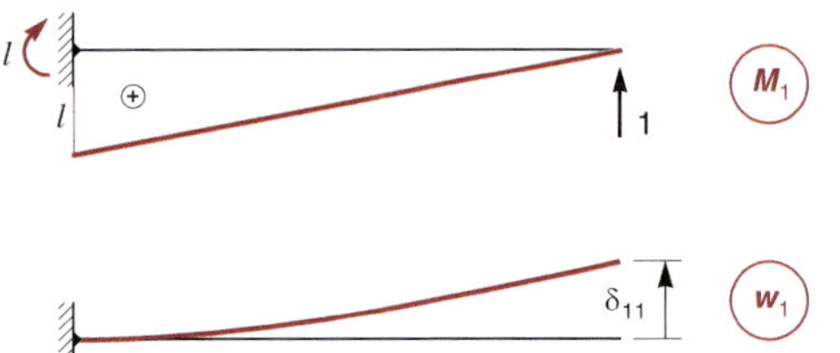

Bild 2.5 Einheitskraft am statisch bestimmten Hauptsystem

Um die Verformung infolge der Einheitskraft zu ermitteln, verwenden wir wieder den virtuellen Zustand aus *Bild 2.4*:

$$\bar{1} \cdot \delta'_{11} = \delta'_{11} = \frac{I_c}{I}\int \bar{M} M_1 \,dx = 1 \cdot \frac{l}{3} \cdot l \cdot l = \frac{l^3}{3}$$

Wirkt im Punkt *b* eine Kraft der Größe X_1, ist die daraus folgende Verformung das X_1-fache der Verformung infolge der Einheitskraft. Unter der gleichzeitigen Wirkung der Streckenlast sowie der Einzelkraft muss sich im Punkt *b* eine Verformung von null ergeben. Diese Aussage ist die Verformungsbedingung zur Bestimmung des Faktors X_1:

$$\delta'_{11} \cdot X_1 + \delta'_{10} = 0$$

Auflösen der Gleichung nach der Unbekannten X_1 und Einsetzen der berechneten Verformungen δ'_{10} und δ'_{11} führt auf:

$$X_1 = -\frac{\delta'_{10}}{\delta'_{11}} = -\frac{-\frac{ql^4}{8}}{\frac{l^3}{3}} = \frac{3}{8}ql$$

Dieser Wert entspricht der gesuchten Auflagerkraft im Punkt *b*. Die endgültige Momentenlinie erhalten wir durch Superposition beider Teillösungen:

$$M = X_1 \cdot M_1 + M_0$$

Im Auflagerpunkt *a* ergibt sich:

$$M_a = \frac{3}{8}ql \cdot l + \left(-\frac{ql^2}{2}\right) = -\frac{ql^2}{8}$$

Damit kann die gesamte Momentenlinie durch Einhängen der $q \cdot l^2/8$ -Parabel gezeichnet werden, siehe *Bild 2.6*.

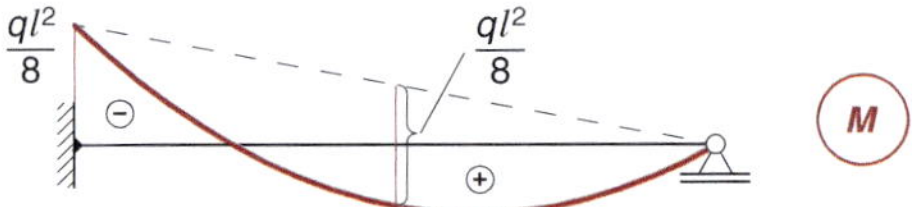

Bild 2.6 Endgültige Momentenlinie

Die endgültige Momentenlinie am statisch unbestimmten System in *Bild 2.6* kann als Lösung am statisch bestimmten Hauptsystem infolge der gleichzeitigen Wirkung von Streckenlast und Einzelkraft am Ende des Kragträgers aufgefasst werden. Wirken die in *Bild 2.7* dargestellten Belastungen, ergibt sich die Lösung in *Bild 2.6*.

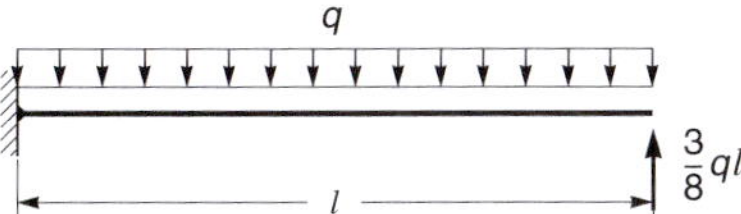

Bild 2.7 Statisch bestimmtes Hauptsystem unter der Wirkung von Streckenlast und Einzelkraft

Um zu überprüfen, ob die Verschiebung des Punktes *b* gleich null ist, werten wir für den virtuellen Zustand in *Bild 2.4* die Arbeitsgleichung aus:

$$\bar{1} \cdot \delta'_1 = \delta'_1 = \frac{I_c}{I}\int \bar{M} M \, \mathrm{d}x$$

$$= 1 \cdot \frac{l}{3} \cdot l \cdot \left(-\frac{ql^2}{8}\right) + 1 \cdot \frac{l}{3} \cdot l \cdot \frac{ql^2}{8} = 0$$

Mit dieser Kontrolle der Verformung im Punkt *b* ist die Berechnung nach dem Kraftgrößenverfahren bestätigt worden. Die Verformungsbedingung wird also erfüllt.

Bei der obigen Berechnung wurde die zunächst zu null gesetzte Auflagerkraft im Punkt *b* als Einheitsgröße vorgegeben. Dieser Einheitsspannungszustand ist in *Bild 2.5* dargestellt. Um die Verformungsbedingung zu erfüllen, war es erforderlich, die Verschiebung des Punktes *b* zu ermitteln. Der für die Verformungsberechnung benötigte virtuelle Zustand in *Bild 2.4* unterscheidet sich vom Einheitszustand in *Bild 2.5* nur durch den Querstrich der virtuellen Größen. Beide Zustände sind formal identisch. Es wird daher im Folgenden der Einheitsspannungszustand auch als virtueller Zustand für die Berechnung der Verformungen benutzt.

Wir führen nun die Berechnung nochmals mit einem anderen Hauptsystem durch. Das Nullsetzen der Auflagerkraft, also das Entfernen des Auflagers im Punkt *b* ist nur eine von unendlich vielen Möglichkeiten, das Hauptsystem zu wählen. Wir lösen nun eine kinematische Bindung so, dass ein Moment gleich null gesetzt wird. Dies entspricht dem Einlegen eines Momentengelenkes. Es bietet sich in diesem Fall der Punkt *a* an. Durch das Einlegen eines Gelenkes in diesem Punkt wird aus dem dreiwertigen ein zweiwertiges Auflager, das nur Kräfte aufnehmen kann. Das daraus resultierende statisch bestimmte Hauptsystem ist der einfache Balken auf zwei Stützen. Das Hauptsystem sowie die Momenten- und Biegelinie infolge der Streckenlast sind in *Bild 2.8* dargestellt. Durch das Lösen der Bindung, also dem Einlegen des Gelenkes kann sich der Stab im Auflagerpunkt *a* frei verdrehen. Am wirklichen System ist eine Einspannung vorhanden, sodass die Biegelinie in diesem Punkt eine horizontale Tangente habe müsste. Die Drehung der Tangente im Punkt *a* verletzt daher die Verformungsbedingungen des wirklichen Systems.

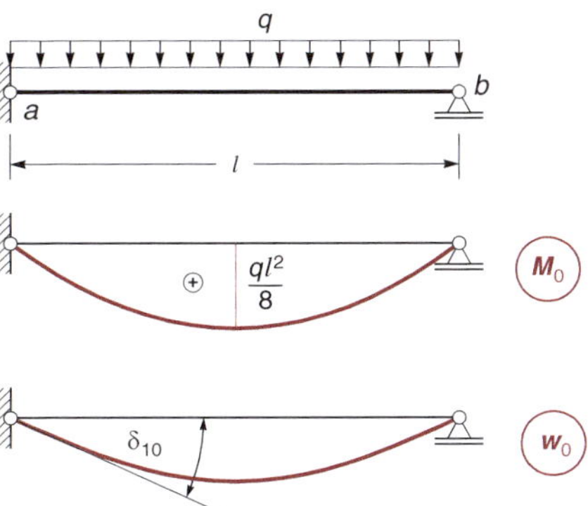

Bild 2.8 Lastspannungszustand am beidseitig gelenkigen Balken

Das im Punkt *a* zu null gesetzte Biegemoment wird nun als Einheitsgröße angesetzt, dies ergibt den Einheitsspannungszustand in *Bild 2.9*. Das Einheitsdoppelmoment im Punkt *a* erzeugt in diesem Punkt den Knick δ_{11}. Wie groß muss das Doppelmoment in diesem Punkt sein, damit es den durch die Belastung in diesem Punkt erzeugten Knick wieder aufhebt?

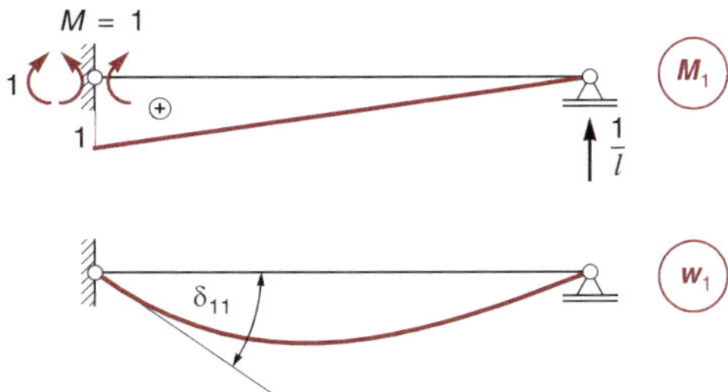

Bild 2.9 Einheitsspannungszustand

Um die Größe des Doppelmomentes zu bestimmen, müssen die Knicke infolge der Belastung sowie des Einheitsdoppelmomentes berechnet werden. Die Berechnung dieser Einzelverformung erfordert einen virtuellen

Zustand, der mit dem Einheitszustand formal identisch ist. Wir benutzen daher den Einheitsspannungszustand auch als virtuellen Zustand, um die Knicke zu berechnen. In der Arbeitsgleichung wird daher $\bar{M}$ durch M_1 ersetzt. Damit ergibt sich der Knick in *a* infolge der Streckenlast zu:

$$\bar{1} \cdot \delta'_{10} = \delta'_{10} = \frac{I_c}{I}\int M_1 M_0 \, dx = 1 \cdot \frac{l}{3} \cdot \frac{ql^2}{8} \cdot 1 = \frac{ql^3}{24}$$

Wie aus obiger Gleichung zu erkennen ist, entspricht die Indizierung des δ'-Wertes den Indizes der Momentenfunktionen unter dem Integralzeichen. Beide Indizes werden getrennt gesprochen. δ'_{10} also delta-eins-null-strich und nicht etwa delta-zehn-strich! Die Indizes geben Ort und Ursache der Verformung an. Der Index „0" bezeichnet die Belastung, der andere Index den Einheitsspannungszustand. δ'_{10} ist also die Verformung an der Stelle, an der die erste Bindung gelöst wurde (Ort), infolge der Belastung (Ursache).

Analog berechnen wir den Knick in *a* infolge des Doppelmomentes mit:

$$\bar{1} \cdot \delta'_{11} = \delta'_{11} = \frac{I_c}{I}\int M_1 M_1 \, dx = \frac{I_c}{I}\int M_1^2 \, dx$$

$$= 1 \cdot \frac{l}{3} \cdot 1^2 = \frac{l}{3}$$

Dadurch, dass $\bar{M}$ durch M_1 ersetzt wird, sind die tatsächliche Momentenlinie, also der Einheitszustand und die virtuelle Momentenlinie gleich. Der Wert δ'_{11} ist die Verformung an der ersten gelösten Bindung (Ort) infolge der Einheitsdoppelgröße an der ersten gelösten Bindung (Ursache). Für die Ermittlung der δ-Werte mit gleichen Indizes kann die letzte Spalte der Integraltafel *A7* vorteilhaft genutzt werden.

Die Verformungsbedingung zur Ermittlung der Größe des Doppelmoments im Punkt *a* lautet wiederum:

$$\delta_{11} \cdot X_1 + \delta_{10} = 0$$

Anschaulich bedeutet dies, dass der Knick im Auflagerpunkt *a* gleich null sein muss. Aus dieser Gleichung folgt die Unbekannte X_1:

$$X_1 = -\frac{\delta_{10}}{\delta_{11}} = -\frac{\frac{ql^3}{24}}{\frac{l}{3}} = -\frac{ql^2}{8}$$

Die daraus durch Superposition folgende endgültige Momentenlinie entspricht der aus *Bild 2.6*.

Es wurden zwei Varianten für die Bildung des statisch bestimmten Hauptsystems betrachtet, wobei jeweils eine Schnittgröße gleich null gesetzt wurde, die einer Auflagerkraftgröße entspricht. Wie schon erwähnt wurde, existieren unendlich viele Möglichkeiten, das Hauptsystem zu bilden, weil es unendlich viele Schnittgrößen (an jeder Stelle *x)* gibt. Es ist jedoch unbedingt auszuschließen, dass durch das Lösen einer Bindung ein kinematisch verschiebliches System entsteht, da hierfür kein Gleichgewichtszustand ermittelt werden kann.

Bei dem vorliegenden beidseitig eingespannten Träger dürfte von den drei Auflagerkraftgrößen nicht die horizontale Auflagerkraft gleich null gesetzt werden, wie es in *Bild 2.10* dargestellt ist. Obwohl das Abzählkriterium $n = 0$ ergibt, ist das System verschieblich, da es sich spannungsfrei horizontal verschieben kann.

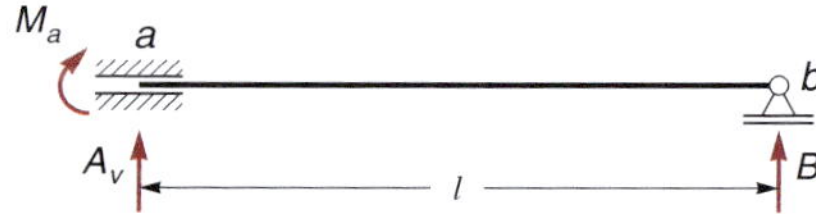

Bild 2.10 Kinematisch verschiebliches Hauptsystem

2.1.2 Statisch bestimmtes Hauptsystem

Wie anhand des Einführungsbeispiels erläutert wurde, besteht der Grundgedanke des Kraftgrößenverfahrens darin, das tatsächliche System so zu verändern, dass es statisch bestimmt ist, also nur mithilfe von Gleichgewichtsbedingungen berechnet werden kann.

Ist ein System *n*-fach statisch unbestimmt, so gibt es *n* Kraftgrößen, die zur Erfüllung der Gleichgewichtsbedingungen nicht benötigt werden. Es werden so viele kinematische Bindungen gelöst, d. h. Kraftgrößen gleich null gesetzt, bis das System statisch bestimmt ist. Bei einem *n*-fach statisch unbestimmten System sind demnach *n* Bindungen zu lösen.

An den gelösten Bindungen entstehen Relativverformungen, die am tatsächlichen System nicht vorhanden sind. Diese Relativverformungen verletzen die Verformungsbedingungen.

Das in *Bild 2.11* dargestellte zweifach statisch unbestimmte System wird durch das Lösen zweier Bindungen statisch bestimmt. Im Punkt a wird ein Gelenk eingefügt und im Punkt *c* wird das einwertige Auflager entfernt. An diesem Hauptsystem entsteht durch die Kraft ein Knick im Punkt *a* sowie eine Verschiebung des Punktes *c*. Diese Verformungen können am wirklichen System nicht auftreten.

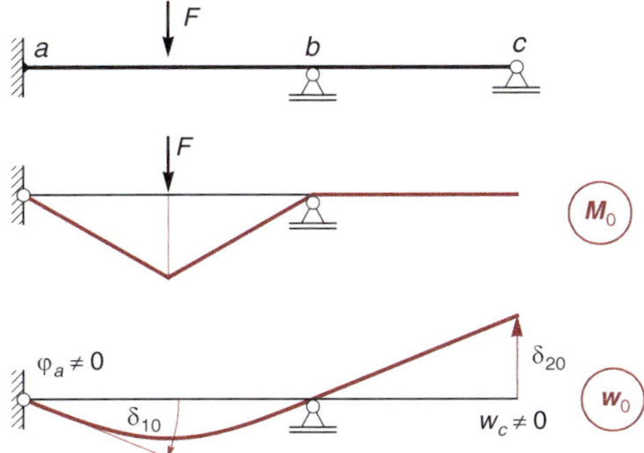

Bild 2.11 Zweifach statisch unbestimmtes System und Lastspannungszustand

2.1.3 Lastspannungszustand

Die Zustandsgrößen infolge der Belastung am statisch bestimmten Hauptsystem bilden den Lastspannungszustand, siehe *Bild 2.11*. Die Biegelinie wird für die Berechnung nicht benötigt, sie dient nur der Veranschaulichung.

Die Momentenlinie M_0 infolge der Belastung am statisch bestimmten Hauptsystem folgt aus den Gleichgewichtsbedingungen. Bei Berücksichtigung von Normal- und Querkraftverformungen sind zusätzlich auch N_0 und Q_0 zu berechnen. Bei Verformungsbeanspruchungen entfällt dieser Punkt, da alle Schnittgrößen gleich null sind.

2.1.4 Einheitsspannungszustände

Die durch das Lösen der Bindungen zu null gesetzten Kraftgrößen werden unabhängig voneinander als Einheitsgrößen angesetzt, um ihre Größe so zu bestimmen, dass die Verformungsbedingungen erfüllt werden. Im Allgemeinen erzeugt jede der Einheitskraftgrößen an allen gelösten Bindungen Relativverformungen.

Es sind *n* Momentenlinien M_i (gegebenenfalls auch N_i und V_i) infolge der Einheitsdoppelgrößen am statisch bestimmten Hauptsystem zu ermitteln.

Bild 2.12 zeigt die Einheitsspannungszustände für das zweifach statisch unbestimmte System aus *Bild 2.11*.

Es wird zunächst ein Doppelmoment der Größe „1" im Punkt *a* angesetzt. Dieses bewirkt einen Knick im Punkt *a* sowie eine Verschiebung des Punktes *c*.

Die zweite anzusetzende Einheitsgröße ist die Auflagerkraft im Punkt *c*. Durch diese Kraft ergibt sich eine Verschiebung des Punktes *c* sowie ein Knick im Punkt *a*.

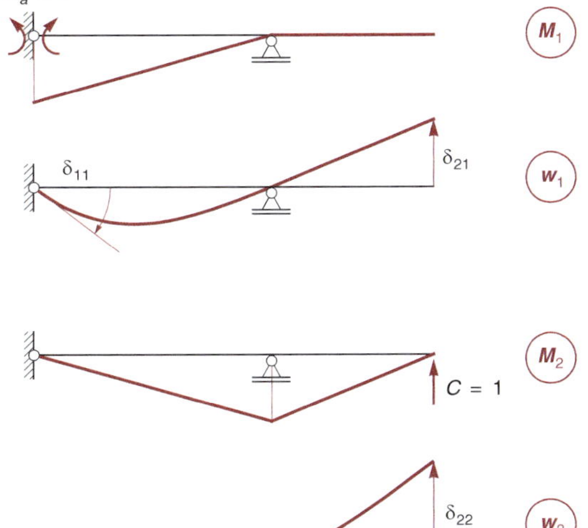

Bild 2.12 Einheitsspannungszustände

2.1.5 Ermittlung der δ-Werte

Die an den gelösten Bindungen auftretenden Relativverformungen infolge der Belastung (δ_{j0}) sowie der Einheitsdoppelgrößen (δ_{jk}) werden durch Auswertung der Arbeitsgleichung des Prinzips der virtuellen Kräfte berechnet. Die hierfür benötigten virtuellen Zustände sind formal mit den Einheitsspannungszuständen identisch. Für die Berechnung der Verformungen werden daher die Einheitszustände gleichzeitig als virtuelle Zustände benutzt.

2.1.6 Verformungsbedingungen

Die Relativverformungen an jeder der gelösten Bindungen müssen im endgültigen Zustand gleich null sein. Daraus folgen n Gleichungen zur Bestimmung der n unbekannten Kraftgrößen der Einheitszustände. Diese Gleichungen werden auch als Elastizitätsgleichungen bezeichnet. Im Allgemeinen führt jede der Einheitskraftgrößen zu einem Anteil der Relativverformung δ_i an einer gelösten Bindung.

$$\delta_i = \sum_{k=1}^{n} \delta_{ik} \cdot X_k + \delta_{i0} = 0$$

$$\begin{aligned}
\delta_{11} \cdot X_1 + \delta_{12} \cdot X_2 + \ldots + \delta_{1n} \cdot X_n + \delta_{10} &= 0 \\
\delta_{21} \cdot X_1 + \delta_{22} \cdot X_2 + \ldots + \delta_{2n} \cdot X_n + \delta_{20} &= 0 \\
\ldots\ldots\ldots\ldots\ldots\ldots\ldots\ldots\ldots\ldots\ldots\ldots & \\
\delta_{n1} \cdot X_1 + \delta_{n2} \cdot X_2 + \ldots + \delta_{nn} \cdot X_n + \delta_{n0} &= 0
\end{aligned} \qquad (2.1)$$

Für das System aus *Bild 2.11* sind zwei Bedingungen zu formulieren. Der Knick im Punkt *a* und die Verschiebung des Punktes *c* müssen gleich null sein. Beide Verformungen setzen sich jeweils aus drei Anteilen zusammen. Ein Anteil entsteht durch die Belastung, die beiden anderen Anteile aus den beiden Einheitsgrößen.

2.1.7 Ermittlung der Schnittgrößen

Der endgültige Zustand ergibt sich aus der Summe der Lösungen infolge der Belastung am statisch bestimmten Hauptsystem und infolge der Kraftgrößen an den gelösten Bindungen, die so bestimmt wurden, dass die Verformungsbedingungen erfüllt sind. Die Superposition aus Lastspannungszustand und den X_i-fachen Einheitsspannungszuständen ergibt für die Momente:

$$M = M_0 + X_1 \cdot M_1 + X_2 \cdot M_2 + \ldots$$

Die Momente aus dem Lastspannungszustand und den Einheitsspannungszuständen sind bekannt, sodass diese Beziehung angewandt werden kann.

Grundsätzlich kann die Superpositionsbeziehung auf alle Zustandsgrößen angewandt werden, also auch auf Quer- und Normalkräfte. Diese Schnittgrößenverläufe liegen jedoch in den Einheits- und Lastzuständen im Allgemeinen nicht vor. Die Ermittlung der Querkräfte erfolgt daher aus der bekannten Momentenlinie mit der aus Baustatik 1 bekannten Beziehung:

$$V = V^0 + \frac{M_{re} - M_{li}}{l}$$

Mit den bekannten Querkräften können die Normalkräfte aus den Kräftegleichgewichtsbedingungen an den Knoten berechnet werden.

2.1.8 Einheiten

Die Berechnung der Relativverformungen an den gelösten Bindungen erfolgt durch die Arbeitsgleichung des Prinzips der virtuellen Kräfte. Die so ermittelten Werte stellen Arbeiten dar, die die Einheit $\text{Kraft} \cdot \text{Weg}$, also z. B. kNm haben. Die Verformung ergibt sich durch Division durch die dimensionsbehaftete Einheitskraftgröße auf der linken Seite der Arbeitsgleichung. Die Einheitsspannungszustände, die gleichzeitig als virtuelle Zustände für die Verformungsberechnung interpretiert werden, entstehen durch das Ansetzen von dimensionsbehafteten Kraftgrößen an den gelösten Bindungen. Die Werte X_i sind daher dimensionslose Faktoren, die die Einheitskraftgrößen so skalieren, dass die Verformungsbedingungen erfüllt werden.

2.1.9 Kontrollen

Der endgültige Zustand muss sowohl die Gleichgewichtsbedingungen als auch die Verformungsbedingungen erfüllen. Die Kontrolle des Gleichgewichts sollte sehr sorgfältig bei der Ermittlung der für die Berechnung zugrunde gelegten Zustände erfolgen. Erfüllen der Lastspannungszustand und die Einheitsspannungszustände die Gleichgewichtsbedingungen, so ist auch eine beliebige Linearkombination dieser Zustände im Gleichgewicht. Fehler bei der Berechnung der Faktoren X_i werden daher durch Gleichgewichtskontrollen am endgültigen Zustand nicht entdeckt!

Die Berechnung nach dem Kraftgrößenverfahren besteht in der Formulierung von Verformungsbedingungen, da diese am statisch bestimmten Hauptsystem verletzt werden. Die Kontrolle der Verformungsbedingungen des endgültigen Zustands ist daher von besonderer Bedeutung, da dadurch die richtige Ermittlung der Faktoren X_i für die Einheitszustände kontrolliert wird.

Die Verformungskontrollen bestehen in der Überprüfung der Relativverformungen an den gelösten Bindungen im endgültigen Zustand.

$$\begin{aligned}\delta'_i &= \delta'_{i1} \cdot X_1 + \delta'_{i2} \cdot X_2 + \ldots + \delta'_{in} \cdot X_n + \delta'_{i0} = 0 \\ &= X_1 \cdot \frac{I_c}{I}\int M_i M_1 \mathrm{d}x + X_2 \cdot \frac{I_c}{I}\int M_i M_2 \mathrm{d}x + \ldots \\ &\ldots + X_n \cdot \frac{I_c}{I}\int M_i M_n \mathrm{d}x + \frac{I_c}{I}\int M_i M_0 \mathrm{d}x = 0 \\ &= \frac{I_c}{I}\int M_i (X_1 \cdot M_1 + X_2 \cdot M_2 + \ldots + X_n \cdot M_n + M_0)\mathrm{d}x = 0 \\ &= \frac{I_c}{I}\int M_i M \mathrm{d}x = 0\end{aligned}$$

In der oberen Gleichung wurde repräsentativ nur der Term der Arbeitsgleichung infolge der Momente berücksichtigt. Im Allgemeinen sind alle Anteile der Arbeitsgleichung zu berücksichtigen, die für die Berechnung der Verformungen relevant sind. Damit die Kontrolle vollständig ist, muss sie für alle n Einheitszustände durchgeführt werden.

Es wird im Folgenden vorausgesetzt, dass der Lastspannungszustand und die Einheitsspannungszustände die Gleichgewichtsbedingungen erfüllen, es werden nur die Verformungsbedingungen kontrolliert.

2.1.10 Verformungsbeanspruchungen

Ein grundsätzlicher Unterschied zwischen statisch bestimmten und statisch unbestimmten Systemen besteht darin, dass Verformungseinwirkungen an statisch unbestimmten Systemen Schnittgrößen erzeugen.

Es wird nun anhand des einseitig eingespannten Balkens aus *Bild 2.1* die Berechnung einiger Verformungseinwirkungen gezeigt.

2.1.10.1 Eingeprägte Auflagerverschiebung

Der in *Bild 2.13* dargestellte, einseitig eingespannte Balken wird durch eine vorgegebene Absenkung δ_b des rechten Auflagerpunktes beansprucht.

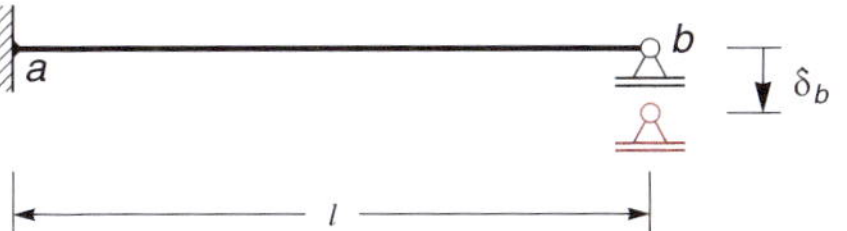

Bild 2.13 Einseitig eingespannter Balken mit eingeprägter Auflagersenkung

- Hauptsystem: beidseitig gelenkiger Balken

Wir wählen als statisch bestimmtes Hauptsystem zunächst den beidseitig gelenkigen Einfeldträger. Ein Verformungslastfall erzeugt an einem statisch bestimmten System keine Schnittgrößen, daher ist $M_0 \equiv 0$.

Dass die Auflagersenkung am Hauptsystem keine Beanspruchung erzeugt, wird aus *Bild 2.14* anschaulich deutlich. Da sich der Balken im Punkt a frei drehen kann, führt die Absenkung des rechten Lagers zu einer Neigung des Trägers, der dabei gerade bleibt. Der Neigungswinkel des Balkens ist gleichzeitig der Knick im Punkt a, der die Verformungsbedingung verletzt.

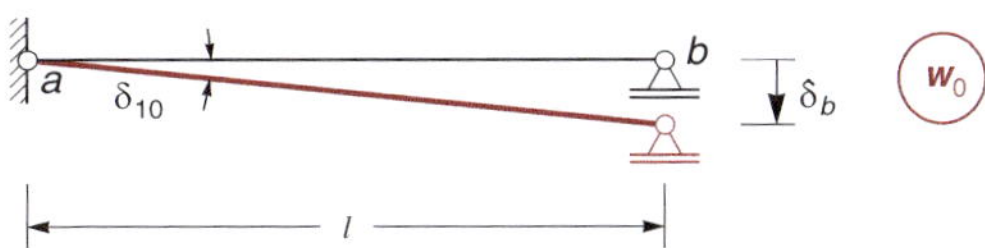

Bild 2.14 Verformung infolge Auflagersenkung am Hauptsystem

Das durch das Einlegen des Gelenks im Punkt a zu null gesetzte Biegemoment muss nun wieder so bestimmt werden, dass die Verformungsbedingung erfüllt wird. Dieser Teil des Vorgehens, also der Einheitsspannungszustand, ist von der tatsächlichen Einwirkung unabhängig. Ist ein neuer Lastfall zu berechnen, bleibt der Einheitszustand aus *Bild 2.9* und damit auch der Wert δ'_{11} gleich, nur der Lastzustand, also der Wert δ'_{10}, ist neu zu berechnen.

Die Berechnung des Knicks δ'_{10} erfolgt wieder durch Auswertung der Arbeitsgleichung. Der dafür erforderliche virtuelle Zustand entspricht dem Einheitszustand aus *Bild 2.9*. Aus der Arbeitsgleichung verbleibt:

$$1 \cdot \delta'_{10} = \delta'_{10} = -EI\left[\bar{C}c\right]$$

Da der virtuelle Zustand dem Einheitszustand entspricht, ist $\bar{C}$ die Auflagerkraft im Punkt b aus dem Einheitszustand in *Bild 2.9*. Als Vergleichsträgheitsmoment I_c wird das Trägheitsmoment I des Trägers gewählt.

$$1 \cdot \delta'_{10} = \delta'_{10} = -EI\left[B_1\delta_b\right] = -EI\left[-\frac{1}{l}\delta_b\right] = EI\frac{1}{l}\delta_b$$

Damit ergibt sich:

$$X_1 = -\frac{\delta'_{10}}{\delta'_{11}} = -\frac{EI\frac{1}{l}\delta_b}{\frac{l}{3}} = -\frac{3EI}{l^2}\delta_b$$

Die endgültige Momentenlinie ist proportional zu M_1, weil M_0 gleich null ist.

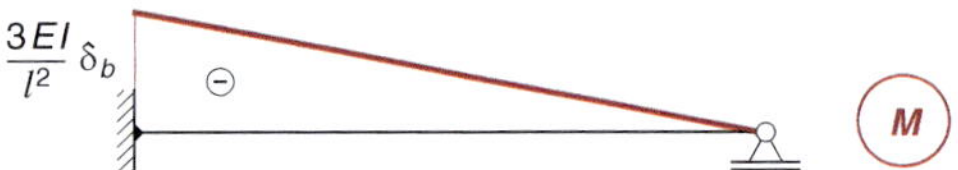

Bild 2.15 Endgültige Momentenlinie infolge eingeprägter Auflagerverschiebung

- Hauptsystem: Kragträger

Wir wählen als statisch bestimmtes Hauptsystem nun den Kragträger, indem wir das rechte Auflager entfernen und damit die Auflagerkraft B gleich null setzen. An diesem Hauptsystem tritt nun ein Problem auf, da das Auflager, an dem die Verschiebung vorgegeben wird, nicht mehr vorhanden ist. Die Ursache für dieses Problem ist, dass das Auflager eigentlich nicht entfernt wurde, sondern durch einen Schnitt vom Balken getrennt wurde. Das abgetrennte Auflager kann nun einfach verschoben werden, wie in *Bild 2.16* dargestellt ist. Damit folgt, dass der Balken sich nicht verformt. Die Verformungsbedingung, die gegenüber dem wirklichen System verletzt wird, ist die Lücke zwischen dem rechten Balkenende und dem Auflager.

Bild 2.16 Abgetrenntes Auflager mit eingeprägter Verschiebung

Formal folgt die Relativverformung durch Auswertung der Arbeitsgleichung mit dem Einheitszustand aus *Bild 2.5*. Dabei ist zu beachten, dass auch Auflagerkräfte immer Doppelgrößen darstellen. Die Einheitskraft, die nach oben auf den Balken einwirkt, ersetzt die Wirkung der abgetrennten Lagerkonstruktion. Die Kraft, die nach unten gerichtet auf das Lager wirkt, ist die Kraft, mit der der Balken sich auf der Auflagerkonstruktion abstützt. Handelt es sich dabei z. B. um einen Fundamentkörper, so wird dieser vom Baugrund mit der unteren, nach oben wirkenden Kraft im Gleichgewicht gehalten.

Bild 2.17 Einheitszustand mit Auflagerdoppelgröße

Da es für das Verständnis der Zusammenhänge wichtig ist, berechnen wir nun den Wert δ'_{10} durch Auswertung der Arbeitsgleichung, obwohl er aus *Bild 2.16* anschaulich sofort erkennbar ist. Es ist wieder derselbe Term auszuwerten wie zuvor. Der Einheitszustand in *Bild 2.17* entspricht dem virtuellen Zustand zur Verformungsberechnung. Wird nun das Auflager verschoben, leistet die Auflagerkraft virtuelle Arbeit auf der tatsächlichen eingeprägten Auflagersenkung δ_b.

$$1 \cdot \delta'_{10} = \delta'_{10} = -EI\left[B_1\delta_b\right] = -EI\left[-1\delta_b\right] = EI\delta_b$$

Da die Auflagerkraft nach oben gerichtet ist, die eingeprägte Auflagersenkung nach unten wirkt, ist die Arbeit in der Klammer negativ! Die endgültige Verformung ist positiv. Dies ist anschaulich daraus zu erkennen, dass die eingeprägte Verschiebung zwischen dem Punkt b des Balkens und dem Auflager dieselbe Richtung hat wie die Doppelgröße in *Bild 2.17*.

Wird das Auflager verschoben, so leistet ja nicht nur die nach oben gerichtete Auflagerkraft Arbeit, sondern auch die nach unten wirkende Kraft der Größe eins. Wird die Arbeit dieser Kraft in der Arbeitsgleichung nicht berücksichtigt?

Die Antwort lautet: Sie wird berücksichtigt. Es handelt sich ja gerade um die virtuelle Größe, die angesetzt wird, damit sie auf der gesuchten Verformung Arbeit leistet.

Die Arbeit dieser Kraft ist der Term $1 \cdot \delta'_{10}$ auf der linken Seite der Arbeitsgleichung.

Die Größe der gesuchten Auflagerkraft folgt mit:

$$X_1 = -\frac{\delta'_{10}}{\delta'_{11}} = -\frac{EI\delta_b}{\frac{l^3}{3}} = -\frac{3EI}{l^3}\delta_b$$

Daraus ergibt sich mit $X_1 \cdot M_1$ aus *Bild 2.5* die Momentenlinie nach *Bild 2.15*.

2.1.10.2 Eingeprägte Auflagerdrehung

Der nun betrachtete Verformungslastfall ist die in *Bild 2.18* dargestellte eingeprägte Drehung des Auflagerpunktes *a* um φ_a.

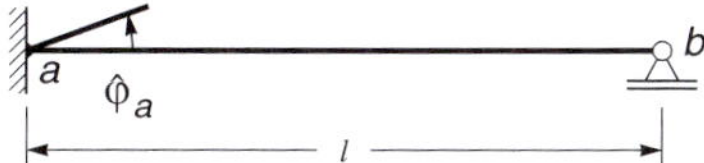

Bild 2.18 Einseitig eingespannter Balken mit eingeprägter Auflagerdrehung

Die Berechnung wird wieder für beide Hauptsysteme gezeigt. Wir beginnen mit dem Kragträger.

- Hauptsystem: Kragträger

Am Hauptsystem kann die Verformung spannungsfrei aufgebracht werden, siehe *Bild 2.19*.

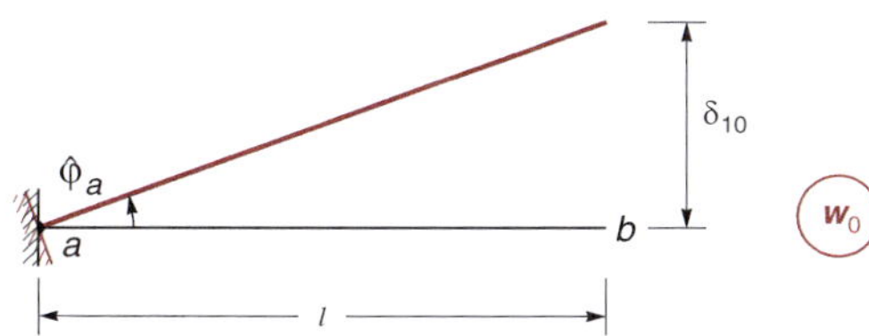

Bild 2.19 Verformung infolge Auflagerdrehung am Hauptsystem

Anschaulich kann der Wert δ'_{10} direkt geometrisch ermittelt werden. Da er bei komplizierteren Systemen nicht so einfach zu ermitteln ist, berechnen wir ihn formal mithilfe der Arbeitsgleichung.

$$1 \cdot \delta'_{10} = \delta'_{10} = -EI \cdot [\overline{M}_E \, \varphi]$$

$\overline{M}_E$ ist das virtuelle Einspannmoment an der Stelle, an der die Drehung φ eingeprägt wird. In diesem Fall also das Einspannmoment im Punkt *a* aus dem Einheitsspannungszustand in *Bild 2.5*.

$$1 \cdot \delta'_{10} = \delta'_{10} = -EI \cdot [M_1^a \cdot \varphi_a]$$
$$= -EI \cdot [-l \cdot \varphi_a] = EI \cdot l \cdot \varphi_a$$

Aus der Verformungsbedingung, dass die Verschiebung des Punktes *b* gleich null sein muss, folgt wieder die Unbekannte X_1.

$$\delta'_{11} \cdot X_1 + \delta'_{10} = 0 \Rightarrow X_1 = -\frac{\delta'_{10}}{\delta'_{11}} = -\frac{EI \cdot l \cdot \varphi_a}{\frac{l^3}{3}} = -\frac{3EI}{l^2}\varphi_a$$

Die endgültige Momentenlinie ergibt sich durch Superposition mit $X_1 \cdot M_1$ aus *Bild 2.5*. Sie ist in *Bild 2.20* dargestellt.

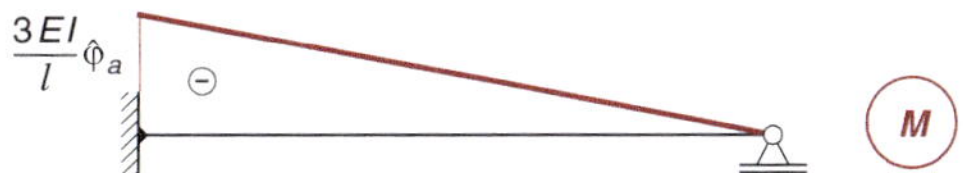

Bild 2.20 Endgültige Momentenlinie infolge eingeprägter Auflagerdrehung

- Hauptsystem: beidseitig gelenkiger Balken

Wir berechnen nun diesen Lastfall noch einmal unter Verwendung des beidseitig gelenkigen Balkens als statisch bestimmtes Hauptsystem. Es ergibt sich eine ähnliche Situation wie bei der eingeprägten Auflagerverschiebung am Hauptsystem des Kragträgers. Da der Balken durch das Gelenk im Punkt *a* an die feste Umgebung angeschlossen ist, kann das dreiwertige Lager gedreht werden, ohne dass der Balken durch die Verformung beansprucht wird. Der Balken bleibt völlig unverformt, während sich die Einspannung links vom Gelenkpunkt verdreht. Daher ist die eingeprägte Drehung gleich dem Knick im Punkt *a*, siehe *Bild 2.21*.

Bild 2.21 Verformung infolge Auflagerdrehung am Hauptsystem

Die Berechnung mithilfe der Arbeitsgleichung ergibt:

$$1 \cdot \delta'_{10} = \delta'_{10} = -EI \cdot [M_1^a \cdot \varphi_a]$$
$$= -EI \cdot [-1 \cdot \varphi_a] = EI \cdot \varphi_a$$

Das in der Klammer farbig eingetragene Minuszeichen resultiert daraus, dass das Auflagermoment in *Bild 2.9* der eingeprägten Drehung entgegengerichtet ist. Die Arbeit des am Gelenk wirkenden Doppelmoments ist das Produkt auf der linken Seite der Gleichung.

Aus der Verformungsbedingung, dass der Knick im Punkt *a* gleich null sein muss, folgt wieder die Unbekannte X_1.

$$\delta'_{11} \cdot X_1 + \delta'_{10} = 0 \Rightarrow X_1 = -\frac{\delta'_{10}}{\delta'_{11}} = -\frac{EI\,\varphi_a}{\frac{l}{3}} = -\frac{3\,EI}{l}\varphi_a$$

Damit folgt aus der Superposition $X_1 \cdot M_1$ aus *Bild 2.5* die Momentenlinie nach *Bild 2.20*.

2.1.10.3 Temperaturdifferenz ΔT, oben wärmer

Wir betrachten nun eine Temperaturbeanspruchung des Trägers. Die obere Seite des Stabes wird erwärmt und die untere Seite um dasselbe Maß abgekühlt.

Bild 2.22 Einseitig eingespannter Balken mit Temperatureinwirkung ΔT

Auch für diese Beanspruchung wird die Berechnung für zwei unterschiedliche Hauptsysteme durchgeführt.

- Hauptsystem: Kragträger

Aufgrund der Temperaturdifferenz entsteht eine Krümmung des Stabes. Da sich die obere Faser verlängert und die untere verkürzt, krümmt sich der Stab, wie in *Bild 2.23* dargestellt ist. Im Punkt *a* muss eine horizontale Tangente vorliegen.

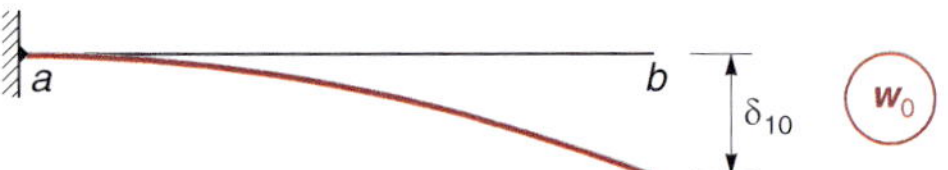

Bild 2.23 Verformung am Hauptsystem infolge Temperaturdifferenz

Für die Berechnung von δ'_{10} ist der entsprechende Term der Arbeitsgleichung auszuwerten.

$$1 \cdot \delta'_{10} = \delta'_{10} = EI\int \overline{M}\,\alpha_T \frac{\Delta T}{h}\,dx = EI\int M_1\,\alpha_T \frac{\Delta T}{h}\,dx$$

Das Produkt $\alpha_T \frac{\Delta T}{h}$ ist konstant. Das Integral folgt nach *Tafel A7* aus der Überlagerung von Dreieck und Rechteck in Zeile 1, Spalte 2:

$$1 \cdot \delta'_{10} = \delta'_{10} = -EI \cdot l \cdot \frac{1}{2} \cdot l \cdot \alpha_T \frac{\Delta T}{h} = -\frac{l^2}{2} \cdot EI \cdot \alpha_T \frac{\Delta T}{h}$$

Der gesamte Term ist negativ, da nicht die Seite wärmer ist, auf der M_1 Zug erzeugt.

$$X_1 = -\frac{\delta'_{10}}{\delta'_{11}} = -\frac{-\frac{l^2}{2} \cdot EI \cdot \alpha_T \frac{\Delta T}{h}}{\frac{l^3}{3}} = \frac{3}{2}\frac{EI}{l}\alpha_T \frac{\Delta T}{h}$$

Die endgültige Momentenlinie ist in *Bild 2.24* dargestellt.

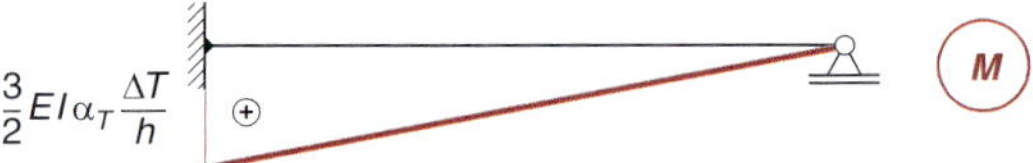

Bild 2.24 Endgültige Momentenlinie infolge Temperaturdifferenz

- Hauptsystem: beidseitig gelenkiger Balken

Die Verformung am Hauptsystem zeigt *Bild 2.25*. Durch die Temperaturkrümmung verformt sich der Balken nach oben, da an den Endpunkten die Verschiebung gleich null sein muss. Dadurch entsteht ein Knick im Punkt *a*, der die Verformungsbedingung verletzt.

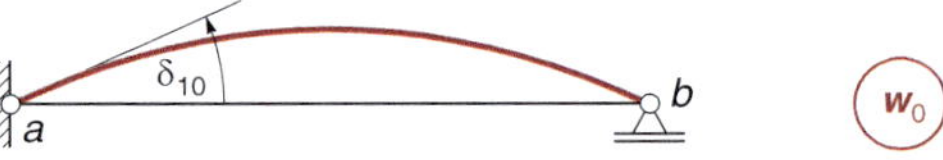

Bild 2.25 Verformung infolge Temperaturdifferenz am Hauptsystem des gelenkigen Balkens

Die weitere Berechnung unterscheidet sich von der am vorherigen Hauptsystem nur durch den Faktor in der Momentenlinie M_1 und wird deshalb hier nicht weiter angegeben.

2.2 Allgemeines Vorgehen

Die im Abschnitt 2.1 erläuterte grundsätzliche Vorgehensweise zur Berechnung n-fach statisch unbestimmter Systeme nach dem Kraftgrößenverfahren kann wie folgt zusammengefasst werden:

- Bildung eines statisch bestimmten Hauptsystems
- Ermittlung des Lastspannungszustandes
- Ermittlung der Einheitsspannungszustände
- Ermittlung der δ-Werte
- Formulierung der Verformungsbedingungen
- Lösung des Gleichungssystems
- Ermittlung der endgültigen Momentenlinie durch Superposition
- Durchführung von Verformungskontrollen

Anhand der nachfolgenden Beispiele wird die konkrete Durchführung der Berechnung ausführlich erläutert.

Beispiel 2.1

Für den in *Bild 2.26* dargestellten einhüftigen Rahmen ist die Momentenlinie infolge der angegebenen Einwirkungen nach dem Kraftgrößenverfahren zu berechnen.

1. Horizontale Einzelkraft $F = 10$ kN im Punkt c.
2. Gleichmäßige Erwärmung des Stieles $a-c$ um $T_0 = 50°$.

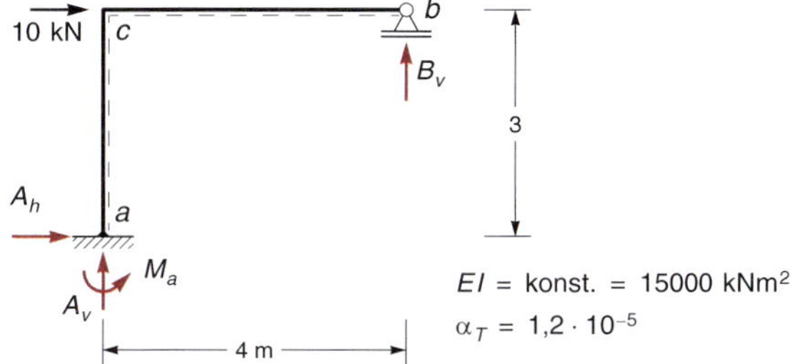

Bild 2.26 Einhüftiger Rahmen

Den vier unbekannten Auflagerkräften stehen drei Gleichgewichtsbedingungen gegenüber. Das Abzählkriterium ergibt $n = 1$. Um das statisch bestimmte Hauptsystem zu bilden, wird eine Bindung gelöst, d. h. eine Kraftgröße gleich null gesetzt. Drei unbekannte Auflagerkräfte können mit drei Gleichgewichtsbedingungen berechnet werden.

Statisch bestimmtes Hauptsystem

Das statisch bestimmte Hauptsystem wird zunächst so gewählt, dass die Auflagerkraft $B_v = 0$ gesetzt wird, dies entspricht dem Entfernen des Auflagers im Punkt b.

Lastspannungszustand für Lastfall 1

Die Momentenlinie und die Verformung des Hauptsystems infolge der Horizontalkraft ergibt den Lastspannungszustand in *Bild 2.27*. Die Horizontalkraft erzeugt im senkrechten Stab die dargestellte Momentenlinie. Aufgrund der daraus folgenden Krümmung verschiebt sich der Punkt c nach rechts. Da eine biegesteife Ecke vorhanden ist, dreht sich der Riegel im Uhrzeigersinn. Dadurch entsteht eine vertikale Verschiebung des Punktes b.

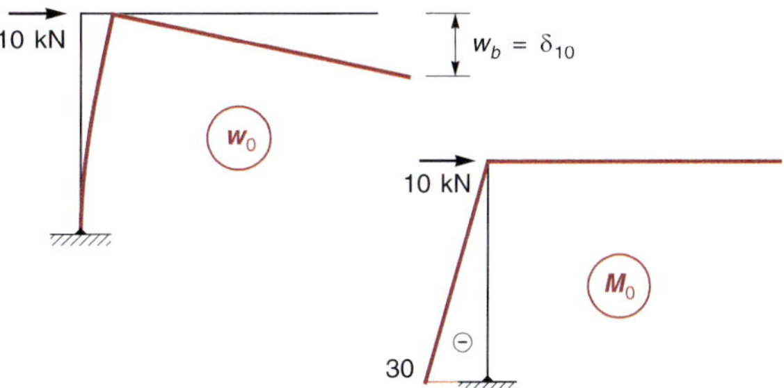

Bild 2.27 Momentenlinie und Verformung infolge der Horizontalkraft (Lastfall 1) am statisch bestimmten Hauptsystem

Durch das Entfernen des Auflagers in b wird die Verformungsbedingung verletzt, dass die Verschiebung w_b gleich null sein muss.

Einheitsspannungszustand

Die Größe der am Hauptsystem gleich null gesetzten Auflagerkraft B_v ist so zu bestimmen, dass w_b gleich null ist. Sie wird als Einheitsgröße angesetzt und mit einem Faktor multipliziert, der so zu ermitteln ist, dass die Verformungsbedingung erfüllt wird. Momentenlinie und Verformung infolge der Einheitskraft am Hauptsystem ergibt den Einheitsspannungszustand in *Bild 2.28*.

2

Um die Verformungen δ_{10} und δ_{11} zu berechnen, ist eine virtuelle Vertikalkraft der Größe eins im Punkt *b* anzusetzen. Der daraus folgende virtuelle Zustand unterscheidet sich nur durch den Querstrich vom Einheitszustand. Darum wird die Momentenlinie M_1 aus *Bild 2.28* auch als virtueller Zustand zur Verformungsberechnung verwandt.

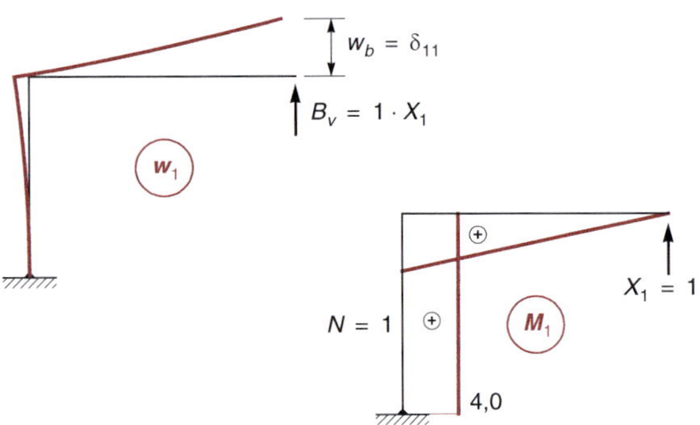

Bild 2.28 Momentenlinie und Verformung am statisch bestimmten Hauptsystem infolge der Einheitskraft

δ-Werte

Die Verformungen δ'_{10} und δ'_{11} ergeben sich durch Auswertung der Arbeitsgleichung. Da alle Stäbe dasselbe Trägheitsmoment haben, ist der Faktor I_c/I gleich eins und wird in der Berechnung weggelassen.

$$\delta'_{10} = \frac{I_c}{I}\int M_1 M_0 \, dx = 3 \cdot \frac{1}{2} \cdot (-30) \cdot 4 = -180$$

$$\delta'_{11} = \frac{I_c}{I}\int M_1 M_1 \, dx = \frac{I_c}{I}\int M_1^2 dx$$

$$= 3 \cdot 1 \cdot 4{,}0^2 + 4 \cdot \frac{1}{3} \cdot 4{,}0^2 = 69{,}33$$

Verformungsbedingung

Aus der Verformungsbedingung, dass die vertikale Verschiebung im Punkt *b* gleich null ist, folgt die Unbekannte X_1:

$$\delta'_{11} \cdot X_1 + \delta'_{10} = 0$$

$$X_1 = -\frac{\delta'_{10}}{\delta'_{11}} = -\frac{-180}{69{,}33} = 2{,}596$$

Endgültige Momentenlinie

Die endgültige Momentenlinie in *Bild 2.29* folgt durch Superposition (Überlagerung) am statisch bestimmten Hauptsystem:

$$M = X_1 \cdot M_1 + M_0$$

$$M_a = 2{,}596 \cdot 4{,}0 - 30 = -19{,}615$$

$$M_c = 2{,}596 \cdot 4{,}0 + 0 = 10{,}385$$

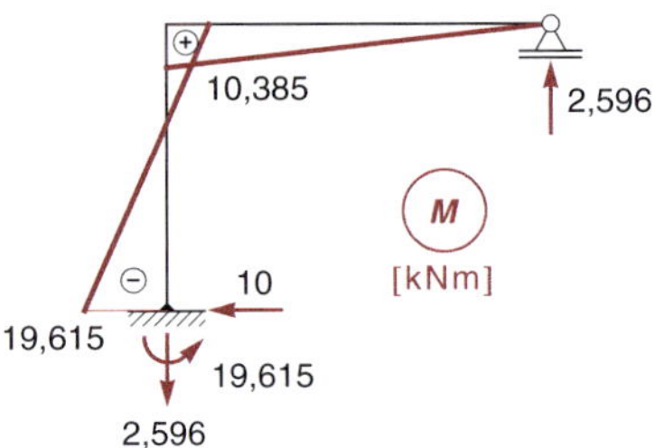

Bild 2.29 Endgültige Momentenlinie

Verformungskontrolle

Die Verformungskontrolle besteht wieder in der Berechnung der vertikalen Verschiebung des Punktes *b*, um zu prüfen, ob diese gleich null ist.

$$\delta'_v = \delta'_{11} \cdot X_1 + \delta'_{10} = 0$$

$$= X_1 \cdot \frac{I_c}{I}\int M_1^2 dx + \frac{I_c}{I}\int M_1 M_0 dx$$

$$= \frac{I_c}{I}\int M_1 (X_1 \cdot M_1 + M_0) dx = \frac{I_c}{I}\int M_1 M \, dx = 0$$

Die Überlagerung der endgültigen Momentenlinie mit der Momentenlinie des Einheitszustands muss null ergeben. Auch in dieser Berechnung wird der Faktor I_c/I weggelassen.

$$\delta'_v = 3 \cdot \frac{1}{2} \cdot 4{,}0 \cdot (-19{,}615 + 10{,}385) + 4 \cdot \frac{1}{3} \cdot 4{,}0 \cdot 10{,}385$$

$$= -55{,}38 + 55{,}387 = 0{,}007$$

Aufgrund von Rundungsungenauigkeiten bei der Berechnung wird die Verformungsbedingung in der Regel nicht exakt erfüllt. Um beurteilen zu können, ob die Abweichung klein genug ist, werden zunächst alle positiven und alle negativen Terme zusamengefasst und die Differenz ermittelt. Bezogen auf einen der Terme ergibt sich die prozentuale Abweichung. In diesem Fall beträgt die Abweichung:

$$\frac{0,007}{55,38} \cdot 100 = 0,013\,\%$$

Auch für dieses Beispiel wird die Berechnung nochmals für eine andere Wahl des Hauptsystems durchgeführt. Es wird ein Gelenk im Punkt *c* eingelegt. Dadurch wird das Moment M_c gleich null gesetzt.

Lastspannungszustand

Der Lastspannungszustand in *Bild 2.30* unterscheidet sich von dem am vorherigen Hauptsystem in *Bild 2.27* nur durch die Verformung. Die Momentenlinien sind gleich. Da ein Gelenk im Punkt *c* vorhanden ist, entsteht in diesem Punkt ein Knick, der die Verformungsbedingung verletzt.

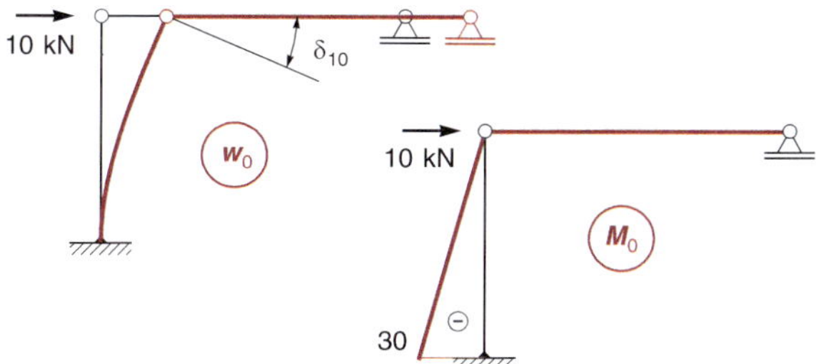

Bild 2.30 Verformung und Momente infolge Belastung am Hauptsystem (Lastspannungszustand)

Einheitsspannungszustand

Das durch das Einlegen des Gelenks zu null gesetzte Moment wird als Einheitsdoppelgröße angesetzt. Die daraus folgende Momentenlinie in *Bild 2.31* unterscheidet sich von der des ersten Hauptsystems nur um den Faktor 1/4.

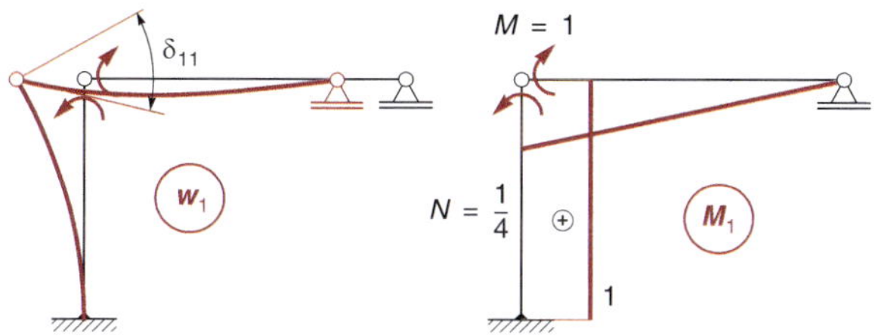

Bild 2.31 Verformung und Momente infolge Einheitskraftgröße am Hauptsystem (Einheitsspannungszustand)

δ-Werte

$$\delta'_{10} = 3 \cdot \frac{1}{2} \cdot (-30) \cdot 1 = -45$$

$$\delta'_{11} = 3 \cdot 1,0^2 + 4 \cdot \frac{1}{3} \cdot 1,0^2 = 4,333$$

Verformungsbedingung

Das durch das Lösen der Bindung gleich null gesetzte Moment muss so bestimmt werden, dass in der biegesteifen Ecke der rechte Winkel wieder hergestellt wird. Der Knick im Punkt *c* muss im endgültigen Zustand gleich null sein.

$$\delta'_{11} \cdot X_1 + \delta'_{10} = 0 \qquad \Rightarrow X_1 = -\frac{\delta'_{10}}{\delta'_{11}} = -\frac{-45}{4,333} = 10,385$$

Damit folgt die endgültige Momentenlinie in *Bild 2.29*.

Lastfall 2: Gleichmäßige Erwärmung des Stieles *a* – *c* um T_0 = 50°

Eine Verformungseinwirkung erzeugt am statisch bestimmten System keine Schnittgrößen, die Momentenlinie ist daher gleich null.

Es wird zunächst das statisch bestimmte Hauptsystem betrachtet, das sich durch das Entfernen des Auflagers im Punkt *b* ergibt. Die Verformung ist in *Bild 2.32* dargestellt. Infolge der Erwärmung verlängert sich der Stiel und der Riegel verschiebt sich nach oben.

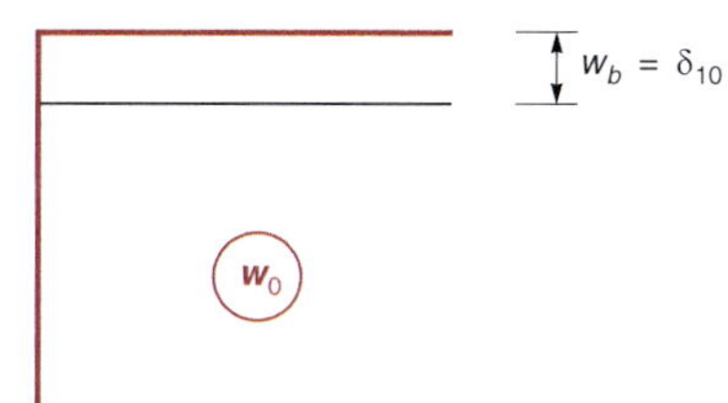

Bild 2.32 Verformung infolge gleichmäßiger Erwärmung des Stieles am statisch bestimmten Hauptsystem

Da der Einheitszustand nicht von der Einwirkung abhängt, ist nur δ'_{10} neu zu berechnen. Aus der Arbeitsgleichung verbleibt nur der Term, der die gleichmäßige Temperatur enthält, da M_0 gleich null ist.

$$\delta'_{10} = EI_c \int N_1 \alpha_T T_0 \, dx = 15000 \cdot 3 \cdot 1 \cdot 1,2 \cdot 10^{-5} \cdot 50$$
$$= 27$$

Verformungsbedingung

$$\delta'_{11} \cdot X_1 + \delta'_{10} = 0 \qquad \Rightarrow X_1 = -\frac{\delta'_{10}}{\delta'_{11}} = -\frac{27}{69{,}33} = -0{,}3894$$

Endgültige Momentenlinie

Die endgültige Momentenlinie in *Bild 2.33* ist der Momentenlinie M_1 aus *Bild 2.28* proportional, da M_0 gleich null ist.

$$M = X_1 \cdot M_1$$

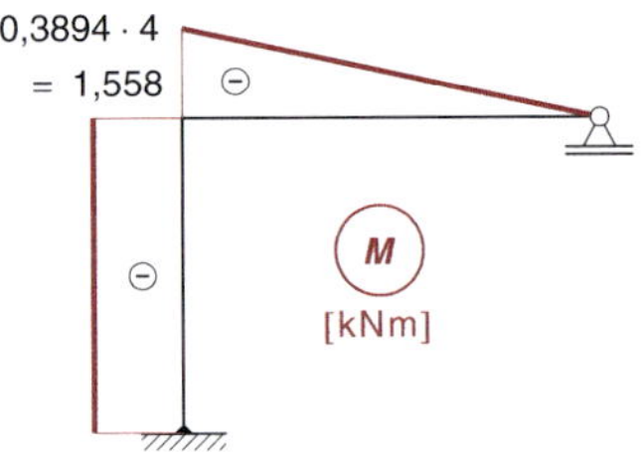

Bild 2.33 Endgültige Momentenlinie für Lastfall 2

Verformungskontrolle (Lastfall 2)

Die Arbeit des Einheitszustands auf den Wegen des endgültigen Zustands muss gleich null sein. Dabei sind alle Terme der Arbeitsgleichung zu berücksichtigen.

$$\frac{I_c}{I}\int M_1 M\,dx + EI_c\int N_1 \alpha_T T_0\,dx = \frac{I_c}{I}\int M_1 M\,dx + \delta'_{10} = 0$$

$$\delta'_v = -3 \cdot 1 \cdot 4{,}0 \cdot 1{,}558 - 4 \cdot \frac{1}{3} \cdot 4{,}0 \cdot 1{,}558 + 27$$

$$= -27{,}005 + 27 = 0{,}005 \approx 0$$

Am statisch bestimmten Hauptsystem, das sich durch das Einlegen des Gelenks im Punkt *c* ergibt, folgt durch die Verlängerung des Stieles ein Knick im Gelenk, wie in *Bild 2.34* dargestellt ist.

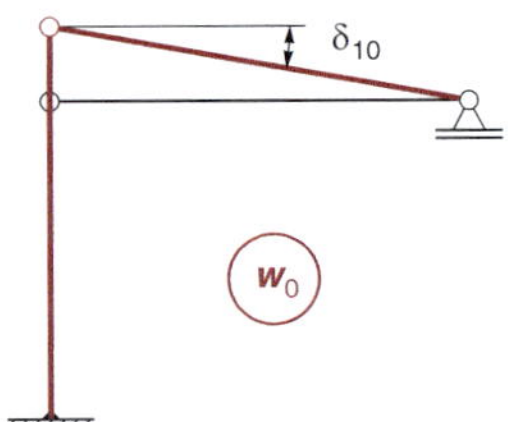

Bild 2.34 Verformung infolge gleichmäßiger Erwärmung des Stieles am statisch bestimmten Hauptsystem

$$\delta'_{10} = EI_c\int N_1 \alpha_T T_0\,dx = 15000 \cdot 3 \cdot \frac{1}{4} \cdot 1{,}2 \cdot 10^{-5} \cdot 50$$

$$= 6{,}75$$

Verformungsbedingung

$$\delta'_{11} \cdot X_1 + \delta'_{10} = 0 \qquad \Rightarrow X_1 = -\frac{\delta'_{10}}{\delta'_{11}} = -\frac{6{,}75}{4{,}333} = -1{,}558$$

Endgültige Momentenlinie

Mit der Momentenlinie M_1 aus *Bild 2.31* folgt durch Superposition die endgültige Momentenlinie in *Bild 2.33*.

Bei dem vorherigen Beispiel war die Biegesteifigkeit EI für beide Stäbe gleich. Die Berücksichtigung unterschiedlicher Trägheitsmomente sowie der Einfluss der Normalkraft wird an folgendem Beispiel gezeigt.

Beispiel 2.2

Für den in *Bild 2.35* dargestellten unterspannten Balken ist die Momentenlinie infolge der angegebenen Belastung zu ermitteln.

In diesem Beispiel ist der Einfluss der Dehnung infolge der Normalkraft im Stab bzw. Seil *e – f* zu berücksichtigen. Da es sich um ein Bauteil handelt, das nicht durch Momente beansprucht wird, also nur für eine Zugkraft bemessen wird, ist die Dehnung für die Schnittgrößenverteilung von Bedeutung und muss berücksichtigt werden.

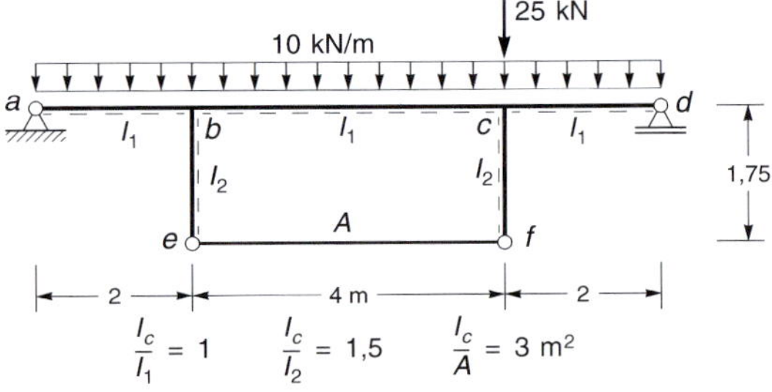

Bild 2.35 Unterspannter Balken

Statisch bestimmtes Hauptsystem

Das System ist einfach statisch unbestimmt. Äußerlich ist das System statisch bestimmt, da es eine in sich unverschiebliche Scheibe darstellt, die als Balken auf zwei Stützen gelagert ist. Die Auflagerkräfte und die Schnittgrößen in den Stäben *a – b* und *c – d* können mit

Gleichgewichtsbedingungen ermittelt werden. Unbekannt ist jedoch die Verteilung der Schnittgrößen innerhalb des geschlossenen Bereiches.

Wäre der Pendelstab *e – f* nicht vorhanden, so bildete das System einen Einfeldbalken mit zwei senkrechten Kragarmen. Da im Pendelstab nur Normalkräfte wirken, stellt er eine einwertige Bindung zwischen den Punkten *e* und *f* dar. Um das Hauptsystem zu bilden, schneiden wir den Stab und setzen damit die Normalkraft gleich null. Das gewählte Hauptsystem ist in *Bild 2.36* dargestellt.

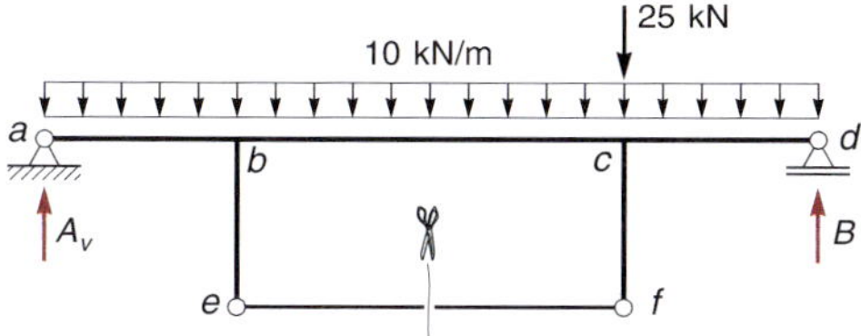

Bild 2.36 Statisch bestimmtes Hauptsystem

Lastspannungszustand

Die Momentenlinie infolge der Belastung am Hauptsystem ist auf den horizontalen Stab beschränkt, da die beiden senkrechten Kragarme unbelastet sind. Infolge der Momente krümmt sich der Stab, wie in *Bild 2.37* dargestellt ist.

Durch die biegesteife Verbindung der senkrechten Stäbe erfahren diese eine Verdrehung, und die unteren Gelenkpunkte verschieben sich nach außen. Dadurch entsteht eine Abstandsänderung der Schnittufer des durchtrennten Pendelstabes. Dies ist die Verformung δ_{10}, die am wirklichen System nicht auftreten kann.

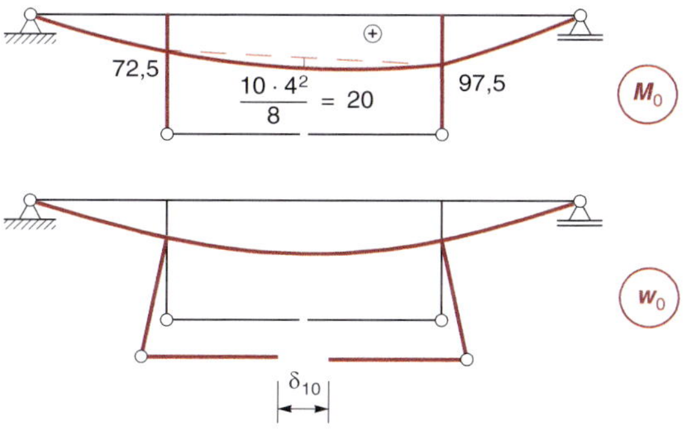

Bild 2.37 Lastspannungszustand

Einheitsspannungszustand

Es wird nun die Kraft gesucht, die erforderlich ist, um die Schnittufer wieder zusammenzufügen. Sie wird als Einheitsdoppelgröße angesetzt, siehe *Bild 2.38*. Bilden wir die Momentensumme um den linken Auflagerpunkt, so stellen wir fest, dass die beiden Einheitskräfte in der Summe null ergeben und darum die rechte Auflagerkraft null sein muss. Die Momentenlinie ist deshalb auf den „inneren" Bereich beschränkt.

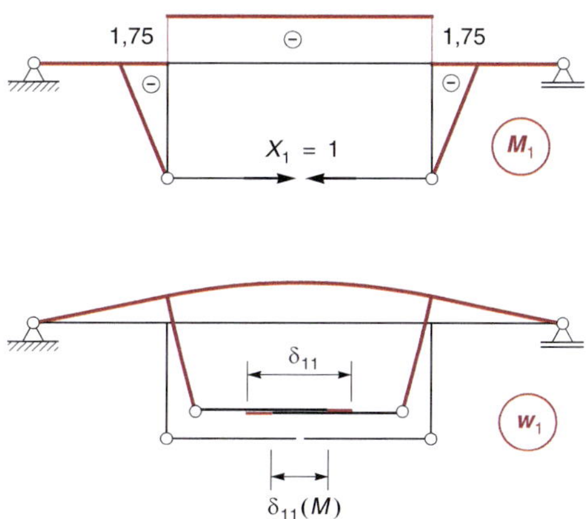

Bild 2.38 Einheitsspannungszustand

Die Verformung infolge der Einheitsgröße kann nun skizziert werden, da die Krümmungen durch die Momente bekannt sind. Im Bereich *b – c* krümmt sich der Stab nach oben, die äußeren Bereiche sind momentenfrei und bleiben daher gerade. Da kein Knick im Stab vorhanden sein darf, müssen die äußeren Geraden tangential in den gebogenen Bereich *b – c* einmünden. Dies ist nur möglich, wenn sich die Punkte *b* und *c* nach oben verschieben, denn an den Auflagern muss die Verschiebung gleich null sein.

Die vertikalen Stäbe müssen rechtwinklig in den horizontalen Balken einmünden. Durch die Verdrehung der Punkte *b* und *c* sowie durch die Krümmung infolge der Momente verschieben sich die Gelenkpunkte und damit auch die Schnittufer des durchtrennten Stabes nach innen. Da sich der Stab dehnen kann, entsteht eine zusätzliche Relativverschiebung der beiden Schnittufer des Stabes. Die beiden Anteile sind in *Bild 2.38* dargestellt. Der Verformungsanteil $\delta_{11}(M)$ entsteht dadurch, dass sich die biegesteifen Stäbe infolge der Momente verkrümmen. Der farbig eingetragene Anteil der Verformung δ_{11} resultiert aus der Dehnung des Pendelstabes infolge der Zugkraft $X_1 = 1$ aus der Einheitsdoppelgröße.

δ-Werte

Um die Abstandsänderung der Schnittufer zu berechnen, wird wieder ein virtueller Zustand benötigt. Dieser entspricht formal dem Einheitszustand, also ist dieser gleichzeitig als virtueller zu interpretieren.

Grundsätzlich ist in der Arbeitsgleichung der Anteil der Normalkraftverformung zu berücksichtigen:

$$\delta'_{10} = \frac{I_c}{I}\int M_1 M_0 \,dx + \frac{I_c}{A}\int N_1 N_0 \,dx$$

Zur Bildung des Hauptsystems wurde der Pendelstab geschnitten, darum ist N_0 gleich null und der zweite Term entfällt. Da nur im Bereich $b-c$ beide Momentenlinien ungleich null sind, ist nur dieser Bereich auszuwerten.

$$\delta'_{10} = -1 \cdot 4 \cdot \frac{1}{2} \cdot 1{,}75 \cdot (72{,}5 + 97{,}5)$$
$$-1 \cdot 4 \cdot \frac{2}{3} \cdot 1{,}75 \cdot 20 = -688{,}333$$

Für die Berechnung von δ'_{11} ist der Anteil der Normalkraftverformung ungleich null. Um den Einfluss zu beurteilen, werden beide Anteile getrennt ermittelt.

$$\delta'_{11} = \frac{I_c}{I}\int M_1 M_1 \,dx + \frac{I_c}{A}\int N_1 N_1 \,dx = \frac{I_c}{I}\int M_1^2 \,dx + \frac{I_c}{A}\int N_1^2 \,dx$$

$$\delta'_{11} = \delta'_{11}(M) + \delta'_{11}(N)$$

$$\delta'_{11}(M) = 2 \cdot 1{,}5 \cdot \frac{1}{3} \cdot 1{,}75 \cdot 1{,}75^2 + 1 \cdot 4 \cdot 1{,}75^2 = 17{,}61$$

$$\delta'_{11}(N) = 3 \cdot 4 \cdot 1^2 = 12$$

$$\delta'_{11} = 17{,}61 + 12 = 29{,}61$$

Verformungsbedingung

Der Faktor X_1 zur Skalierung der Einheitskraft folgt aus der Verformungsbedingung, dass die Relativverschiebung der beiden Schnittufer gleich null sein muss.

$$\delta'_{11} \cdot X_1 + \delta'_{10} = 0$$

$$X_1 = -\frac{\delta'_{10}}{\delta'_{11}} = -\frac{-688{,}333}{29{,}61} = 23{,}247$$

Endgültige Momentenlinie

$$M = X_1 \cdot M_1 + M_0$$

$$M_{ba} = 23{,}247 \cdot 0 + 72{,}5 = 72{,}5$$
$$M_{be} = 23{,}247 \cdot (-1{,}75) + 0 = -40{,}68$$
$$M_{bc} = 23{,}247 \cdot (-1{,}75) + 72{,}5 = 31{,}82$$
$$M_{cb} = 23{,}247 \cdot (-1{,}75) + 97{,}5 = 56{,}82$$
$$M_{cf} = 23{,}247 \cdot (-1{,}75) + 0 = -40{,}68$$
$$M_{cd} = 23{,}247 \cdot 0 + 97{,}5 = 97{,}5$$

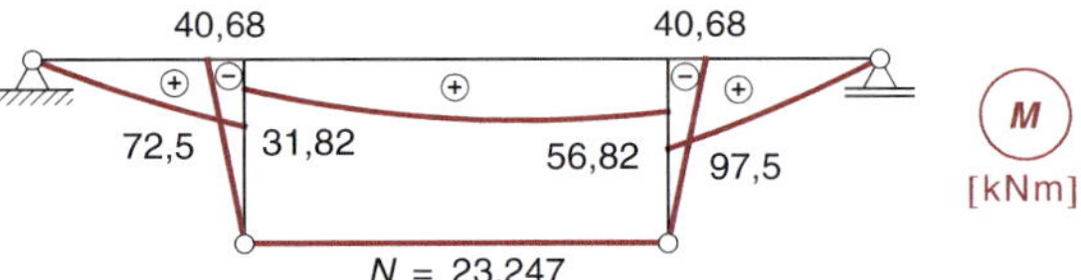

Bild 2.39 Endgültige Momentenlinie mit dehnweichem Stab

Welche Zustandslinien ergeben sich, wenn der Einfluss der Dehnung des Pendelstabes nicht berücksichtigt wird?

Bei der Berechnung von δ'_{11} entfällt der Anteil $\delta'_{11}(N)$ und es folgt $\delta'_{11} = 17{,}61$. Damit kann X_1 neu berechnet werden:

$$X_1 = -\frac{\delta'_{10}}{\delta'_{11}} = -\frac{-688{,}333}{17{,}61} = 39{,}089$$

$$M = X_1 \cdot M_1 + M_0$$

$$M_{ba} = 39{,}089 \cdot 0 + 72{,}5 = 72{,}5$$
$$M_{be} = 39{,}089 \cdot (-1{,}75) + 0 = -68{,}41$$
$$M_{bc} = 39{,}089 \cdot (-1{,}75) + 72{,}5 = 4{,}094$$
$$M_{cb} = 39{,}089 \cdot (-1{,}75) + 97{,}5 = 29{,}09$$
$$M_{cf} = 39{,}089 \cdot (-1{,}75) + 0 = 68{,}41$$
$$M_{cd} = 39{,}089 \cdot 0 + 97{,}5 = 97{,}5$$

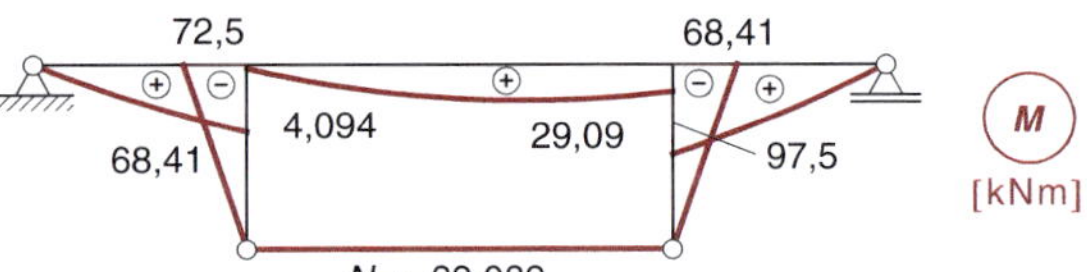

Bild 2.40 Endgültige Momentenlinie mit dehnstarrem Stab

Beispiel 2.3

Für den in *Bild 2.41* dargestellten federnd gelagerten Zweifeldträger ist die Momentenlinie infolge der angegebenen Streckenlast zu berechnen.

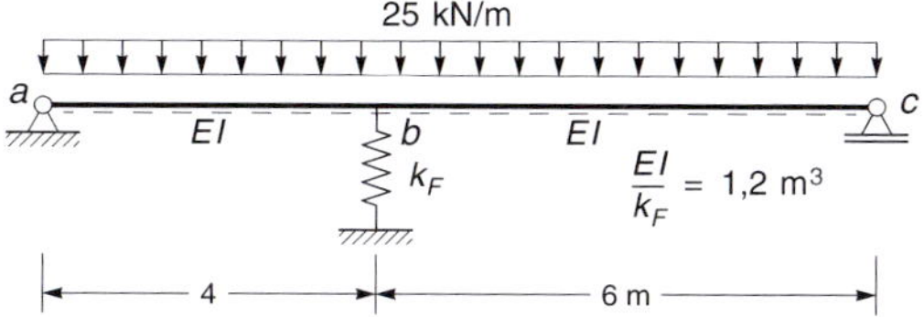

Bild 2.41 Federnd gelagerter Zweifeldträger

Statisch bestimmtes Hauptsystem

Das System ist einfach statisch unbestimmt. Das Hauptsystem in *Bild 2.42* wird durch das Einlegen eines Gelenks im Punkt *b* gebildet.

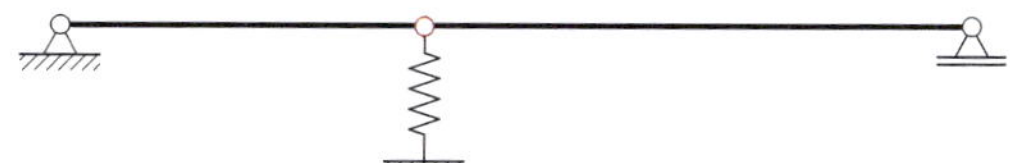

Bild 2.42 Statisch bestimmtes Hauptsystem

Lastspannungszustand

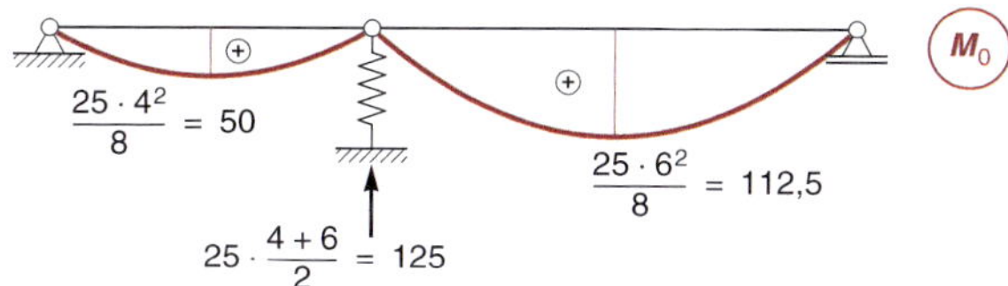

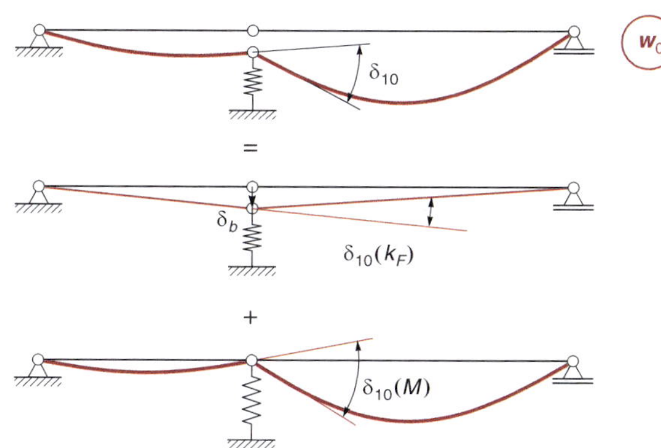

Bild 2.43 Lastspannungszustand

Infolge der Streckenlast ergeben sich an den beidseitig gelenkigen Stäben die in *Bild 2.43* dargestellten parabelförmigen Momentenlinien. Durch die Auflagerkraft in der Feder senkt sich der Punkt *b*. Sowohl durch die Stabkrümmungen als auch durch die Absenkung des Auflagerpunktes entsteht im Punkt *b* der Knick δ_{10}, der die Verformungsbedingung des wirklichen Systems verletzt.

Einheitsspannungszustand

Es ist das Einheitsdoppelmoment im Punkt *b* so zu bestimmen, dass es den Knick im hinzugefügten Gelenk wieder rückgängig macht. Den Einheitszustand zeigt *Bild 2.44.* Auch der Knick δ_{11} setzt sich aus zwei Anteilen zusammen. Ein Anteil entsteht aus den Krümmungen infolge der Momente, ein weiterer Anteil durch die Verschiebung des Auflagerpunktes *b*.

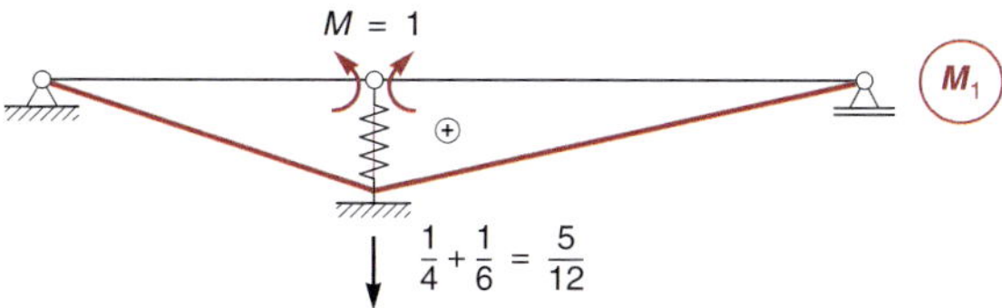

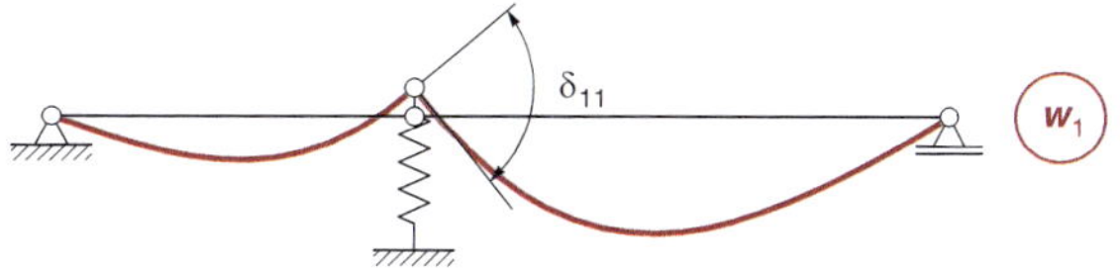

Bild 2.44 Einheitsspannungszustand

δ-Werte

In der Arbeitsgleichung ist zusätzlich zum Anteil aus den Momenten der Term für elastische Auflagerfedern zu berücksichtigen:

$$\delta'_{10} = \frac{I_c}{I} \int M_1 M_0 \, dx + EI_c \frac{F_1 F_0}{k_F}$$

$$\delta'_{10} = 4 \cdot \frac{1}{3} \cdot 1 \cdot 50 + 6 \cdot \frac{1}{3} \cdot 1 \cdot 112{,}5 - 1{,}2 \cdot \frac{5}{12} \cdot 125$$

$$= \delta'_{10}(M) + \delta'_{10}(k_F) = 291{,}667 - 62{,}5 = 229{,}167$$

Der Anteil aus der Absenkung des Punktes *b* kann geometrisch verifiziert werden. Die Verschiebung δ_b infolge der Belastung am Hauptsystem in *Bild 2.43* ergibt sich aus der Beziehung $F = k_F \cdot \delta$.

Mit F = 125 kN aus *Bild 2.43* und $k_F = \dfrac{EI}{1{,}2\ \mathrm{m}^3}$ aus der Aufgabenstellung in *Bild 2.41* folgt:

$$\delta_b = \frac{F}{k_F} = \frac{125\ \mathrm{kN}}{\dfrac{EI}{1{,}2\ \mathrm{m}^3}} = \frac{1{,}2 \cdot 125\ \mathrm{kNm}^3}{EI} = \frac{150\ \mathrm{kNm}^3}{EI}$$

Die EI-fache Verschiebung δ'_b beträgt 150 kNm³. Die Einheit wird im Folgenden weggelassen.

Wie in *Bild 2.43* anschaulich erkennbar, ist der Knick $\delta'_{10}(k_F)$ die Summe der Beträge der Drehwinkel der beiden Stabsehnen. Damit ergibt sich:

$$\delta'_{10} = \frac{\delta'_b}{4} + \frac{\delta'_b}{6} = \frac{150}{4} + \frac{150}{6} = 62{,}5$$

Die Berechnung von δ'_{11} erfolgt analog:

$$\delta'_{11} = \frac{I_c}{I}\int M_1^2 dx + EI_c\frac{F_1^2}{k_F} = 10 \cdot \frac{1}{3} \cdot 1^2 + 1{,}2 \cdot \left(\frac{5}{12}\right)^2$$

$$= 3{,}33333 + 0{,}20833 = 3{,}54166$$

Verformungsbedingung

Der Knick im Punkt b muss im endgültigen Zustand gleich null sein.

$$\delta'_{11} \cdot X_1 + \delta'_{10} = 0$$

$$X_1 = -\frac{\delta'_{10}}{\delta'_{11}} = -\frac{229{,}167}{3{,}54166} = -64{,}71$$

Endgültige Momentenlinie

$M = X_1 \cdot M_1 + M_0$

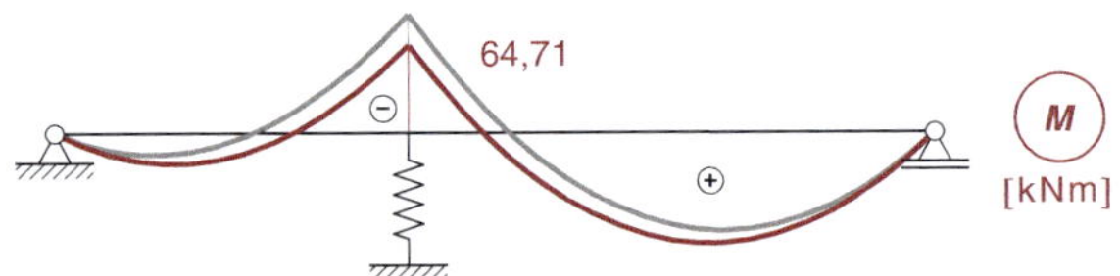

Bild 2.45 Endgültige Momentenlinie

Zum Vergleich ist in *Bild 2.45* die Momentenlinie eingezeichnet, die sich bei einer starren Auflagerung im Punkt b ergibt, mit:

$$X_1 = -\frac{\delta'_{10}}{\delta'_{11}} = -\frac{291{,}667}{3{,}3333} = -87{,}5$$

2.3 Einfluss der Steifigkeiten, Ersatzfedern

Am Beispiel des Zweigelenkrahmens in *Bild 2.46* soll der Einfluss der unterschiedlichen Steifigkeiten von Riegel und Stielen auf die Verteilung der Momente gezeigt werden.

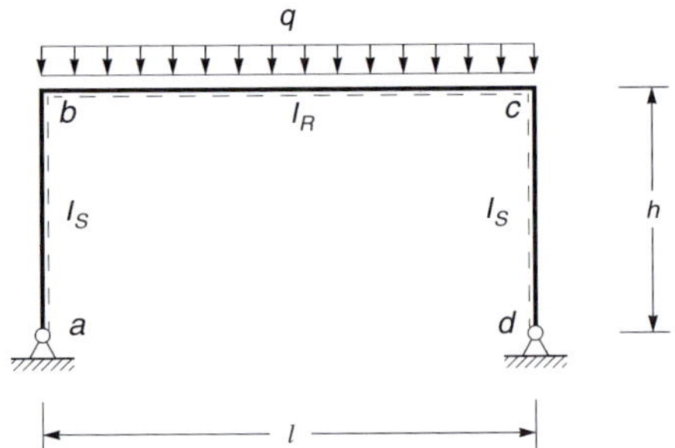

Bild 2.46 Zweigelenkrahmen mit Streckenlast

Lastspannungszustand

Der Zweigelenkrahmen ist einfach statisch unbestimmt. Um das System statisch bestimmt zu machen, wird ein Gelenk im Punkt b eingelegt. Durch das Gelenk sind die horizontalen Auflagerkräfte gleich null, da nur eine vertikale Belastung vorliegt und der linke Stiel ein querkraftfreier Pendelstab ist. Der Riegel wirkt daher wie ein beidseitig gelenkiger Balken mit der in *Bild 2.47* angegebenen parabolischen Momentenlinie.

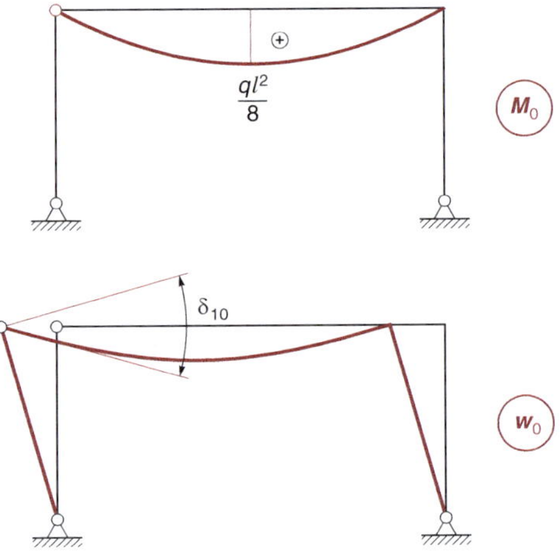

Bild 2.47 Lastspannungszustand

Beide Stiele sind momentenfrei und bleiben gerade. Durch die Krümmung des Riegels entsteht im Punkt c eine Verdrehung, die der Neigung des rechten Stiels entspricht, weil die Ecke biegesteif ist. Aufgrund des festen Auflagers im Punkt d ergibt sich daraus eine horizontale Verschiebung des Riegels nach links.

Während die horizontale Riegelverschiebung den rechten Winkel zwischen Riegel und Stiel im Punkt c herstellt, entsteht durch die Horizontalverschiebung im Punkt b ein Knick, der die Verformungsbedingung des wirklichen Systems verletzt.

Einheitsspannungszustand

Aus dem Ansatz des Einheitsdoppelmomentes folgt der Einheitsspannungszustand in *Bild 2.48*. Die vertikalen Auflagerkräfte sind gleich null, weil beide Auflagerpunkte auf gleicher Höhe liegen. Dies folgt aus der Momentengleichgewichtsbedingung um einen der Auflagerpunkte, da das Doppelmoment in der Summe null ergibt. Die Verformung des Rahmens infolge des Doppelmoments folgt aus den Krümmungen, der biegesteifen Ecke im Punkt c und den Auflagerbedingungen.

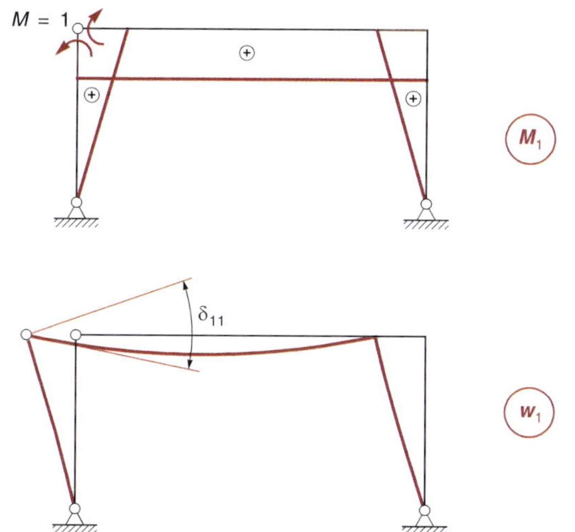

Bild 2.48 Einheitsspannungszustand

δ-Werte

Bei der Berechnung der δ-Werte wird als Vergleichsträgheitsmoment I_c das Trägheitsmoment I_R des Riegels gewählt.

Mit $\frac{I_c}{I_S} = \frac{I_R}{I_S} = \alpha$ folgt:

$$\delta'_{10} = l \cdot \frac{2}{3} \cdot 1 \cdot \frac{ql^2}{8} = \frac{ql^3}{12}$$

$$\delta'_{11} = \frac{I_c}{I}\int M_1^2\,dx = 2 \cdot \alpha \cdot \frac{1}{3} \cdot h \cdot 1^2 + l \cdot 1^2 = \frac{2\alpha h}{3} + l$$

$$\delta'_{11} \cdot X_1 + \delta'_{10} = 0$$

$$X_1 = -\frac{\delta'_{10}}{\delta'_{11}} = -\frac{\frac{ql^3}{12}}{\frac{2\alpha h}{3} + l} = -\frac{ql^3}{8\alpha h + 12l} = -\frac{ql^2}{8\alpha\frac{h}{l} + 12}$$

$$= -\frac{ql^2}{8\beta + 12}$$

Mit $\beta = \frac{I_R}{I_S}\frac{h}{l} = \frac{I_R}{l}\frac{h}{I_S}$

Die Größe des Momentes an den Rahmenecken ist von dem Faktor β abhängig, der das Verhältnis der Steifigkeiten von Riegel und Stiel beschreibt. Wir betrachten nun zwei Grenzfälle:

1. $\beta = 0$

Ist β gleich null, so folgt daraus ein Eckmoment von $-ql^2/12$. Der Faktor β ist gleich null, wenn das Trägheitsmoment I_S der Stiele unendlich groß ist bzw. wenn die Höhe h gegen null geht. Die Stiele sind in diesem Fall biegestarr, sodass die Drehung der Endpunkte des Riegels gleich null ist. Der Riegel entspricht einem beidseitig eingespannten Balken.

2. $\frac{1}{\beta} = 0$

In diesem Fall ist das Eckmoment gleich null, da der Nenner für die Berechnung von X_1 unendlich groß wird. Dies ist dann der Fall, wenn I_S gleich null ist bzw. wenn die Höhe h unendlich groß ist. Die Stiele sind dann biegeschlaff und der Riegel entspricht einem beidseitig gelenkigen Balken.

Die Verteilung der Momente ist für beide Grenzfälle in *Bild 2.49* angegeben. Liegen die Steifigkeitsverhältnisse zwischen beiden Grenzfällen, bewirken die Stiele eine elastische Einspannung an den Endpunkten des Riegels. Diese elastische Einspannung kann durch eine Drehfeder berücksichtigt werden, die einer Drehung denselben Widerstand entgegensetzt wie der elastische Stiel. Die Federsteifigkeit ist der Proportionalitätsfaktor zwischen der Kraftgröße und der zugehörigen Verformung. Für eine Drehfeder lautetet der Zusammenhang:

$$M = k_M \cdot \varphi \Rightarrow k_M = \frac{M}{\varphi}$$

Mit $M = 1$ folgt: $k_M = \frac{1}{\varphi}$

Die Federsteifigkeit ist der Reziprokwert der Verformung infolge einer Einheitskraftgröße.

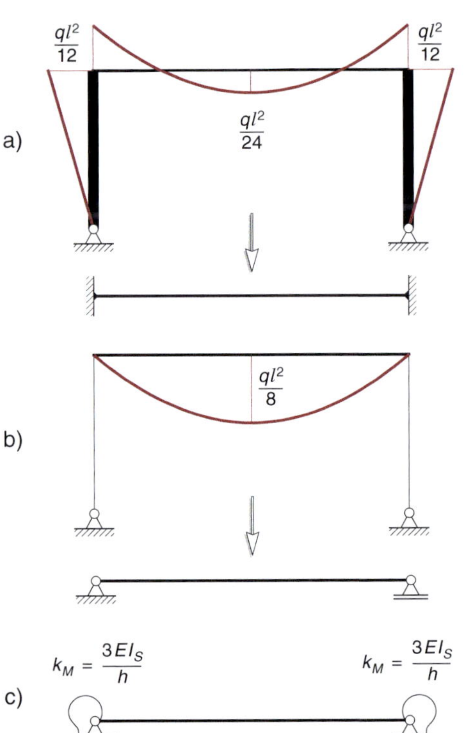

Bild 2.49 Einfluss der Steifigkeiten

Um den Stiel durch eine Drehfeder zu ersetzen, belasten wir den oberen Punkt durch ein Einheitsmoment und ermitteln die daraus folgende Verdrehung. Um die Drehung mit der Arbeitsgleichung des Prinzips der virtuellen Kräfte zu ermitteln, ist ein virtuelles Moment $\bar{1}$ anzusetzen. Die tatsächliche und die virtuelle Belastung sind also identisch, d. h., die Momentenlinie in *Bild 2.50* ist mit sich selbst zu überlagern. Damit ergibt sich:

$$\bar{1} \cdot \varphi' = h \cdot \frac{1}{3} \cdot 1 \cdot 1 = \frac{h}{3} \Rightarrow \varphi = \frac{h}{3EI_S}$$

Die Drehfedersteifigkeit ist der Reziprokwert der Verdrehung infolge $M = 1$:

$$k_M = \frac{3EI_S}{h}$$

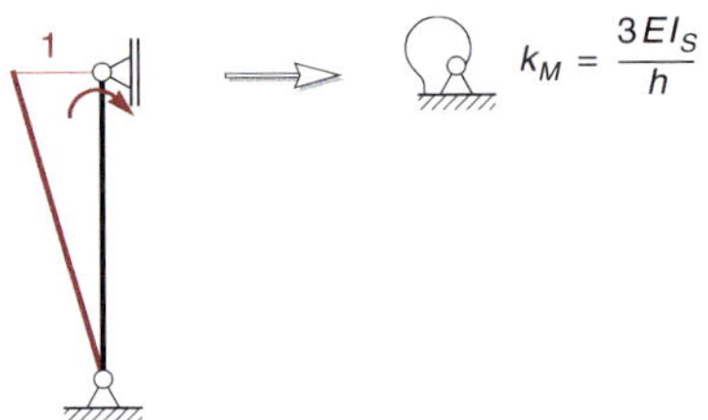

Bild 2.50 Ermittlung der Drehfedersteifigkeit

Das statische System aus *Bild 2.46* kann statisch äquivalent durch den beidseitig drehelastisch gelagerten Riegel in *Bild 2.49c* ersetzt werden.

In *Bild 2.50* wurde der obere Punkt des Stieles durch ein horizontales Auflager festgehalten. Aufgrund der Symmetrie von System und Belastung ist auch die Verformung des Zweigelenkrahmens symmetrisch und daher die Horizontalverschiebung gleich null. Im Fall einer allgemeinen Belastung ist es nicht möglich, die Stiele durch Drehfedern zu ersetzten!

Als weiteres Beispiel für den Einfluss der Steifigkeiten auf die Schnittgrößenverteilung betrachten wir das System in *Bild 2.51* mit den angegebenen Trägheitsmomenten.

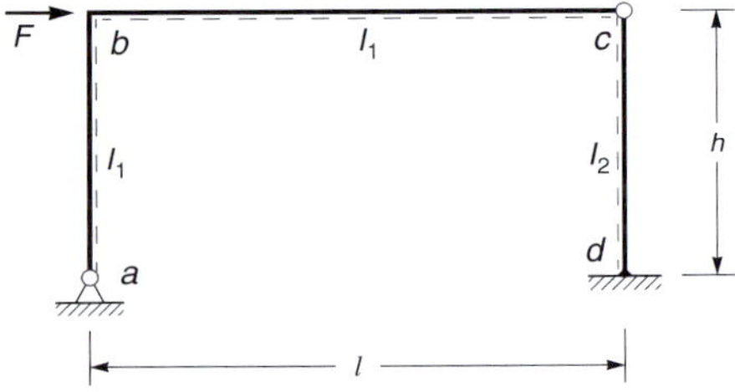

Bild 2.51 Rahmen mit Horizontalkraft

Lastspannungszustand

Auch dieses System ist einfach statisch unbestimmt. Das Hauptsystem wird wieder durch Einfügen eines Gelenks im Punkt *b* gebildet. Da der linke Stiel einen Pendelstab darstellt, der querkraftfrei ist, wird die horizontale Kraft durch den rechten vertikalen Kragträger aufgenommen und es folgt der Lastspannungszustand in *Bild 2.52*.

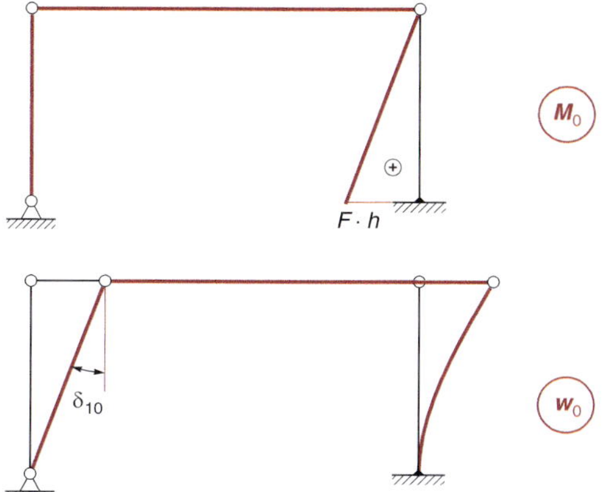

Bild 2.52 Lastspannungszustand

Einheitsspannungszustand

Der Einheitsspannungszustand in *Bild 2.53* folgt aus dem Einheitsdoppelmoment am eingefügten Gelenk im Punkt *b*.

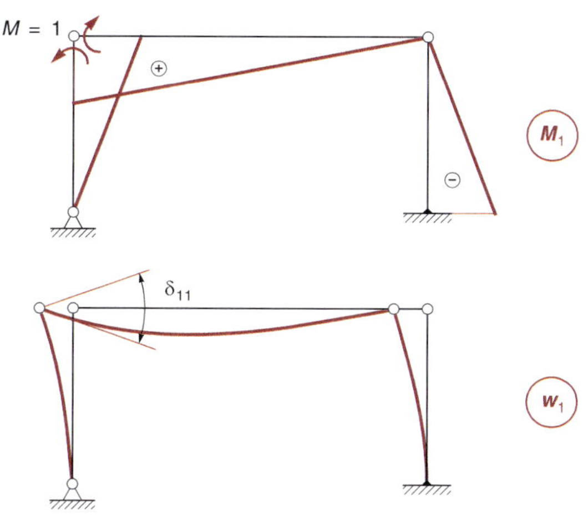

Bild 2.53 Einheitsspannungszustand

Da keine äußere Horizontalkraft wirkt, sind die horizontalen Auflagerkräfte entgegengesetzt gleich. Diese Auflagerkräfte entsprechen den Querkräften in den vertikalen Stäben. Daraus folgt, dass die Momentenlinien in den Stielen eine entgegengesetzt gleiche Steigung haben.

δ-Werte und Verformungsbedingung

Als Vergleichsträgheitsmoment I_c wird das Trägheitsmoment I_1 gewählt.

Mit $\frac{I_1}{I_2} = \alpha$ folgt:

$$\delta'_{10} = -\alpha \cdot h \cdot \frac{1}{3} \cdot 1 \cdot F \cdot h = -\alpha \frac{Fh^2}{3}$$

$$\delta'_{11} = \frac{I_c}{I}\int M_1^2 \mathrm{d}x = \frac{1}{3} \cdot h \cdot 1^2 + \alpha \cdot \frac{1}{3} \cdot h \cdot 1^2 + l \cdot \frac{1}{3} \cdot 1^2$$

$$= (1+\alpha) \cdot \frac{1}{3} \cdot h \cdot 1^2 + l \cdot \frac{1}{3} \cdot 1^2 = \frac{(1+\alpha)h}{3} + \frac{l}{3}$$

$$\delta'_{11} \cdot X_1 + \delta'_{10} = 0$$

$$X_1 = -\frac{\delta'_{10}}{\delta'_{11}} = -\frac{-\alpha \frac{Fh^2}{3}}{\frac{(1+\alpha)h}{3} + \frac{l}{3}} = \frac{\alpha F h^2}{(1+\alpha)h + l}$$

$$= \frac{\alpha h}{h + \alpha h + l} Fh = \frac{\beta}{\frac{h}{l} + \beta + 1} Fh$$

Es werden wieder zwei Grenzfälle betrachtet.

1. $\beta = 0$

In diesem Fall ist der Faktor β gleich null, wenn das Trägheitsmoment I_2 des rechten Stiels unendlich groß ist bzw. wenn die Höhe *h* unendlich klein ist. Der rechte Stiel ist demnach starr und kann im Punkt *c* durch ein zweiwertiges Auflager ersetzt werden, wie in *Bild 2.55a* dargestellt ist.

2. $\frac{1}{\beta} = 0$

$$X_1 = \frac{\beta}{\frac{h}{l} + \beta + 1} Fh = \frac{Fh}{\frac{1}{\beta}\frac{h}{l} + 1 + \frac{1}{\beta}} \Rightarrow \lim_{\frac{1}{\beta} \to 0} X_1 = Fh$$

Ist das Trägheitsmoment I_2 des rechten Stiels gleich null oder ist der Stiel unendlich lang, ist β unendlich. Der rechte Stiel ist biegeschlaff, sodass die gesamte Horizontalkraft vom restlichen System aufgenommen wird. Dieser Grenzwert führt auf das Ergebnis in *Bild 2.55b*. Der rechte Stiel kann durch ein horizontal verschiebliches Auflager ersetzt werden.

Liegen die Steifigkeitsverhältnisse zwischen den beiden Grenzfällen, so setzt der verformbare rechte Stiel der Horizontalverschiebung einen elastischen Widerstand entgegen. Dies entspricht einer federnden horizontalen Lagerung, wie in *Bild 2.55c* dargestellt ist.

Um die Steifigkeit der Feder zu ermitteln, berechnen wir wieder die Verformung infolge einer Einheitskraftgröße, siehe *Bild 2.54*.

Es ist eine horizontale Einheitskraft anzusetzen. Zur Ermittlung der daraus resultierenden Verschiebung wird ein virtueller Zustand benötigt, der mit dem tatsächlichen Zustand formal übereinstimmt. Die Momentenlinie in *Bild 2.54* ist daher mit sich selbst zu überlagern. Es ergibt sich:

$$\bar{1} \cdot \delta'_h = h \cdot \frac{1}{3} \cdot h \cdot h = \frac{h^3}{3} \Rightarrow \delta_h = \frac{h^3}{3EI_2}$$

Die Federsteifigkeit ist der Reziprokwert der Verschiebung infolge $F = 1$:

$$k_F = \frac{3EI_2}{h^3}$$

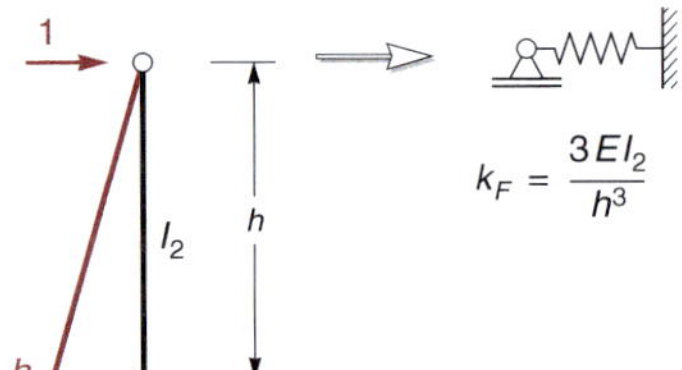

Bild 2.54 Ermittlung der Federsteifigkeit

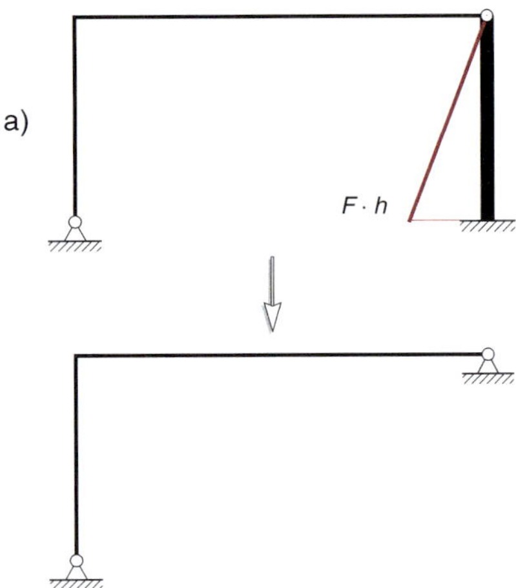

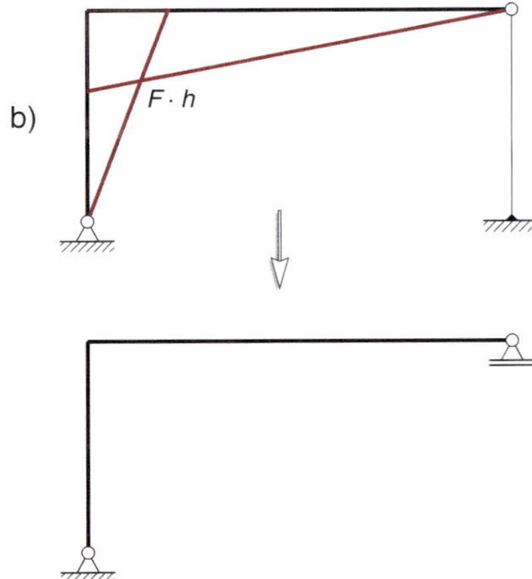

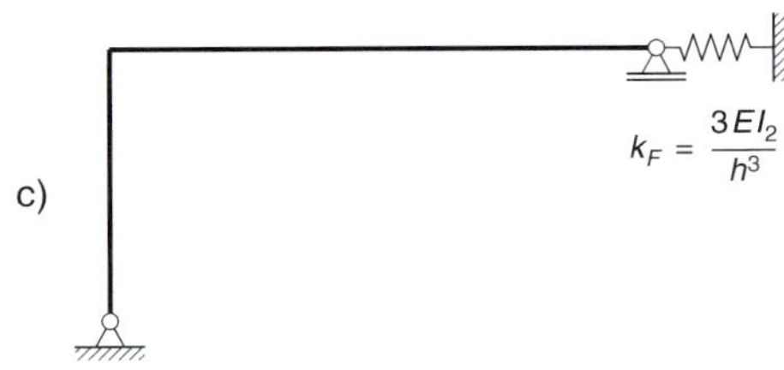

Bild 2.55 Einfluss der Steifigkeiten

Beispiel 2.4

Für das in *Bild 2.56* gegebene ebene Dreibein sind die Normalkräfte infolge der angegebenen Horizontalkraft zu ermitteln.

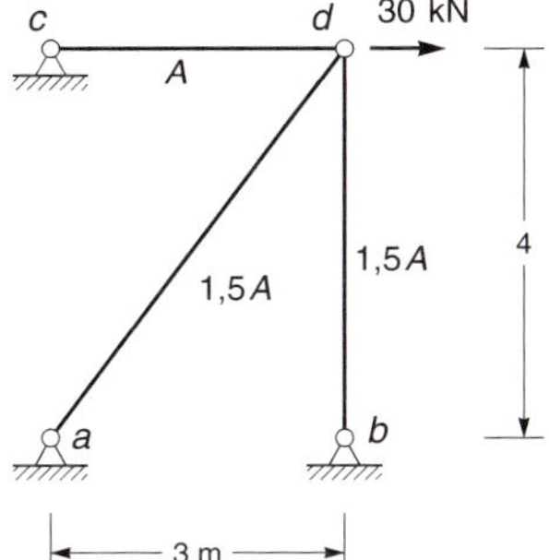

Bild 2.56 Ebenes Dreibein

Hauptsystem und Lastspannungszustand

Das Fachwerksystem ist einfach statisch unbestimmt. Am Knoten *d* wirken drei unbekannte Stabkräfte, die mit der äußeren Kraft ein zentrales Kräftesystem bilden. Für ein zentrales Kräftesystem stehen jedoch nur zwei Gleichgewichtsbedingungen zur Verfügung. Das System ist daher einfach statisch unbestimmt. Um das statisch bestimmte Hauptsystem zu bilden, wird einer der Stäbe durchtrennt. Damit wird die Stabkraft gleich null gesetzt.

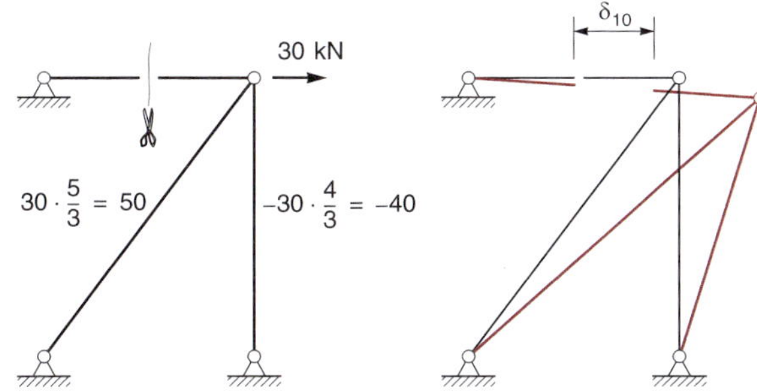

Bild 2.57 Lastspannungszustand

Es wird der Stab *c* – *d* geschnitten, damit können die Normalkräfte infolge der äußeren Horizontalkraft aus dem Kräftegleichgewicht am Knoten *d* berechnet werden, siehe *Bild 2.57*. Infolge der Dehnung der Stäbe verschiebt sich Punkt *d* nach rechts und es entsteht eine Abstandsänderung der Schnittufer des durchtrennten Stabes. Diese Abstandsänderung ist die Relativverformung δ_{10}, die die Verformungsbedingung verletzt.

Einheitsspannungszustand

Um die Abstandsänderung wieder rückgängig zu machen, wird die durch den Schnitt zu null gesetzte Normalkraft als Einheitsgröße an den Schnittufern des durchtrennten Stabes angesetzt. Die Normalkräfte und die Verformung infolge der Einheitsdoppelkraft zeigt *Bild 2.58*.

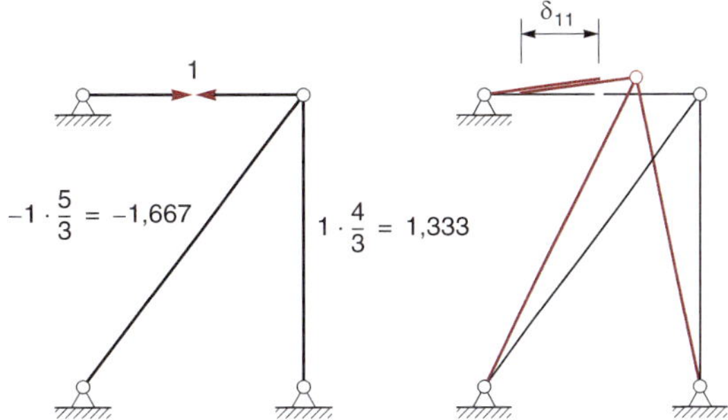

Bild 2.58 Einheitsspannungszustand

δ-Werte

Zur Berechnung der Relativverschiebungen wird wiederum der Einheitsspannungszustand als virtueller Zustand benutzt. Da ein Fachwerksystem vorliegt, kann die Arbeitsgleichung in der Form von Gl. (1.45) verwendet werden:

$$\delta'_{10} = \sum \frac{A_c}{A} N_1 N_0 l$$

$$\delta'_{11} = \sum \frac{A_c}{A} N_1^2 l$$

Es wird die größte Fläche als A_c gewählt:

$$A_c = 1{,}5A$$

Dann gilt für die Stäbe *a* – *d* und *b* – *d:*

$$\frac{A_c}{A} = 1$$

und für den Stab *c* – *d:*

$$\frac{A_c}{A} = 1{,}5$$

Die Auswertung der Arbeitsgleichung erfolgt in den *Tabellen 2.1* und *2.2*.

2

Tabelle 2.1 Berechnung von δ'_{11}

Stab	$\frac{A_c}{A}$	l	N_1	$\frac{A_c}{A} \cdot N_1^2 \cdot l$	
$a-d$	1,0	5,0	−1,667	$1{,}0 \cdot (-1{,}667)^2 \cdot 5$	13,889
$b-d$	1,0	4,0	1,333	$1{,}0 \cdot 1{,}333^2 \cdot 4$	7,111
$c-d$	1,5	3,0	1	$1{,}5 \cdot 1 \cdot 3$	4,5
					25,5

Tabelle 2.2 Berechnung von δ'_{10}

Stab	$\frac{A_c}{A}$	l	N_1	N_0	$\frac{A_c}{A} \cdot N_1 \cdot N_0 \cdot l$	
$a-d$	1,0	5,0	−1,667	50	$1{,}0 \cdot (-1{,}667) \cdot 50 \cdot 5$	−416,67
$b-d$	1,0	4,0	1,333	−40	$1{,}0 \cdot 1{,}333 \cdot (-40) \cdot 4$	−213,33
						−630,00

Verformungsbedingung

Aus der Bedingung, dass die Abstandsänderung der Schnittufer gleich null sein muss, folgt der Skalierungsfaktor X_1 des Einheitsspannungszustands.

$$\delta'_{11} \cdot X_1 + \delta'_{10} = 0 \Rightarrow X_1 = -\frac{\delta'_{10}}{\delta'_{11}} = -\frac{-630}{25{,}5} = 24{,}706$$

Endgültige Normalkräfte

Die endgültigen Normalkräfte folgen aus der Superposition, sie sind in *Bild 2.59* dargestellt.

$$N = X_1 \cdot N_1 + N_0$$

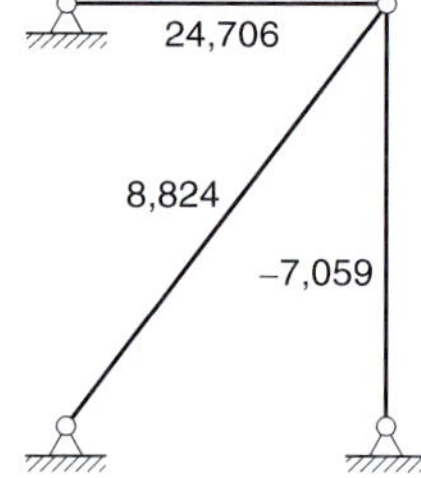

$$N_{cd} = 24{,}706 \cdot 1 + 0 = 24{,}706$$

$$N_{ad} = 24{,}706 \cdot \left(-\frac{5}{3}\right) + 50 = 8{,}824$$

$$N_{bd} = 24{,}706 \cdot \frac{4}{3} - 40 = -7{,}059$$

Bild 2.59 Endgültige Normalkräfte

Beispiel 2.5

Für das in *Bild 2.60* dargestellte Fachwerksystem sind die Stabkräfte infolge der angegebenen Belastung zu ermitteln. Für die Gurtstäbe gilt $A_c/A = 1$, für die Diagonalstäbe $A_c/A = 2$.

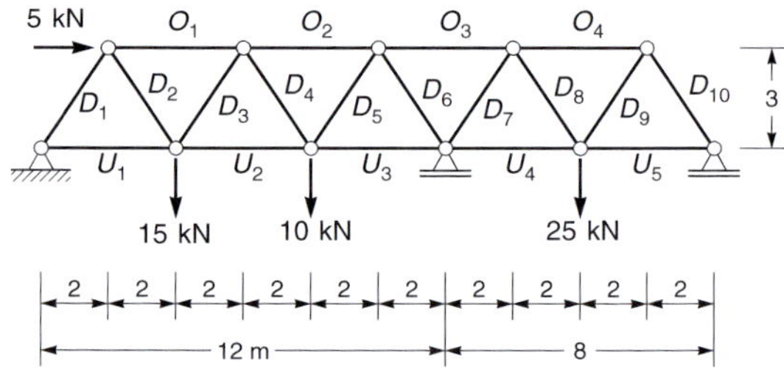

Bild 2.60 Statisch unbestimmtes Fachwerk

Statisch bestimmtes Hauptsystem

Das Fachwerk bildet eine Gesamtscheibe, die aus Dreiecken zusammengesetzt ist. Diese innerlich statisch bestimmte Scheibe ist insgesamt vierwertig gelagert. Das System ist also äußerlich einfach statisch unbestimmt. Zur Bildung des statisch bestimmten Hauptsystems in *Bild 2.61* wird der Obergurtstab O_3 geschnitten und damit die Stabkraft gleich null gesetzt. Das System besteht nun aus zwei Teilscheiben, die das innere Auflager gemeinsam haben.

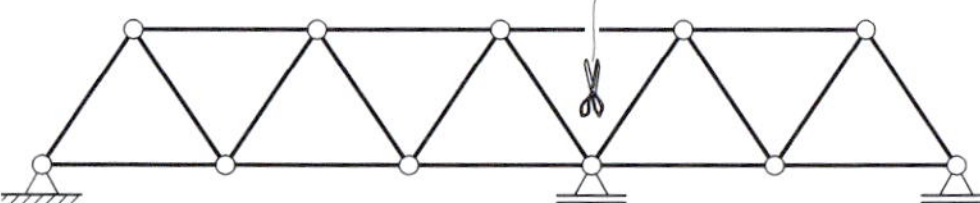

Bild 2.61 Statisch bestimmtes Hauptsystem

Lastspannungszustand

Die Berechnung der Stabkräfte infolge der Belastung am statisch bestimmten Hauptsystem erfolgt in Bezug auf *Bild 2.62*. Beide Teilsysteme können getrennt betrachtet werden. Da am rechten Teilsystem keine horizontalen Kräfte wirken, ist auch die horizontale Gelenkkraft im Punkt *d* gleich null.

Die Berechnung der Auflagerkräfte ist in *Bild 2.62* angegeben. Die Ermittlung der Stabkräfte erfolgt durch die Anwendung des Ritterschnittes.

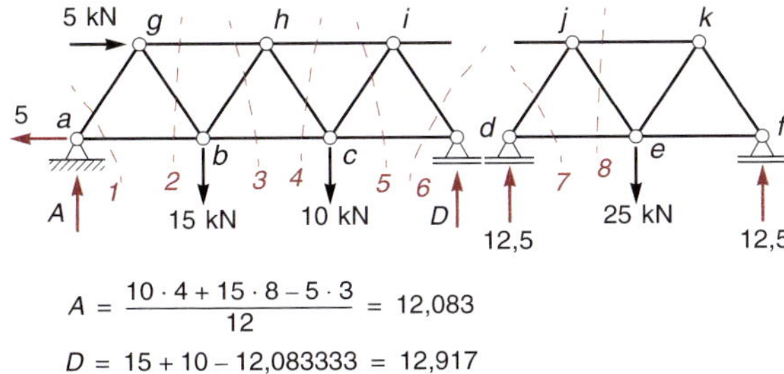

Bild 2.62 Lastspannungszustand

Die Berechnung der Stabkräfte ist in *Tabelle 2.3* angegeben. Die erste Spalte bezeichnet den Schnitt nach *Bild 2.62.* In der zweiten Spalte steht die Gleichgewichtsbedingung, mit der die Stabkraft berechnet wird. Die Indizes „li" und „re" kennzeichnen das Teilsystem, das nach der Schnittführung betrachtet wird.

Tabelle 2.3 Berechnung der Stabkräfte des Lastzustands

1	$\sum M^{li}_{(g)} = 0$	$U_1 = \frac{12{,}083 \cdot 2 + 5 \cdot 3}{3} =$	13,056
3	$\sum M^{re}_{(h)} = 0$	$U_2 = \frac{12{,}917 \cdot 6 - 10 \cdot 2}{3} =$	19,167
5	$\sum M^{re}_{(i)} = 0$	$U_3 = \frac{12{,}917 \cdot 2}{3} =$	8,611
2	$\sum M^{li}_{(b)} = 0$	$O_1 = -\frac{12{,}083 \cdot 4 + 5 \cdot 3}{3} =$	–21,111
4	$\sum M^{re}_{(c)} = 0$	$O_2 = -\frac{12{,}917 \cdot 4}{3} =$	–17,222
1	$\sum V^{li} = 0$	$D_1 = -\frac{12{,}083 \cdot \sqrt{13}}{3} =$	–14,522
2	$\sum V^{li} = 0$	$D_2 = \frac{12{,}083 \cdot \sqrt{13}}{3} =$	14,522
3	$\sum V^{li} = 0$	$D_3 = -\frac{(12{,}083 - 15) \cdot \sqrt{13}}{3} =$	3,505
4	$\sum V^{li} = 0$	$D_4 = \frac{(12{,}083 - 15) \cdot \sqrt{13}}{3} =$	–3,505
5	$\sum V^{re} = 0$	$D_5 = \frac{12{,}917 \cdot \sqrt{13}}{3} =$	15,524
6	$\sum V^{re} = 0$	$D_6 = -\frac{12{,}917 \cdot \sqrt{13}}{3} =$	–15,524

Tabelle 2.3 Fortsetzung

8	$\sum M^{li}_{(j)} = 0$	$U_4 = U_5 = \frac{12{,}5 \cdot 2}{3} =$	8,333
8	$\sum M^{li}_{(e)} = 0$	$O_4 = -\frac{12{,}5 \cdot 4}{3} =$	–16,667
7	$\sum V^{li} = 0$	$D_7 = D_{10} = -\frac{12{,}5 \cdot \sqrt{13}}{3} =$	–15,023
8	$\sum V^{li} = 0$	$D_8 = D_9 = \frac{12{,}5 \cdot \sqrt{13}}{3} =$	15,023

Einheitsspannungszustand

Die zu null gesetzte Obergurtkraft O_3 wird nun als Einheitsdoppelgröße an den Schnittufern des durchtrennten Stabes angesetzt, wie in *Bild 2.63* dargestellt ist.

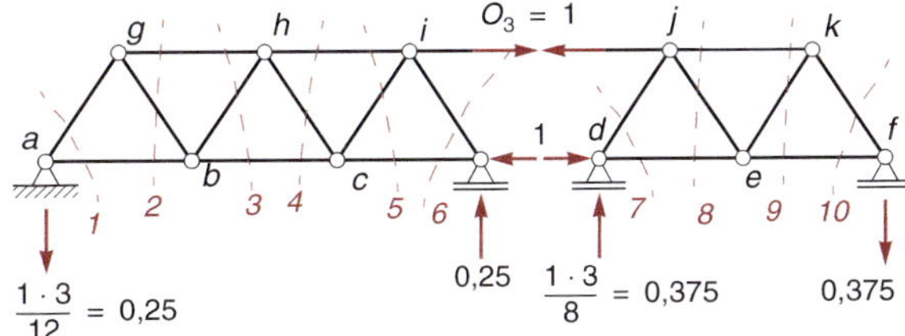

Bild 2.63 Einheitsspannungszustand

Die Berechnung der Stabkräfte erfolgt analog zur vorherigen Berechnung in *Tabelle 2.4.* Es ist zu beachten, dass in diesem Fall eine horizontale Gelenkkraft im Punkt *d* vorhanden ist.

Tabelle 2.4 Berechnung der Stabkräfte des Einheitszustands

1	$\sum M^{li}_{(g)} = 0$	$U_1 = -\frac{0{,}25 \cdot 2}{3} =$	–0,16667
3	$\sum M^{li}_{(h)} = 0$	$U_2 = -\frac{0{,}25 \cdot 6}{3} =$	–0,50000
5	$\sum M^{li}_{(i)} = 0$	$U_3 = -\frac{0{,}25 \cdot 10}{3} =$	–0,83333
2	$\sum M^{li}_{(b)} = 0$	$O_1 = \frac{0{,}25 \cdot 4}{3} =$	0,33333
4	$\sum M^{li}_{(c)} = 0$	$O_2 = \frac{0{,}25 \cdot 8}{3} =$	0,66667
1 *2* *3*	$\sum V^{li} = 0$	$D_1 = D_3 = D_5 = \frac{0{,}25\sqrt{13}}{3} =$	0,30046

Tabelle 2.4 Fortsetzung

4 5	$\sum V^{li} = 0$	$D_2 = D_4 = D_6 = -\frac{0,25\sqrt{13}}{3} = -0,30046$
8	$\sum M^{re}_{(j)} = 0$	$U_4 = -\frac{0,375 \cdot 6}{3} =$ −0,75000
9	$\sum M^{re}_{(k)} = 0$	$U_5 = -\frac{0,375 \cdot 2}{3} =$ −0,25000
8	$\sum M^{re}_{(e)} = 0$	$O_4 = \frac{0,375 \cdot 4}{3} =$ 0,50000
7 9	$\sum V^{li} = 0$	$D_7 = D_9 = -\frac{0,375\sqrt{13}}{3} =$ −0,45069
8 10	$\sum V^{li} = 0$	$D_8 = D_{10} = \frac{0,375\sqrt{13}}{3} =$ 0,45069

δ-Werte

Infolge der Belastung und der Einheitsdoppelgröße entstehen Abstandsänderungen der Schnittufer des durchtrennten Obergurtstabes. Die Ermittlung dieses δ-Wertes erfolgt durch Auswertung der Arbeitsgleichung (1.45):

$$\delta'_{11} = \sum \frac{A_c}{A} N_1^2 l$$

$$\delta'_{10} = \sum \frac{A_c}{A} N_1 N_0 l$$

Die Auswertung ist in den Tabellen *2.5* und *2.6* angegeben. Da bei der Berechnung von δ'_{11} die Normalkräfte quadriert werden, wurde das Vorzeichen in Tabelle *2.5* weggelassen.

Tabelle 2.5 Berechnung von δ'_{11}

Stab	$\frac{A_c}{A}$	l	$\lvert N_1 \rvert$	$\frac{A_c}{A} \cdot N_1^2 \cdot l$	
U_1	1,0	4,0	0,16667	$1,0 \cdot 0,16667^2 \cdot 4$	0,1111
U_2	1,0	4,0	0,50000	$1,0 \cdot 0,5^2 \cdot 4$	1,0000
U_3	1,0	4,0	0,83333	$1,0 \cdot 0,83333^2 \cdot 4$	2,7778
U_4	1,0	4,0	0,75000	$1,0 \cdot 0,75^2 \cdot 4$	2,2500
U_5	1,0	4,0	0,25000	$1,0 \cdot 0,25^2 \cdot 4$	0,25
O_1	1,0	4,0	0,33333	$1,0 \cdot 0,33333^2 \cdot 4$	0,4444
O_2	1,0	4,0	0,66667	$1,0 \cdot 0,66667^2 \cdot 4$	1,7778
O_3	1,0	4,0	1,00000	$1,0 \cdot 1^2 \cdot 4$	4,0000
O_4	1,0	4,0	0,50000	$1,0 \cdot 0,5^2 \cdot 4$	1,0000
$D_1 - D_6$	2,0	$\sqrt{13}$	0,30046	$6 \cdot 2,0 \cdot 0,30046^2 \cdot \sqrt{13}$	3,9060
$D_7 - D_{10}$	2,0	$\sqrt{13}$	0,45069	$4 \cdot 2,0 \cdot 0,45069^2 \cdot \sqrt{13}$	5,8590
					23,3761

Tabelle 2.6 Berechnung von δ'_{10}

Stab	$\frac{A_c}{A}$	l	N_1	N_0	$\frac{A_c}{A} \cdot N_1 \cdot N_0 \cdot l$	
U_1	1,0	4,0	−0,16667	13,056	$1,0 \cdot (-0,16667) \cdot 13,056 \cdot 4$	−8,704
U_2	1,0	4,0	−0,5	19,167	$1,0 \cdot (-0,5) \cdot 19,167 \cdot 4$	−38,333
U_3	1,0	4,0	−0,83333	8,611	$1,0 \cdot (-0,83333) \cdot 8,611 \cdot 4$	−28,704
U_4	1,0	4,0	−0,75	8,333	$1,0 \cdot (-0,75) \cdot 8,333 \cdot 4$	−25,000
U_5	1,0	4,0	−0,25	8,333	$1,0 \cdot (-0,25) \cdot 8,333 \cdot 4$	−8,333
O_1	1,0	4,0	0,33333	−21,111	$1,0 \cdot 0,33333 \cdot (-21,111) \cdot 4$	−28,148
O_2	1,0	4,0	0,66667	−17,222	$1,0 \cdot 0,66667 \cdot (-17,222) \cdot 4$	−45,926
O_4	1,0	4,0	0,5	−16,667	$1,0 \cdot 0,5 \cdot (-16,667) \cdot 4$	−33,333
D_1	2,0	$\sqrt{13}$	0,30046	−14,522	$2,0 \cdot 0,30046 \cdot (-14,522) \cdot \sqrt{13}$	−31,465

2

Tabelle 2.6 Fortsetzung

Stab	$\frac{A_c}{A}$	l	N_1	N_0	$\frac{A_c}{A} \cdot N_1 \cdot N_0 \cdot l$	
D_2	2,0	$\sqrt{13}$	–0,30046	14,522	$2{,}0 \cdot (-0{,}30046) \cdot 14{,}522 \cdot \sqrt{13}$	–31,465
D_3	2,0	$\sqrt{13}$	0,30046	3,505	$2{,}0 \cdot 0{,}30046 \cdot 3{,}505 \cdot \sqrt{13}$	7,595
D_4	2,0	$\sqrt{13}$	–0,30046	–3,505	$2{,}0 \cdot (-0{,}30046) \cdot (-3{,}505) \cdot \sqrt{13}$	7,595
D_5	2,0	$\sqrt{13}$	0,30046	15,524	$2{,}0 \cdot 0{,}30046 \cdot 15{,}524 \cdot \sqrt{13}$	33,635
D_6	2,0	$\sqrt{13}$	–0,30046	–15,524	$2{,}0 \cdot (-0{,}30046) \cdot (-15{,}524) \cdot \sqrt{13}$	33,635
D_7	2,0	$\sqrt{13}$	–0,45069	–15,023	$2{,}0 \cdot (-0{,}45069) \cdot (-15{,}023) \cdot \sqrt{13}$	48,825
D_8	2,0	$\sqrt{13}$	0,45069	15,023	$2{,}0 \cdot 0{,}45069 \cdot 15{,}023 \cdot \sqrt{13}$	48,825
D_9	2,0	$\sqrt{13}$	–0,45069	15,023	$2{,}0 \cdot (-0{,}45069) \cdot 15{,}023 \cdot \sqrt{13}$	–48,825
D_{10}	2,0	$\sqrt{13}$	0,45069	–15,023	$2{,}0 \cdot 0{,}45069 \cdot (-15{,}023) \cdot \sqrt{13}$	–48,825
						–196,951

Verformungsbedingung

Im endgültigen Zustand muss die Abstandsänderung der Schnittufer des Stabes O_3 gleich null sein. Dies ist die Bedingung zur Ermittlung des Faktors X_1:

$$\delta'_{11} \cdot X_1 + \delta'_{10} = 0$$

$$X_1 = -\frac{\delta'_{10}}{\delta'_{11}} = -\frac{-196{,}951}{23{,}3761} = 8{,}4253$$

Endgültige Normalkräfte

Die endgültigen Normalkräfte folgen aus der Superposition, sie sind in *Bild 2.64* dargestellt.

$$N = X_1 \cdot N_1 + N_0$$

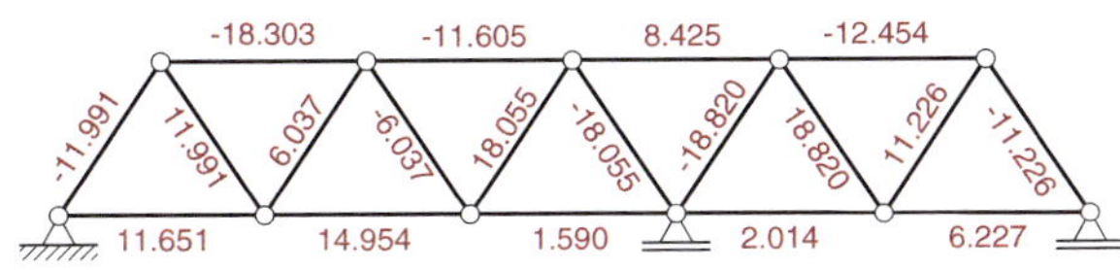

Bild 2.64 Endgültige Normalkräfte

$$\begin{bmatrix} U_1 \\ U_2 \\ U_3 \\ U_4 \\ U_5 \\ O_1 \\ O_2 \\ O_3 \\ O_4 \\ D_1 \\ D_2 \\ D_3 \\ D_4 \\ D_5 \\ D_6 \\ D_7 \\ D_8 \\ D_9 \\ D_{10} \end{bmatrix} = 8{,}4253 \cdot \begin{bmatrix} -0{,}16667 \\ -0{,}50000 \\ -0{,}83333 \\ -0{,}75000 \\ -0{,}25000 \\ 0{,}33333 \\ 0{,}66667 \\ 1 \\ 0{,}50000 \\ 0{,}30046 \\ -0{,}30046 \\ 0{,}30046 \\ -0{,}30046 \\ 0{,}30046 \\ -0{,}30046 \\ -0{,}45069 \\ 0{,}45069 \\ -0{,}45069 \\ 0{,}45069 \end{bmatrix} + \begin{bmatrix} 13{,}056 \\ 19{,}167 \\ 8{,}611 \\ 8{,}333 \\ 8{,}333 \\ -21{,}111 \\ -17{,}222 \\ 0 \\ -16{,}667 \\ -14{,}522 \\ 14{,}522 \\ 3{,}505 \\ -3{,}505 \\ 15{,}524 \\ -15{,}524 \\ -15{,}023 \\ 15{,}023 \\ 15{,}023 \\ -15{,}023 \end{bmatrix} = \begin{bmatrix} 11{,}651 \\ 14{,}954 \\ 1{,}590 \\ 2{,}014 \\ 6{,}227 \\ -18{,}303 \\ -11{,}605 \\ 8{,}425 \\ -12{,}454 \\ -11{,}991 \\ 11{,}991 \\ 6{,}037 \\ -6{,}037 \\ 18{,}055 \\ -18{,}055 \\ -18{,}820 \\ 18{,}820 \\ 11{,}226 \\ -11{,}226 \end{bmatrix}$$

Beispiel 2.6

Für den in *Bild 2.65* dargestellten Zweifeldträger sind die Momentenlinien infolge der angegebenen Einwirkungen zu ermitteln.

1. Konstante Streckenlast $q = 20$ kN/m im gesamten Bereich.
2. Temperaturdifferenz $\Delta T = 30°$ (oben wärmer) im Bereich $b-c$.

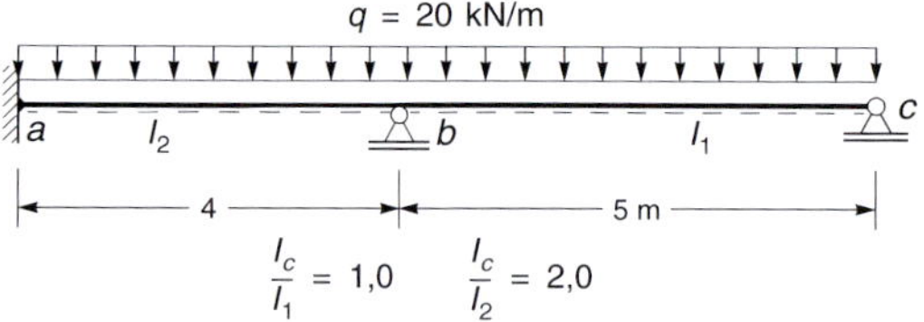

Bild 2.65 Zweifach statisch unbestimmter Durchlaufträger

Statisch bestimmtes Hauptsystem

Das Abzählkriterium ergibt:

$n = a + z - 3p = 5 - 3 \cdot 1 = 2$

Nach dem Abbauprinzip erhält man durch das Entfernen der beiden einwertigen Auflager einen Kragarm. Die Zahl der entfernten Bindungen ist der Grad der Unbestimmtheit. Das System ist also zweifach statisch unbestimmt. Es müssen zwei Bindungen gelöst werden, um das statisch bestimmte Hauptsystem zu bilden. Es ist in der Regel günstiger, Gelenke einzulegen, als Auflager zu entfernen, weil dann die Momentenlinien lokal begrenzt bleiben und sich dadurch die Berechnung der δ-Werte vereinfacht.

Wir wählen das Hauptsystem in *Bild 2.66*, das durch Einlegen von Momentengelenken in den Punkten a und b gebildet wird.

Bild 2.66 Statisch bestimmtes Hauptsystem

Lastspannungszustand für Lastfall 1

Es wird zunächst die Momentenlinie und die Biegelinie infolge der konstanten Streckenlast ermittelt.

Der Lastspannungszustand ist in *Bild 2.67* dargestellt. Durch das Einlegen der Gelenke entstehen infolge der Belastung Knicke in den Punkten a und b, die die Verformungsbedingungen verletzen. Diese Knicke sind die in *Bild 2.67* eingezeichneten Werte δ_{10} und δ_{20}.

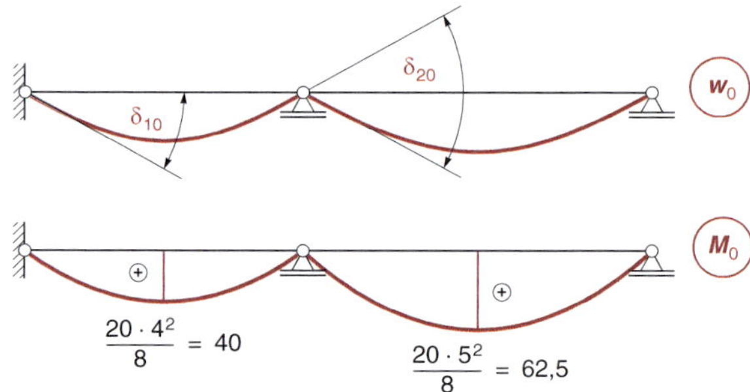

Bild 2.67 Verformung und Momente infolge Belastung am Hauptsystem (Lastspannungszustand)

Einheitsspannungszustände

Die durch das Einlegen der Gelenke gleich null gesetzten Momente müssen nun so bestimmt werden, dass die Verformungsbedingungen im endgültigen Zustand erfüllt sind.

Es wird jeweils eine Einheitsdoppelgröße angesetzt, die Momente und Verformungen im System erzeugt. Diese Einheitszustände sind in *Bild 2.68* dargestellt.

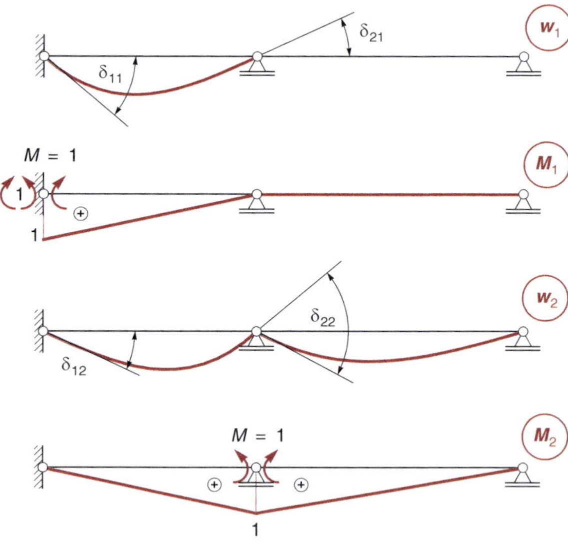

Bild 2.68 Einheitsspannungszustände

Infolge des Doppelmomentes im Punkt *a* ergibt sich nicht nur ein Knick in diesem Punkt selbst, sondern es wird auch am Gelenk *b* ein Knick erzeugt. Analog erzeugt das Einheitsdoppelmoment im Punkt *b* Knicke in beiden Gelenken.

δ-Werte

Um die Verformungsbedingungen zu erfüllen, müssen die Knicke infolge der Belastung und der Einheitsdoppelgrößen berechnet werden. Die Berechnung bietet keine Besonderheiten und ist nachfolgend angegeben.

$$\delta'_{10} = 2{,}0 \cdot 4 \cdot \frac{1}{3} \cdot 1 \cdot 40 = 106{,}667$$

$$\delta'_{20} = 2{,}0 \cdot 4 \cdot \frac{1}{3} \cdot 1 \cdot 40 + 1{,}0 \cdot 5 \cdot \frac{1}{3} \cdot 1 \cdot 62{,}5 = 210{,}833$$

$$\delta'_{11} = 2{,}0 \cdot 4 \cdot \frac{1}{3} \cdot 1^2 = 2{,}667$$

$$\delta'_{12} = \delta'_{21} = 2{,}0 \cdot 4 \cdot \frac{1}{6} \cdot 1 \cdot 1 = 1{,}333$$

$$\delta'_{22} = 2{,}0 \cdot 4 \cdot \frac{1}{3} \cdot 1^2 + 1{,}0 \cdot 5 \cdot \frac{1}{3} \cdot 1^2 = 4{,}333$$

Verformungsbedingungen

Es sind zwei Verformungsbedingungen zu erfüllen, da zwei Bindungen gelöst wurden.

1. Der Knick im Punkt *a* muss gleich null sein.

Der Knick besteht aus folgenden drei Anteilen.

- δ'_{11} : Knick in *a* infolge $M = 1$ in *a*

Die Doppelindizierung des δ-Wertes bedeutet die Verformung an der ersten (1) gelösten Bindung (Ort) infolge der Einheitsgröße an der ersten (1) gelösten Bindung (Ursache).

- δ'_{12} : Knick in *a* infolge $M = 1$ in *b*

Die Verformung an der ersten (1) gelösten Bindung (Ort) infolge der Einheitsgröße an der zweiten (2) gelösten Bindung (Ursache).

- δ'_{10} : Knick in *a* infolge der Belastung

Die Verformung an der ersten (1) gelösten Bindung (Ort) infolge der Belastung (0) (Ursache).

Die Verformungen infolge der Einheitsdoppelgrößen sind mit noch unbekannten Faktoren zu multiplizieren, die so zu bestimmen sind, dass die Verformungsbedingungen erfüllt sind. Damit folgt die erste Gleichung.

$$\delta'_{11} \cdot X_1 + \delta'_{12} \cdot X_2 + \delta'_{10} = 0$$

2. Der Knick im Punkt *b* muss gleich null sein.

Auch dieser Knick besteht aus drei Anteilen.

- δ'_{21} : Knick in *b* infolge $M = 1$ in *a*

Die Verformung an der zweiten (2) gelösten Bindung (Ort) infolge der Einheitsgröße an der ersten gelösten Bindung (1) (Ursache).

- δ'_{22} : Knick in *b* infolge $M = 1$ in *b*

Die Verformung an der zweiten (2) gelösten Bindung (Ort) infolge der Einheitsgröße an der zweiten gelösten Bindung (2) (Ursache).

- δ'_{20} : Knick in *b* infolge der Belastung

Die Verformung an der zweiten (2) gelösten Bindung (Ort) infolge der Belastung (0) (Ursache). Damit folgt die zweite Gleichung.

$$\delta'_{21} \cdot X_1 + \delta'_{22} \cdot X_2 + \delta'_{20} = 0$$

Es ergeben sich also zwei Gleichungen für die beiden unbekannten Faktoren X_i, die die Einheitszustände so skalieren, dass beide Verformungsbedingungen erfüllt sind.

$$\delta'_{11} \cdot X_1 + \delta'_{12} \cdot X_2 + \delta'_{10} = 0$$

$$\delta'_{21} \cdot X_1 + \delta'_{22} \cdot X_2 + \delta'_{20} = 0$$

In Matrizenschreibweise:

$$\begin{bmatrix} \delta'_{11} & \delta'_{12} \\ \delta'_{21} & \delta'_{22} \end{bmatrix} \begin{bmatrix} X_1 \\ X_2 \end{bmatrix} = \begin{bmatrix} -\delta'_{10} \\ -\delta'_{20} \end{bmatrix}$$

Gleichungssystem:

$$\begin{bmatrix} 2{,}667 & 1{,}333 \\ 1{,}333 & 4{,}333 \end{bmatrix} \begin{bmatrix} X_1 \\ X_2 \end{bmatrix} = \begin{bmatrix} -106{,}667 \\ -210{,}833 \end{bmatrix} \Rightarrow \begin{bmatrix} X_1 \\ X_2 \end{bmatrix} = \begin{bmatrix} -18{,}523 \\ -42{,}955 \end{bmatrix}$$

Endgültige Momentenlinie

Die endgültige Momentenlinie folgt aus Superposition:

$$M = \sum M_i \cdot X_i + M_0 = M_1 \cdot X_1 + M_2 \cdot X_2 + M_0$$

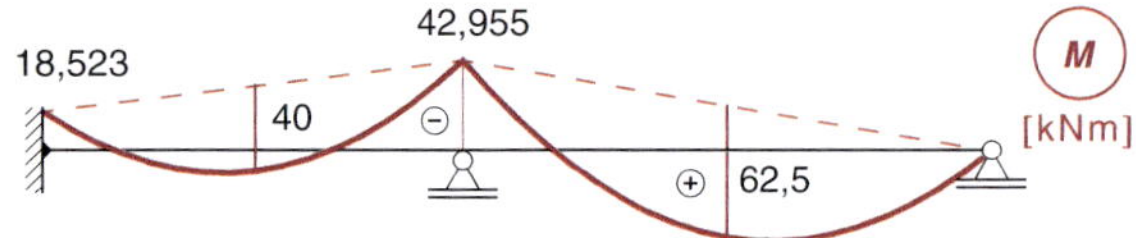

Bild 2.69 Endgültige Momentenlinie

Verformungskontrolle

$$\frac{I_c}{I}\int M_i M\,dx = 0$$

1. Ist der Knick im Punkt *a* gleich null?

$$\begin{aligned}\delta'_1 &= \frac{I_c}{I}\int M_1 M\,dx\\ &= 2{,}0\cdot 4\cdot\frac{1}{6}\cdot 1\cdot(2\cdot(-18{,}523)-42{,}955)\\ &\quad+2{,}0\cdot 4\cdot\frac{1}{3}\cdot 1\cdot 40\\ &= -106{,}668+106{,}667 = -0{,}001\end{aligned}$$

2. Ist der Knick im Punkt *b* gleich null?

$$\begin{aligned}\delta'_2 &= \frac{I_c}{I}\int M_2 M\,dx\\ &= 2{,}0\cdot 4\cdot\frac{1}{6}\cdot 1\cdot(-18{,}523+2\cdot(-42{,}955))\\ &\quad+2{,}0\cdot 4\cdot\frac{1}{3}\cdot 1\cdot 40+1{,}0\cdot 5\cdot\frac{1}{3}\cdot 1\cdot(-42{,}955)\\ &\quad+1{,}0\cdot 5\cdot\frac{1}{3}\cdot 1\cdot 62{,}5\\ &= -139{,}244+106{,}667-71{,}592+104{,}167\\ &= -210{,}836+210{,}834 = -0{,}002\end{aligned}$$

Lastfall 2: Temperaturdifferenz $\Delta T = 30°$ (oben wärmer) im Bereich $b-c$

Für die Berechnung eines Verformungslastfalls wird der Absolutwert der Biegesteifigkeit benötigt. Es werden folgende Parameter zugrunde gelegt:

$E = 2{,}1\cdot 10^8$ kN/m² - Stahl

$I = 3{,}83\cdot 10^{-5}$ m⁴ - HEB 180

$EI = 2{,}1\cdot 10^8\cdot 3{,}83\cdot 10^{-5} = 8043{,}0$ kNm²

$h = 0{,}18$ m

$\alpha_T = 1{,}2\cdot 10^{-5}$

Da wir dasselbe Hauptsystem wie für den ersten Lastfall zugrunde legen, ändert sich an den Einheitsspannungszuständen nichts. Nur der Lastspannungszustand ist neu zu ermitteln.

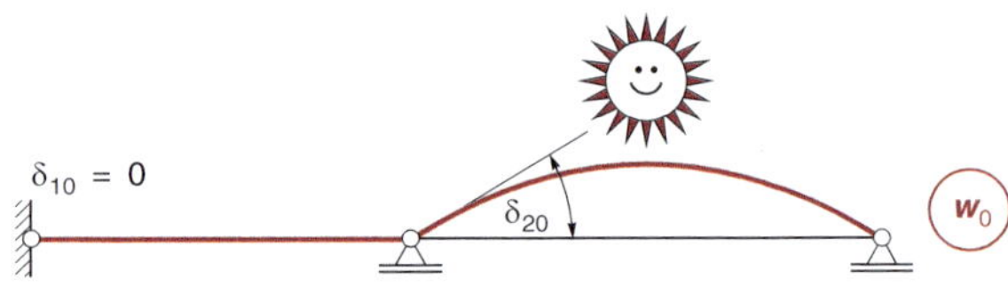

Bild 2.70 Verformung infolge Temperaturdifferenz am statisch bestimmten Hauptsystem

Da es sich um einen Verformungslastfall am statisch bestimmten Hauptsystem handelt, ist $M_0 \equiv 0$. Die Temperaturdifferenz erzeugt die in *Bild 2.70* dargestellte Verformung. Anschaulich ist klar, dass der Knick im Punkt *a*, also der Wert δ_{10} gleich null ist.

Bei einem neuen Lastfall sind also nur die δ_{j0}-Werte, also die Lastspalte des Gleichungssystems neu zu berechnen. Da infolge der Temperaturbeanspruchung keine Schnittgrößen am Hauptsystem auftreten, verbleibt nur der Term der Arbeitsgleichung, der die Temperaturdifferenz enthält.

$$\delta'_{j0} = EI_c\int M_j\alpha_T\frac{\Delta T}{h}dx$$

Das Integral ist nur dann ungleich null, wenn sowohl M als auch ΔT ungleich null sind. M_1 ist nur im Bereich $a-b$ ungleich null, ΔT nur im Bereich $b-c$. Aus diesem Grund ist $\delta'_{10} = 0$.

Die Auswertung der Arbeitsgleichung zur Berechnung von δ'_{20} ergibt:

$$\delta'_{20} = -8043{,}0\cdot 5\cdot\frac{1}{2}\cdot 1\cdot 1{,}2\cdot 10^{-5}\cdot\frac{30}{0{,}18} = -40{,}215$$

Gleichungssystem:

$$\begin{bmatrix}2{,}667 & 1{,}333\\ 1{,}333 & 4{,}333\end{bmatrix}\begin{bmatrix}X_1\\ X_2\end{bmatrix} = \begin{bmatrix}0\\ 40{,}215\end{bmatrix} \Rightarrow \begin{bmatrix}X_1\\ X_2\end{bmatrix} = \begin{bmatrix}-5{,}484\\ 10{,}968\end{bmatrix}$$

Die endgültige Momentenlinie folgt aus der Superposition, der Anteil M_0 entfällt.

$$M = \sum M_i\cdot X_i = M_1\cdot X_1 + M_2\cdot X_2$$

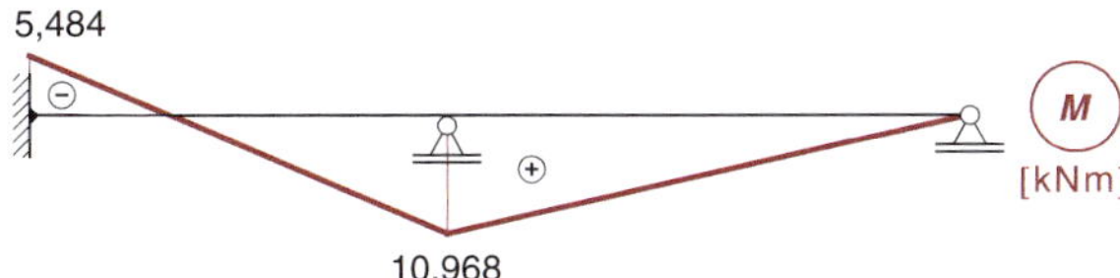

Bild 2.71 Endgültige Momentenlinie infolge Temperaturdifferenz

Verformungskontrolle (Lastfall 2)

Die Arbeit der Einheitszustände auf den Wegen des endgültigen Zustands muss gleich null sein. Dabei sind alle Terme der Arbeitsgleichung zu berücksichtigen.

$$\frac{I_c}{I}\int M_i M \,\mathrm{d}x + EI_c \int M_i \alpha_T \frac{\Delta T}{h}\mathrm{d}x = 0$$

1. Ist der Knick im Punkt *a* gleich null?

$$\delta'_1 = \frac{I_c}{I}\int M_1 M \,\mathrm{d}x + EI_c \int M_1 \alpha_T \frac{\Delta T}{h}\mathrm{d}x = \frac{I_c}{I}\int M_1 M \,\mathrm{d}x + \delta'_{10}$$

$$= 2{,}0 \cdot 4 \cdot \frac{1}{6} \cdot 1 \cdot (2 \cdot (-5{,}484) + 10{,}968) + 0 = 0$$

2. Ist der Knick im Punkt *b* gleich null?

$$\delta'_2 = \frac{I_c}{I}\int M_2 M \,\mathrm{d}x + EI_c \int M_2 \alpha_T \frac{\Delta T}{h}\mathrm{d}x = \frac{I_c}{I}\int M_2 M \,\mathrm{d}x + \delta'_{20}$$

$$= 2{,}0 \cdot 4 \cdot \frac{1}{6} \cdot 1 \cdot (2 \cdot 10{,}968 - 5{,}484)$$

$$+ 1{,}0 \cdot 5 \cdot \frac{1}{3} \cdot 1 \cdot 10{,}968 - 40{,}215$$

$$= 21{,}936 + 18{,}28 - 40{,}215$$

$$= 40{,}216 - 40{,}215 = 0{,}001$$

Die prozentuale Abweichung beträgt:

$$\frac{0{,}001}{40{,}216} \cdot 100\ \% = 0{,}0025\ \%$$

2.4 Wahl des Hauptsystems

Für die Wahl des statisch bestimmten Hauptsystems gibt es unendlich viele Möglichkeiten. Das zugrunde gelegte Hauptsystem hat einen erheblichen Einfluss auf den Berechnungsaufwand. Es ist daher wichtig, ein Hauptsystem zu wählen, bei dem der Berechnungsaufwand und damit auch die Fehleranfälligkeit möglichst gering sind. Ein Patentrezept zur Wahl des Hauptsystems gibt es nicht, da es von dem jeweiligen statischen System abhängt. Es ist grundsätzlich besser, Gelenke einzulegen, als Auflager zu entfernen, da durch das Einlegen von Gelenken die Momentenlinie eher lokal begrenzt ist. Dies wird bei dem System des Durchlaufträgers in *Bild 2.73* sehr deutlich.

Werden zur Bildung des Hauptsystems die inneren Auflager entfernt, so ergeben sich daraus, sowohl für den Lastzustand als auch für die Einheitszustände, Momentenlinien, die über den gesamten Bereich des Systems verlaufen. Die Berechnung der δ-Werte wird dadurch sehr aufwändig und damit auch fehleranfällig. Weiterhin sind alle zu berechnenden δ-Werte ungleich null, sodass die Koeffizientenmatrix des Gleichungssystems in *Bild 2.72a* voll besetzt ist.

Durch das Einlegen von Gelenken an den Zwischenauflagern entsteht ein wesentlich günstigeres Hauptsystem. Alle Momentenlinien der Einheitszustände sind lokal begrenzt und erstrecken sich jeweils nur über zwei Stäbe. Dadurch ist, wie in *Bild 2.73* deutlich wird, jeder Einheitszustand jeweils nur mit den beiden benachbarten Zuständen gekoppelt. Viele δ-Werte sind daher gleich null. Von den δ-Werten, die ungleich null sind, sind sehr viele gleich und einfach zu berechnen. Die Koeffizientenmatrix des Gleichungssystems, die in *Bild 2.72b* angegeben ist, hat eine sogenannte Bandstruktur, d. h. sie ist nur unmittelbar neben der Hauptdiagonalen besetzt. Da das Tragverhalten des rechten Hauptsystems dem des wirklichen Systems wesentlich mehr entspricht als das linke Hauptsystem, hat das Gleichungssystem bessere numerische Eigenschaften. Dieser Aspekt ist allerdings nicht mehr von großer Bedeutung, da statische Systeme mit hoher statischer Unbestimmtheit nicht mehr ohne Einsatz des Computers berechnet werden.

$$\text{a)}\ \begin{bmatrix} \delta_{11} & \delta_{12} & \delta_{13} & \delta_{14} & \delta_{15} \\ & \delta_{22} & \delta_{23} & \delta_{24} & \delta_{25} \\ & & \delta_{33} & \delta_{34} & \delta_{35} \\ & \text{sym.} & & \delta_{44} & \delta_{45} \\ & & & & \delta_{55} \end{bmatrix} \qquad \text{b)}\ \begin{bmatrix} \delta_{11} & \delta_{12} & 0 & 0 & 0 \\ & \delta_{22} & \delta_{23} & 0 & 0 \\ & & \delta_{33} & \delta_{34} & 0 \\ & \text{sym.} & & \delta_{44} & \delta_{45} \\ & & & & \delta_{55} \end{bmatrix}$$

Bild 2.72 Koeffizientenmatrizen

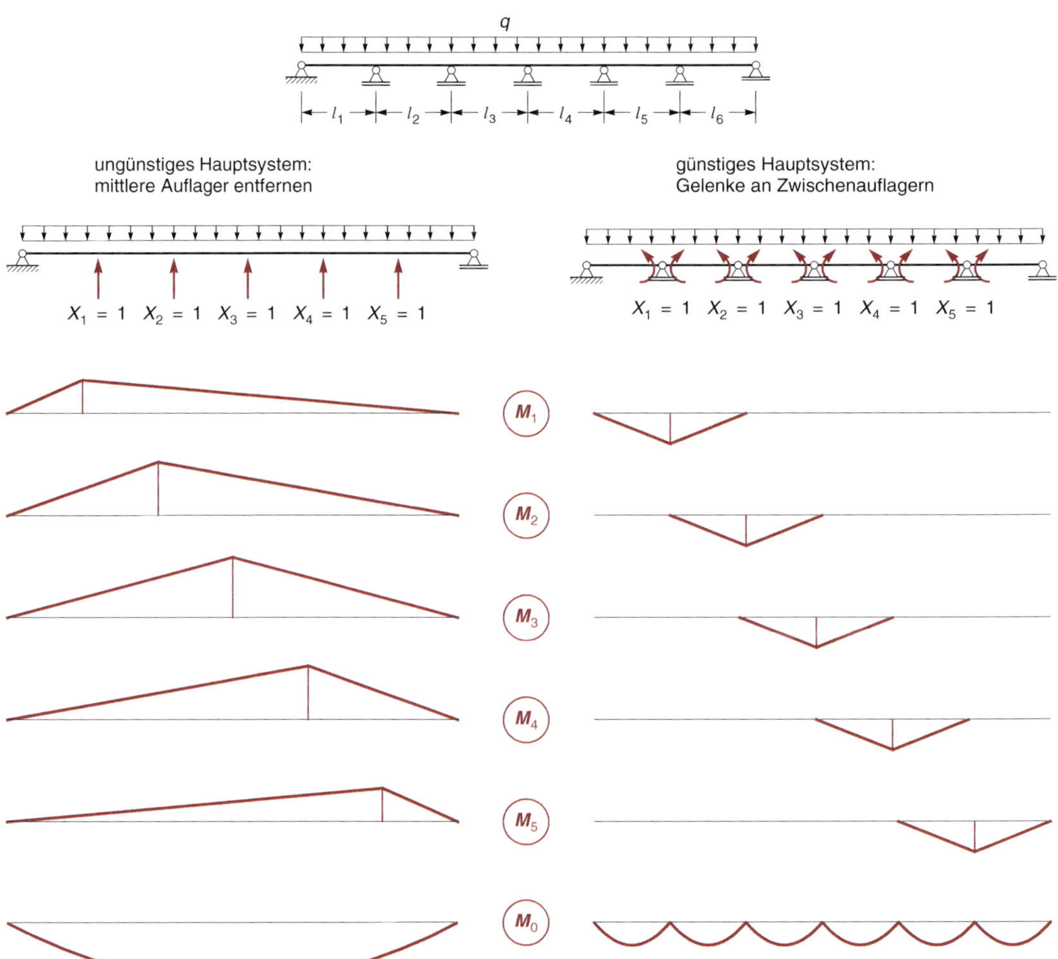

Bild 2.73 Unterschiedliche Hauptsysteme beim Durchlaufträger

2.5 Verformungsberechnung bei statisch unbestimmten Systemen

Die Anwendung des Prinzips der virtuellen Kräfte zur Berechnung einzelner Verformungen erfordert einen virtuellen Zustand, der am statischen System infolge einer virtuellen Kraftgröße berechnet werden muss. Bei einem statisch unbestimmten System müsste die virtuelle Momentenlinie z. B. nach dem Kraftgrößenverfahren ermittelt werden. Bei der Herleitung der Arbeitsgleichung des Prinzips der virtuellen Kräfte wurde nicht vorausgesetzt, dass der virtuelle Zustand die Verformungsbedingungen des Systems erfüllt. Einzige Voraussetzung ist, dass der virtuelle Zustand einen Gleichgewichtszustand darstellt. Das bedeutet, dass der virtuelle Zustand nicht durch eine Berechnung am statisch unbestimmten System ermittelt werden muss. Diese Aussage wird als Reduktionssatz bezeichnet, er wird nachfolgend hergeleitet.

Bei einer Verformungsberechnung ist die Arbeitsgleichung des Prinzips der virtuellen Kräfte auszuwerten. Es wird für die folgende Herleitung repräsentativ nur der Anteil infolge der Momente betrachtet. Die Arbeitsgleichung lautet:

$$\bar{1} \cdot \delta = \int \frac{\bar{M}M}{EI} dx$$

Die Momentenlinien M und $\bar{M}$ können bei statisch unbestimmten Systemen nach dem Kraftgrößenverfahren ermittelt werden. Die endgültigen Momentenlinien folgen aus der Superpositionsgleichung:

$$\bar{M} = \bar{M}_0 + \bar{X}_1 \cdot \bar{M}_1 + \bar{X}_2 \cdot \bar{M}_2 + \ldots$$

bzw.

$$M = M_0 + X_1 \cdot M_1 + X_2 \cdot M_2 + \ldots$$

Wir ersetzen die virtuelle Momentenlinie in der Arbeitsgleichung durch die Superpositionsbeziehung:

$$\bar{1} \cdot \delta = \int \frac{\bar{M}_0 M}{EI} dx + \bar{X}_1 \cdot \underbrace{\int \frac{\bar{M}_1 M}{EI} dx}_{=0} + \bar{X}_2 \cdot \underbrace{\int \frac{\bar{M}_2 M}{EI} dx}_{=0} + \ldots$$

(Verformungsbedingung)

Erfüllt die endgültige Momentenlinie die Verformungsbedingungen, sind alle Integrale bis auf das erste gleich null. Dies ist die Verformungsbedingung des Kraftgrößenverfahrens. Damit verbleibt:

$$\bar{1} \cdot \delta = \int \frac{\bar{M}_0 M}{EI} dx$$

Wird die wirkliche Momentenlinie in der Arbeitsgleichung durch die Superpositionsbeziehung ersetzt, folgt:

$$\bar{1} \cdot \delta = \int \frac{M_0 \bar{M}}{EI} dx + X_1 \cdot \underbrace{\int \frac{M_1 \bar{M}}{EI} dx}_{=0} + X_2 \cdot \underbrace{\int \frac{M_2 \bar{M}}{EI} dx}_{=0} + \ldots$$

(Verformungsbedingung)

Auch in diesem Fall sind alle Integrale bis auf das erste gleich null, wenn der virtuelle Zustand die Verformungsbedingungen erfüllt und es verbleibt:

$$\bar{1} \cdot \delta = \int \frac{M_0 \bar{M}}{EI} dx$$

Diese Variante des Reduktionssatzes ist allerdings nicht von großer Bedeutung. Er kann in dieser Form vorteilhaft angewandt werden, wenn eine einzige Verformung für verschiedene Lastfälle berechnet werden soll.

Das Ergebnis der vorherigen Betrachtungen ist der **Reduktionssatz:**

Bei der Berechnung einzelner Verformungen statisch unbestimmter Systeme mit dem Prinzip der virtuellen Kräfte kann einer der beiden Zustände an einem beliebigen statisch bestimmten Hauptsystem ermittelt werden.

Beispiel 2.7

Für das statische System aus *Beispiel 2.6* in *Bild 2.74* ist die vertikale Verschiebung des Punktes *i* zu ermitteln.

In *Bild 2.74* ist die endgültige Momentenlinie infolge der Streckenlast angegeben. Diese Momentenlinie wurde in *Beispiel 2.6* nach dem Kraftgrößenverfahren ermittelt.

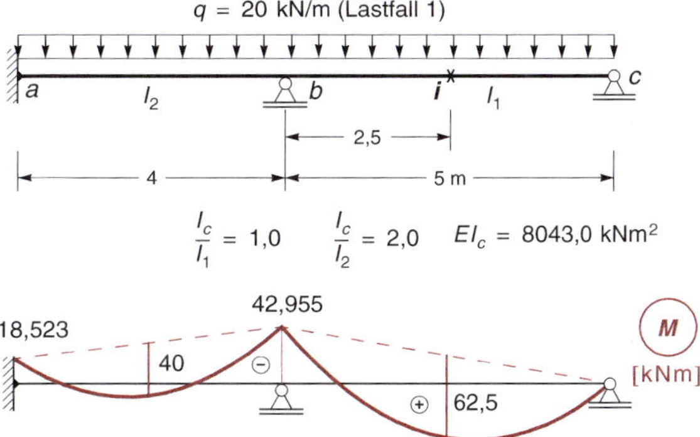

Bild 2.74 Durchlaufträger mit endgültiger Momentenlinie

Um die vertikale Verschiebung zu ermitteln, ist eine virtuelle Kraft im Punkt *i* anzusetzen und die daraus folgende virtuelle Momentenlinie zu berechnen. Nach dem Reduktionssatz kann diese Momentenlinie an einem beliebigen statisch bestimmten Hauptsystem ermittelt werden. In diesem Fall ist es günstig, dasselbe Hauptsystem zu wählen, wie für die Berechnung in *Beispiel 2.6.*

Der virtuelle Zustand am Hauptsystem ist in *Bild 2.75* dargestellt.

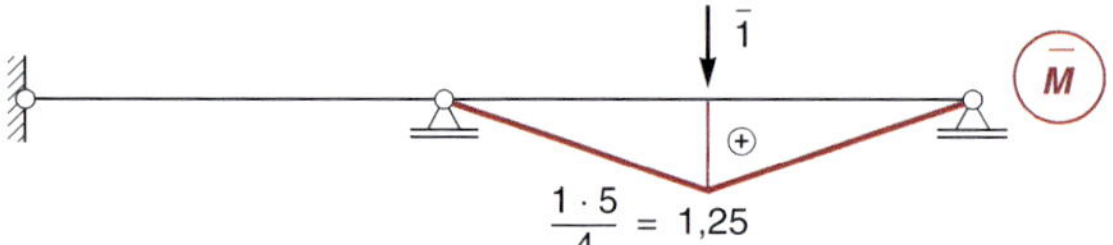

Bild 2.75 Virtuelle Momentenlinie am statisch bestimmten Hauptsystem

Im Bereich $a - b$ ist die virtuelle Momentenlinie gleich null. Die Auswertung der Arbeitsgleichung beschränkt sich daher auf den Bereich $b - c$. Die Momentenlinie wird in zwei Anteile nach *Bild 2.76* zerlegt.

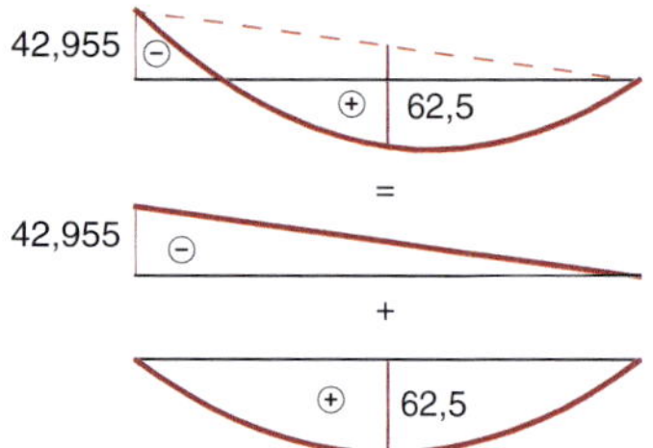

Bild 2.76 Zerlegung der Momentenlinie

Nach *Tafel A7*, Zeile 5, Spalte 2 und Zeile 7, Spalte 4 folgt die Verschiebung mit:

$$\bar{1} \cdot \delta_i' = 5 \cdot \frac{1}{4} \cdot 1{,}25 \cdot (-42{,}955)$$

$$+ 5 \cdot \frac{1}{3} \cdot 1{,}25 \cdot 62{,}5 \cdot (1 + 0{,}5 \cdot 0{,}5) = 95{,}64$$

$$\delta_i = \frac{95{,}64}{8043{,}0} = 0{,}0119 \text{ m}$$

Beispiel 2.8

Für das in *Bild 2.77* dargestellte System sind die Momentenlinien infolge der angegebenen Einwirkungen zu ermitteln. Weiterhin ist die horizontale Verschiebung des Gelenkpunktes c infolge der angegebenen Temperaturbeanspruchung zu ermitteln.

1. Eingeprägte Drehung des Auflagerpunktes a um $\hat{\varphi}_a = 0{,}02$ rad (Lastfall 1).
2. Gleichmäßige Erwärmung des Stabes $b - c - d$ um $T_0 = 30°$ (Lastfall 2).
3. Eingeprägte Absenkung des Auflagerpunktes e um $\delta_e = 0{,}03$ m (Lastfall 3).

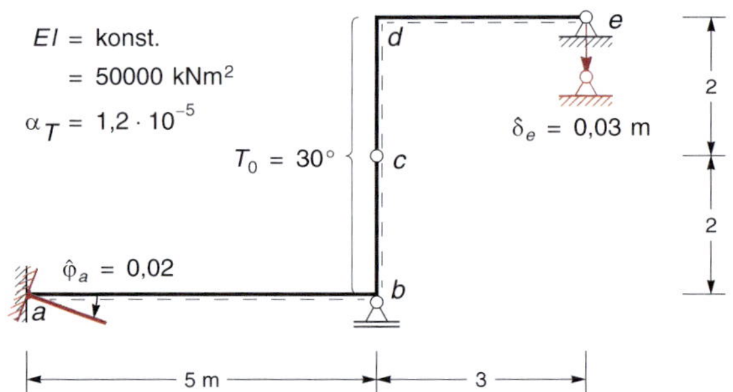

Bild 2.77 Statisches System mit Einwirkungen

Statisch bestimmtes Hauptsystem

Um das System in einfach zusammenhängende Scheiben ohne Gelenke zu zerlegen, wird ein Schnitt durch den Gelenkpunkt c geführt. Dadurch werden zwei Zwischenreaktionen freigelegt. Mit insgesamt sechs Auflagerreaktionen und zwei Scheiben ergibt das Abzählkriterium:

$$n = a + z - 3p = 6 + 2 - 3 \cdot 2 = 2$$

Es sind also zwei Bindungen zu lösen, um das System statisch bestimmt zu machen. Zur Bildung des Hauptsystems werden Gelenke in den Punkten a und b eingelegt. Damit ist das System in *Bild 2.78* statisch bestimmt und kinematisch unverschieblich.

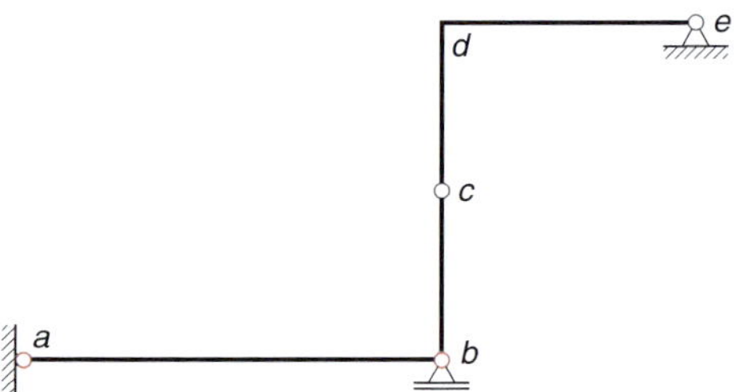

Bild 2.78 Statisch bestimmtes Hauptsystem

Die Unverschieblichkeit des Hauptsystems kann mithilfe des Aufbauprinzips nachgewiesen werden. Der Stab $a - b$ bildet einen dreiwertig gelagerten Balken auf zwei Stützen, damit ist der Punkt b fest und bildet ein zweiwertiges Auflager für den Stab $b - c$. Der Stab $b - c$ und die Scheibe $c - d - e$ bilden einen Dreigelenkrahmen, dessen Gelenke b, c und e nicht auf einer Geraden liegen. Damit ist sowohl die statische Bestimmtheit als auch die kinematische Unverschieblichkeit nachgewiesen.

In *Bild 2.79* ist ein Hauptsystem dargestellt, bei dem auch zwei Bindungen gelöst wurden. Nach dem Abzählkriterium ergibt sich $n = 0$, also statische Bestimmtheit. Da die Gelenke *b*, *c* und *d* auf einer Geraden liegen, bilden die beiden Stäbe *b – c* und *c – d* eine lokale kinematische Kette, deren Bewegung in *Bild 2.79* dargestellt ist. Der Stab *a – b* ist vierwertig gelagert und daher weiterhin statisch unbestimmt.

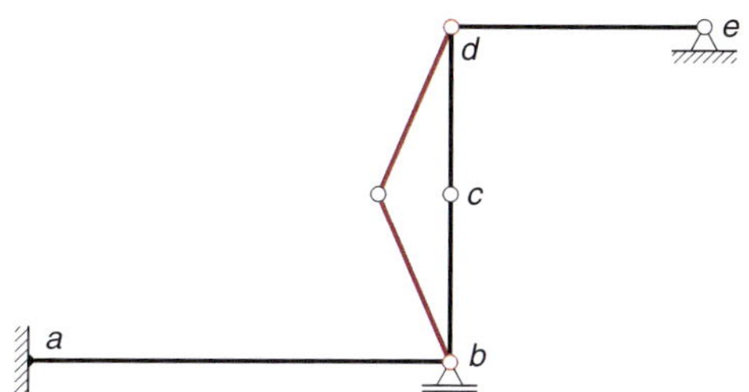

Bild 2.79 Kinematisch verschiebliches Hauptsystem

Einheitsspannungszustände

Infolge der an den gelösten Bindungen anzusetzenden Einheitsdoppelmomente ergeben sich die Momente und Verformungen in *Bild 2.80* und *Bild 2.81*. Die Momentenlinie in *Bild 2.80* ist auf den Bereich *a – b* begrenzt. Da der Stab *b – c* beidseitig Gelenke hat und keine Belastung wirkt, ist er momentenfrei und damit auch der Bereich *c – d – e*. Aufgrund der Momente im Stab *a – b* verbiegt sich dieser nach unten, die weiteren Stäbe bleiben gerade. Aus der Verformung des Stabes *a – b* mündet dieser im Punkt *a* nicht mit einer horizontalen Tangente ein. Weiterhin ist im Punkt *b* der rechte Winkel nicht mehr vorhanden.

Mit der Momentenlinie liegt auch die Krümmung der einzelnen Stäbe fest. Die Verformung des Stabes *a – b* ist durch die Krümmung nach unten und die beiden Lagerpunkte *a* und *b* festgelegt. Um die restliche Verformungsfigur zu zeichnen, muss zunächst der Stab *d – e* betrachtet werden, da die Verschiebung des Gelenkpunktes *c* nicht festliegt. Aufgrund der Dehnstarrheit der Stäbe kann sich der Punkt *d* nicht verschieben. Die horizontale Verschiebung ist gleich null, da der Punkt *e* fest gelagert ist und der Stab *d – e* sich nicht verlängern oder verkürzen kann.

Im zweiten Einheitszustand wirkt oberhalb des Gelenkpunktes *b* eine Hälfte des Doppelmomentes am Stab *b – c*. Da im Bereich *c – d* keine weitere Belastung wirkt, muss die Momentenlinie geradlinig ohne Knick durch den Gelenkpunkt *c* verlaufen.

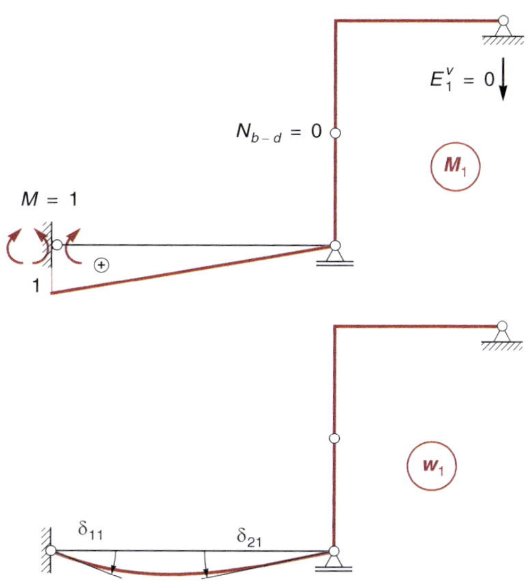

Bild 2.80 Momente und Verformungen infolge Einheitsdoppelmoment im Punkt *a*

Analog ist die vertikale Verschiebung aufgrund des Auflagers im Punkt *b* und der Dehnstarrheit der vertikalen Stäbe *b – c – d* gleich null. Aufgrund der Biegung nach oben und mit den nicht verschiebbaren Endpunkten kann die Verformung des Bereiches *d – e* skizziert werden. Im Punkt *d* muss aufgrund der biegesteifen Verbindung der Stäbe der rechte Winkel erhalten bleiben. Aus dieser Bedingung und der Krümmung infolge der Momentenlinie ergibt sich eine Verschiebung des Gelenkpunktes *c* nach rechts. Da nun die Lage der Punkte *b* und *c* festliegt und die Krümmung des Stabes *b – c* bekannt ist, kann die Verformungsfigur in diesem Bereich ergänzt werden. Die verletzten Verformungsbedingungen sind wiederum die Abweichung von der horizontalen Tangente im Punkt *a* und die Abweichung vom rechten Winkel im Punkt *b*.

2

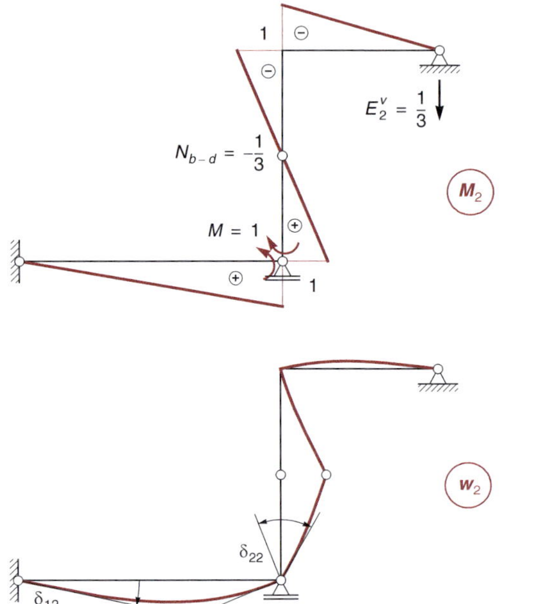

Bild 2.81 Momente und Verformungen infolge Einheitsdoppelmoment im Punkt *b*

Lastspannungszustände

Alle Lastfälle sind Verformungseinwirkungen, die am statisch bestimmten Hauptsystem keine Schnittgrößen erzeugen. Zur Veranschaulichung sind die Verformungen am Hauptsystem in *Bild 2.82* dargestellt.

Da im Punkt *a* ein Gelenk eingelegt wurde, kann das dreiwertige Auflager gedreht werden, ohne dass der angrenzende Stab dadurch beeinflusst wird. Die eingeprägte Drehung entspricht daher dem Knick im Punkt *a*, siehe *Bild 2.82a.*

Infolge der Erwärmung der beiden vertikalen Stäbe verschiebt sich der Punkt *d* nach oben. Die horizontale Verschiebung des Punktes ist gleich null, da der obere Riegel sich nicht verlängert oder verkürzt. Im Punkt *d* muss der rechte Winkel erhalten bleiben, daraus folgt eine horizontale Verschiebung des Gelenkpunktes *c* nach links. Die vertikale Verschiebung dieses Punktes entspricht der Verlängerung des Stabes *b* – *c*. Durch die horizontale Verschiebung des Punktes *c* ergibt sich eine Verdrehung des Stabes *b* – *c*, die dem Knick im Punkt *b* entspricht, wie in *Bild 2.82b* erkennbar ist.

Die eingeprägte Auflagerverschiebung in *Bild 2.82c* bewirkt eine Drehung der Stäbe *b* – *c* – *d* um den Punkt *d*, der sich nicht verschiebt.

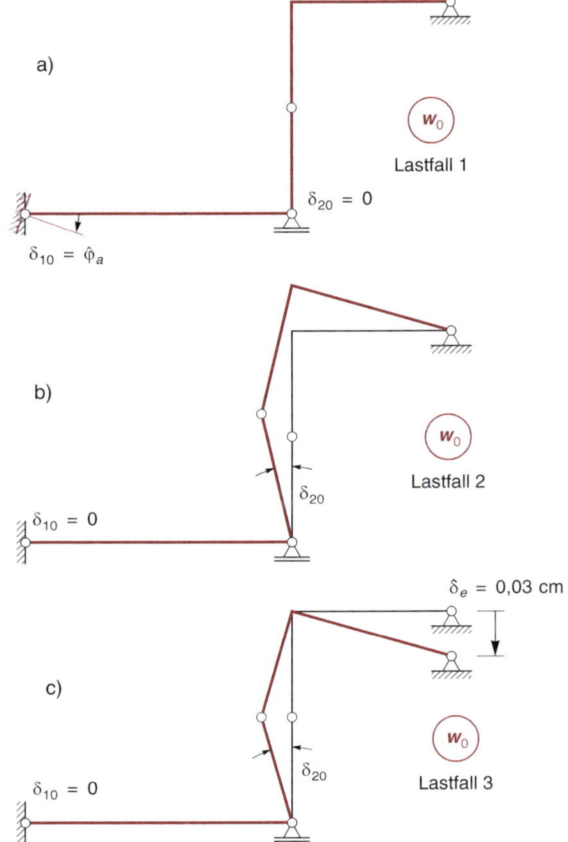

Bild 2.82 Verformung am statisch bestimmten Hauptsystem

δ-Werte

Die δ_{jk}-Werte sind von der Einwirkung unabhängig, sie folgen aus der Überlagerung der Einheitszustände.

$$\delta'_{11} = 5 \cdot \frac{1}{3} \cdot 1^2 = 1{,}66667$$

$$\delta'_{12} = \delta'_{21} = 5 \cdot \frac{1}{6} \cdot 1 \cdot 1 = 0{,}83333$$

$$\delta'_{22} = 5 \cdot \frac{1}{3} \cdot 1^2 + 4 \cdot \frac{1}{3} \cdot 1^2 + 3 \cdot \frac{1}{3} \cdot 1^2 = 4$$

Die δ_{jo}-Werte sind die Knicke in den Punkten *a* und *b* infolge der Einwirkungen, sie folgen formal aus der Arbeitsgleichung. Für die Lastfälle 1 und 2 ist der Term der äußeren Arbeit auszuwerten. Das Vorzeichen in der eckigen Klammer ist in beiden Fällen positiv, da die Auflagerkraftgröße und die eingeprägte Verformung gleichgerichtet sind. Bei der eingeprägten Drehung ist das Auflagermoment zu betrachten, das in *Bild 2.80* dem linken Teil des Doppelmomentes entgegendreht.

Für den Temperaturlastfall wird die Normalkraft im Bereich *b* – *c* – *d* aus den Einheitszuständen benötigt.

Lastfall 1

$$\delta'_{10} = -EI \cdot [M_1^a \cdot \hat{\varphi}_a] = -50000 \cdot [1 \cdot 0{,}02] = -1000$$

$$\delta'_{20} = -EI \cdot [M_2^a \cdot \hat{\varphi}_a] = -50000 \cdot [0 \cdot 0{,}02] = 0$$

Lastfall 2

$$\delta'_{10} = EI_c \int N_1 \alpha_T T_0 \, dx = 0$$

$$\delta'_{20} = EI_c \int N_2 \alpha_T T_0 \, dx$$

$$= 50000 \cdot 4 \cdot (-0{,}33333) \cdot 1{,}2 \cdot 10^{-5} \cdot 30 = -24$$

Lastfall 3

$$\delta'_{10} = -EI \cdot [E_1^v \cdot \delta_e] = 0$$

$$\delta'_{20} = -EI \cdot [E_2^v \cdot \delta_e]$$

$$= -50000 \cdot [0{,}33333 \cdot 0{,}03] = -500$$

Verformungsbedingungen

Die Faktoren X_1 und X_2 folgen aus der Bedingung, dass die Knicke in den Punkten *a* und *b* gleich null sein müssen, dies ergibt das folgende Gleichungssystem. Die rechte Seite enthält die δ_{jo}-Werte, wobei jede der drei Spalten der Matrix zu einem Lastfall gehört. Das Gleichungssystem kann für alle drei Lastfälle simultan gelöst werden.

$$\begin{bmatrix} 1{,}66667 & 0{,}83333 \\ 0{,}83333 & 4 \end{bmatrix} \begin{bmatrix} X_1 \\ X_2 \end{bmatrix} = \begin{bmatrix} 1000 & 0 & 0 \\ 0 & 24 & 500 \end{bmatrix} \quad (\text{LF 1, LF 2, LF 3})$$

Die nachfolgend angegebene Matrix enthält die Lösungsvektoren für die drei Lastfälle.

$$\begin{bmatrix} X_1 \\ X_2 \end{bmatrix} = \begin{bmatrix} 669{,}77 & -3{,}349 & -69{,}77 \\ -139{,}53 & 6{,}698 & 139{,}53 \end{bmatrix} \quad (\text{LF 1, LF 2, LF 3})$$

Endgültige Momentenlinien

Die endgültigen Momentenlinien folgen aus der Superposition:

$$M = M_1 \cdot X_1 + M_2 \cdot X_2$$

Das Ergebnis ist in *Bild 2.83* angegeben. Es ist zu beachten, dass für jeden Lastfall ein jeweils anderer Maßstab zugrunde gelegt wurde.

Verformungskontrollen

Die Arbeit der Einheitszustände auf den Wegen des endgültigen Zustands muss gleich null sein. Dabei sind alle Terme der Arbeitsgleichung zu berücksichtigen.

Lastfall 1

$$\frac{I_c}{I} \int M_i M \, dx - EI \cdot [M_i^a \cdot \hat{\varphi}_a] = 0$$

1. Ist der Knick im Punkt *a* gleich null?

$$\delta'_1 = \frac{I_c}{I} \int M_1 M \, dx - EI \cdot [M_1^a \cdot \hat{\varphi}_a] = \frac{I_c}{I} \int M_1 M \, dx + \delta'_{10}$$

$$= 5 \cdot \frac{1}{6} \cdot 1 \cdot (2 \cdot 669{,}77 - 139{,}53) - 1000$$

$$= 1000{,}0083 - 1000 = 0{,}00833$$

Die prozentuale Abweichung beträgt:

$$\frac{0{,}0083}{1000} \cdot 100\ \% = 0{,}00083\ \%$$

2. Ist der Knick im Punkt b gleich null?

$$\delta'_2 = \frac{I_c}{I}\int M_2 M\,dx - EI\cdot[M_2^a\cdot\hat{\varphi}_a] = \frac{I_c}{I}\int M_2 M\,dx + \delta'_{20}$$

$$= 5\cdot\frac{1}{6}\cdot 1\cdot(2\cdot(-139{,}53)+669{,}77)$$

$$-7\cdot\frac{1}{3}\cdot 1\cdot 139{,}53 + 0$$

$$= 325{,}592 - 325{,}57 = 0{,}022$$

Die prozentuale Abweichung beträgt:

$$\frac{0{,}022}{325{,}592}\cdot 100\ \% = 0{,}0068\ \%$$

Lastfall 2

$$\frac{I_c}{I}\int M_i M\,dx + EI_c\int N_i\alpha_T T_0\,dx = 0$$

1. Ist der Knick im Punkt a gleich null?

$$\delta'_1 = \frac{I_c}{I}\int M_1 M\,dx + EI_c\int N_1\alpha_T T_0\,dx = \frac{I_c}{I}\int M_1 M\,dx + \delta'_{10}$$

$$= 5\cdot\frac{1}{6}\cdot 1\cdot(2\cdot(-3{,}349)+6{,}698)+0 = 0$$

2. Ist der Knick im Punkt b gleich null?

$$\delta'_2 = \frac{I_c}{I}\int M_2 M\,dx + EI_c\int N_2\alpha_T T_0\,dx = \frac{I_c}{I}\int M_2 M\,dx + \delta'_{20}$$

$$= 5\cdot\frac{1}{6}\cdot 1\cdot(2\cdot 6{,}698 - 3{,}349) + 7\cdot\frac{1}{3}\cdot 1\cdot 6{,}698 - 24$$

$$= 8{,}3725 + 15{,}628667 - 24 = 24{,}001 - 24 = 0{,}001$$

Die prozentuale Abweichung beträgt:

$$\frac{0{,}001}{24}\cdot 100\ \% = 0{,}0042\ \%$$

Lastfall 3

$$\frac{I_c}{I}\int M_i M\,dx - EI\cdot[E_i^v\cdot\delta_e] = 0$$

1. Ist der Knick im Punkt a gleich null?

$$\delta'_1 = \frac{I_c}{I}\int M_1 M\,dx - EI\cdot[E_1^v\cdot\delta_e] = \frac{I_c}{I}\int M_1 M\,dx + \delta'_{10}$$

$$= 5\cdot\frac{1}{6}\cdot 1\cdot(2\cdot(-69{,}77)+139{,}53)+0$$

$$= -0{,}0083 \approx 0$$

2. Ist der Knick im Punkt b gleich null?

$$\delta'_2 = \frac{I_c}{I}\int M_2 M\,dx - EI\cdot[E_2^v\cdot\delta_e] = \frac{I_c}{I}\int M_2 M\,dx + \delta'_{20}$$

$$= 5\cdot\frac{1}{6}\cdot 1\cdot(2\cdot 139{,}53 - 69{,}77)$$

$$+7\cdot\frac{1}{3}\cdot 1\cdot 139{,}53 - 500$$

$$= 499{,}97833 - 500 = -0{,}022$$

Die prozentuale Abweichung beträgt:

$$\frac{0{,}022}{500}\cdot 100\ \% = 0{,}0044\ \%$$

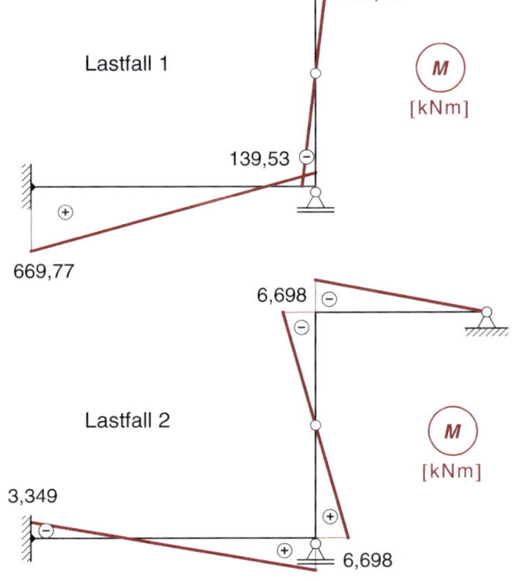

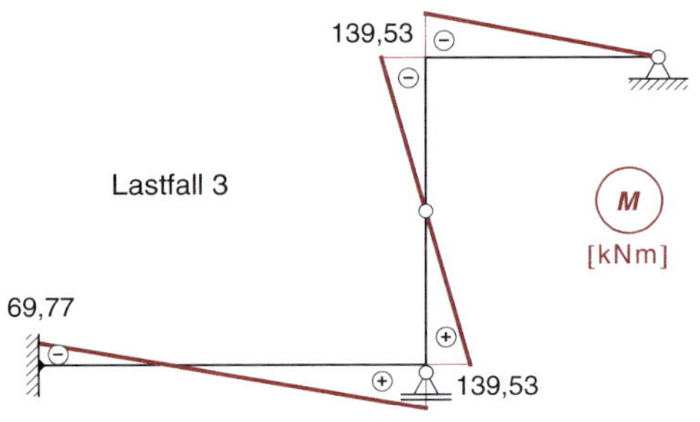

Bild 2.83 Endgültige Momentenlinien

Horizontale Verschiebung des Punktes *c* infolge der Temperatureinwirkung

Die Berechnung erfolgt unter Anwendung des Reduktionssatzes zunächst an demselben statisch bestimmten Hauptsystem wie bei der vorherigen Berechnung. Die virtuelle Momentenlinie in *Bild 2.84* ist auf den oberen Bereich beschränkt, da die unteren Stäbe beidseitig gelenkig sind und keine Belastung wirkt. Es ist jedoch zu beachten, dass im Bereich *b* – *c* – *d* eine virtuelle Normalkraft vorhanden ist, die in der Arbeitsgleichung berücksichtigt werden muss. Damit ergibt sich:

$$\begin{aligned}\delta'_{c,h} &= \frac{I_c}{I}\int \bar{M}M\,dx + EI_c\int \bar{N}\alpha_T T_0\,dx \\ &= 5\cdot\frac{1}{3}\cdot 2\cdot 6{,}698 \\ &\quad + 50000\cdot 4\cdot(-0{,}6667)\cdot 1{,}2\cdot 10^{-5}\cdot 30 \\ &= -25{,}67\end{aligned}$$

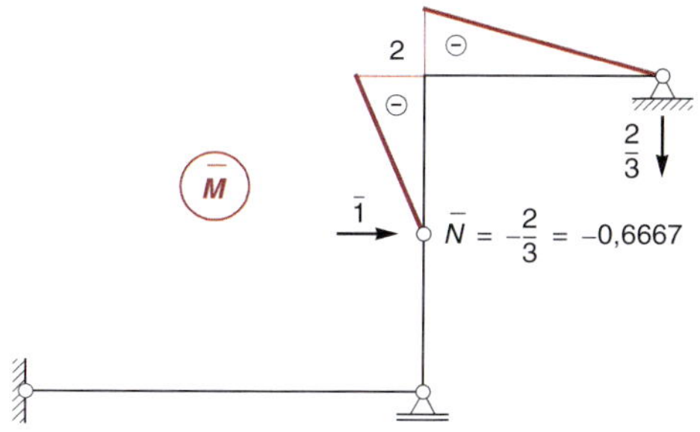

Bild 2.84 Virtueller Zustand

Eine alternative Berechnung an dem Hauptsystem in *Bild 2.85* hat den Vorteil, dass der Term infolge Temperatur entfällt, da die virtuelle Normalkraft im Bereich *b* – *c* – *d* gleich null ist. Aufgrund des trapezförmigen Momentenverlaufs im Bereich *a* – *b* ist allerdings die Überlagerung der Momente etwas aufwändiger.

$$\begin{aligned}\delta'_{c,h} &= \frac{I_c}{I}\int \bar{M}M\,dx + EI_c\int \bar{N}\alpha_T T_0\,dx \\ &= 5\cdot\frac{1}{6}\cdot(-2)\cdot(2\cdot 6{,}698 - 3{,}349) \\ &\quad + 2\cdot\frac{1}{3}\cdot(-2)\cdot 6{,}698 = -25{,}67\end{aligned}$$

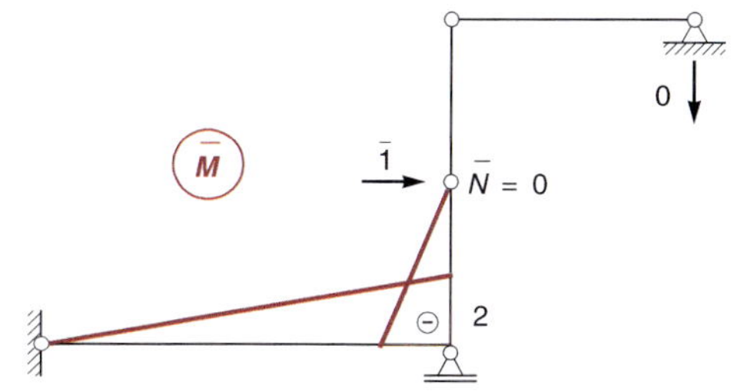

Bild 2.85 Virtueller Zustand (alternativ)

Beispiel 2.9

Für das in *Bild 2.86* dargestellte Rahmentragwerk sind die Momentenlinien infolge der angegebenen Einwirkungen zu ermitteln.

1. Die in *Bild 2.86* angegebene Belastung.
2. Gleichmäßige Erwärmung des Stabes *c* – *d* – *e* um $T_0 = 30°$.

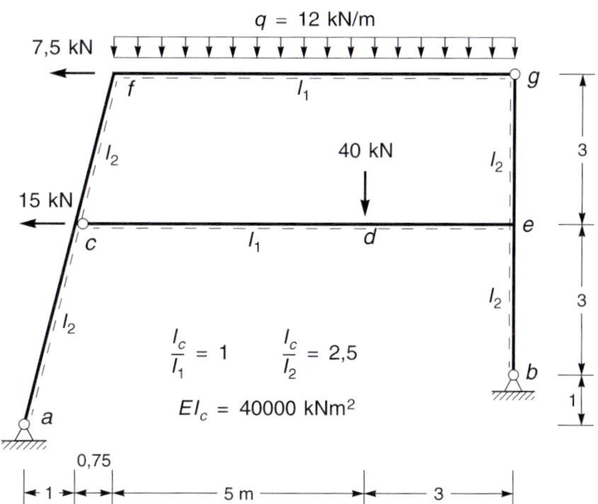

Bild 2.86 Rahmentragwerk

Statisch bestimmtes Hauptsystem

Zur Anwendung des Abzählkriteriums ist jeweils ein Schnitt durch die Gelenke *c* und *g* zu führen. Dabei werden je zwei Zwischenreaktionen freigelegt und das Tragwerk ist in zwei einfach zusammenhängende Scheiben ohne Gelenke zerlegt. Damit folgt der Grad der statischen Unbestimmtheit zu:

$n = a + z - 3p = 4 + 4 - 3 \cdot 2 = 2$

Es sind also zwei Bindungen zu lösen, um das System statisch bestimmt zu machen. Durch Einlegen eines Gelenks im Punkt *f* stellt der obere Riegel einen beidseitig gelenkigen Stab dar, für den die Momentenlinie infolge der Streckenlast einfach angegeben werden kann. Wird ein weiteres Gelenk im Bereich des oberen Stockwerks eingelegt, so ist die Berechnung der Schnittgrößen in diesem Bereich zwar einfach möglich, jedoch bildet der untere Teil einen Dreigelenkrahmen, für den die Gleichungen zur Ermittlung der Auflagerkräfte nicht entkoppelt sind. Günstiger ist das Einlegen eines weiteren Gelenkes im unteren Stockwerk des Systems. *Bild 2.87* zeigt das gewählte Hauptsystem, das durch ein weiteres Gelenk unterhalb des Knotens *e* gebildet wird. Durch den beidseitig gelenkigen rechten Stiel kann die horizontale Auflagerkraft im Punkt *b* sofort berechnet werden. In diesem Fall ist sie gleich null, da der Stiel unbelastet ist.

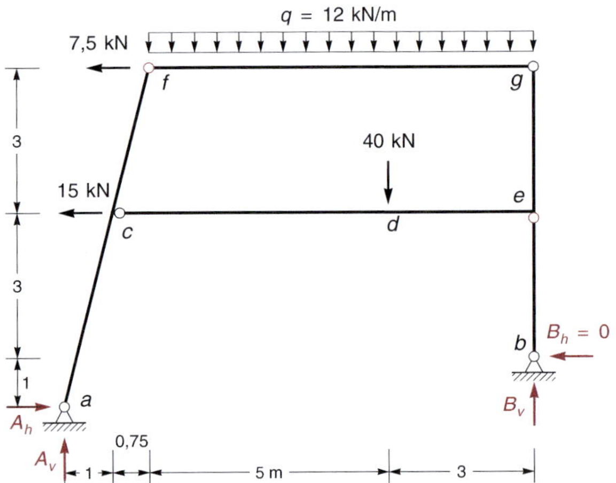

Bild 2.87 Statisch bestimmtes Hauptsystem

Lastspannungszustand für Lastfall 1

Es werden zunächst die Auflagerkräfte ermittelt:

$\sum M_{(a)} = 0:$

$B_v \cdot 9{,}75 - 12 \cdot 8 \cdot 5{,}75 - 40 \cdot 6{,}75 + 15 \cdot 4 + 7{,}5 \cdot 7 = 0$

$\Rightarrow B_v = 72{,}769$

$\sum V = 0:$

$A_v + 72{,}769 - 12 \cdot 8 - 40 = 0$

$\Rightarrow A_v = 63{,}231 \text{ kN}$

$\sum H = 0:$

$A_h - 15 - 7{,}5 = 0$

$\Rightarrow A_h = 22{,}5 \text{ kN}$

Für den beidseitig gelenkigen Stab *f* – *g* kann die Lösung infolge der Streckenlast sofort angegeben werden. Es ist jedoch zu beachten, dass die Normalkraft des Stabes weiterhin unbekannt ist. Die Querkräfte in den Gelenken betragen:

$$\frac{q \cdot l}{2} = \frac{12 \cdot 8}{2} = 48$$

Wird der Stab *a* – *c* – *f* durch einen Schnitt abgetrennt, wie in *Bild 2.88* dargestellt ist, so kann die Querkraft des unteren Riegels aus der Bedingung $\sum V = 0$ berechnet werden.

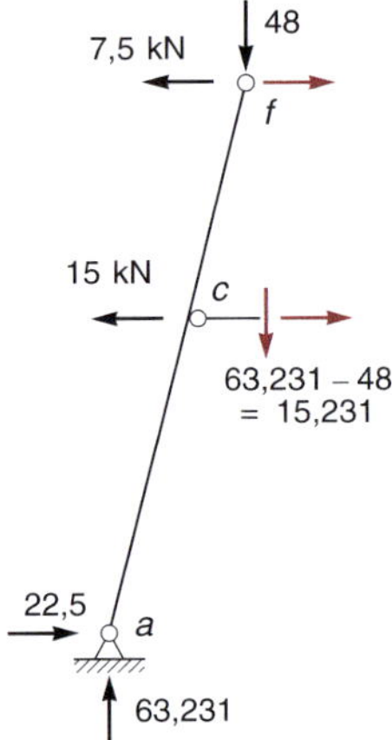

Bild 2.88 Abgetrenntes Teilsystem *a* – *c* – *f*

Die Momentenlinie kann nun ermittelt werden. Die Berechnung ist in *Bild 2.89* angegeben. Die Ordinate im Punkt *c* folgt am abgetrennten Stab aus den Auflagerkräften im Punkt *a*. Die Ordinate im Punkt *e* ergibt sich am freigeschnittenen Stab *c* – *e* aus der zuvor in *Bild 2.88* ermittelten Querkraft und der äußeren Kraft im Punkt *d*.

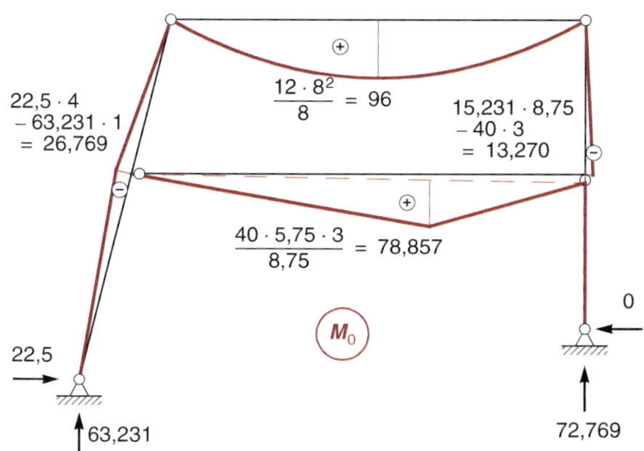

Bild 2.89 Momentenlinie am statisch bestimmten Hauptsystem

Einheitsspannungszustände

Infolge des Doppelmomentes im Gelenkpunkt *f* (siehe *Bild 2.90)* ergeben sich keine Auflagerkräfte. Da der Pendelstab *b* – *e* unbelastet ist, ist die Auflagerkraft B_h gleich null. Aus der Bedingung $\sum M_{(a)} = 0$ folgt, dass auch die Auflagerkraft B_v gleich null ist. Die beiden unteren Stiele sind momentenfrei, da alle Auflagerkräfte gleich null sind. Aus diesem Grund sind die Querkräfte, also die Steigung der Momentenlinien, in beiden Riegeln entgegengesetzt gleich.

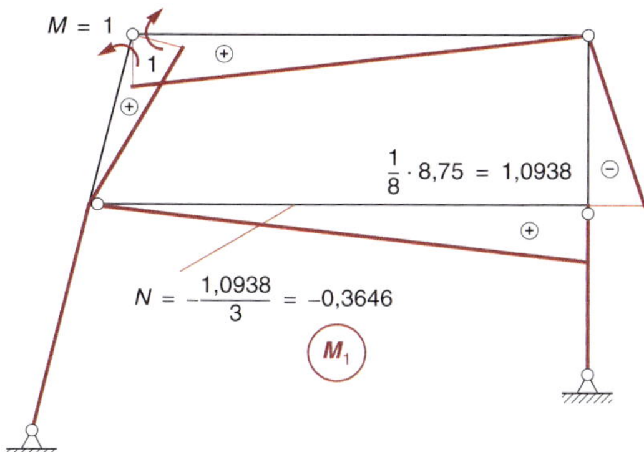

Bild 2.90 1. Einheitsspannungszustand

Die Ermittlung des zweiten Einheitsspannungszustands ist in *Bild 2.91* angegeben. Der untere Teil des Doppelmomentes im Gelenkpunkt *e* erzeugt einen linearen Momentenverlauf im Stab *b* – *e*. Daraus ergibt sich die horizontale Auflagerkraft B_h. Aus der Gleichgewichtsbedingung $\sum H = 0$ folgt, dass die Auflagerkraft A_h entgegengesetzt gleich ist. Die vertikalen Auflagerkräfte ergeben sich aus der Bedingung $\sum M = 0$. Da im oberen Riegel die Momentenlinie und damit auch die Querkraft gleich null ist, entspricht die Querkraft des unteren Riegels der vertikalen Auflagerkraft. Aus dieser Querkraft folgt die Momentenlinie des Stabes *c* – *e*. Die Ordinate oberhalb des Punktes *e* ergibt sich durch einen Rundschnitt um den Knoten.

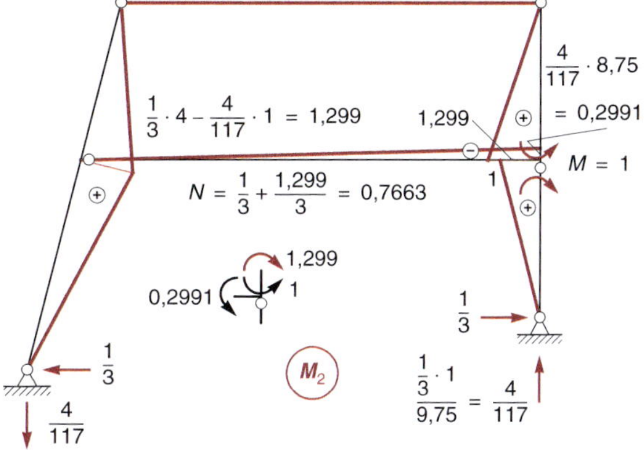

Bild 2.91 2. Einheitsspannungszustand

δ-Werte

Die Ermittlung der δ'-Werte erfolgt in den *Tabellen 2.7* bis *2.11* durch Auswertung der Arbeitsgleichung.

Verformungsbedingungen

Die Gleichungen zur Ermittlung der Unbekannten formulieren die Bedingungen, dass die Knicke an den eingefügten Gelenken gleich null sein müssen.

$$\delta'_{11} \cdot X_1 + \delta'_{12} \cdot X_2 + \delta'_{10} = 0$$

$$\delta'_{21} \cdot X_1 + \delta'_{22} \cdot X_2 + \delta'_{20} = 0$$

Mit den in den *Tabellen 2.7* bis *2.11* berechneten δ'-Werten folgt:

$$\begin{bmatrix} 11{,}724 & -2{,}832 \\ -2{,}832 & 17{,}125 \end{bmatrix} \begin{bmatrix} X_1 \\ X_2 \end{bmatrix} = \begin{bmatrix} -508{,}568 \\ 320{,}742 \end{bmatrix}$$

$$\begin{bmatrix} X_1 \\ X_2 \end{bmatrix} = \begin{bmatrix} -40{,}473 \\ 12{,}035 \end{bmatrix}$$

Tabelle 2.7 Berechnung von δ'_{11}

Bereich	$\frac{I_c}{I}$	l	M_1	$\frac{I_c}{I}\int M_1^2\,dx$	
$c-f$	2,5	3,092	 ⊕ 1	$2{,}5 \cdot 3{,}092 \cdot \frac{1}{3} \cdot 1^2$	2,577
$f-g$	1,0	8,0	1  ⊕	$1{,}0 \cdot 8{,}0 \cdot \frac{1}{3} \cdot 1^2$	2,667
$c-e$	1,0	8,75	 ⊕ 1,0938	$1{,}0 \cdot 8{,}75 \cdot \frac{1}{3} \cdot 1{,}0938^2$	3,489
$g-e$	2,5	3,0	 ⊖ 1,0938	$2{,}5 \cdot 3{,}0 \cdot \frac{1}{3} \cdot 1{,}0938^2$	2,991
					11,724

Tabelle 2.8 Berechnung von δ'_{22}

Bereich	$\frac{I_c}{I}$	l	M_2	$\frac{I_c}{I}\int M_2^2\,dx$	
$a-c$	2,5	4,123	 ⊕ 1,299	$2{,}5 \cdot 4{,}123 \cdot \frac{1}{3} \cdot 1{,}299^2$	5,798
$c-f$	2,5	3,092	1,299  ⊕	$2{,}5 \cdot 3{,}092 \cdot \frac{1}{3} \cdot 1{,}299^2$	4,348
$c-e$	1,0	8,75	 ⊖ 0,2991	$1{,}0 \cdot 8{,}75 \cdot \frac{1}{3} \cdot 0{,}2991^2$	0,261
$g-e$	2,5	3,0	 ⊕ 1,299	$2{,}5 \cdot 3{,}0 \cdot \frac{1}{3} \cdot 1{,}299^2$	4,218
$e-b$	2,5	3,0	1  ⊕	$2{,}5 \cdot 3{,}0 \cdot \frac{1}{3} \cdot 1^2$	2,500
					17,125

Tabelle 2.9 Berechnung von δ'_{12}

Bereich	$\frac{I_c}{I}$	l	M_1	M_2	$\frac{I_c}{I}\int M_1 M_2\,dx$	
$c-f$	2,5	3,092	 ⊕ 1	1,299  ⊕	$2{,}5 \cdot 3{,}092 \cdot \frac{1}{6} \cdot 1 \cdot 1{,}299$	1,674
$c-e$	1,0	8,75	 ⊕ 1,0938	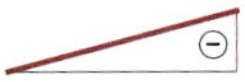 ⊖ 0,2991	$-1{,}0 \cdot 8{,}75 \cdot \frac{1}{3} \cdot 1{,}0938 \cdot 0{,}2991$	–0,954
$g-e$	2,5	3,0	 ⊖ 1,0938	 ⊕ 1,299	$-2{,}5 \cdot 3{,}0 \cdot \frac{1}{3} \cdot 1{,}0938 \cdot 1{,}299$	–3,552
						–2,832

Tabelle 2.10 Berechnung von δ'_{10}

Bereich	$\frac{I_c}{I}$	l	M_1	M_0	$\frac{I_c}{I}\int M_1\,M_0\,\mathrm{d}x$	
$c-f$	2,5	3,092	 ⊕ 1	26,769  ⊖	$-2{,}5 \cdot 3{,}092 \cdot \frac{1}{6} \cdot 1 \cdot 26{,}769$	–34,487
$f-g$	1,0	8,0	1  ⊕	 ⊕ 96	$1{,}0 \cdot 8{,}0 \cdot \frac{1}{3} \cdot 1 \cdot 96$	256,000
$c-e$	1,0	8,75	 ⊕ 1,0938	 ⊕ 13,270	$1{,}0 \cdot 8{,}75 \cdot \frac{1}{3} \cdot 1{,}0938 \cdot 13{,}270$	42,333
			 ⊕ 1,0938	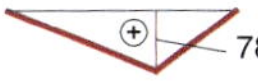 ⊕ 78,857	$1{,}0 \cdot 8{,}75 \cdot \frac{1}{6} \cdot 1{,}0938 \cdot 78{,}857 \cdot \left(1+\frac{5{,}75}{8{,}75}\right)$	208,437
$g-e$	2,5	3,0	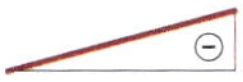 ⊖ 1,0938	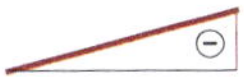 ⊖ 13,270	$2{,}5 \cdot 3{,}0 \cdot \frac{1}{3} \cdot 1{,}0938 \cdot 13{,}270$	36,285
						508,568

Tabelle 2.11 Berechnung von δ'_{20}

Bereich	$\frac{I_c}{I}$	l	M_2	M_0	$\frac{I_c}{I}\int M_2\,M_0\,\mathrm{d}x$	
$a-c$	2,5	4,123	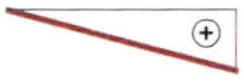 ⊕ 1,299	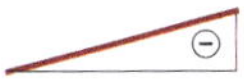 ⊖ 26,769	$2{,}5 \cdot 4{,}123 \cdot \frac{1}{3} \cdot 1{,}299 \cdot (-26{,}769)$	–119,474
$c-f$	2,5	3,092	1,299  ⊕	26,769  ⊖	$-2{,}5 \cdot 3{,}092 \cdot \frac{1}{3} \cdot 1{,}299 \cdot 26{,}769$	–89,598
$c-e$	1,0	8,75	 ⊖ 0,2991	 ⊕ 13,270	$-1{,}0 \cdot 8{,}75 \cdot \frac{1}{3} \cdot 0{,}2991 \cdot 13{,}270$	–11,576
			 ⊖ 0,2991	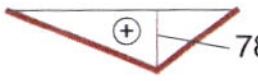 ⊕ 78,857	$1{,}0 \cdot 8{,}75 \cdot \frac{1}{6} \cdot (-0{,}2991) \cdot 78{,}857 \cdot \left(1+\frac{5{,}75}{8{,}75}\right)$	–57,000
$g-e$	2,5	3,0	 ⊕ 1,299	 ⊖ 13,270	$2{,}5 \cdot 3{,}0 \cdot \frac{1}{3} \cdot 1{,}299 \cdot (-13{,}270)$	–43,094
						–320,742

Endgültige Momentenlinie

Die Superpositionsgleichung lautet:

$$M = M_0 + \sum M_i \cdot X_i = M_0 \cdot 1 + M_1 \cdot X_1 + M_2 \cdot X_2 + \ldots$$

In der Gleichung wurde das Moment M_0 aus formalen Gründen mit dem Faktor eins multipliziert. Dann kann die Gleichung für jedes Moment als Skalarprodukt geschrieben werden.

$$M = \begin{bmatrix} M_0 & M_1 & M_2 & \ldots \end{bmatrix} \begin{bmatrix} 1 \\ X_1 \\ X_2 \\ \ldots \end{bmatrix}$$

Wird die obere Beziehung für jedes zu ermittelnde Moment aufgeschrieben, entsteht das folgende Matrizenprodukt.

$$\begin{bmatrix} M_a \\ M_b \\ M_c \\ \dots \end{bmatrix} = \begin{bmatrix} M_0^a & M_1^a & M_2^a & \dots \\ M_0^b & M_1^b & M_2^b & \dots \\ M_0^c & M_1^c & M_2^c & \dots \\ \dots & \dots & \dots & \dots \end{bmatrix} \begin{bmatrix} 1 \\ X_1 \\ X_2 \\ \dots \end{bmatrix}$$

Die Matrix enthält spaltenweise die Momente des Lastzustands und der Einheitszustände. Die Auswertung für dieses Beispiel ergibt:

$$\begin{bmatrix} M_c \\ M_{ec} \\ M_{eb} \\ M_{eg} \\ M_f \end{bmatrix} = \begin{bmatrix} -26{,}77 & 0 & 1{,}299 \\ 13{,}27 & 1{,}094 & -0{,}299 \\ 0 & 0 & 1 \\ -13{,}27 & -1{,}094 & 1{,}299 \\ 0 & 1 & 0 \end{bmatrix} \begin{bmatrix} 1 \\ -40{,}473 \\ 12{,}035 \end{bmatrix} = \begin{bmatrix} -11{,}14 \\ -34{,}60 \\ 12{,}04 \\ 46{,}63 \\ -40{,}47 \end{bmatrix}$$

Die endgültige Momentenlinie ist in *Bild 2.92* angegeben.

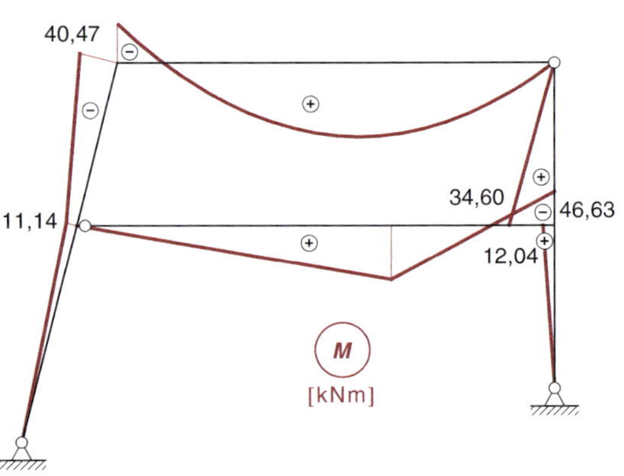

Bild 2.92 Endgültige Momentenlinie für Lastfall 1

Verformungskontrollen

Durch Durchführung der Verformungskontrollen erfolgt tabellarisch. Für jeden der beiden Einheitszustände muss die Verformungsbedingung erfüllt sein.

$$\frac{I_c}{I}\int M_i M \,dx = 0$$

Tabelle 2.12 Berechnung von δ'_1

Bereich	$\frac{I_c}{I}$	l	M_1	M	$\frac{I_c}{I}\int M_1 M \,dx$	
c – f	2,5	3,092	⊕ 1	11,14 ⊖ 40,47	$-2{,}5 \cdot 3{,}092 \cdot \frac{1}{6} \cdot 1 \cdot (11{,}14 + 2 \cdot 40{,}47)$	–118,630
f – g	1,0	8,0	1 ⊕	40,47 ⊖	$-1{,}0 \cdot 8{,}0 \cdot \frac{1}{3} \cdot 1 \cdot 40{,}47$	–107,920
			1 ⊕	⊕ 96	$1{,}0 \cdot 8{,}0 \cdot \frac{1}{3} \cdot 1 \cdot 96$	256,000
c – e	1,0	8,75	⊕ 1,0938	⊖ 34,60	$-1{,}0 \cdot 8{,}75 \cdot \frac{1}{3} \cdot 1{,}09375 \cdot 34{,}60$	–110,378
			⊕ 1,0938	⊕ 78,857	$1{,}0 \cdot 8{,}75 \cdot \frac{1}{6} \cdot 1{,}09375 \cdot 78{,}857 \cdot \left(1 + \frac{5{,}75}{8{,}75}\right)$	208,437
g – e	2,5	3,0	⊖ 1,0938	⊕ 46,63	$-2{,}5 \cdot 3{,}0 \cdot \frac{1}{3} \cdot 1{,}09375 \cdot 46{,}63$	–127,504
					464,437 – 464,432 =	0,005

Um die Größe der Abweichung beurteilen zu können, wurde in der oberen Tabelle die Summe der positiven und der negativen Werte getrennt ermittelt.

Die Abweichung beträgt:

$$\frac{0{,}005}{464{,}437} \cdot 100\ \% = 0{,}0011\ \%$$

Tabelle 2.13 Berechnung von δ'_2

Bereich	$\frac{I_c}{I}$	l	M_2	M	$\frac{I_c}{I}\int M_2 M\,dx$	
a – c	2,5	4,123	⊕ 1,299	⊖ 11,14	$-2{,}5 \cdot 4{,}123 \cdot \frac{1}{3} \cdot 1{,}299 \cdot 11{,}14$	–49,719
c – f	2,5	3,092	1,299 ⊕	11,14 ⊖ 40,47	$-2{,}5 \cdot 3{,}092 \cdot \frac{1}{6} \cdot 1{,}299 \cdot (2 \cdot 11{,}14 + 40{,}47)$	–105,015
c – e	1,0	8,75	⊖ 0,2991	⊖ 34,60	$1{,}0 \cdot 8{,}75 \cdot \frac{1}{3} \cdot 0{,}2991 \cdot 34{,}60$	30,184
			⊖ 0,2991	⊕ 78,857	$1{,}0 \cdot 8{,}75 \cdot \frac{1}{6} \cdot (-0{,}2991) \cdot 78{,}857 \cdot \left(1 + \frac{5{,}75}{8{,}75}\right)$	–57,000
g – e	2,5	3,0	⊕ 1,299	⊕ 46,63	$2{,}5 \cdot 3{,}0 \cdot \frac{1}{3} \cdot 1{,}299 \cdot 46{,}63$	151,431
e – b	2,5	3,0	1 ⊕	12,04 ⊕	$2{,}5 \cdot 3{,}0 \cdot \frac{1}{3} \cdot 1 \cdot 12{,}04$	30,100
					211,715 – 211,734 =	–0,019

Auch in *Tabelle 2.13* wurden die negativen und die positiven Werte getrennt addiert. Die Abweichung beträgt:

$$\frac{-0{,}019}{-211{,}734} \cdot 100\ \% = 0{,}0090\ \%$$

Lastfall 2: Gleichmäßige Erwärmung des Stabes *c – d – e* um $T_0 = 30°$

Zur Berechnung des neuen Lastfalls sind die δ_{jo}-Werte neu zu ermitteln.

$$\delta'_{10} = EI_c \int N_1 \alpha_T T_0\, dx$$
$$= 40000 \cdot 8{,}75 \cdot 1{,}2 \cdot 10^{-5} \cdot 30 \cdot (-0{,}3646)$$
$$= -45{,}937$$

$$\delta'_{20} = EI_c \int N_2 \alpha_T T_0\, dx$$
$$= 40000 \cdot 8{,}75 \cdot 0{,}7663 \cdot 1{,}2 \cdot 10^{-5} \cdot 30 = 96{,}554$$

Verformungsbedingungen

Die Verformungsbedingungen ergeben das Gleichungssystem mit der neuen Lastspalte.

$$\begin{bmatrix} 11{,}723 & -2{,}8326 \\ -2{,}8326 & 17{,}125 \end{bmatrix} \begin{bmatrix} X_1 \\ X_2 \end{bmatrix} = \begin{bmatrix} 45{,}937 \\ -96{,}554 \end{bmatrix} \Rightarrow \begin{bmatrix} X_1 \\ X_2 \end{bmatrix} = \begin{bmatrix} 2{,}6626 \\ -5{,}1978 \end{bmatrix}$$

Endgültige Momentenlinie

Wie beim ersten Lastfall erfolgt die Superposition durch Auswertung des folgenden Matrizenprodukts. Das Ergebnis ist in *Bild 2.93* dargestellt.

$$\begin{bmatrix} M_c \\ M_{ec} \\ M_{eb} \\ M_{eg} \\ M_f \end{bmatrix} = \begin{bmatrix} 0 & 0 & 1{,}299 \\ 0 & 1{,}094 & -0{,}299 \\ 0 & 0 & 1 \\ 0 & -1{,}094 & 1{,}299 \\ 0 & 1 & 0 \end{bmatrix} \begin{bmatrix} 1 \\ 2{,}6626 \\ -5{,}1978 \end{bmatrix} = \begin{bmatrix} -6{,}752 \\ 4{,}467 \\ -5{,}198 \\ -9{,}664 \\ 2{,}663 \end{bmatrix}$$

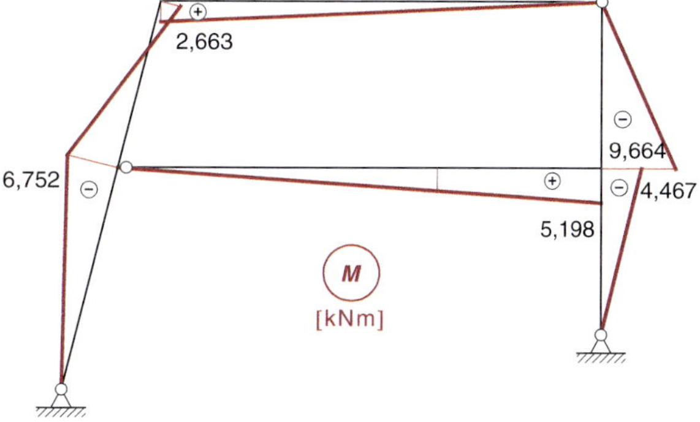

Bild 2.93 Endgültige Momentenlinie für Lastfall 2

2.6 Verallgemeinerung des Kraftgrößenverfahrens

Die Arbeitsgleichung des Prinzips der virtuellen Kräfte besagt, dass die Verschiebungsarbeit eines virtuellen Gleichgewichtszustands auf den Wegen des tatsächlichen Zustands gleich null ist.

$$\overline{W}^a + \overline{W}^i = 0 \text{ bzw. } \overline{W}^a = -\overline{W}^i$$

Aus der in Abschnitt 1.6.1 für Stabtragwerke hergeleiteten Gl. (1.43) wird ohne Einschränkung der Allgemeinheit nur der Term der inneren Arbeit betrachtet, der die Wirkung der Biegemomente berücksichtigt.

$$\bar{1} \cdot \delta = \int \frac{\overline{M}M}{EI} dx$$

Für den virtuellen Zustand wird nun vorausgesetzt, dass er durch Ansatz von Doppelgrößen an gelösten Bindungen des Systems gebildet wird. Da der tatsächliche Zustand die Verformungsbedingungen erfüllen muss, ist die äußere Arbeit der Doppelgrößen auf der Relativverformung an der gelösten Bindung gleich null. Daher muss gelten:

$$\int \frac{\overline{M}M}{EI} dx = 0$$

Die tatsächliche Momentenlinie kann nach dem Superpositionsgesetz aus dem Lastspannungszustand und einer Linearkombination von Einheitsspannungszuständen entwickelt werden.

$$M = M_0 + \sum_{k=1}^{n} X_k \cdot M_k$$

$$\int \frac{\overline{M}M}{EI} dx = \int \frac{\overline{M}}{EI}\left(M_0 + \sum_{k=1}^{n} X_k \cdot M_k\right) dx = 0$$

Werden die Einheitszustände auch als virtuelle Zustände zur Berechnung der Relativverformungen benutzt, so ist $\overline{M} = M_j$.

Für die Berechnung der n unbekannten Faktoren X werden n Gleichungen benötigt. Die Arbeitsgleichung ist daher für jeden Einheitszustand zu erfüllen. Damit gilt für jeden Einheitszustand j:

$$\int \frac{M_j}{EI}\left(M_0 + \sum_{k=1}^{n} X_k \cdot M_k\right) dx = 0$$

$$\int \frac{M_j M_0}{EI} dx + \sum_{k=1}^{n} X_k \cdot \int \frac{M_j M_k}{EI} dx = 0$$

$$\delta_{j0} + \sum_{k=1}^{n} X_k \cdot \delta_{jk} = 0$$

Im Gegensatz zur anschaulichen Herleitung des Kraftgrößenverfahrens ist diese Gleichung eine Verallgemeinerung der Verformungsbedingungen des Kraftgrößenverfahrens. Die Aussage besteht darin, dass die Verschiebungsarbeit jedes Einheitszustands auf den Wegen des endgültigen Zustands null ist, wenn dieser auch die Verformungsbedingungen erfüllt.

Bei der Herleitung der Verallgemeinerung wurde nur vorausgesetzt, dass die Einheitszustände die Gleichgewichtsbedingungen erfüllen. Weiterhin ist die lineare Unabhängigkeit dieser Zustände zu gewährleisten, da sonst das Gleichungssystem zur Ermittlung der Faktoren X_k nicht lösbar ist. Auch für den Lastspannungszustand ist nur vorauszusetzen, dass es ein Gleichgewichtszustand ist.

Damit ergeben sich folgende Folgerungen:

- Als Einheitszustände können beliebige, linear voneinander unabhängige Gleichgewichtszustände gewählt werden.
  Daraus folgt, dass ein Einheitsspannungszustand durch Ansetzen mehrerer Doppelgrößen gebildet werden kann.
- Ein Lastspannungszustand darf eine beliebige Kombination von Einheitsspannungszuständen enthalten.
- Lastspannungszustand und Einheitsspannungszustände können jeweils an unterschiedlichen statisch bestimmten Hauptsystemen ermittelt werden. Es können auch statisch unbestimmte Hauptsysteme verwendet werden.

Die Anwendung der Verallgemeinerung wird anhand des folgenden Beispiels gezeigt.

Beispiel 2.10

Der in *Bild 2.94* dargestellte beidseitig eingespannte Stab ist nach dem Kraftgrößenverfahren zu berechnen.

Gesucht werden:

- Die Momentenlinie infolge einer Temperaturdifferenz ΔT (unten wärmer)
- Die Momentenlinie infolge einer eingeprägten Senkung δ_b des Auflagerpunktes *b*

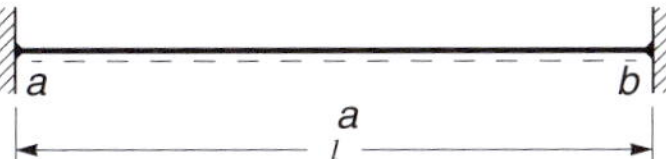

Bild 2.94 Beidseitig eingespannter Balken

Formal ist das System dreifach statisch unbestimmt. Wirken keine horizontalen Kräfte und ist keine gleichmäßige Temperaturänderung vorhanden, so ist es unerheblich, dass beide Auflagerpunkte horizontal fest sind. In diesem Fall ist es üblich, beide Auflager dreiwertig darzustellen.

Zur Bildung des statisch bestimmten Hauptsystems werden in beiden Auflagerpunkten Gelenke eingelegt.

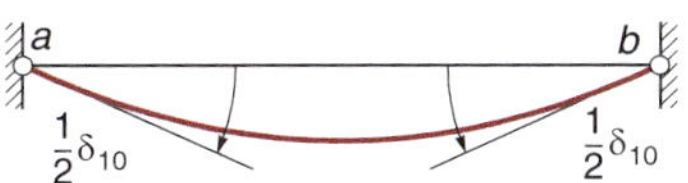

Bild 2.95 Verformung infolge Temperaturdifferenz am Hauptsystem

Der Lastspannungszustand ist in *Bild 2.95* dargestellt. Es ist vorausgesetzt, dass die Temperaturdifferenz positiv ist, d. h. die untere (gestrichelte) Seite des Stabes ist wärmer.

Da eine Verformungsbeanspruchung vorliegt, sind alle Schnittgrößen gleich null. Der Stab krümmt sich infolge der Temperaturdifferenz, dadurch entstehen Knicke an beiden Auflagerpunkten. Da das System symmetrisch ist, werden die beiden erforderlichen Einheitsspannungszustände symmetrisch und antimetrisch formuliert.

Dabei werden nun jeweils an beiden Gelenken gleichzeitig Momente angesetzt, wie in *Bild 2.96* dargestellt ist.

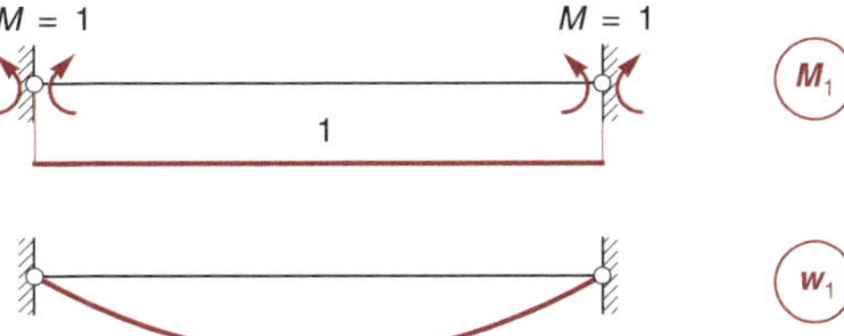

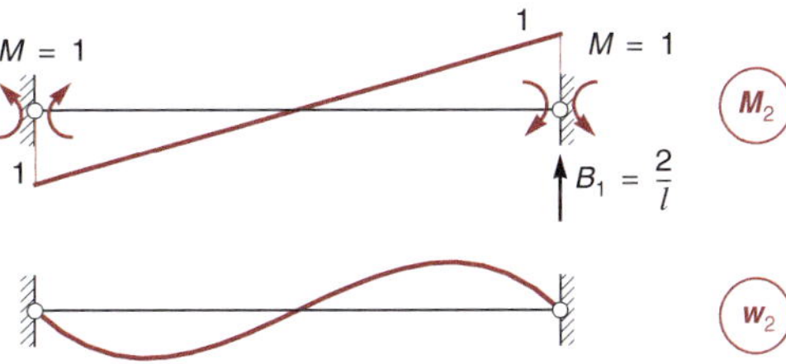

Bild 2.96 Einheitsspannungszustände

- Die Momentenlinie infolge einer Temperaturdifferenz ΔT

δ-Werte

$$1 \cdot \delta'_{j0} = \delta'_{j0} = EI\int M_j \alpha_T \frac{\Delta T}{h} \mathrm{d}x$$

Das Produkt $\alpha_T \frac{\Delta T}{h}$ und der Momentenverlauf M_1 sind konstant. Der Arbeitsterm ist positiv, da die Seite wärmer ist, auf der M_1 Zug erzeugt. Damit ergibt sich:

$$\delta'_{10} = EI \cdot l \cdot 1 \cdot \alpha_T \frac{\Delta T}{h} = l \cdot EI \cdot \alpha_T \frac{\Delta T}{h}$$

$$\delta'_{20} = 0$$

$$\delta'_{11} = l \cdot 1^2 = l$$

$$\delta'_{22} = l \cdot \frac{1}{3} \cdot 1^2 = \frac{l}{3}$$

$$\delta'_{12} = 0$$

Das Gleichungssystem ist völlig entkoppelt. Der Faktor X_1 folgt aus der Bedingung:

$$\begin{bmatrix} \delta'_{11} & 0 \\ 0 & \delta'_{22} \end{bmatrix} \begin{bmatrix} X_1 \\ X_2 \end{bmatrix} = \begin{bmatrix} -\delta'_{10} \\ 0 \end{bmatrix}$$

X_2 ist gleich null. Der Faktor X_1 folgt aus:

$$X_1 = \frac{-\delta'_{10}}{\delta'_{11}} = \frac{-l \cdot EI \cdot \alpha_T \frac{\Delta T}{h}}{l} = -EI \cdot \alpha_T \frac{\Delta T}{h}$$

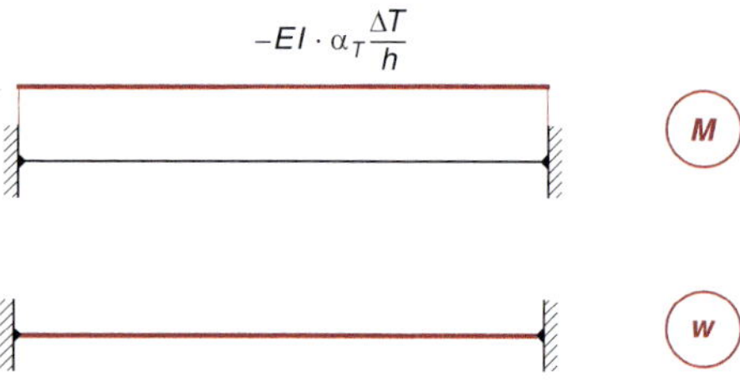

Bild 2.97 Endgültige Momentenlinie und Verformung infolge Temperaturdifferenz

Auf den ersten Blick ist es erstaunlich, dass die Biegelinie infolge der Temperaturbeanspruchung gleich null ist. Die Temperaturdifferenz bewirkt am Hauptsystem eine konstante Krümmung von:

$$\kappa_T = \alpha_T \frac{\Delta T}{h}$$

Durch diese Krümmung entstehen Knicke an den Endpunkten des Stabes, siehe *Bild 2.95*. An den Gelenken muss nun mit zwei Momenten nach außen gedreht werden, um die horizontalen Tangenten an den Einspannungen wieder herzustellen. Da beide Momente gleich groß sind, folgt daraus ein konstanter Momentenverlauf und damit auch ein konstanter Krümmungsverlauf. Dies ist auch das Ergebnis der Berechnung in *Bild 2.97*. Die konstante Krümmung infolge der Temperaturdifferenz und die konstante Krümmung infolge der Momente sind in der Summe null. Da keine Krümmung verbleibt, ist der Stab gerade und die Biegelinie kann aufgrund der Lagerung nur gleich null sein.

- Die Momentenlinie infolge einer eingeprägten Senkung δ_b des Auflagerpunktes b

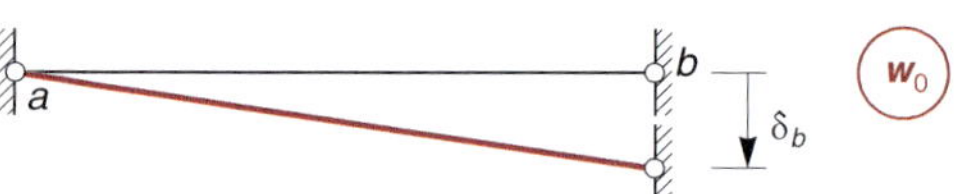

Bild 2.98 Verformung infolge Auflagersenkung am Hauptsystem

$$1 \cdot \delta'_{j0} = \delta'_{j0} = -EI \cdot B_j \cdot \delta_b$$

Die Auflagerkraft B_1 ist gleich null, da M_1 konstant verläuft. Damit ergibt sich:

$$\delta'_{10} = 0$$

$$\delta'_{20} = -EI \cdot B_2 \cdot \delta_b = -EI \cdot \left[-\frac{2}{l} \cdot \delta_b\right] = EI \cdot \frac{2}{l} \cdot \delta_b$$

Das Gleichungssystem ist völlig entkoppelt. Der Faktor X_1 folgt aus der Bedingung:

$$\begin{bmatrix} \delta'_{11} & 0 \\ 0 & \delta'_{22} \end{bmatrix} \begin{bmatrix} X_1 \\ X_2 \end{bmatrix} = \begin{bmatrix} 0 \\ -\delta'_{20} \end{bmatrix}$$

X_1 ist gleich null. Der Faktor X_2 folgt aus:

$$X_2 = \frac{-\delta'_{20}}{\delta'_{22}} = \frac{-EI \cdot \frac{2}{l} \cdot \delta_b}{\frac{l}{3}} = -\frac{6EI}{l^2}\delta_b$$

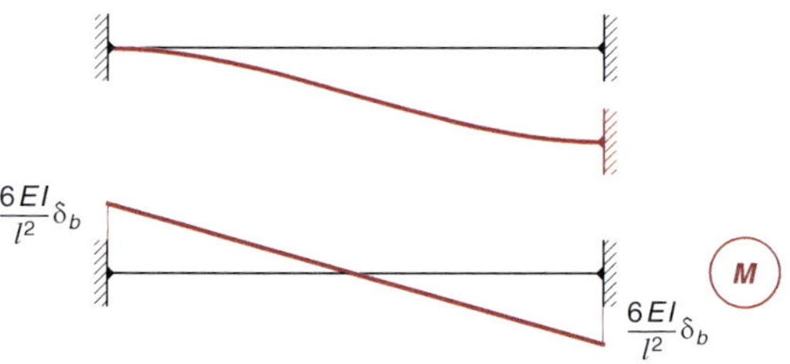

Bild 2.99 Endgültige Momentenlinie und Verformung infolge Auflagersenkung

Aufgaben

Für die nachfolgenden Systeme sind die angegebenen Zustandsgrößen zu berechnen.

Aufgabe 2.1

1. Die Momentenlinie infolge der angegebenen Belastung.
2. Die Momentenlinie infolge einer Temperaturdifferenz von $\Delta T = 30°$ (oben wärmer) im rechten Feld.

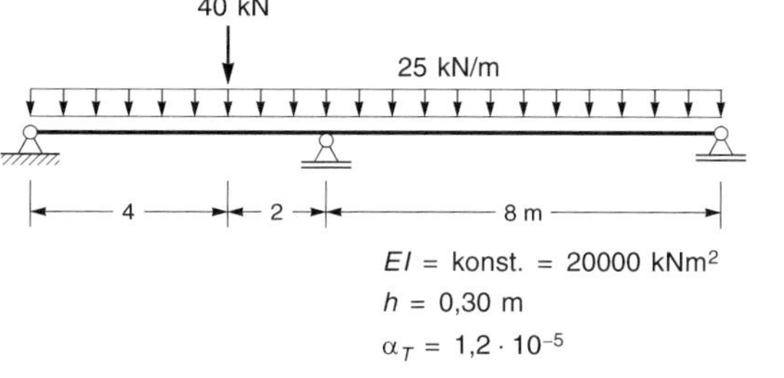

Aufgabe 2.2

1. Die Momentenlinie infolge der angegebenen Belastung.
2. Die Momentenlinie infolge einer Absenkung des mittleren Auflagers um 2 cm.
3. Die Verschiebung des Gelenkpunktes infolge der angegebenen Belastung.

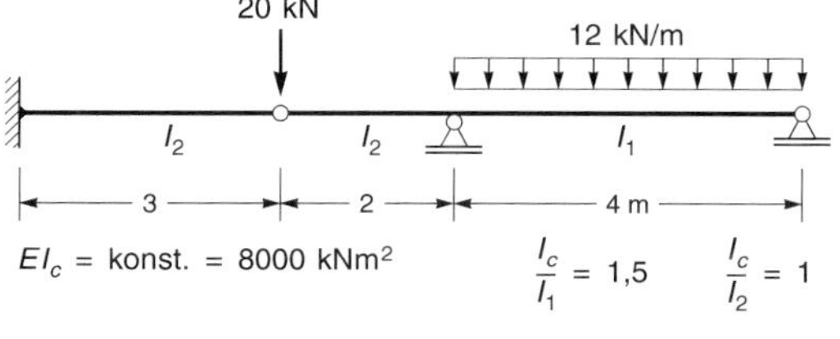

Aufgabe 2.3

1. Die Momentenlinie infolge der angegebenen Belastung.
2. Die Verschiebung des Punktes b.

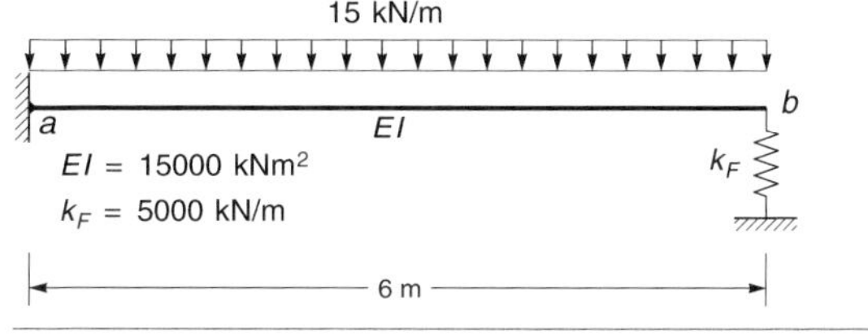

Aufgabe 2.4

Die Momentenlinie infolge der angegebenen Belastung.

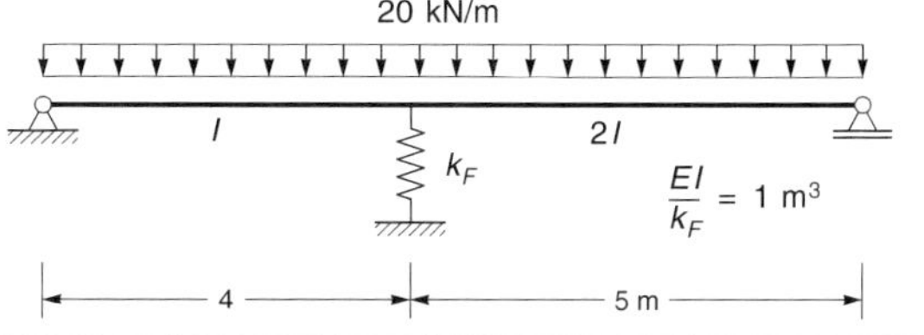

Aufgabe 2.5

Die Momentenlinie infolge der angegebenen Belastung.

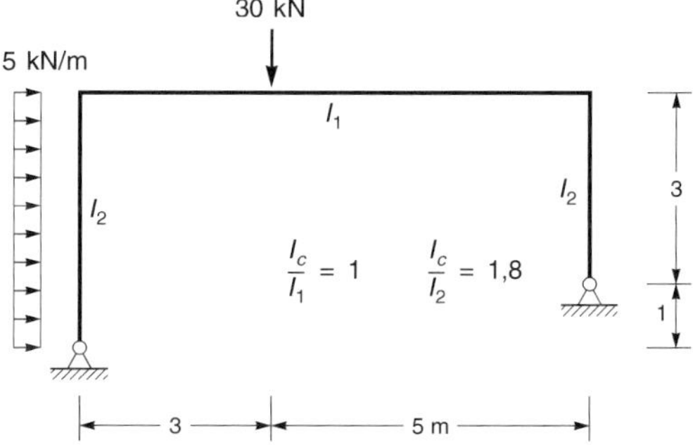

Aufgabe 2.6

Die Momentenlinie infolge der angegebenen Belastung.

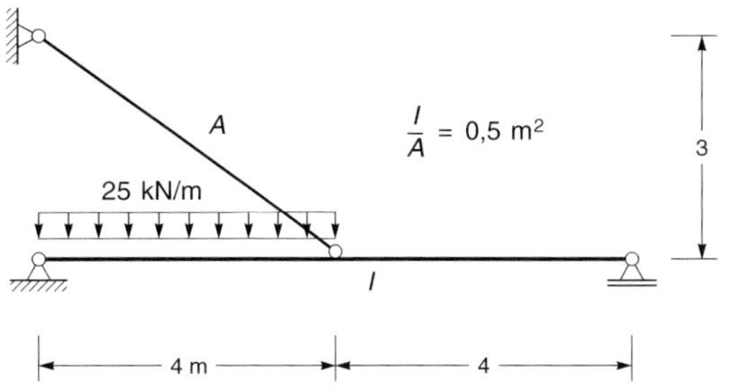

Aufgabe 2.7

1. Die Momentenlinie infolge der angegebenen Belastung.
2. Die Momentenlinie infolge einer gleichmäßigen Erwärmung des Pendelstabes um $T_0 = 40°$.

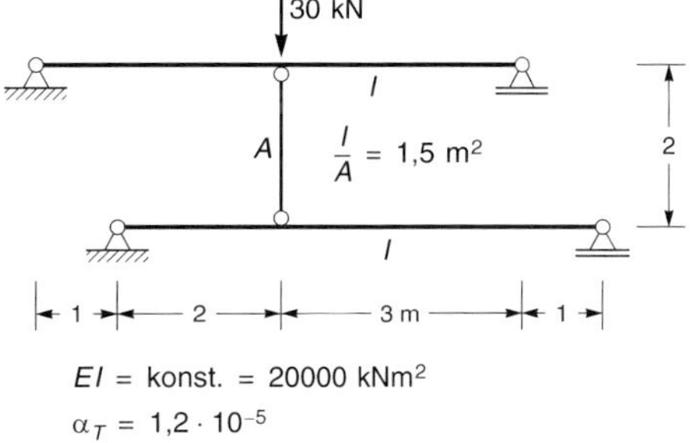

Aufgabe 2.8

Die Momentenlinie infolge der angegebenen Belastung.

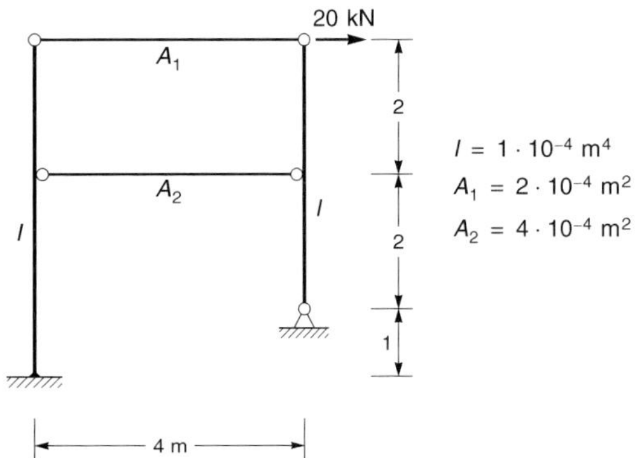

Aufgabe 2.9

Die Momentenlinie infolge der angegebenen Belastung.

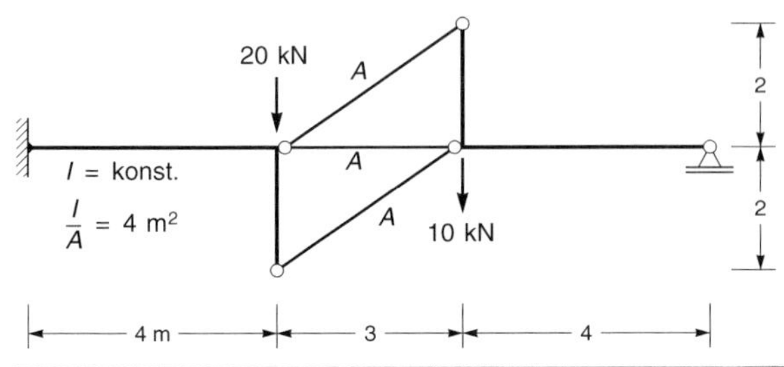

Aufgabe 2.10

Die Normalkräfte infolge der angegebenen Belastung.

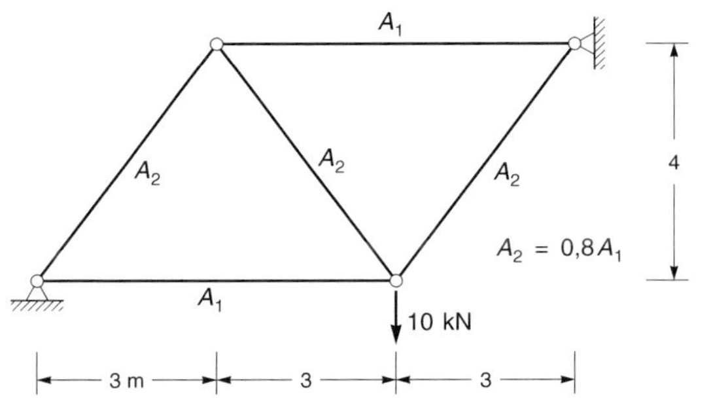

Aufgabe 2.11

Die Momentenlinie infolge der angegebenen Belastung.

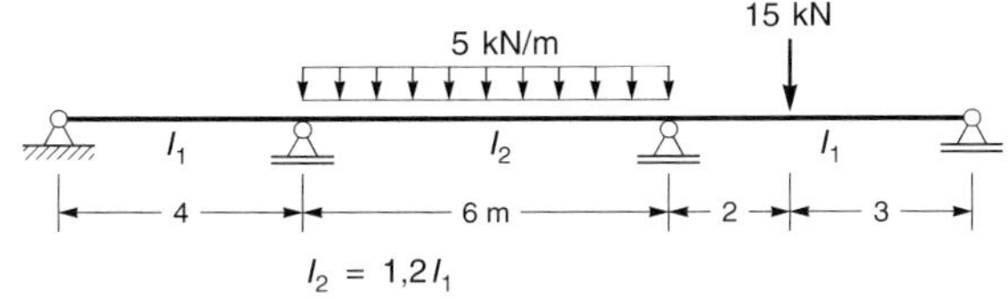

Aufgabe 2.12

Die Momentenlinie infolge der angegebenen Belastung.

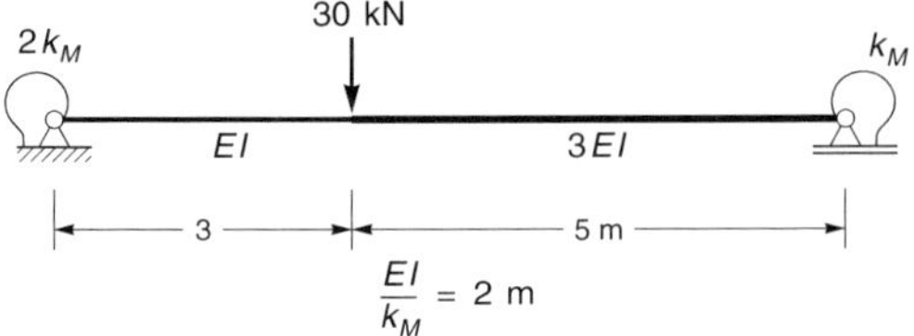

Aufgabe 2.13

Die Momentenlinie infolge der angegebenen Belastung.

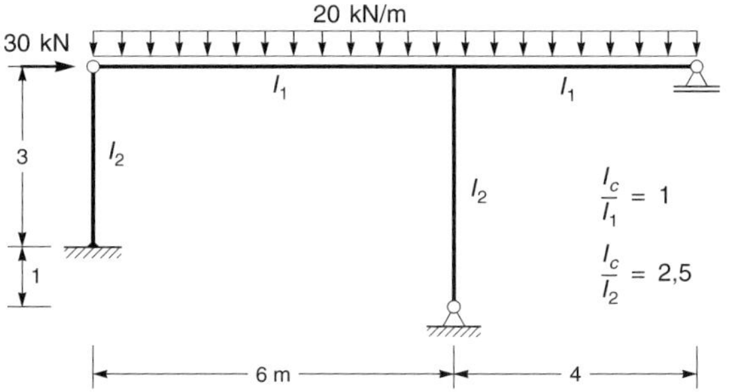

Aufgabe 2.14

Die Momentenlinie infolge der angegebenen Belastung.

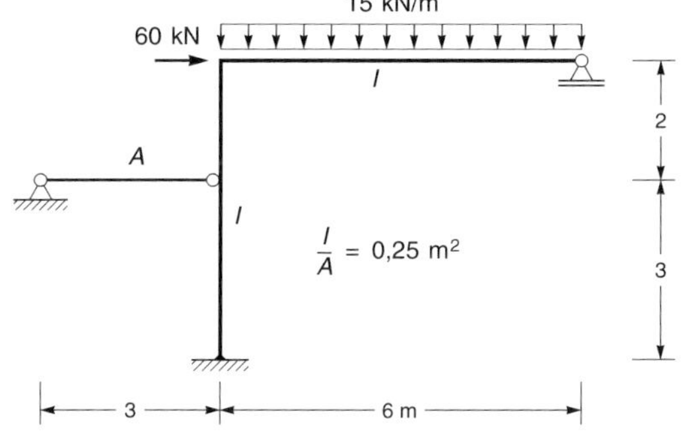

Aufgabe 2.15

Die Momentenlinie infolge der angegebenen Belastung.

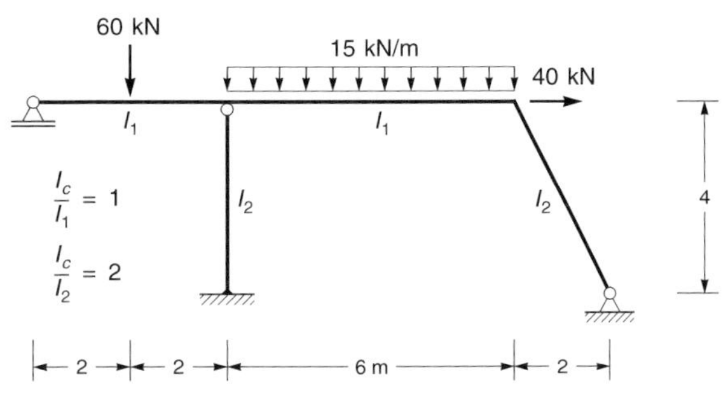

Aufgabe 2.16

Die Momentenlinie infolge der angegebenen Belastung.

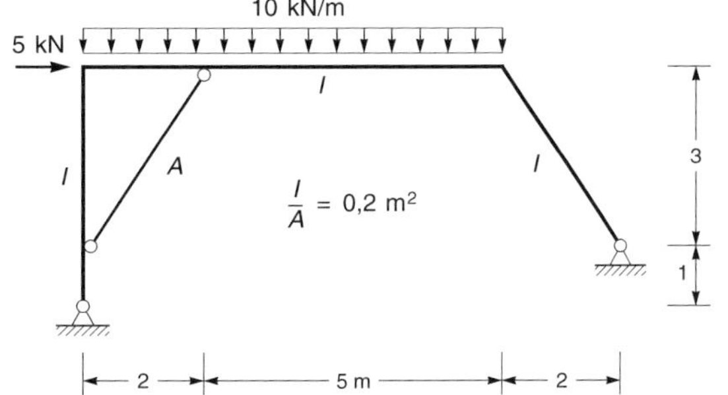

3 Das Drehwinkelverfahren

3.1 Grundlagen

3.1.1 Einführung

Beim Kraftgrößenverfahren werden Bindungen gelöst, also Schnittgrößen gleich null gesetzt, um das Tragwerk statisch bestimmt zu machen.

Im Gegensatz dazu werden beim Drehwinkelverfahren Bindungen hinzugefügt. Durch das Hinzufügen von Bindungen z. B. durch Anordnung zusätzlicher Auflager wird das System in seiner Bewegungsmöglichkeit eingeschränkt. Es werden Verformungen gleich null gesetzt, wodurch die Bewegung der einzelnen Punkte des Tragwerks festgelegt ist, das Tragwerk ist *kinematisch bestimmt.*

Der in *Bild 3.1* dargestellte Durchlaufträger ist in den Punkten *a* und *c* jeweils dreiwertig gelagert, d. h., alle Verformungen sind gleich null, also bekannt. Im Punkt *b* ist die Verschiebung gleich null, die Drehung ist jedoch unbekannt. Das System ist *kinematisch unbestimmt.*

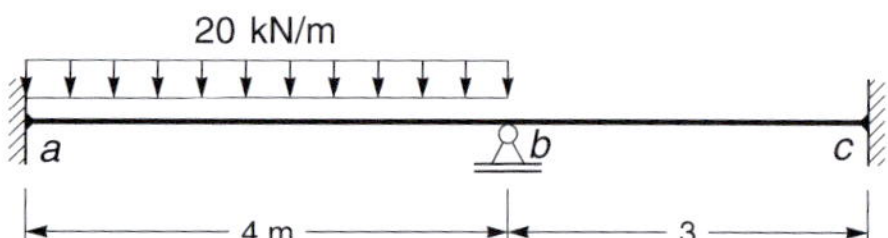

Bild 3.1 Durchlaufträger

Wird im Punkt *b* eine Festhaltung hinzugefügt, die diese Verdrehung verhindert, so sind auch im Punkt *b* alle Verformungen gleich null und beide Stäbe entsprechen dem beidseitig eingespannten Balken, wie in *Bild 3.2* unten dargestellt ist. Das farbig eingetragene Symbol in *Bild 3.2* stellt die Drehfesthaltung dar, die man sich als einen senkrecht zur Ebene angeordneten, *torsionsstarren* Stab vorstellen kann.

Das durch das Hinzufügen der Bindung entstandene System nennt man *kinematisch bestimmtes Hauptsystem.* Durch das Einfügen der Drehfesthaltung sind beide Stäbe völlig voneinander abgeschirmt und beeinflussen sich nicht mehr wechselseitig. Das System besteht nun aus zwei beidseitig eingespannten Balken.

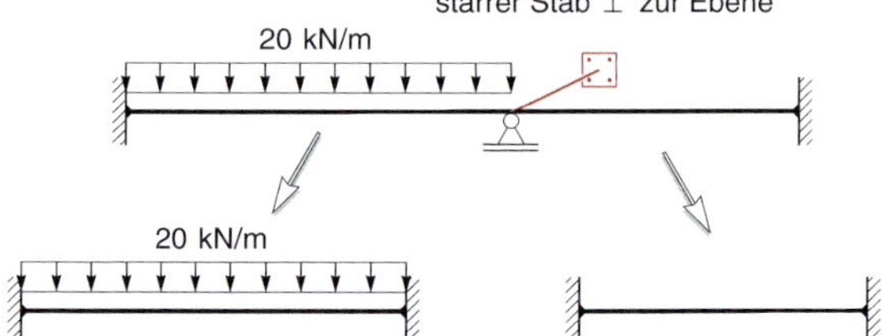

Bild 3.2 Kinematisch bestimmtes Hauptsystem

Ist die Lösung infolge der Belastung am beidseitig eingespannten Balken bekannt, kann die Momentenlinie am kinematisch bestimmten Hauptsystem angegeben werden. Der beidseitig eingespannte Balken ist das Grundelement, aus dem das gesamte System zusammengesetzt wird. Die Momentenlinie infolge einer konstanten Streckenlast ist in *Bild 3.3* angegeben.

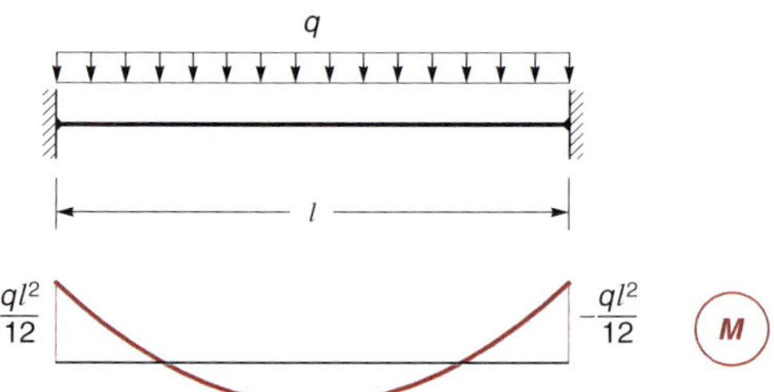

Bild 3.3 Beidseitig eingespanntes Grundelement

Das Vorzeichen der Momente richtet sich beim Drehwinkelverfahren unabhängig vom Schnittufer nach ihrem Drehsinn. Es gilt die Vorzeichendefinition nach *Bild 3.4.*

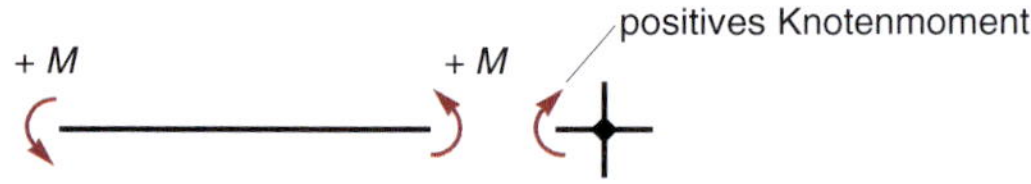

Bild 3.4 Positive Stabend- und Knotenmomente

Ein Vergleich der Vorzeichen der Momente nach dem Drehwinkelverfahren und der Vorzeichenregel der Baustatik führt auf die Merkregel:

„rechts richtig, links falsch“

Mit der Lösung am Grundelement nach *Bild 3.3* kann die Momentenlinie M^0 und die zugehörige Verformung w^o am kinematisch bestimmten Hauptsystem angegeben werden. Dieser sogenannte *Lastverformungszustand* ist in *Bild 3.5* dargestellt.

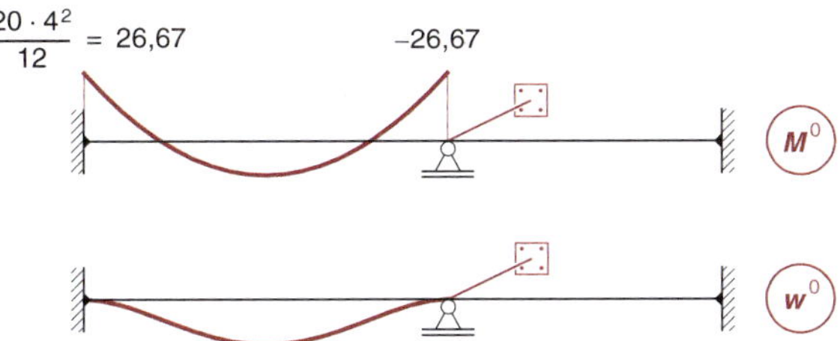

Bild 3.5 Momente und Biegelinie am kinematisch bestimmten Hauptsystem

Dieser Zustand verletzt die Gleichgewichtsbedingung $\sum M = 0$ am mittleren Auflager. Die gleich null gesetzte Verdrehung muss so bestimmt werden, dass die Gleichgewichtsbedingung erfüllt wird.

Es wird eine Einheitsverdrehung im Punkt *b* vorgegeben, dabei werden beide dort einmündenden Stäbe um denselben Winkel gedreht. Die Momentenlinie und die zugehörige Verformung bilden den sogenannten *Einheitsverformungszustand* in *Bild 3.6*. Aus rechentechnischen Gründen wird nicht $\varphi = 1$, sondern $\varphi = 1/EI_c$ vorgegeben.

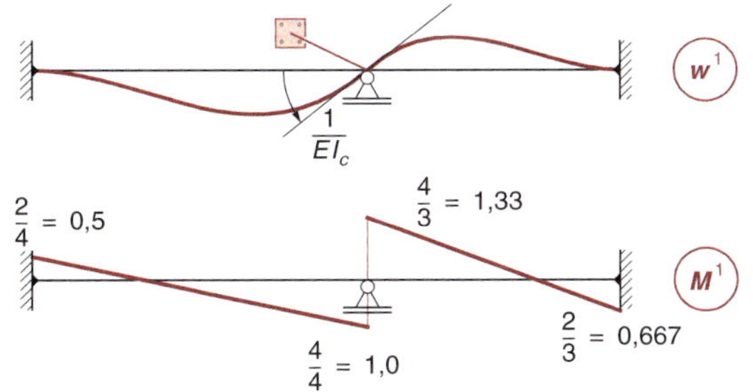

Bild 3.6 Biege- und Momentenlinie infolge Einheitsverdrehung am kinematisch bestimmten Hauptsystem

Es werden die Momente infolge eingeprägter Einheitsverformungen an den Stabenden benötigt. Die Berechnung kann z. B. durch die Anwendung des Kraftgrößenverfahrens oder durch Lösung der Differenzialgleichung erfolgen. Sie ist für die Grundelemente in *Tafel A8* angegeben.

Die Größe der Verdrehung des Punktes *b* muss nun so ermittelt werden, dass die Gleichgewichtsbedingung $\sum M = 0$ am mittleren Auflager erfüllt ist. Wie in *Bild 3.7* dargestellt ist, ergeben sich am Knoten *b* Momente infolge der Belastung, wenn alle Verformungen der Stabenden gleich null sind sowie infolge der Einheitsverdrehung am Knoten *b*.

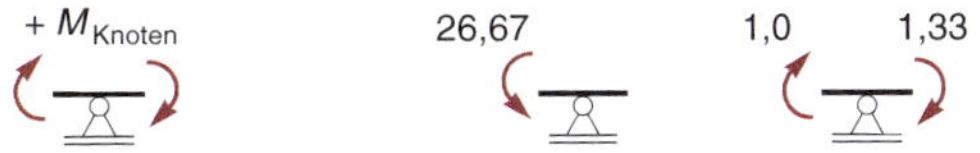

$+M_{Knoten}$ 26,67 1,0 1,33

Bild 3.7 Momente am Knoten *b*

Die Gleichgewichtsbedingung lautet:

$$\sum M = (1{,}33 + 1{,}0)\,Y_1 + (-26{,}67) = 0$$

$$\Rightarrow Y_1 = \frac{26{,}67}{1{,}33 + 1{,}0} = 11{,}429$$

Wie aus der Formulierung der Gleichgewichtsbedingung ersichtlich ist, können die Ordinaten der Momente einfach vorzeichengerecht addiert werden. Die endgültige Momentenlinie folgt aus der Superposition des Last- und Einheitszustandes, sie setzt sich also aus zwei Anteilen zusammen. Der erste Anteil entsteht infolge der Belastung, wenn die Knotendrehung im Punkt *b* gleich null ist. Der zweite Anteil folgt aus der Drehung des Knotens *b*, dessen Größe so bestimmt wurde, dass Gleichgewicht herrscht.

$$M = M^0 + Y_1 \cdot M^1$$

$$M_{ab} = 26{,}67 + 11{,}429 \cdot 0{,}5 = 32{,}381$$
$$M_{ba} = -26{,}67 + 11{,}429 \cdot 1{,}0 = -15{,}238$$
$$M_{bc} = 0 + 11{,}429 \cdot 1{,}33 = 15{,}238$$
$$M_{cb} = 0 + 11{,}429 \cdot 0{,}667 = 7{,}619$$

Die beiden tiefgestellten Buchstaben bei den Stabendmomenten bezeichnen den Stab, der erste Buchstabe gibt den Punkt des Stabes an, an dem das Moment wirkt. M_{jk} ist demnach das Moment des Stabes jk im Punkt j.

Das Auftragen der Momente erfolgt auch beim Drehwinkelverfahren nach der mechanischen Wirkung auf der

Seite des Stabes, die durch Zug beansprucht wird. *Bild 3.8* zeigt die endgültige Momentenlinie mit den Vorzeichen des Drehwinkelverfahrens. Die Momente am mittleren Auflager haben dieselbe Wirkung, jedoch unterschiedliche Vorzeichen, da sie am freigeschnittenen Knoten in entgegengesetzter Richtung drehen. Um kontrollieren zu können, ob die Gleichgewichtsbedingung $\sum M = 0$ erfüllt ist, müssen die Momente für beide Stäbe unabhängig ermittelt werden.

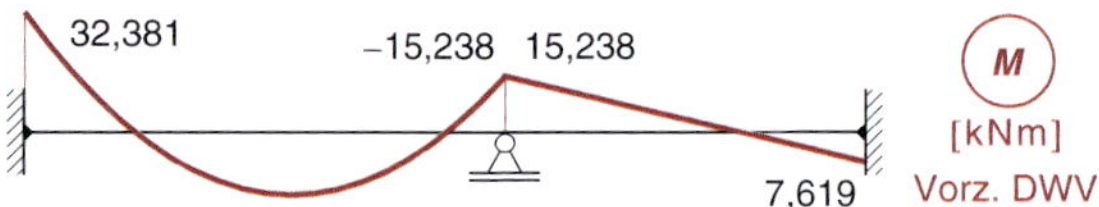

Bild 3.8 Endgültige Momentenlinie

3.1.2 Drehwinkelverfahren und allgemeines Weggrößenverfahren

Das Drehwinkelverfahren ist ein Sonderfall des allgemeinen Weggrößenverfahrens. Beim allgemeinen Weggrößenverfahren wird die Verformung der Stäbe infolge der Normalkräfte berücksichtigt, jeder Knoten hat dann im Allgemeinen die drei Freiheitsgrade u, v und φ, also zwei Verschiebungen und eine Drehung.

Die Spezialisierung des allgemeinen Weggrößenverfahrens auf **dehnstarre** Stäbe ergibt das **Drehwinkelverfahren**. Dies entspricht der Vernachlässigung der Normalkraftverformung beim Kraftgrößenverfahren, also der Annahme, dass der Term $\int \frac{N\bar{N}}{EA}dx$ bei der Berechnung der Verformungen gleich null ist.

Aufgrund dieser Annahme folgen die Verschiebungen der Stabendpunkte aus der Verdrehung der Stabsehne und alle Verformungen eines Systems können durch Drehwinkel ausgedrückt werden. Die Bezeichnung *Drehwinkelverfahren* ist dadurch begründet, dass die Unbekannten des Verfahrens Drehwinkel sind.

3.1.3 Kinematisch bestimmtes Hauptsystem

Ein System ist *kinematisch bestimmt*, wenn alle Verformungen an den Stabenden bekannt, d. h. in der Regel gleich null sind.

Um das kinematisch bestimmte Hauptsystem zu bilden, werden so viele Bindungen hinzugefügt, d. h. Weggrößen gleich null gesetzt, bis das System in Grundelemente eingeteilt ist, für die die Lösung bekannt ist. Die Zahl der hinzugefügten Bindungen entspricht dem Grad m der kinematischen Unbestimmtheit.

3.1.3.1 Grundelemente

Neben dem beidseitig eingespannten Balken können auch andere Grundelemente verwendet werden. Sind für den einseitig eingespannten Balken in *Bild 3.9b* die Zustandsgrößen bekannt, so ist es auch die Drehung des Gelenkpunktes. Diese Drehung muss dann nicht als Unbekannte in der Rechnung eingeführt werden, wodurch der Berechnungsaufwand erheblich reduziert wird, wenn das System Gelenke enthält. Prinzipiell kann jedes statische System als Grundelement verwandt werden, dessen Lösung bekannt ist.

Bild 3.9 Grundelemente des Weggrößenverfahrens

3.1.3.2 Ermittlung der erforderlichen Festhaltungen

Im Gegensatz zum Kraftgrößenverfahren, bei dem es für die Wahl des statisch bestimmten Hauptsystems theoretisch unendliche viele Möglichkeiten gibt, ist die Wahl des kinematisch bestimmten Hauptsystems eindeutig. Durch die Annahme der Dehnstarrheit der Stäbe beim Drehwinkelverfahren reduziert sich die Zahl der erforderlichen Verschiebungsfesthaltungen erheblich, wie aus den folgenden Beispielen deutlich werden wird.

Für das System in *Bild 3.10* wird zunächst die Zahl der erforderlichen Festhaltungen nach dem allgemeinen Weggrößenverfahren ermittelt. Die beiden biegesteifen Knoten haben je drei Freiheitsgrade, sodass jeweils zwei Verschiebungs- und eine Drehfesthaltung erforderlich sind. Im Gelenkpunkt sind zwei Verschiebungsfesthaltungen anzuordnen. Da der einseitig eingespannte Stab als Grundelement zur Verfügung steht, ist damit das gesamte System in bekannte Grundelemente unterteilt. Das System ist also 8fach kinematisch unbestimmt. Wäre der einseitig eingespannte Stab kein Grundelement, müssten weitere Festhaltungen hinzugefügt werden, damit alle Stäbe dem beidseitig eingespannten Grundelement entsprechen. Am gelenkigen Auflager des rechten Stieles wäre eine weitere Drehfesthaltung erforderlich. Weiterhin müssten jeweils links und rechts des Gelenkpunktes zusätzliche Drehfesthaltungen angeordnet werden, da sich die dort verbundenen Stäbe unabhängig von einander drehen können.

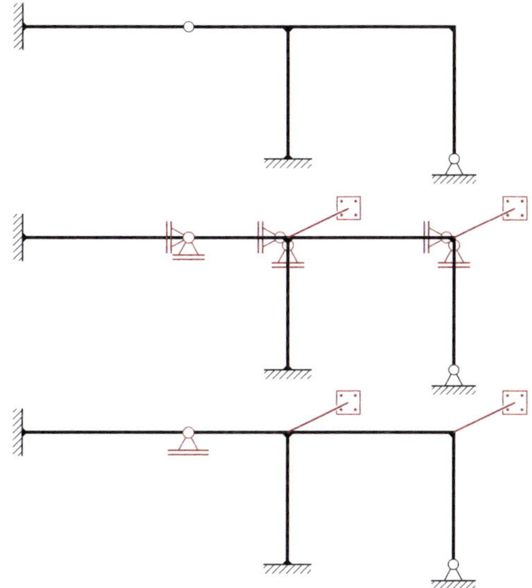

Bild 3.10 Grad der kinematischen Unbestimmtheit nach dem allgemeinen Weggrößenverfahren und dem Drehwinkelverfahren

Die kinematische Unbestimmtheit nach dem Drehwinkelverfahren ist erheblich geringer. Beide biegesteife Knoten können sich vertikal nicht verschieben, da die Stiele sich aufgrund der Dehnstarrheit nicht verlängern oder verkürzen können und unten durch die Auflager festgehalten sind. Auch der Riegel ist dehnstarr. Da er links durch das dreiwertige Auflager horizontal gehalten ist, sind alle Punkte des Riegels horizontal unverschieblich. In beiden biegesteifen Knoten ist die Drehung durch eine Festhaltung zu sperren. Weiterhin muss im Gelenkpunkt eine vertikale Festhaltung angeordnet werden, da sich dieser Punkt durch die Biegung der angeschlossenen Stäbe in vertikaler Richtung verschieben kann. Die Anzahl der hinzugefügten Festhaltungen ist der Grad der kinematischen Unbestimmtheit nach dem Drehwinkelverfahren. Das System ist also 3fach kinematisch unbestimmt.

Im Folgenden wird die Dehnstarrheit der Stäbe vorausgesetzt, also nur noch das Drehwinkelverfahren betrachtet. Der zweistöckige Rahmen in *Bild 3.11a* hat drei Knoten, deren Drehung durch eine Festhaltung verhindert werden muss. Da das einseitig gelenkige Grundelement zur Verfügung steht, sind im oberen rechten Gelenk keine weiteren Drehfesthaltungen nötig. Durch die senkrechten dehnstarren Stiele sind alle Knoten vertikal unverschieblich. Durch das Hinzufügen zweier horizontaler Lager in Höhe der Riegel werden alle Knoten auch horizontal fixiert. Das Tragwerk ist demnach 5fach kinematisch unbestimmt.

Bei dem System in *Bild 3.11b* wird deutlich, wann das Drehwinkelverfahren gegenüber dem Kraftgrößenverfahren vorteilhaft anzuwenden ist. Unabhängig von der Anzahl der in den Knoten einmündenden Stäbe ist das System einfach kinematisch unbestimmt.

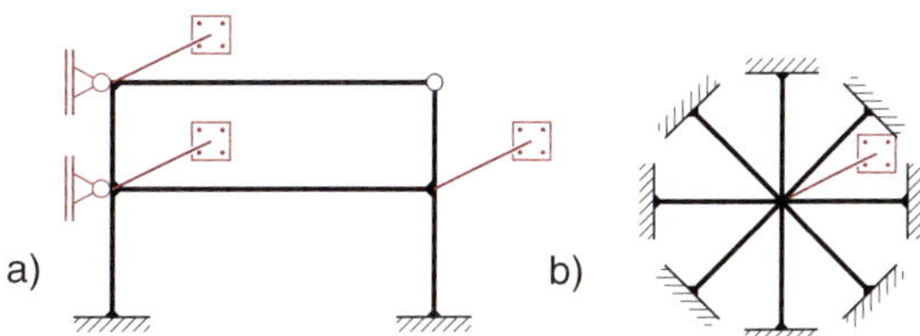

Bild 3.11 Beispiele für die kinematische Unbestimmtheit nach dem Drehwinkelverfahren

Für die Ermittlung der erforderlichen Festhaltungen zur Bildung des kinematisch bestimmten Hauptsystems gelten die folgenden Regeln.

- In allen biegesteifen Knoten sind Drehfesthaltungen hinzuzufügen. Ein biegesteifer Knoten ist ein Punkt, in dem mindestens zwei Stäbe biegesteif angeschlossen sind.
- Zur Ermittlung der erforderlichen Verschiebungsfesthaltungen werden in alle Knoten, einschließlich der Auflagerpunkte, Vollgelenke eingelegt. Die Auflager, die benötigt werden, um das System kinematisch unverschieblich zu machen, sind die anzuordnenden Verschiebungsfesthaltungen.

Das Rahmentragwerk in *Bild 3.12* hat fünf biegesteife Knoten, die gegen Drehen gehalten werden müssen. Nur im Vollgelenk oben links ist keine Drehfesthaltung erforderlich. Zur Ermittlung der notwendigen Verschiebungsfesthaltungen betrachten wir die Gelenkfigur im unteren Teil des Bildes, die durch Einlegen der farbig gekennzeichneten Vollgelenke entsteht. Die möglichen Verschiebungen dieses Systems sind ebenfalls farbig eingezeichnet. Damit wird deutlich, dass die beiden einwertigen Lager hinzugefügt werden müssen, um die Unverschieblichkeit des Gelenksystems zu erreichen. Durch die beiden geneigten Stäbe ist der rechte Punkt des unteren Riegels fest und keine weitere Festhaltung erforderlich. Es ergibt sich mit zwei Verschiebungs- und fünf Drehfesthaltungen eine kinematische Unbestimmtheit von $m = 7$.

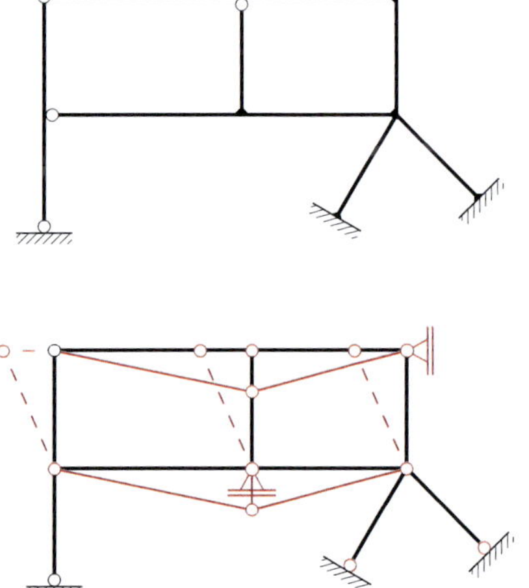

Bild 3.12 Ermittlung der erforderlichen Festhaltungen

3.1.4 Lastverformungszustand

Der Lastverformungszustand ergibt sich aus der Lösung infolge der äußeren Einwirkungen an den Grundelementen des kinematisch bestimmten Hauptsystems. Die Lösung für die wichtigsten Lastfälle ist für beide Grundelemente in *Tafel A9* angegeben.

Es ist zu beachten, dass in der *Tafel A9* das einseitig eingespannte Grundelement mit der Einspannung auf der linken Seite angegeben ist.

Liegt die Einspannung auf der rechten Seite, so ist das angegebene Vorzeichen umzukehren. Weiterhin ist zu beachten, dass sich die Werte α, β und γ auf die Orientierung der Abmessung zu den unterschiedlichen Auflagern beziehen.

Bild 3.13a zeigt den in *Tafel A9*, Zeile 19 angegebenen Fall der nicht mittig angreifenden Einzelkraft. Das Vorzeichen ist in der Tafel positiv angegeben, es dreht daher im Gegenuhrzeigersinn, wie im Bild dargestellt ist. Der Wert β ist mit der Länge l_2 zu ermitteln, dies ist der Abstand vom gelenkigen Auflager.

In *Bild 3.13b* liegt die Einspannung auf der rechten Seite, daher ist das Vorzeichen umzukehren, es ist demnach negativ, dreht also im Uhrzeigersinn. Der Wert β ist mit der Länge l_1 zu ermitteln, da dies nun der Abstand vom gelenkigen Auflager ist.

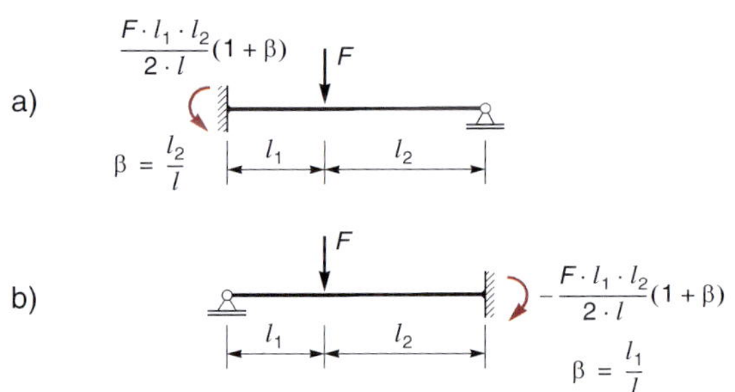

Bild 3.13 Ermittlung des Volleinspannmomentes

3.1.5 Einheitsverformungszustände

3.1.5.1 Knotendrehungen

Es werden die Stabendmomente infolge eingeprägter Auflagerdrehungen an den Stabenden der Grundelemente benötigt. In Abschnitt 2.1.10.2 wurde für den einseitig eingespannten Balken der Lastfall eingeprägte Auflagerdrehung um den Winkel ϕ nach dem Kraftgrößenverfahren berechnet. Dabei ergab sich die in *Bild 3.14* angegebene Momentenlinie.

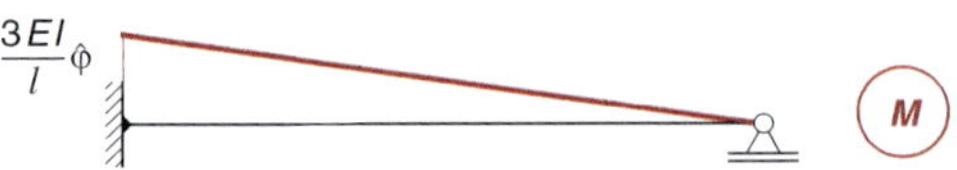

Bild 3.14 Momentenlinie infolge eingeprägter Auflagerdrehung

Die Knotendrehungen werden beim Drehwinkelverfahren mit $\varphi = 1/EI_c$ vorgegeben. Das Stabendmoment für diesen Winkel ist:

$$M = \frac{3EI}{l}\frac{1}{EI_c} = \frac{3I}{l\,I_c} = \frac{3}{l\cdot\frac{I_c}{I}} = \frac{3}{l'} \text{ mit } l' = l\cdot\frac{I_c}{I}$$

Die Stabendmomente sind für die beiden Grundelemente in Abhängigkeit von der sogenannten *elastischen Länge* l' für die benötigten Verformungslastfälle in *Tafel A8* angegeben.

3.1.5.2 Stabsehnendrehungen

Sind zur Bildung des kinematisch bestimmten Hauptsystems Verschiebungsfesthaltungen erforderlich, treten Einheitszustände mit eingeprägten Auflagerverschiebungen der Grundelemente auf. Auch diese Beanspruchung wurde nach dem Kraftgrößenverfahren für den einseitig eingespannten Balken in Abschnitt 2.1.10.1 ermittelt. Es ergab sich die Momentenlinie in *Bild 3.15*.

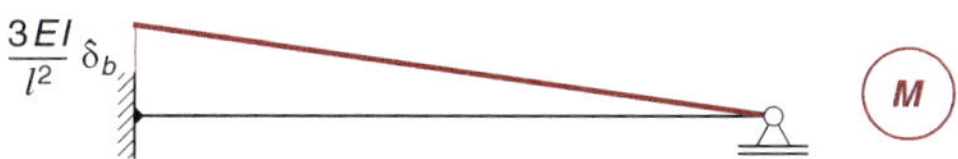

Bild 3.15 Momentenlinie infolge eingeprägter Auflagerverschiebung

Die Auflagerverschiebung wird durch den Stabsehnendrehwinkel ausgedrückt. Wie in *Bild 3.16* dargestellt ist, lautet der Zusammenhang zwischen Verschiebung und Stabsehnendrehung:

$$\Delta w = \psi\cdot l = \frac{1}{EI_c}\cdot l$$

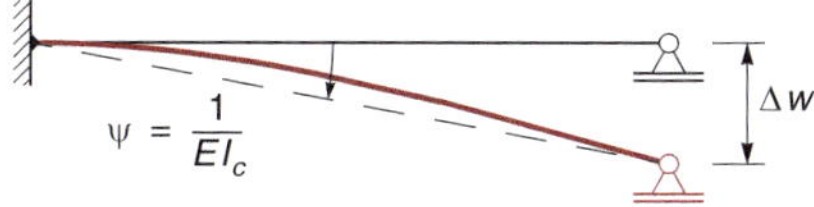

Bild 3.16 Einheitszustand

Das Stabendmoment für einen Stabsehnendrehwinkel von $\psi = 1/EI_c$ ist demnach:

$$M = \frac{3EI}{l^2}\delta_b = \frac{3EI}{l^2}\Delta w = \frac{3EI}{l^2}\cdot\frac{1}{EI_c}\cdot l = \frac{3}{l}\cdot\frac{I}{I_c} = \frac{3}{l'}$$

Die Lösung für das beidseitig eingespannte Grundelement kann analog ermittelt werden. Die Momente sind in *Tafel A8* angegeben.

3.1.6 Vorzeichen des Drehwinkelverfahrens

Die Vorzeichen des Drehwinkelverfahrens sind in *Bild 3.17* definiert. Stabendmomente sind positiv, wenn sie im Gegenuhrzeigersinn drehen. Weil Schnittmomente immer entgegengerichtete Doppelgrößen sind, ist ein zugehöriges Knotenmoment daher im Uhrzeigersinn drehend positiv.

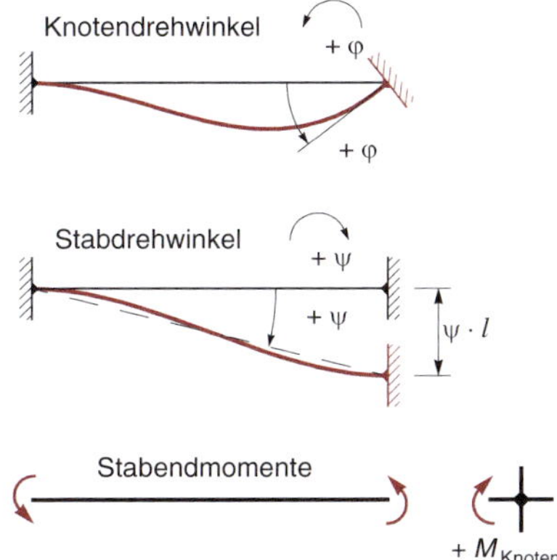

Bild 3.17 Vorzeichen der Knoten- und Stabsehnendrehwinkel

Der Grund für die unterschiedliche Definition der Vorzeichen bei Knoten- und Stabdrehwinkeln ist, dass dann positive Knotendrehwinkel φ und positive Stabdrehwinkel ψ positive Stabendmomente erzeugen.

3.1.7 Gleichgewichtsbedingungen

Durch die hinzugefügten Festhaltungen werden am kinematisch bestimmten Hauptsystem die Gleichgewichtsbedingungen verletzt. Die Faktoren Y_i skalieren die Verformungen der Einheitszustände so, dass der endgültige Zustand im Gleichgewicht ist. Das Gleichungssystem zur Ermittlung der Unbekannten Y_i folgt aus der Formulierung der Gleichgewichtsbedingungen.

An Knoten, an denen Drehfesthaltungen hinzugefügt wurden, ist die Gleichgewichtsbedingung: $\sum M = 0$ zu formulieren.

3

Bei Systemen, an denen Verschiebungshaltungen hinzugefügt wurden, ist die Kräftegleichgewichtsbedingung $\sum F = 0$ zu erfüllen. Diese Gleichgewichtsbedingung lässt sich vorteilhaft mit dem Prinzip der virtuellen Verschiebungen formulieren. Die Vorgehensweise wird an dem System in *Bild 3.18* erläutert.

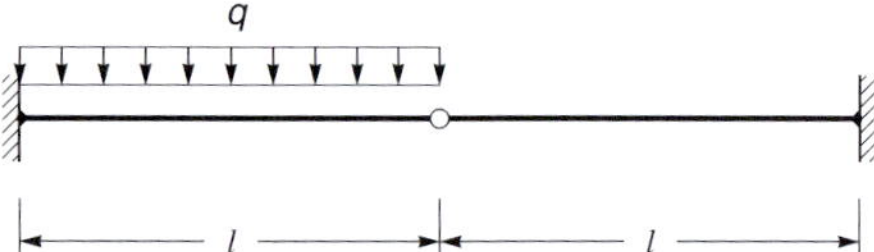

Bild 3.18 System und Belastung

Um das kinematisch bestimmte Hauptsystem zu bilden, muss eine Verschiebungsfesthaltung im Gelenkpunkt hinzugefügt werden. Damit besteht das System aus zwei einseitig eingespannten Grundelementen. Der Lastverformungszustand ist in *Bild 3.19* dargestellt. Die Auflagerkraft in der Festhaltung kann im wirklichen System nicht auftreten, der Zustand verletzt daher die Gleichgewichtsbedingung $\sum V = 0$.

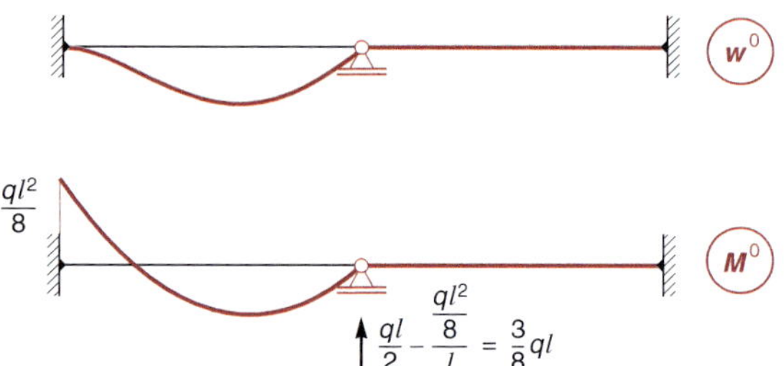

Bild 3.19 Lastverformungszustand

Die durch die Festhaltung zu null gesetzte Gelenkverschiebung wird nun im Einheitsverformungszustand in *Bild 3.20* durch den Stabsehnendrehwinkel ψ vorgegeben. Die Momente folgen aus *Tafel A8*. Daraus ergibt sich die Auflagerkraft in der hinzugefügten Festhaltung.

Die zu formulierende Gleichgewichtsbedingung sagt aus, dass die Auflagerkraft im endgültigen Zustand gleich null sein muss.

$$\sum V = \frac{3}{8}ql + \frac{6}{l^2} \cdot Y_1 = 0$$

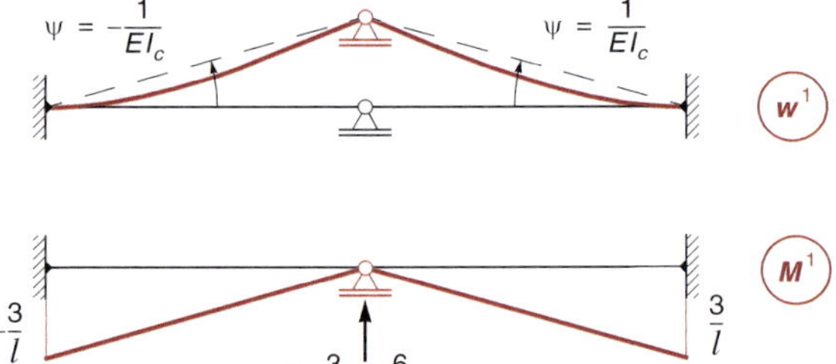

Bild 3.20 Einheitsverschiebungszustand

Um die Kräftegleichgewichtsbedingung mit dem Prinzip der virtuellen Verschiebungen zu formulieren, wird die Lagrangesche Befreiung so durchgeführt, dass eine Verschiebung in Richtung der hinzugefügten Festhaltung spannungsfrei möglich ist. Dies geschieht durch das Einlegen von Momentengelenken an den Enden der Stäbe. Die dadurch freigelegten Stabendmomente leisten auf den virtuellen Drehungen der Stäbe virtuelle Arbeit. Das System stellt nun eine zwangläufige kinematische Kette dar.

Wie in *Bild 3.21* dargestellt ist, sind in diesem Fall die beiden farbig gekennzeichneten Gelenke hinzuzufügen.

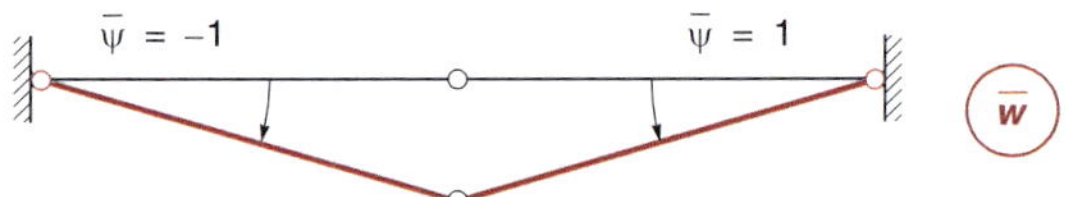

Bild 3.21 Virtueller Verschiebungszustand

Grundsätzlich kann die Größe der virtuellen Verschiebung beliebig vorgegeben werden, es ist jedoch zweckmäßig, die nachfolgend angegebenen Regeln einzuhalten.

Wird die virtuelle Stabdrehung $\bar{\psi} = 1$ im Gegenuhrzeigersinn angesetzt, leisten positive Stabendmomente positive Arbeit auf der virtuellen Stabdrehung $\bar{\psi}$, da Stabendmomente ebenfalls im Gegenuhrzeigersinn positiv definiert sind. Aus diesem Grund werden virtuelle Stabdrehwinkel im *Gegenuhrzeigersinn drehend positiv* definiert.

Wird der virtuelle Zustand entgegen der Richtung des Einheitsverschiebungszustands angesetzt, leisten alle Stabendmomente dieses Zustands positive Arbeit und das Gleichungssystem zur Ermittlung der Unbekannten wird symmetrisch.

Weiterhin ist zu beachten, dass infolge der kinematischen Zusammenhänge die Stabsehnendrehungen der einzelnen Stäbe in der Regel unterschiedlich sind. In solchen Fällen ist die virtuelle Stabdrehung $\overline{\psi} = 1$ dort anzusetzen, wo im Einheitsverschiebungszustand die Stabsehnendrehung mit $1/EI_c$ vorgegeben wurde.

Bei der Berechnung der Arbeit sind folgende Arten der Arbeit zu unterscheiden.

- Die Arbeit der Stabendmomente auf den virtuellen Stabdrehungen

  Die Arbeit ist dann positiv, wenn Kraft- und Weggröße gleichgerichtet sind. Da Stabendmomente und virtuelle Stabdrehwinkel im Gegenuhrzeigersinn positiv definiert sind, kann die Arbeit der Stabendmomente schematisch durch vorzeichengerechtes Einsetzen der Momente und der virtuellen Winkel ermittelt werden.

- Die Arbeit der äußeren Kraftgrößen auf den Weggrößen des virtuellen Zustands

  Bei der Berechnung der Arbeit der äußeren Kräfte sind die Vorzeichen der virtuellen Stabdrehwinkel **bedeutungslos**! Der Betrag der Arbeit ist das Produkt aus Kraft- und Weggröße. Das Vorzeichen der Arbeit ist dann positiv, wenn Kraft- und Weggröße gleichgerichtet sind. Sind Kraft- und Weggröße entgegengerichtet, ist die Arbeit negativ.

Wir berechnen nun die Arbeit, die auf der virtuellen Verschiebung in *Bild 3.21* geleistet wird. Die Stabendmomente des Einheitsverschiebungszustands leisten jeweils Arbeit auf der virtuellen Stabdrehung „1“ bzw. „–1“ .

Die Arbeit des Lastverformungszustands besteht aus zwei Anteilen. Die Arbeit des Stabendmomentes auf dem virtuellen Drehwinkel „–1 “ ergibt sich durch vorzeichengerechtes Einsetzen von Moment und Winkel. Weiterhin leistet die Resultierende der Streckenlast Arbeit auf der virtuellen Verschiebung in der Mitte des linken Stabes. Diese Arbeit ist positiv, da die Kraft und die Verschiebung gleichgerichtet sind.

$$\sum \overline{W} = \left(\frac{3}{l}\cdot 1 + \left(-\frac{3}{l}\right)\cdot(-1)\right)\cdot Y_1 + \frac{ql^2}{8}(-1) + ql\cdot\frac{l}{2} = 0$$

$$\frac{6}{l}\cdot Y_1 + \frac{3}{8}ql^2 = 0$$

Ein Vergleich dieser Gleichung mit der Bedingung $\sum V = 0$ zeigt, dass beide Gleichungen sich um den Faktor „l“ unterscheiden. Dies ist die Größe der Verschiebung des Gelenkpunktes im virtuellen Zustand in *Bild 3.21*.

Als Lösung folgt aus beiden Gleichungen:

$$Y_1 = -\frac{ql^3}{16}$$

Damit ergibt sich die endgültige Momentenlinie durch Superposition, wie in *Bild 3.22* angegeben ist. Mit dem bekannten Faktor Y_1 ist der Verformungszustand und damit auch die Gelenkverschiebung bekannt.

$$\delta = \frac{1}{EI}\cdot l\cdot Y_1 = \frac{1}{EI}\cdot l\cdot\frac{ql^3}{16} = \frac{ql^4}{16EI}$$

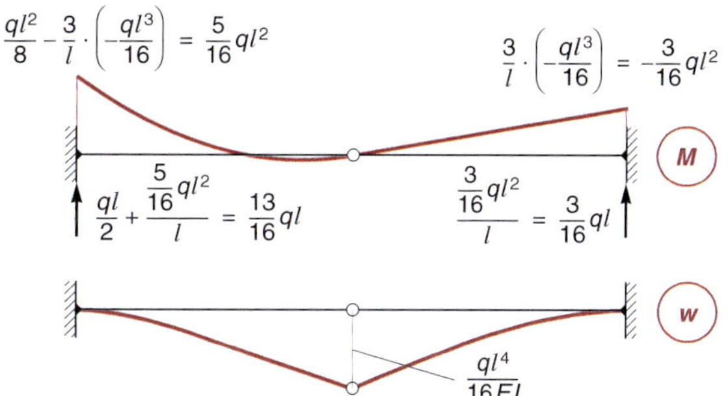

Bild 3.22 Endgültige Momentenlinie und Verformung

3.1.8 Ermittlung der Schnittgrößen

Der endgültige Zustand ergibt sich aus der Summe der Lösungen infolge der Belastung am kinematisch bestimmten Hauptsystem und infolge der Verformungen an den hinzugefügten Festhaltungen, die so bestimmt wurden, dass die Gleichgewichtsbedingungen erfüllt sind. Die Superposition aus Lastverformungszustand und den Y_i-fachen Einheitsverformungszuständen ergibt für die Momente:

$$M = M_0 + Y_1\cdot M_1 + Y_2\cdot M_2 + \ldots$$

3

Die Momente aus dem Lastverformungszustand und den Einheitsverformungszuständen sind bekannt, sodass diese Beziehung angewandt werden kann.

Grundsätzlich kann die Superpositionsbeziehung auf alle Zustandsgrößen angewandt werden, also auch auf Quer- und Normalkräfte. Diese Schnittgrößenverläufe liegen jedoch in den Einheits- und Lastzuständen im Allgemeinen nicht vor. Die Ermittlung der Querkräfte erfolgt daher aus der bekannten Momentenlinie mit der aus Baustatik 1 bekannten Beziehung:

$$V = V^0 + \frac{M_{re} - M_{li}}{l}$$

Mit den bekannten Querkräften können die Normalkräfte im Allgemeinen aus den Kräftegleichgewichtsbedingungen an den Knoten berechnet werden. Bei bestimmten Lagerungsbedingungen, wie bei dem System in *Bild 3.23*, ist die Ermittlung der Normalkräfte nur möglich, wenn die Dehnsteifigkeit der Stäbe berücksichtigt wird. Die Normalkraft des Stiels kann am biegesteifen Knoten aus den Querkräften des Riegels ermittelt werden, die Aufteilung der Querkraft des Stiels auf die beiden Riegelstäbe bleibt jedoch unbestimmt.

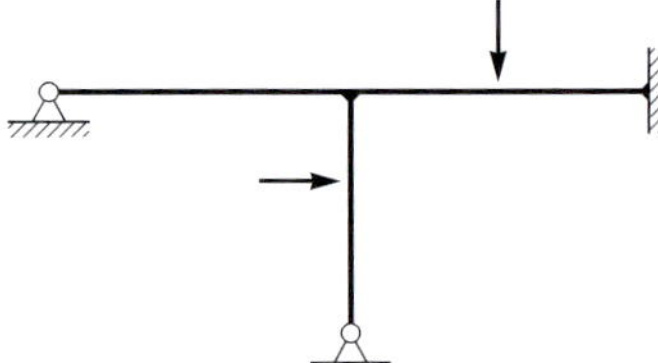

Bild 3.23 System mit unbestimmten Normalkräften

3.1.9 Kontrollen

Beim Drehwinkelverfahren sind die Verformungsbedingungen im Lastverformungszustand und den Einheitsverformungszuständen zu erfüllen. Das bedeutet z. B., dass bei einer Knotendrehung alle in den Knoten einmündenden Stäbe mit demselben Winkel gedreht werden. Erfüllen sowohl der Lastverformungszustand als auch die Einheitsverformungszustände die Verformungsbedingungen, so gilt dies auch für eine beliebige Linearkombination dieser Zustände.

Der Rechengang des Drehwinkelverfahrens besteht in der Formulierung von Gleichgewichtsbedingungen, da diese am kinematisch bestimmten Hauptsystem verletzt werden. Die Kontrolle des Gleichgewichts im endgültigen Zustand ist daher von besonderer Bedeutung, da dadurch die richtige Ermittlung der Faktoren Y_i für die Einheitszustände kontrolliert wird.

Die Kontrolle des Momentengleichgewichts erfolgt durch die vorzeichengerechte (nach den Vorzeichen des Drehwinkelverfahrens) Addition der Momentenordinaten. Voraussetzung ist dabei, dass alle Stabendmomente der in den Knoten einmündenden Stäbe unabhängig ermittelt wurden.

Die wichtigere Kontrolle bei elastisch verschieblichen Systemen ist die Kontrolle des Kräftegleichgewichts. Wird die Kräftegleichgewichtsbedingung mit dem Prinzip der virtuellen Verschiebungen formuliert, sollte die Kontrolle durch Berechnung der Auflagerkräfte mit der Bedingung $\sum H = 0$ bzw. $\sum V = 0$ überprüft werden. In *Bild 3.22* ist die Berechnung der Auflagerkräfte angegeben, die Summe entspricht der Resultierenden der Belastung, d. h., die vertikale Kräftesumme ist gleich null.

Es wird bei den in diesem Kapitel berechneten Beispielen nur die Kontrolle der Gleichgewichtsbedingungen durchgeführt. Damit wird vorausgesetzt, dass der Lastverformungszustand und die Einheitsverformungszustände die Verformungsbedingungen erfüllen.

3.2 Vorgehensweise beim Drehwinkelverfahren

Der grundsätzliche Lösungsweg des Drehwinkelverfahrens kann aufgrund der bisherigen Betrachtungen wie folgt angegeben werden:

- Bildung des kinematisch bestimmten Hauptsystems
- Ermittlung des Lastverformungszustands
- Ermittlung der Einheitsverformungszustände
- Formulierung der Gleichgewichtsbedingungen
- Lösung des Gleichungssystems
- Ermittlung der endgültigen Momentenlinie durch Superposition
- Durchführung von Gleichgewichtskontrollen

Diese Vorgehensweise wird anhand der nachfolgenden Beispiele ausführlich dargestellt.

Beispiel 3.1

Für das in *Bild 3.24* dargestellte System ist die Momentenlinie nach dem Drehwinkelverfahren zu berechnen.

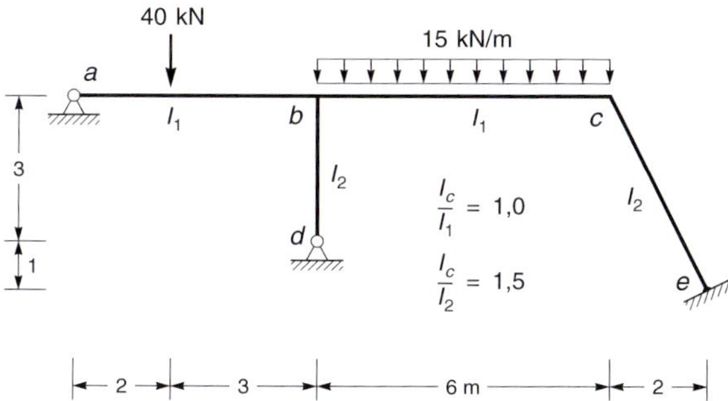

Bild 3.24 System und Belastung

Kinematisch bestimmtes Hauptsystem

Zur Bildung des kinematisch bestimmten Hauptsystems sind in beiden biegesteifen Knoten Drehfesthaltungen hinzuzufügen. Durch das zweiwertige Lager im Punkt *a* ist der gesamte Riegel horizontal festgehalten, darum ist keine Verschiebungsfesthaltung erforderlich. Das System ist also zweifach kinematisch unbestimmt. In *Bild 3.25* ist das Hauptsystem mit den elastischen Längen angegeben sowie die Grundelemente der einzelnen Stäbe.

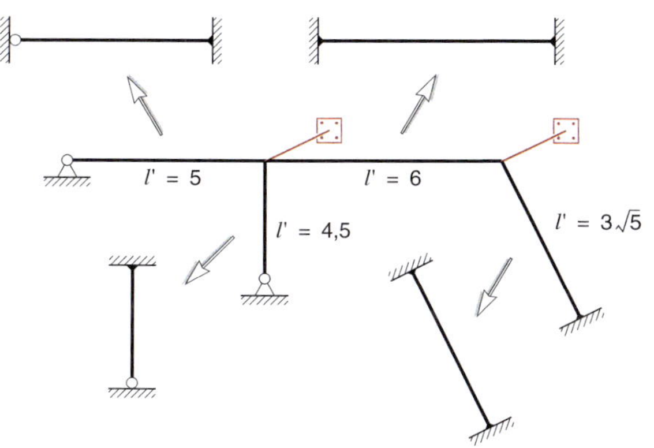

Bild 3.25 Kinematisch bestimmtes Hauptsystem

Lastverformungszustand

Verformungen treten am kinematisch bestimmten Hauptsystem nur in den Stäben auf, die direkt belastet sind. Die Biegelinie des rechten Riegelbereichs muss in den Punkten *b* und *c* horizontal einmünden, da die Drehungen verhindert sind. Der linke Riegelbereich kann sich im Punkt *a* frei verdrehen, im Punkt *b* liegt eine horizontale Tangente vor.

Die Ordinaten der Momentenlinie folgen aus *Tafel A9*. Bei der Ermittlung des Stabendmomentes infolge der Einzelkraft ist die Orientierung der Kraft bezüglich des gelenkigen Auflagers zu beachten. Der Abstand der Kraft von diesem Auflager ist für den Wert β maßgeblich. Der Lastverformungszustand ist in *Bild 3.26* dargestellt.

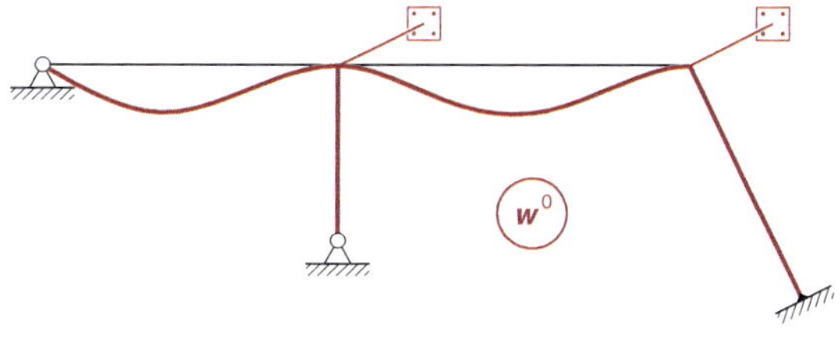

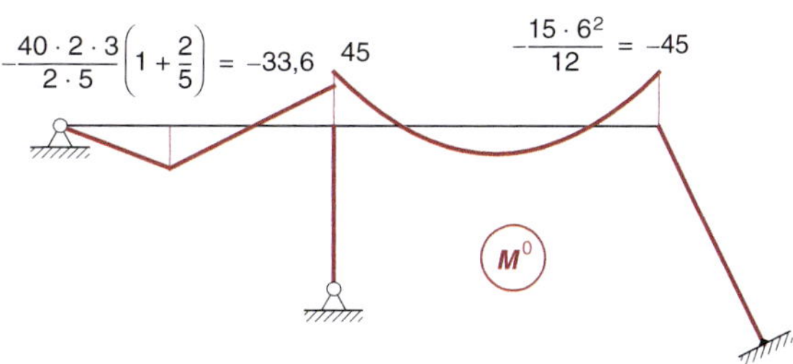

Bild 3.26 Verformungen und Momente infolge äußerer Belastung am kinematisch bestimmten Hauptsystem

Einheitsverformungszustände

Die durch die Festhaltungen am kinematisch bestimmten Hauptsystem zu null gesetzten Knotendrehungen werden als Einheitsdrehungen an den Knoten vorgegeben, siehe *Bild 3.27* und *3.28*. Dabei ergeben sich nach *Tafel A8* Momente in den Stäben, die in die gedrehten Knoten einmünden.

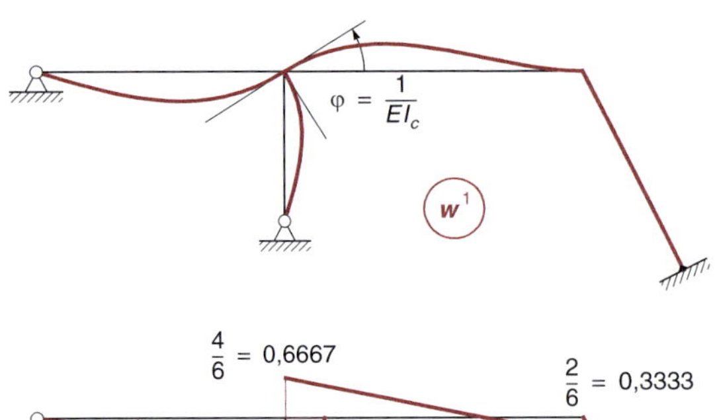

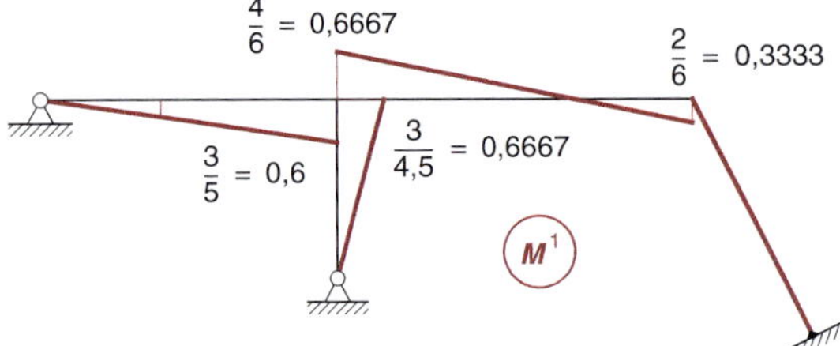

Bild 3.27 Einheitsdrehung am Knoten *b*

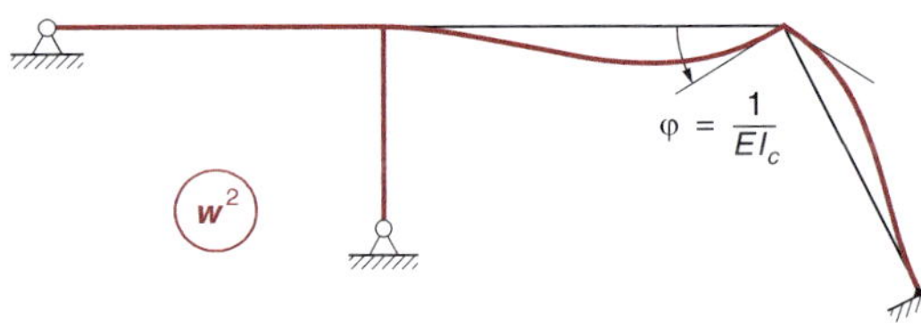

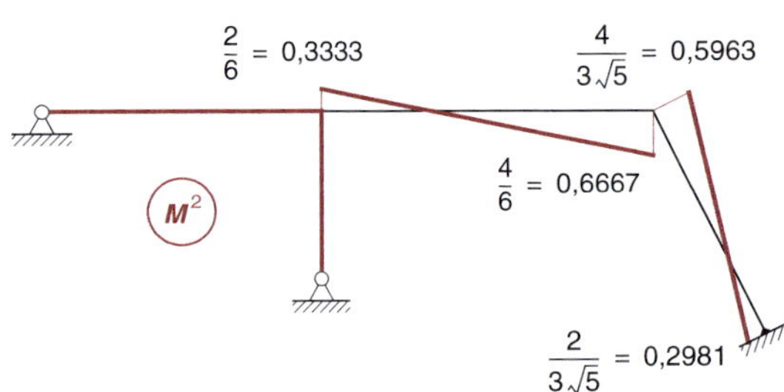

Bild 3.28 Einheitsdrehung am Knoten *c*

Gleichgewichtsbedingungen

Der Lastverformungszustand und die Einheitsverformungszustände erfüllen die Verformungsbedingungen, d. h. dass z. B. keine Knicke an den Knoten vorhanden sind, weil alle einmündenden Stäbe um denselben Winkel gedreht werden. Die Gleichgewichtsbedingungen werden jedoch verletzt, da in den hinzugefügten Festhaltungen des kinematisch bestimmten Hauptsystems Auflagerkräfte bzw. Auflagermomente vorhanden sind, die im tatsächlichen System nicht existieren.

Es werden die Skalierungsfaktoren Y_1 und Y_2 für die beiden Einheitsverformungszustände so bestimmt, dass die Gleichgewichtsbedingungen erfüllt werden.

- 1. Gleichgewichtsbedingung

$$\sum M_{(b)} = \sum M_b^0 + \sum M_b^1 \cdot Y_1 + \sum M_b^2 \cdot Y_2 = 0$$

33,6 45 0,6 0,6667 0,6667

$$\sum M_{(b)} = -33{,}6 + 45 + (0{,}6667 + 0{,}6667 + 0{,}6) \cdot Y_1 + 0{,}3333 \cdot Y_2 = 0$$

$+ M_{Knoten}$ 0,3333

- 2. Gleichgewichtsbedingung

$$\sum M_{(c)} = \sum M_c^0 + \sum M_c^1 \cdot Y_1 + \sum M_c^2 \cdot Y_2 = 0$$

$+ M_{Knoten}$ 45 0,3333 0,6667 0,5963

$$\sum M_{(c)} = -45 + 0{,}3333 \cdot Y_1 + (0{,}6667 + 0{,}5963) \cdot Y_2 = 0$$

Gleichungssystem und Lösung

$$\begin{bmatrix} 1{,}9334 & 0{,}3333 \\ 0{,}3333 & 1{,}263 \end{bmatrix} \begin{bmatrix} Y_1 \\ Y_2 \end{bmatrix} = \begin{bmatrix} -11{,}4 \\ 45 \end{bmatrix} \Rightarrow \begin{bmatrix} Y_1 \\ Y_2 \end{bmatrix} = \begin{bmatrix} -12{,}612 \\ 38{,}958 \end{bmatrix}$$

Endgültige Momentenlinie durch Superposition

$$M = M^0 + \sum M^i \cdot Y_i$$

Für jedes Stabendmoment kann die Superpositionsbeziehung folgendermaßen aufgeschrieben werden.

$$M_{jk} = M_{jk}^0 \cdot 1 + \sum M_{jk}^i \cdot Y_i$$

Die Auswertung erfolgt mithilfe des nachfolgend angegebenen Matrizenprodukts, vergleiche auch Beispiel 2.9 in Kapitel 2. Der endgültige Zustand ist in *Bild 3.29* dargestellt.

$$\begin{bmatrix} M_{ba} \\ M_{bd} \\ M_{bc} \\ M_{cb} \\ M_{ce} \\ M_{ec} \end{bmatrix} = \begin{bmatrix} -33{,}6 & 0{,}6 & 0 \\ 0 & 0{,}6667 & 0 \\ 45 & 0{,}6667 & 0{,}3333 \\ -45 & 0{,}3333 & 0{,}6667 \\ 0 & 0 & 0{,}5963 \\ 0 & 0 & 0{,}2981 \end{bmatrix} \begin{bmatrix} 1 \\ -12{,}612 \\ 38{,}958 \end{bmatrix} = \begin{bmatrix} -41{,}17 \\ -8{,}409 \\ 49{,}58 \\ -23{,}23 \\ 23{,}23 \\ 11{,}61 \end{bmatrix}$$

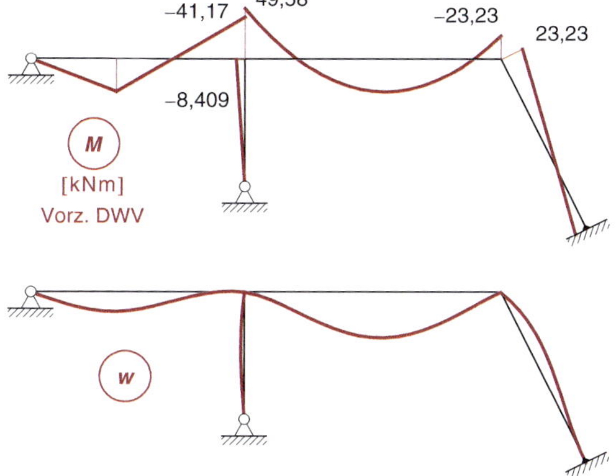

Bild 3.29 Endgültige Momentenlinie und Verformung

Bei der Skizze der Verformung des Systems ist zu beachten, dass sich alle Knoten nicht verschieben können. Aus der Momentenlinie sind die Krümmungen bekannt und im Punkt *e* muss die Biegelinie tangential zur Stabachse einmünden. Die beiden Y-Werte aus der Lösung des Gleichungssystems geben die Drehung der Knoten *b* und *c* an. Knoten *b* dreht sich im Uhrzeigersinn (Y_1 ist negativ), Knoten *c* im Gegenuhrzeigersinn (Y_2 ist positiv).

Gleichgewichtskontrollen

$\sum M_{(b)} = 0\ ?,\ \sum M_{(c)} = 0\ ?$

Für jeden Knoten werden die Stabendmomente aller einmündenden Stäbe unabhängig ermittelt und dann vorzeichengerecht nach dem Drehwinkelverfahren addiert.

- $\sum M_{(b)} = 49{,}58 - 41{,}17 - 8{,}409 = 0{,}001 \approx 0$
- $\sum M_{(c)} = 23{,}23 - 23{,}23 = 0$

Beispiel 3.2

Das in *Bild 3.30* dargestellte System ist nach dem Drehwinkelverfahren zu berechnen. Gesucht werden:

- Die Momentenlinie infolge der in *Bild 3.30* angegebenen Belastung (Lastfall 1).
- Die Momentenlinie infolge einer gleichmäßigen Erwärmung des Riegels um $T_0 = 30°$ (Lastfall 2).

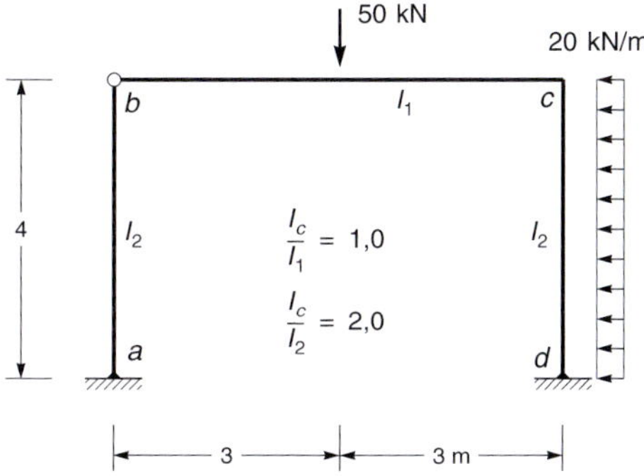

Bild 3.30 System und Belastung für Lastfall 1

Kinematisch bestimmtes Hauptsystem

Im biegesteifen Knoten *c* muss eine Drehfesthaltung hinzugefügt werden. Es ist anschaulich klar, dass der Riegel in horizontaler Richtung elastisch verschieblich ist, also ist eine Festhaltung hinzuzufügen, die diese Verformung verhindert. Da der Riegel dehnstarr ist, ist es bedeutungslos, welcher Punkt des Riegels horizontal gehalten wird.

Das System ist nun in bekannte Grundelemente unterteilt, wie in *Bild 3.31* dargestellt ist.

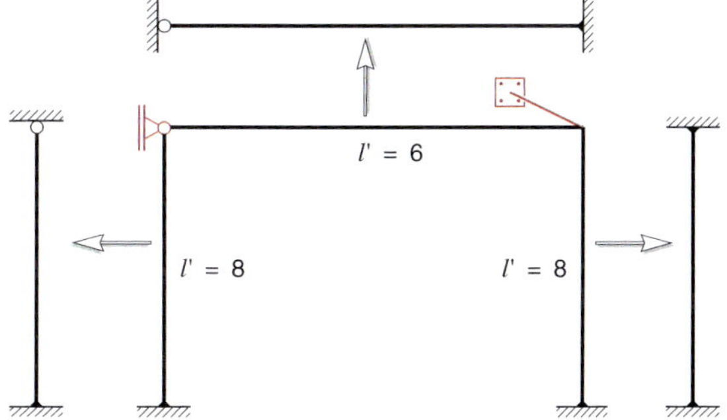

Bild 3.31 System mit zusätzlichen Festhaltungen

3

Lastverformungszustand für Lastfall 1

Es wird zunächst nur der Lastfall 1 berechnet. Die Verformung und die Momentenlinie infolge der Belastung am kinematisch bestimmten Hauptsystem zeigt *Bild 3.32*. Die Biegelinie des rechten Stieles muss oben und unten tangential in die Stabachse einmünden, da sich beide Stabenden nicht verdrehen können. Der Riegel kann sich links frei drehen, weil das einseitig eingespannte Grundelement vorliegt, im Punkt c liegt aufgrund der Drehfesthaltung eine horizontale Tangente vor.

Die Ordinaten der Momentenlinie folgen aus *Tafel A9*.

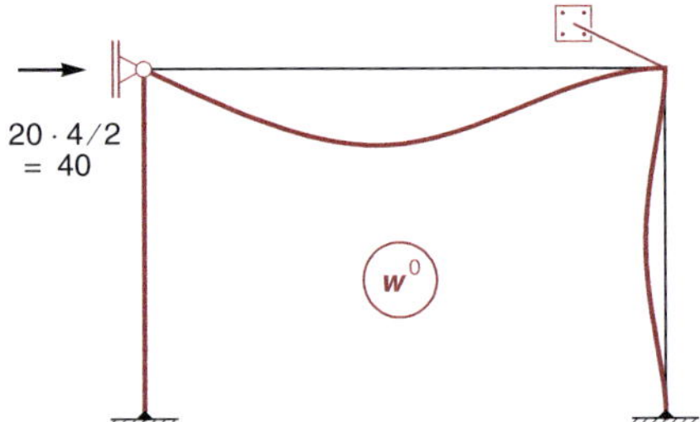

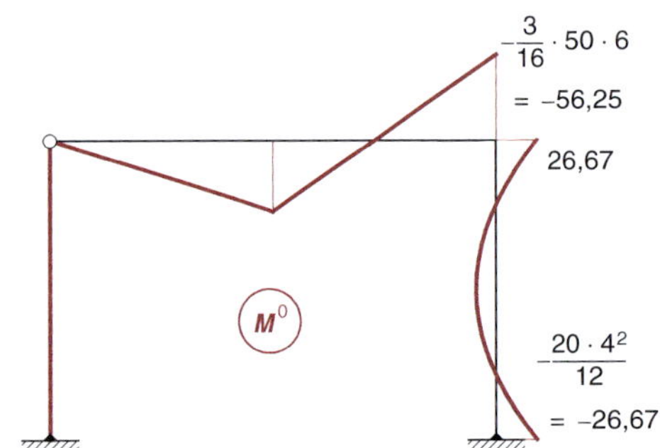

Bild 3.32 Verformungen und Momente infolge äußerer Belastung am kinematisch bestimmten Hauptsystem

Einheitsverformungszustände

Die am kinematisch bestimmten Hauptsystem zu null gesetzten Verformungen werden als Einheitsgrößen vorgegeben. Der Einheitsverdrehungszustand ist in *Bild 3.33* dargestellt, der Verschiebungszustand in *Bild 3.34*. Für die Formulierung der Gleichgewichtsbedingung $\sum H = 0$ werden die Auflagerkräfte in der horizontalen Festhaltung benötigt. Sie folgen aus den Querkräften der Stiele.

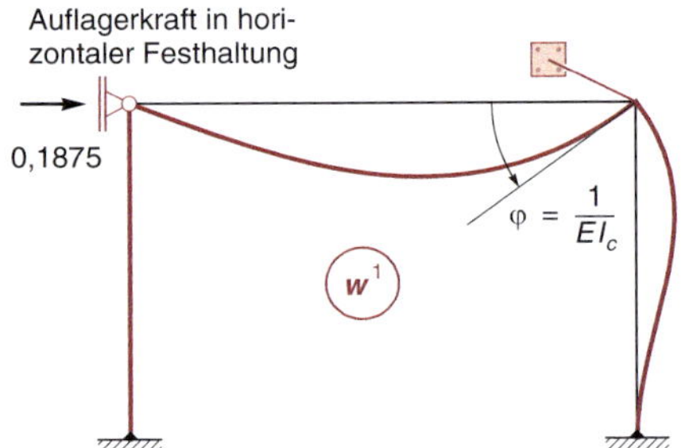

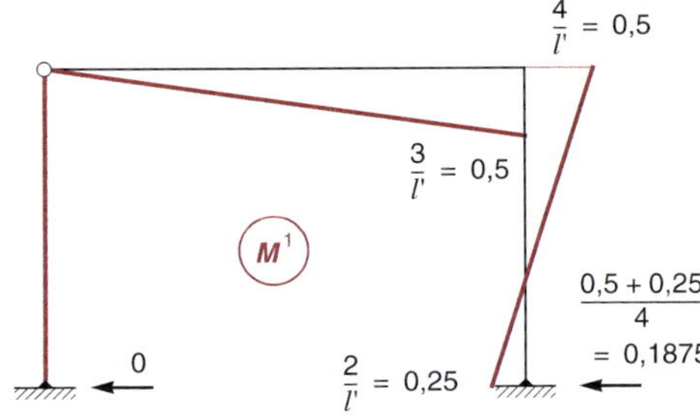

Bild 3.33 Verformung und Momente infolge Knotendrehwinkel am kinematisch bestimmten Hauptsystem

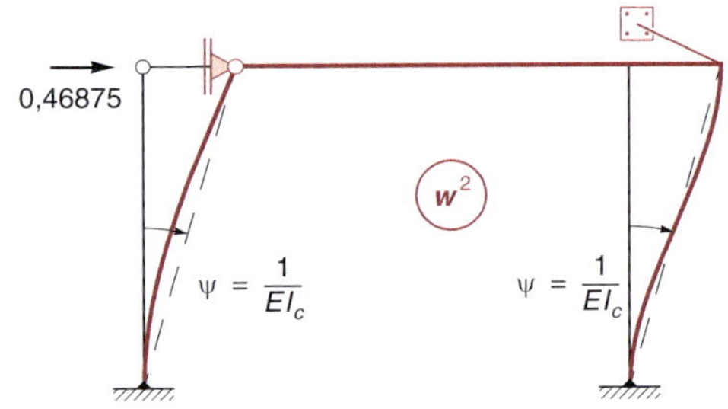

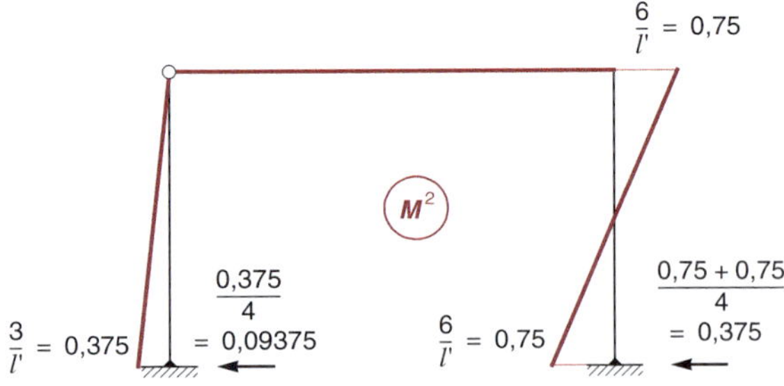

Bild 3.34 Verformung und Momente infolge Stabsehnendrehwinkel am kinematisch bestimmten Hauptsystem

Gleichgewichtsbedingungen

Die an den hinzugefügten Festhaltungen auftretenden Auflagergrößen verletzen die Gleichgewichtsbedingungen des wirklichen Systems. Die Skalierungsfaktoren Y_1 und Y_2 sind wieder so zu bestimmen, dass Gleichgewicht herrscht.

- 1. Gleichgewichtsbedingung

$$\sum M_c = \sum M_c^0 + \sum M_c^1 \cdot Y_1 + \sum M_c^2 \cdot Y_2 = 0$$

$+M_{\text{Knoten}}$ 56,25 26,67 0,5 0,5 0,75

$$\sum M_c = 26{,}67 - 56{,}25 + (0{,}5 + 0{,}5) \cdot Y_1 + 0{,}75 \cdot Y_2 = 0$$

Die Momentenordinaten werden einfach vorzeichengerecht addiert.

$$\sum M_c = -29{,}58 + 1 \cdot Y_1 + 0{,}75 \cdot Y_2 = 0$$

- 2. Gleichgewichtsbedingung

Es wird zunächst die Kraft im hinzugefügten horizontalen Lager betrachtet, um den Zusammenhang zwischen dem Kräftegleichgewicht und der gleichwertigen Formulierung mit dem Prinzip der virtuellen Verschiebungen zu zeigen. Im endgültigen Zustand muss die Auflagerkraft in der hinzugefügten Verschiebungsfesthaltung gleich null sein. Die Gleichgewichtsbedingung lautet:

$$\sum H = 40 + 0{,}1875 \cdot Y_1 + 0{,}46875 \cdot Y_2 = 0$$

Diese Formulierung der Gleichgewichtsbedingung ist ungünstig, da die Querkräfte am kinematisch bestimmten Hauptsystem bestimmt werden müssen. Weiterhin wird das Gleichungssystem unsymmetrisch.

Besser ist die Formulierung der Gleichgewichtsbedingung mit dem Prinzip der virtuellen Verschiebungen. Um die Kräftegleichgewichtsbedingung zu formulieren (hier speziell: $\sum H = 0$), muss eine virtuelle Verschiebung so aufgebracht werden, dass die Auflagerkraft in der Festhaltung Arbeit leistet.

Die Auflagerkraft in den zugefügten Festhaltungen setzt sich zusammen aus:

- äußeren Horizontalkräften und
- Querkräften in den senkrechten Stielen

$$V = \frac{M_{\text{re}} - M_{\text{li}}}{l}$$

Die Querkraft kann durch die Stabendmomente ausgedrückt werden.

Um den Riegel spannungsfrei horizontal verschieben zu können, sind die drei in *Bild 3.35* farbig dargestellten Momentengelenke hinzuzufügen.

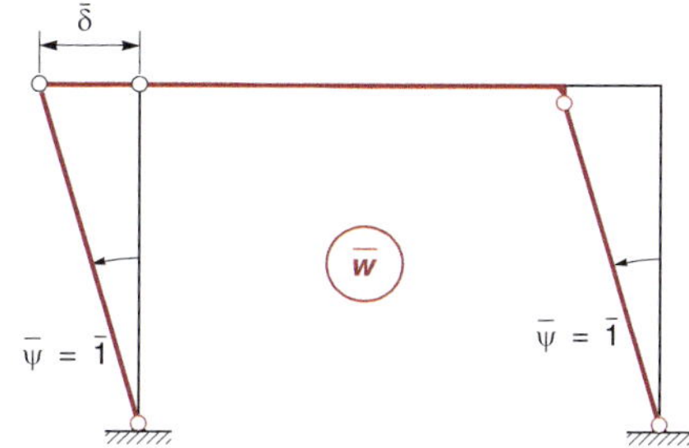

Bild 3.35 Virtueller Verformungszustand nach Lagrangescher Befreiung

Es wird nun die Arbeit berechnet, die auf der virtuellen Verschiebung in *Bild 3.35* geleistet wird. Da sich der Riegel nicht verdreht, gehen nur die Stabendmomente der Stiele in die Arbeitsgleichung ein. Die Berechnung der Arbeit der Stabendmomente erfolgt schematisch durch vorzeichengerechtes Einsetzen der Momente und der virtuellen Winkel.

Bei der Berechnung der Arbeit der äußeren Kräfte ist nur die Richtung von Kraft- und Weggröße von Bedeutung. Da sowohl die Resultierende der Streckenlast als auch die virtuelle Verschiebung nach links gerichtet sind, ist die äußere Arbeit positiv.

$$\sum \overline{W} = (\underbrace{0{,}5 \cdot 1}_{M_{cd}^1 \cdot \bar{\psi}} + \underbrace{0{,}25 \cdot 1}_{M_{dc}^1 \cdot \bar{\psi}}) \cdot Y_1$$

$$+ (\underbrace{0{,}75 \cdot 1}_{M_{cd}^2 \cdot \bar{\psi}} + \underbrace{0{,}75 \cdot 1}_{M_{dc}^2 \cdot \bar{\psi}} + \underbrace{0{,}375 \cdot 1}_{M_{ab}^2 \cdot \bar{\psi}}) \cdot Y_2$$

$$+ \underbrace{80 \cdot 2}_{R_w \cdot \bar{\delta}/2} + \underbrace{26{,}67 \cdot 1}_{M_{cd}^0 \cdot \bar{\psi}} - \underbrace{26{,}67 \cdot 1}_{M_{dc}^0 \cdot \bar{\psi}}$$

$$\sum \overline{W} = 160 + 0{,}75 \cdot Y_1 + 1{,}875 \cdot Y_2 = 0$$

Ein Vergleich dieser Gleichung mit der Bedingung $\sum H = 0$ zeigt, dass beide Gleichungen sich um den Faktor „4" unterscheiden. Dies ist die Größe der Verschiebung des Riegels im virtuellen Zustand in *Bild 3.35*.

Gleichungssystem und Lösung

$$\begin{bmatrix} 1{,}0 & 0{,}75 \\ 0{,}75 & 1{,}875 \end{bmatrix} \begin{bmatrix} Y_1 \\ Y_2 \end{bmatrix} = \begin{bmatrix} 29{,}583 \\ -160{,}0 \end{bmatrix} \Rightarrow \begin{bmatrix} Y_1 \\ Y_2 \end{bmatrix} = \begin{bmatrix} 133{,}69 \\ -138{,}81 \end{bmatrix}$$

Die durch Lösung des Gleichungssystems ermittelten Y-Werte sind die Skalierungsfaktoren für die Einheitsverformungszustände. Sind diese Faktoren bekannt, so sind es auch die Verformungen des Systems an den Knoten. Die horizontale Verschiebung des Riegels ergibt sich aus der Stabsehnendrehung der Stiele, multipliziert mit der Stielhöhe:

$$\delta_{b,h} = \frac{1}{EI_c} \cdot h \cdot Y_2 = \frac{1}{5 \cdot 10^5} \cdot 4 \cdot 138{,}81 = 1{,}11 \cdot 10^{-3}\ \text{m}$$

Der Faktor Y_2 ist negativ, d. h., die Verschiebung erfolgt entgegen der im Einheitszustand vorgegebenen Richtung, also nach links. Der Faktor Y_1 für die Knotendrehung ist positiv, der Knoten verdreht sich im Gegenuhrzeigersinn.

Endgültige Momentenlinie durch Superposition

$$M = M^0 + \sum M^i \cdot Y_i$$

$$\begin{bmatrix} M_{ab} \\ M_{cb} \\ M_{cd} \\ M_{dc} \end{bmatrix} = \begin{bmatrix} 0 & 0 & 0{,}375 \\ -56{,}25 & 0{,}5 & 0 \\ 26{,}67 & 0{,}5 & 0{,}75 \\ -26{,}67 & 0{,}25 & 0{,}75 \end{bmatrix} \begin{bmatrix} 1 \\ 133{,}69 \\ -138{,}81 \end{bmatrix} = \begin{bmatrix} -52{,}05 \\ 10{,}593 \\ -10{,}595 \\ -97{,}36 \end{bmatrix}$$

Mit der Momentenlinie in *Bild 3.36* sind auch die Krümmungen bekannt und die Verformung des Systems kann mit den bekannten Knotenverformungen qualitativ skizziert werden, wie ebenfalls in *Bild 3.36* dargestellt ist.

Gleichgewichtskontrollen

Entsprechend den hinzugefügten Festhaltungen ist zu kontrollieren, ob die Momentensumme im Punkt c sowie die horizontale Kräftesumme gleich null ist.

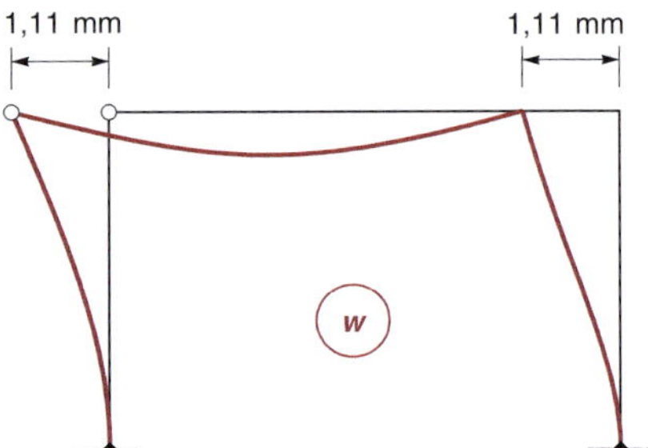

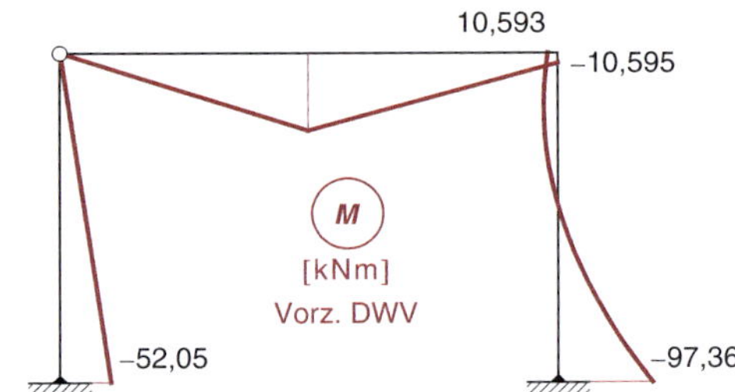

Bild 3.36 Endgültige Momentenlinie und Verformung für Lastfall 1

Zur Kontrolle der Bedingung $\sum M = 0$ sind an jedem Knoten die Stabendmomente aller einmündenden Stäbe unabhängig zu ermitteln und nach den Vorzeichen des Drehwinkelverfahrens vorzeichengerecht zu addieren.

- $\sum M_c = 10{,}593 - 10{,}595 = -0{,}002 \approx 0$

Die Abweichung beträgt:

$$\frac{0{,}002}{10{,}593} \cdot 100\ \% = 0{,}019\ \%$$

- $\sum H = 0$?

Die Gleichgewichtsbedingung $\sum H = 0$ wurde in der Rechnung mit dem Prinzip der virtuellen Verschiebungen formuliert. Im Sinne einer unabhängigen Kontrolle ist es besser, diese Kontrolle durch Berechnung der Auflagerkräfte durchzuführen.

Ermittlung der horizontalen Auflagerkräfte:

$$A_h = 20 \cdot 4/2 + (10{,}593 + 97{,}36)/4 = 66{,}988$$

$$B_h = 52{,}05/4 = 13{,}013$$

$$\sum H = 20 \cdot 4 - 66{,}988 - 13{,}013 = -0{,}001 \approx 0$$

Lastfall 2: gleichmäßige Erwärmung des Riegels um $T_0 = +30°$

Für die Berechnung dieses Lastfalls werden die Größe der Biegesteifigkeit und der Temperaturausdehnungskoeffizient benötigt.

$$EI_c = 5 \cdot 10^5 \text{ kNm}^2$$

$$\alpha_T = 1{,}2 \cdot 10^{-5}$$

Die Einheitsverformungszustände sind von der Belastung unabhängig. Es ist also für den neuen Lastfall nur der Lastverformungszustand neu zu ermitteln.

Die Beanspruchung wird am kinematisch bestimmten Hauptsystem aufgebracht, wie in *Bild 3.37* dargestellt ist.

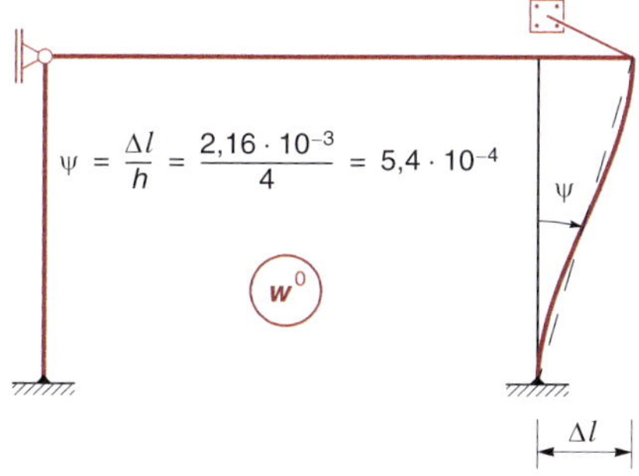

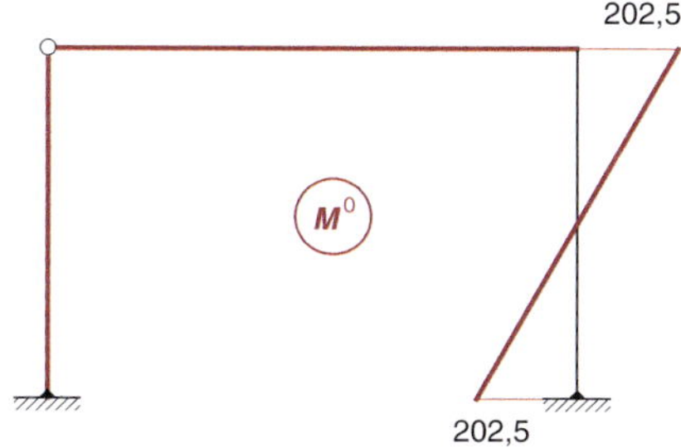

Bild 3.37 Verformungen und Momente infolge Temperatur am kinematisch bestimmten Hauptsystem

Infolge der Temperaturerhöhung verlängert sich der Riegel. Da der linke Punkt des Riegels durch die Verschiebungsfesthaltung unverschieblich ist, kann die Verlängerung infolge der Temperaturerhöhung nur nach rechts erfolgen. Dadurch verschiebt sich der rechte Riegelpunkt. Durch die vorhandene Drehfesthaltung bleibt der Riegel gerade und nur der rechte Stiel wird gebogen.

Die Temperaturverlängerung beträgt:

$$\Delta l = \alpha_T \cdot T_0 \cdot l = 1{,}2 \cdot 10^{-5} \cdot 30 \cdot 6 = 2{,}16 \cdot 10^{-3} \text{ m}$$

Die Verlängerung erzeugt eine Stabdrehung des rechten Stiels. Der Stabsehnendrehwinkel beträgt:

$$\psi = \frac{\Delta l}{h} = \frac{2{,}16 \cdot 10^{-3}}{4} = 5{,}4 \cdot 10^{-4}$$

Mit diesem Stabsehnendrehwinkel können die Momente des Stieles nach *Tafel A8* berechnet werden. Das dort angegebene Moment gilt für einen Winkel von $1/EI_c$. Das Moment für einen Winkel ψ ergibt sich durch Multiplikation des Tafelwertes mit $EI_c \cdot \psi$. Für das vorliegende Beispiel folgt damit:

$$M = \frac{6}{l'} \cdot EI_c \cdot \psi = \frac{6}{8} \cdot 5 \cdot 10^5 \cdot 5{,}4 \cdot 10^{-4} = 202{,}5$$

Gleichgewichtsbedingungen

Bei der Formulierung der Gleichgewichtsbedingungen ändern sich nur die Anteile infolge der Belastung. Sie sind in den nachfolgenden Gleichungen farbig gekennzeichnet.

$$\sum M_c = 202{,}5 + 1 \cdot Y_1 + 0{,}75 \cdot Y_2 = 0$$

$$\sum \overline{W} = 0{,}75 \cdot Y_1 + 1{,}875 \cdot Y_2 + 202{,}5 \cdot 1 + 202{,}5 \cdot 1 = 0$$

$$0{,}75 \cdot Y_1 + 1{,}875 \cdot Y_2 + 405 = 0$$

Gleichungssystem und Lösung

$$\begin{bmatrix} 1{,}0 & 0{,}75 \\ 0{,}75 & 1{,}875 \end{bmatrix} \begin{bmatrix} Y_1 \\ Y_2 \end{bmatrix} = \begin{bmatrix} -202{,}5 \\ -405 \end{bmatrix} \Rightarrow \begin{bmatrix} Y_1 \\ Y_2 \end{bmatrix} = \begin{bmatrix} -57{,}86 \\ -192{,}86 \end{bmatrix}$$

Endgültige Momentenlinie durch Superposition

$$M = M^0 + \sum M^i \cdot Y_i$$

$$\begin{bmatrix} M_{ab} \\ M_{cb} \\ M_{cd} \\ M_{dc} \end{bmatrix} = \begin{bmatrix} 0 & 0 & 0{,}375 \\ 0 & 0{,}5 & 0 \\ 202{,}5 & 0{,}5 & 0{,}75 \\ 202{,}5 & 0{,}25 & 0{,}75 \end{bmatrix} \begin{bmatrix} 1 \\ -57{,}86 \\ -192{,}86 \end{bmatrix} = \begin{bmatrix} -72{,}32 \\ -28{,}93 \\ 28{,}93 \\ 43{,}39 \end{bmatrix}$$

Wie bei dem vorherigen Lastfall kann die Verformung des Systems mithilfe der bekannten Y-Werte und den Krümmungen aus den Momenten gezeichnet werden. Bei diesem Lastfall ist zu beachten, dass die Verschiebungen der Riegelpunkte nicht mehr gleich sind, da die Verschiebung infolge der Temperaturdehnung am kinematisch bestimmten Hauptsystem zu berücksichtigen ist. Die Verschiebung des Punktes *b* ist im Lastverformungszustand gleich null, sie ergibt sich nur aus dem Einheitsverschiebungszustand.

$$\delta_{b,h} = \frac{1}{EI_c} \cdot h \cdot Y_2 = \frac{192{,}86}{5 \cdot 10^5} \cdot 4 = 1{,}54 \cdot 10^{-3}\ \text{m}$$

Bei der Verschiebung des Punktes *c* ist der Anteil aus dem Lastverformungszustand zu addieren.

$$\delta_{c,h} = 2{,}16 \cdot 10^{-3} - 1{,}54 \cdot 10^{-3} = 0{,}62 \cdot 10^{-3}\ \text{m}$$

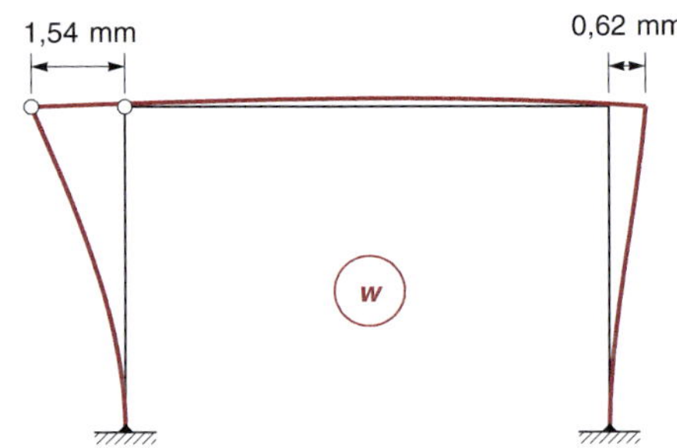

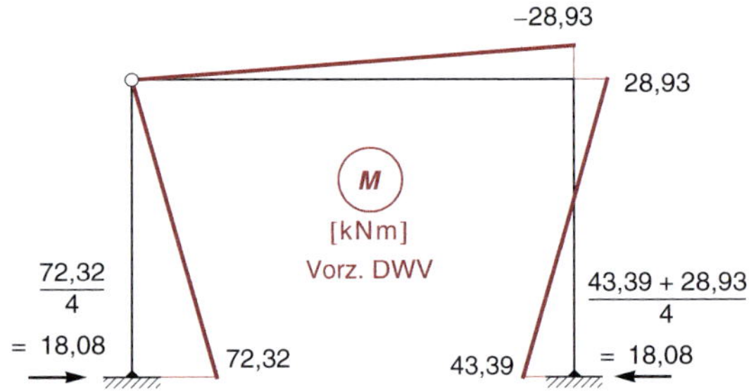

Bild 3.38 Endgültige Momentlinie für Lastfall 2

Gleichgewichtskontrollen

1. $\sum M_c = 28{,}93 - 28{,}93 = 0$

2. $\sum H = 0\,?$

Die Ermittlung der horizontalen Auflagerkräfte ist in *Bild 3.38* angegeben, sie ergeben sich aus den Querkräften der Stiele. Damit folgt:

$$\sum H = 18{,}08 - 18{,}08 = 0$$

Beispiel 3.3

Für das in *Bild 3.39* dargestellte Rahmentragwerk ist die Momentenlinie infolge der angegebenen Belastung nach dem Drehwinkelverfahren zu berechnen.

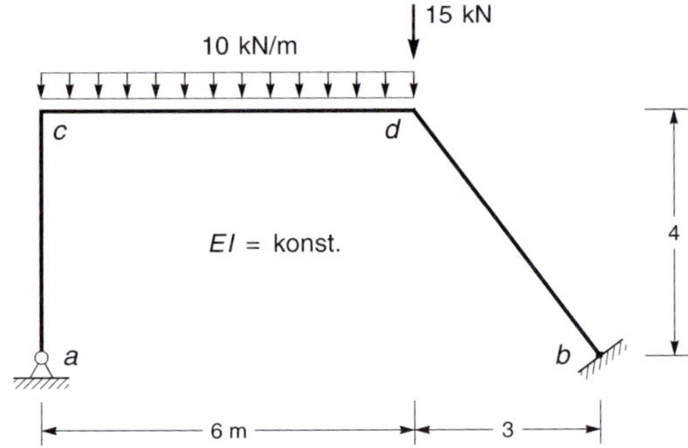

Bild 3.39 Rahmentragwerk mit Belastung

Kinematisch bestimmtes Hauptsystem

In den Knoten *c* und *d* sind Drehfesthaltungen anzuordnen. Da der rechte Stiel des Rahmens nicht vertikal ist, können sich die Stabsehnen aller Stäbe verdrehen. Werden in allen Knoten Vollgelenke eingelegt, ergibt sich die kinematische Kette in *Bild 3.40*. Um das Gelenksystem unverschieblich zu machen, wird der Punkt *c* in horizontaler Richtung gegen Verschieben gehalten. Das System ist also dreifach kinematisch unbestimmt. Da die kinematischen Beziehungen für die Formulierung des Einheitsverschiebungszustands benötigt werden, sind nachfolgend Polplan und Winkelbeziehungen angegeben.

- Polplan:

(1), (3) [Auflager]

(1,2), (2,3): Gelenke zwischen den Scheiben,

$$(2)\begin{bmatrix}(1)-(1{,}2)\\(3)-(2{,}3)\end{bmatrix},\quad (1{,}3)\begin{bmatrix}(1)-(3)\\(1{,}2)-(2{,}3)\end{bmatrix}$$

Die Drehwinkel der Scheiben *I* und *III* sind gleich, da der Relativpol (1,3) im Unendlichen liegt.

$$\varphi_1 = \varphi_3$$

Aus den Abständen der Absolutpole (2) und (3) zum Relativpol (2,3) folgt $\varphi_2 = \frac{1}{2}\varphi_3$.

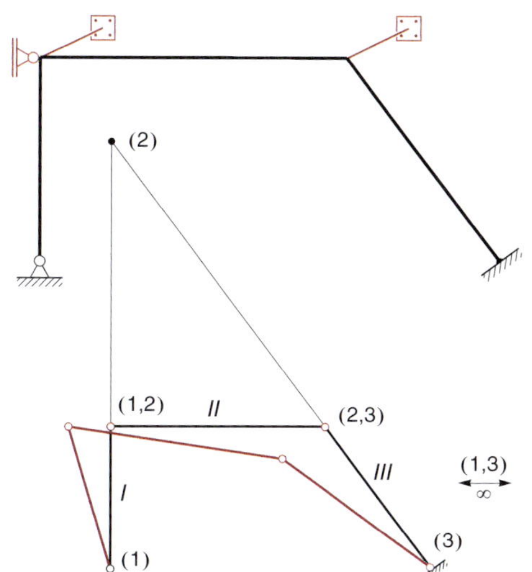

Bild 3.40 Kinematisch bestimmtes Hauptsystem

Lastverformungszustand

Aufgrund der Streckenlast ergeben sich im Riegel die Verformungen und Momente nach *Bild 3.41*. Die Einzelkraft wirkt am Knoten und ergibt am Hauptsystem keine Beanspruchung.

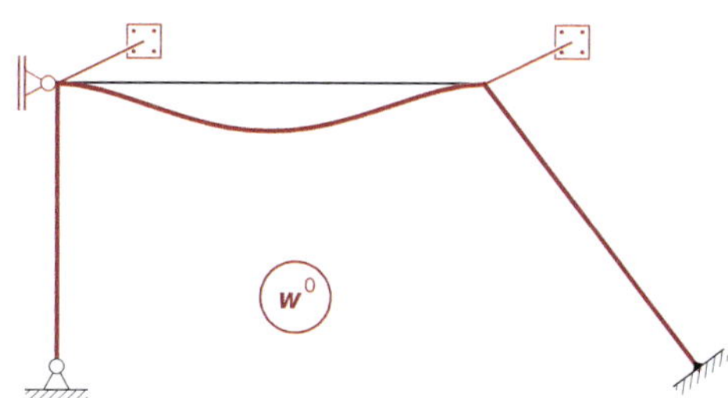

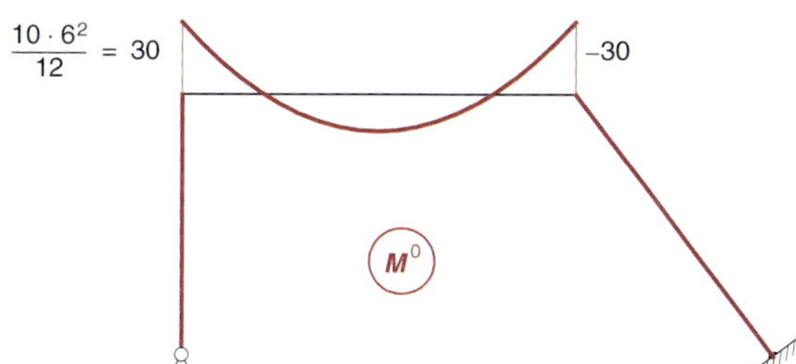

Bild 3.41 Momente und Verformung am Hauptsystem

Einheitsverformungszustände

Es sind als Einheitsverformungen zwei Knotendrehungen und eine Verschiebung aufzubringen. Die Einheitszustände sind in den *Bildern 3.42 bis 3.44* dargestellt.

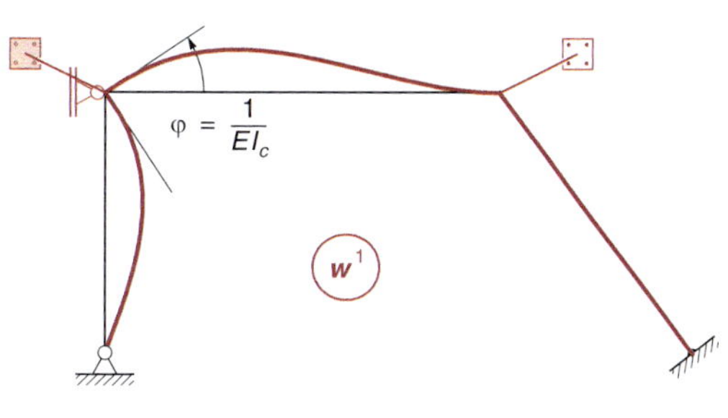

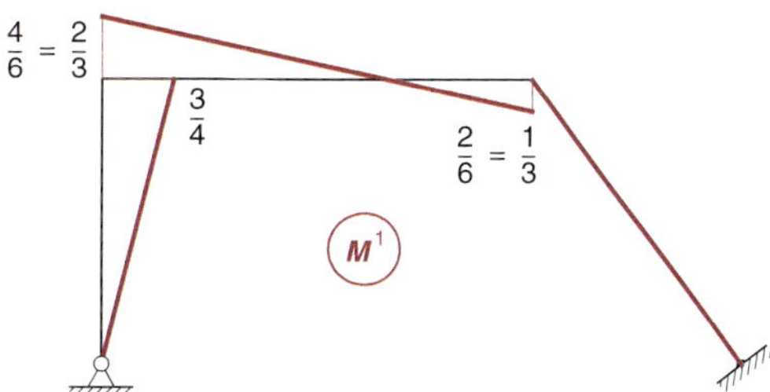

Bild 3.42 Einheitsdrehung am Knoten *c*

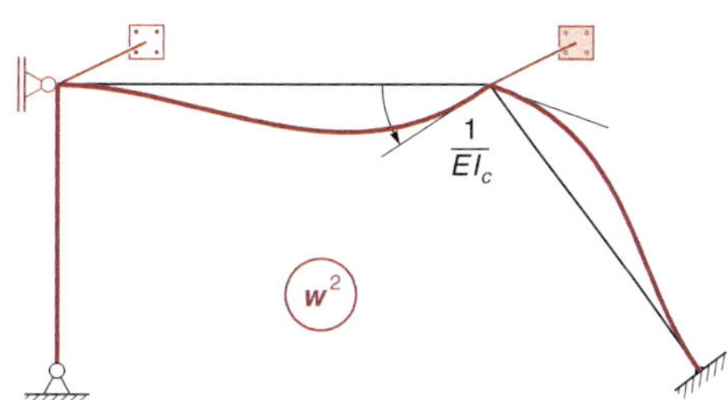

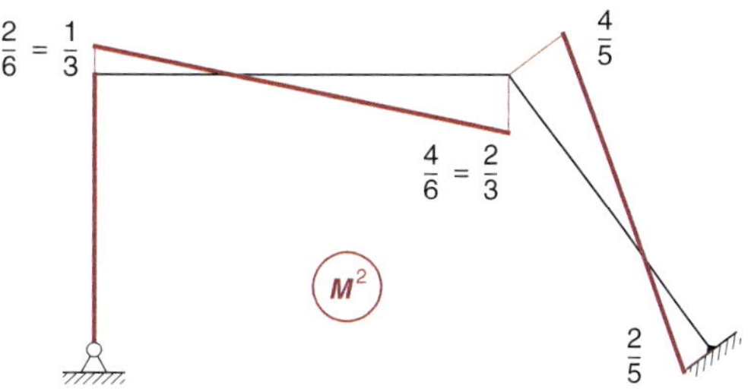

Bild 3.43 Einheitsdrehung am Knoten *d*

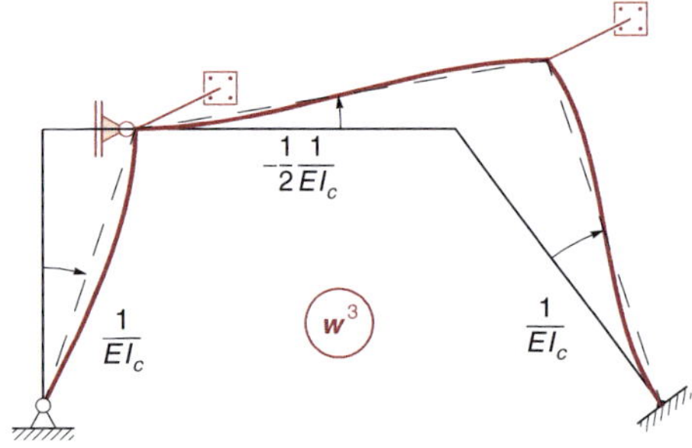

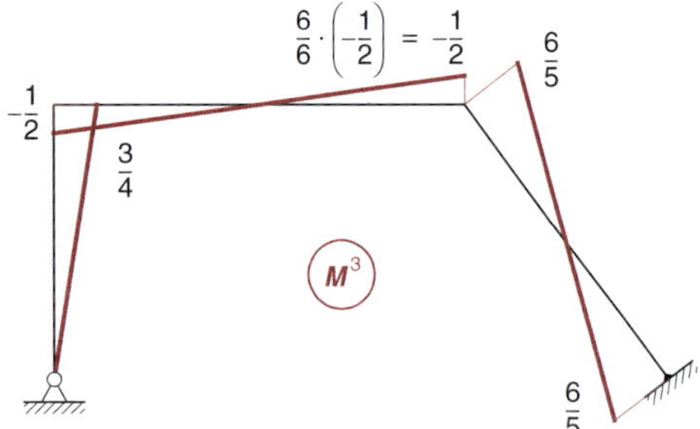

Bild 3.44 Einheitsverschiebungszustand

Im Verschiebungszustand in *Bild 3.44* ist der Stabsehnendrehwinkel des Riegels zu beachten. Er folgt aus den zuvor ermittelten kinematischen Beziehungen und ist negativ, weil er im Gegenuhrzeigersinn dreht. Die Stabendmomente aus *Tafel A8* gelten für einen Winkel von $1/EI_c$. Diese Momente sind daher mit dem Faktor $-1/2$ zu multiplizieren.

Gleichgewichtsbedingungen

- $\sum M_c = 0$

$$\left(\frac{2}{3}+\frac{3}{4}\right)\cdot Y_1+\frac{1}{3}\cdot Y_2+\left(\frac{3}{4}-\frac{1}{2}\right)\cdot Y_3+30 = 0$$

- $\sum M_d = 0$

$$\frac{1}{3}\cdot Y_1+\left(\frac{2}{3}+\frac{4}{5}\right)\cdot Y_2+\left(\frac{6}{5}-\frac{1}{2}\right)\cdot Y_3-30 = 0$$

- Verschiebungsgleichgewicht mit dem Prinzip der virtuellen Verschiebungen

Die Berechnung der Arbeit der Stabendmomente aus den Einheitszuständen und dem Lastzustand auf den virtuellen Stabdrehungen in *Bild 3.45* kann schematisch erfolgen, indem Momente und virtuelle Drehwinkel vorzeichengerecht eingesetzt werden. Die Arbeit der äußeren Belastung wird zunächst als Betrag aus dem Produkt von Kraft- und Weggröße ermittelt. Das Vorzeichen der Arbeit wird dann anschaulich danach festgelegt, ob Kraft- und Weggröße dieselbe Richtung haben oder nicht. In diesem Fall leistet die Einzelkraft am Knoten *d* Arbeit auf der vertikalen Verschiebung dieses Punktes (Skalarprodukt). Die Resultierende der Streckenlast leistet Arbeit auf der vertikalen Verschiebung in ihrem Angriffspunkt, also in Riegelmitte. Beide Arbeiten sind positiv, weil Kraft und Verschiebung gleichgerichtet sind.

$$\begin{aligned}\sum \overline{W} = &\left[\frac{3}{4}\cdot 1+\left(\frac{2}{3}+\frac{1}{3}\right)\cdot\left(-\frac{1}{2}\right)\right]\cdot Y_1\\ &+\left[\left(\frac{4}{5}+\frac{2}{5}\right)\cdot 1+\left(\frac{2}{3}+\frac{1}{3}\right)\cdot\left(-\frac{1}{2}\right)\right]\cdot Y_2\\ &+\left[\frac{3}{4}\cdot 1+\left(-\frac{1}{2}-\frac{1}{2}\right)\cdot\left(-\frac{1}{2}\right)+\left(\frac{6}{5}+\frac{6}{5}\right)\cdot 1\right]\cdot Y_3\\ &+(30-30)\cdot\left(-\frac{1}{2}\right)+15\cdot 3+10\cdot 6\cdot 1{,}5 = 0\end{aligned}$$

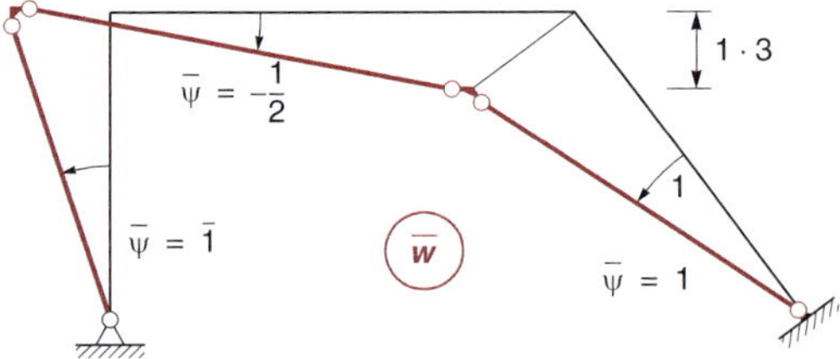

Bild 3.45 Virtuelle Verschiebungsfigur

Gleichungssystem und Lösung

$$\begin{bmatrix}1{,}41667 & 0{,}33333 & 0{,}25\\ 0{,}33333 & 1{,}46667 & 0{,}7\\ 0{,}25 & 0{,}7 & 3{,}65\end{bmatrix}\begin{bmatrix}Y_1\\ Y_2\\ Y_3\end{bmatrix} = \begin{bmatrix}-30\\ 30\\ -135\end{bmatrix}$$

$$\Rightarrow \begin{bmatrix}Y_1\\ Y_2\\ Y_3\end{bmatrix} = \begin{bmatrix}-24{,}450\\ 47{,}183\\ -44{,}361\end{bmatrix}$$

Endgültige Momentenlinie durch Superposition

$$M = M^0 + \sum M^i \cdot Y_i$$

$$\begin{bmatrix} M_{ca} \\ M_{cd} \\ M_{dc} \\ M_{db} \\ M_{bd} \end{bmatrix} = \begin{bmatrix} 0 & 0{,}75 & 0 & 0{,}75 \\ 30 & 0{,}66667 & 0{,}33333 & -0{,}5 \\ -30 & 0{,}33333 & 0{,}66667 & -0{,}5 \\ 0 & 0 & 0{,}8 & 1{,}2 \\ 0 & 0 & 0{,}4 & 1{,}2 \end{bmatrix} \begin{bmatrix} 1 \\ -24{,}450 \\ 47{,}183 \\ -44{,}361 \end{bmatrix}$$

$$\begin{bmatrix} M_{ca} \\ M_{cd} \\ M_{dc} \\ M_{db} \\ M_{bd} \end{bmatrix} = \begin{bmatrix} -51{,}61 \\ 51{,}61 \\ 15{,}49 \\ -15{,}49 \\ -34{,}36 \end{bmatrix}$$

Die Momentenlinie und die Verformung des endgültigen Zustands sind in *Bild 3.46* dargestellt.

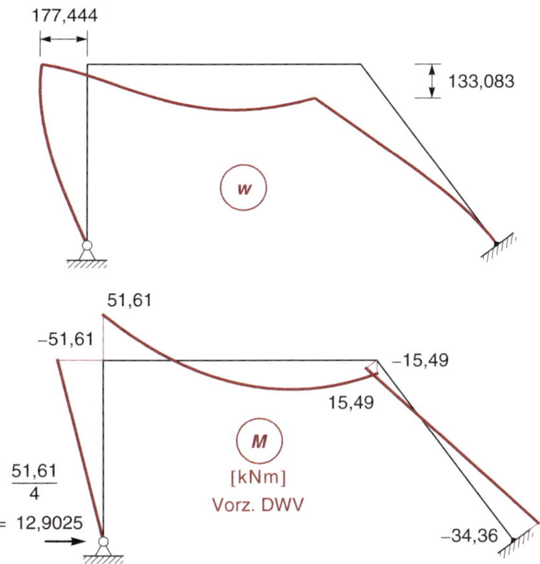

Bild 3.46 Endgültiger Verformungszustand und Momentenlinie

Die Verformungen der beiden Knotenpunkte sind durch die ermittelten Y-Werte bekannt. Die EI_c-fache horizontale Verschiebung des Riegels folgt aus:

$$\delta'_{c,h} = h \cdot |Y_3| = 4 \cdot 44{,}361 = 177{,}444$$

Weil Y_3 negativ ist, erfolgt die Verschiebung entgegen der Richtung des Einheitszustandes, also nach links. Aufgrund der Dehnstarrheit des schrägen Stiels verschiebt sich der Punkt *d* senkrecht zur Stabachse. Daraus folgt geometrisch die vertikale Verschiebung des Knotens *d:*

$$\delta'_{d,v} = \delta'_{c,h} \cdot \frac{3}{4} = 177{,}444 \cdot \frac{3}{4} = 133{,}083$$

Weiterhin sind mit den Faktoren Y_1 und Y_2 die Knotendrehungen bekannt. Knoten *c* dreht sich im Uhrzeigersinn, Knoten *d* im Gegegenuhrzeigersinn. Mit den bekannten Krümmungen aus der Momentenlinie und den Randbedingungen an den Auflagern kann die Verformungsfigur qualitativ skizziert werden.

Gleichgewichtskontrollen

1. $\sum M_c = 51{,}61 - 51{,}61 = 0$
2. $\sum M_d = 15{,}49 - 15{,}49 = 0$
3. $\sum H = 0\,?$

Die horizontale Auflagerkraft im Punkt *a* ist problemlos aus der Querkraft des linken Stiels zu ermitteln, wie in *Bild 3.46* angegeben ist. Um die Auflagerkraft im Punkt *b* zu berechnen, ermitteln wir zunächst die Querkraft des Riegels im Punkt *d*.

$$V = -\frac{10 \cdot 6}{2} + \frac{15{,}49 - (-51{,}61)}{6} = -18{,}8167$$

Wir führen nun einen Schnitt links von Knoten *d* und betrachten den abgetrennten Stab *b – d* in *Bild 3.47.*

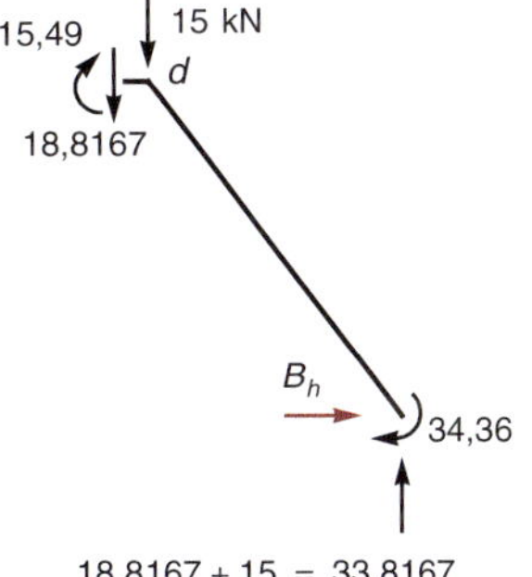

Bild 3.47 Freigeschnittener Stab *b – d*

3

Die vertikale Auflagerkraft kann aus der Bedingung $\sum V = 0$ sofort berechnet werden. Die horizontale Auflagerkraft ergibt sich aus dem Momentengleichgewicht bezüglich des Punktes *d*.

$$\sum M_d = 0: \quad B_h \cdot 4 + 33{,}8167 \cdot 3 - 34{,}36 - 15{,}49 = 0$$

$$B_h = 12{,}9000$$

$$\sum H = 12{,}9025 - 12{,}9000 = 0{,}0025$$

Die Abweichung beträgt:

$$\frac{0{,}0025}{12{,}9025} \cdot 100\ \% = 0{,}019\ \%$$

Beispiel 3.4

Das in *Bild 3.48* dargestellte Rahmentragwerk ist nach dem Drehwinkelverfahren zu berechnen. Gesucht werden:

- Die Momentenlinie infolge der angegebenen Belastung (Lastfall 1).
- Die Momentenlinie infolge einer Temperaturdifferenz $\Delta T = 30°$ (oben wärmer) im Bereich $c - d$ sowie einer eingeprägten Senkung des Auflagerpunktes *e* um $\delta_{ev} = 3$ cm (Lastfall 2).

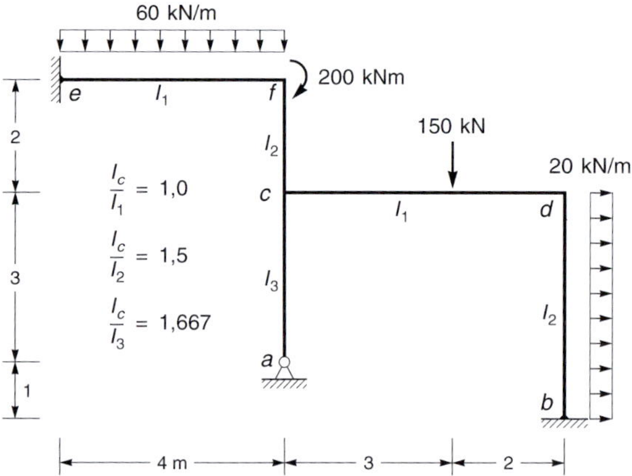

Bild 3.48 System und Belastung

Kinematisch bestimmtes Hauptsystem

Drehfesthaltungen sind in den biegesteifen Knoten *c*, *d* und *f* anzuordnen. Die Ermittlung der Verschiebungsfesthaltungen erfolgt durch die Gelenkfigur in *Bild 3.49*. Sind in allen Knoten Vollgelenke vorhanden, so ist ein horizontales Auflager in Höhe des Riegels *c* – *d* notwendig, um die farbig dargestellte Bewegung zu verhindern. Welcher Punkt des Riegels festgehalten wird, ist ohne Bedeutung. Es wird hier der Punkt *c* gewählt. Es sind also insgesamt vier Festhaltungen notwendig, um das kinematisch bestimmte Hauptsystem in *Bild 3.50* zu bilden. Das System ist daher 4fach kinematisch unbestimmt.

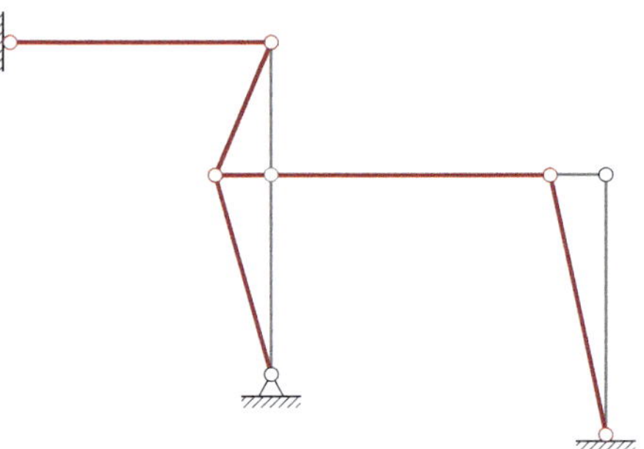

Bild 3.49 Gelenkfigur zur Ermittlung der erforderlichen Verschiebungsfesthaltungen

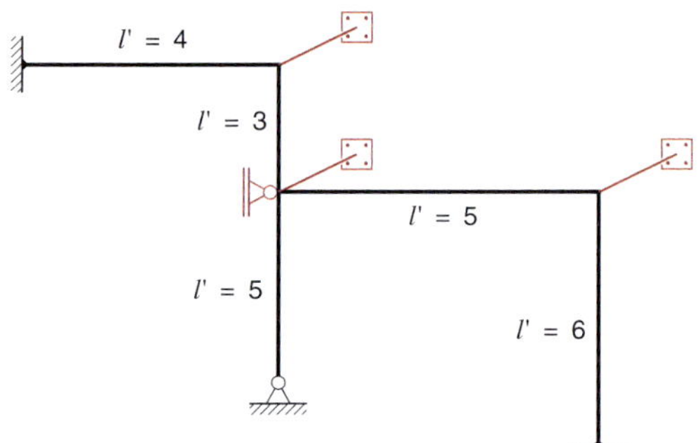

Bild 3.50 System mit zusätzlichen Dreh- und Verschiebungsfesthaltungen

Lastverformungszustand für Lastfall 1

Die Berechnung der Momente an den Grundelementen infolge der Belastung nach *Tafel A9* bietet keine Besonderheiten und ist in *Bild 3.51* angegeben. Das Einzelmoment am Knoten *f* ist keine Stabbelastung und hat daher keinen Einfluss auf die Momentenlinie am Hauptsystem, da es direkt von der hinzugefügten Drehfesthaltung in diesem Punkt aufgenommen wird.

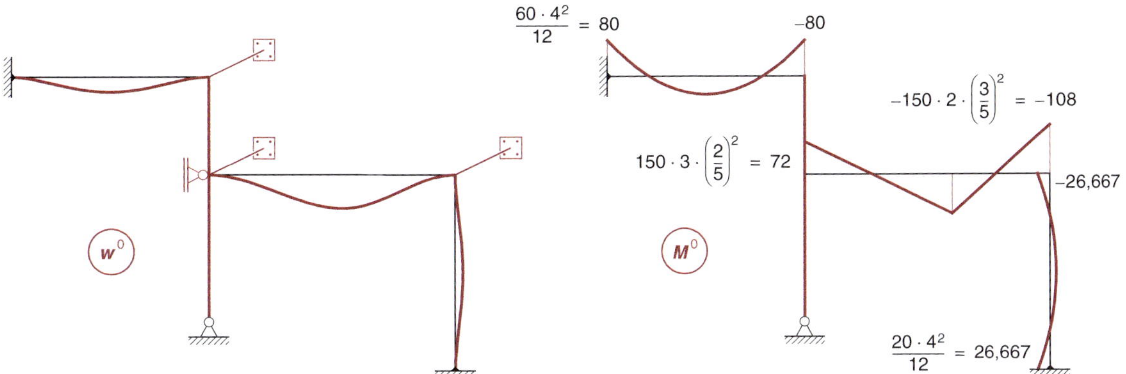

Bild 3.51 Verformungen und Momente infolge äußerer Belastung am kinematisch bestimmten Hauptsystem

Einheitsverformungszustände

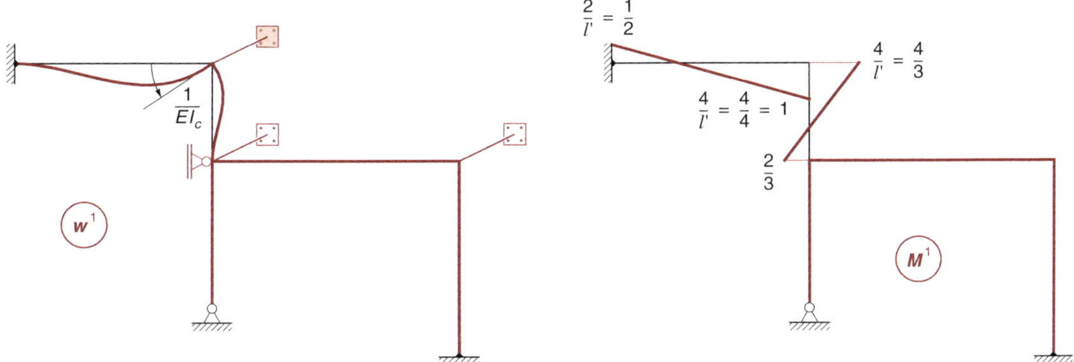

Bild 3.52 1. Einheitsverformungszustand, Einheitsdrehwinkel am Knoten *e*

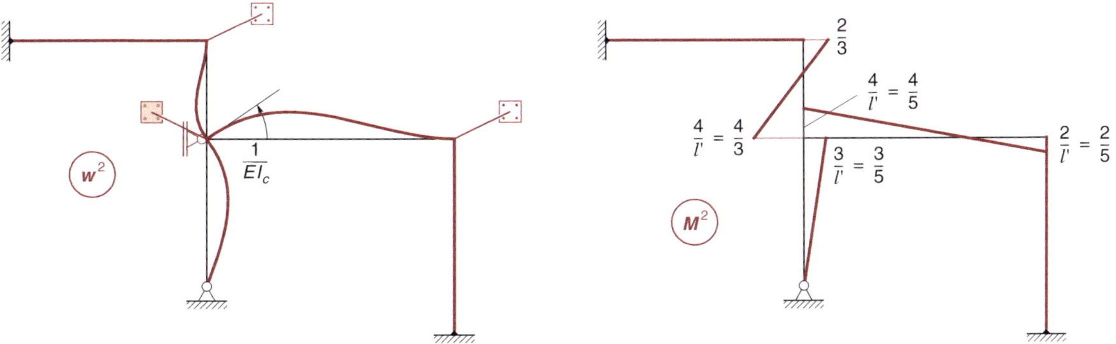

Bild 3.53 2. Einheitsverformungszustand, Einheitsdrehwinkel am Knoten *c*

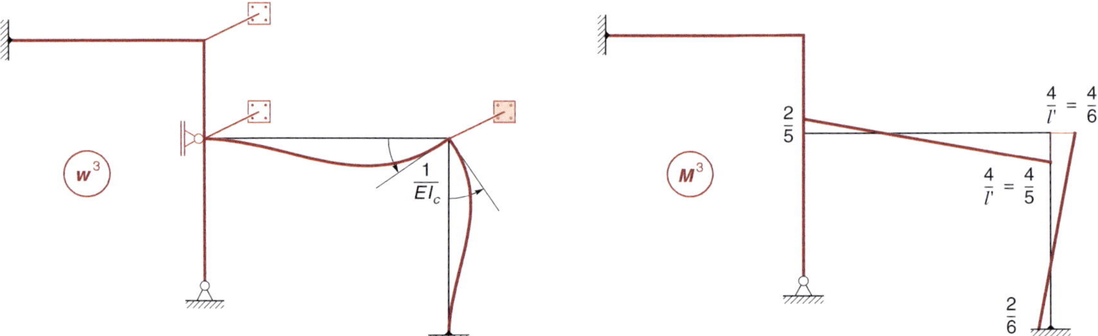

Bild 3.54 3. Einheitsverformungszustand, Einheitsdrehwinkel am Knoten *d*

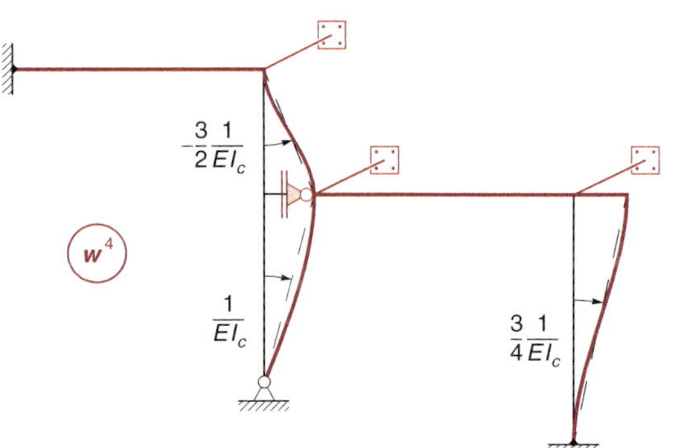

Bild 3.55 4. Einheitsverformungszustand, Stockwerksverschiebung

Bei der Formulierung des Einheitsverschiebungszustands in *Bild 3.55* ist es grundsätzlich beliebig, in welche Richtung die Riegelverschiebung erfolgt. Die Verschiebung wird nach rechts gewählt, da dann zwei der drei Stabsehnendrehwinkel positiv sind. Die Winkel sind voneinander abhängig. Es ist sinnvoll, einen der Winkel mit der Größe $1/EI_c$ vorzugeben, es wird hier der Drehwinkel des unteren linken Stiels gewählt.

Gleichgewichtsbedingungen

- $\sum M_f = 0$

Bei dieser Momentengleichgewichtsbedingung ist das am Knoten angreifende Einzelmoment zu beachten, das mit positivem Vorzeichen in die Gleichung eingeht, da Knotenmomente im Uhrzeigersinn drehend positiv sind.

$$-80 + 200 + \left(1 + \frac{4}{3}\right) \cdot Y^1 + \frac{2}{3} \cdot Y^2 - 3 \cdot Y^4 = 0$$

- $\sum M_c = 0$

$$72 + \frac{2}{3} \cdot Y_1 + \left(\frac{4}{3} + \frac{3}{5} + \frac{4}{5}\right) \cdot Y_2 + \frac{2}{5} \cdot Y_3 + \left(-3 + \frac{3}{5}\right) \cdot Y_4 = 0$$

- $\sum M_d = 0$

$$-108 - 26{,}667 + \frac{2}{5} \cdot Y_2 + \left(\frac{4}{5} + \frac{4}{6}\right) \cdot Y_3 + \frac{3}{4} \cdot Y_4 = 0$$

- Verschiebungsgleichgewicht mit dem Prinzip der virtuellen Verschiebungen

Um den unteren Riegel spannungsfrei verschieben zu können, sind in den Endpunkten der Stiele Gelenke einzulegen. Die dadurch entstandene kinematische Kette in

Bild 3.56 wird virtuell entgegen der Richtung des Einheitszustands, also nach links verschoben. Die virtuelle Stabdrehung $\overline{\psi} = 1$ wird dort vorgegeben, wo im Einheitszustand $\psi = 1/EI_c$ ist.

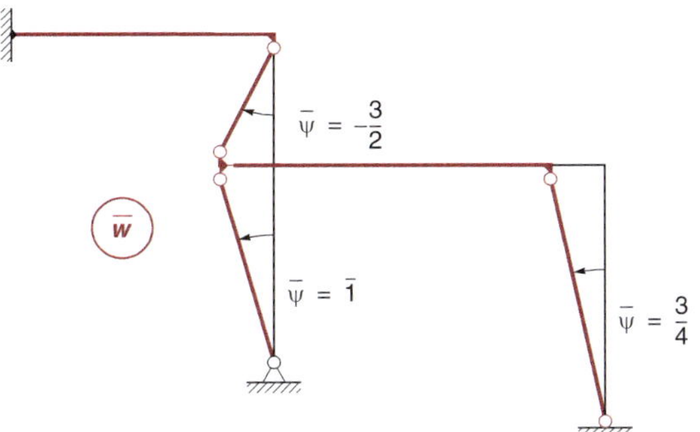

Bild 3.56 Virtuelle Verschiebungsfigur

$$\sum \overline{W} = -20 \cdot 4 \cdot \frac{3}{4} \cdot 2 + 26{,}667 \cdot \frac{3}{4} - 26{,}667 \cdot \frac{3}{4}$$
$$+ \left(\frac{4}{3} + \frac{2}{3}\right) \cdot \left(-\frac{3}{2}\right) \cdot Y_1 + \left[\left(\frac{2}{3} + \frac{4}{3}\right) \cdot \left(-\frac{3}{2}\right) + \frac{3}{5} \cdot 1\right] \cdot Y_2$$
$$+ \left(\frac{4}{6} + \frac{2}{6}\right) \cdot \frac{3}{4} \cdot Y_3$$
$$+ \left[(-3-3) \cdot \left(-\frac{3}{2}\right) + \frac{3}{5} \cdot 1 + \left(\frac{3}{4} + \frac{3}{4}\right) \cdot \frac{3}{4}\right] \cdot Y_4 = 0$$

Gleichungssystem und Lösung

$$\begin{bmatrix} 2{,}333 & 0{,}6667 & 0 & -3{,}0 \\ 0{,}6667 & 2{,}7333 & 0{,}4 & -2{,}4 \\ 0 & 0{,}4 & 1{,}4667 & 0{,}75 \\ -3{,}0 & -2{,}4 & 0{,}75 & 10{,}725 \end{bmatrix} \begin{bmatrix} Y_1 \\ Y_2 \\ Y_3 \\ Y_4 \end{bmatrix} = \begin{bmatrix} -120 \\ -72 \\ 134{,}667 \\ 120 \end{bmatrix}$$

$$\Rightarrow \begin{bmatrix} Y_1 \\ Y_2 \\ Y_3 \\ Y_4 \end{bmatrix} = \begin{bmatrix} -75{,}061 \\ -52{,}086 \\ 121{,}335 \\ -29{,}948 \end{bmatrix}$$

Endgültige Momentenlinie durch Superposition

$$M = M^0 + \sum M^i \cdot Y_i$$

$$\begin{bmatrix} M_{ef} \\ M_{fe} \\ M_{fc} \\ M_{cf} \\ M_{ca} \\ M_{cd} \\ M_{dc} \\ M_{db} \\ M_{bd} \end{bmatrix} = \begin{bmatrix} 80{,}0 & 0{,}5 & 0 & 0 & 0 \\ -80{,}0 & 1{,}0 & 0 & 0 & 0 \\ 0 & 1{,}333 & 0{,}6667 & 0 & -3{,}0 \\ 0 & 0{,}6667 & 1{,}333 & 0 & -3{,}0 \\ 0 & 0 & 0{,}6 & 0 & 0{,}6 \\ 72{,}0 & 0 & 0{,}8 & 0{,}4 & 0 \\ -108{,}0 & 0 & 0{,}4 & 0{,}8 & 0 \\ -26{,}667 & 0 & 0 & 0{,}6667 & 0{,}75 \\ 26{,}667 & 0 & 0 & 0{,}3333 & 0{,}75 \end{bmatrix} \begin{bmatrix} 1 \\ -75{,}061 \\ -52{,}086 \\ 121{,}335 \\ -29{,}948 \end{bmatrix}$$

$$\begin{bmatrix} M_{ef} \\ M_{fe} \\ M_{fc} \\ M_{cf} \\ M_{ca} \\ M_{cd} \\ M_{dc} \\ M_{db} \\ M_{bd} \end{bmatrix} = \begin{bmatrix} 42{,}470 \\ -155{,}061 \\ -44{,}938 \\ -29{,}630 \\ -49{,}220 \\ 78{,}865 \\ -31{,}766 \\ 31{,}766 \\ 44{,}647 \end{bmatrix}$$

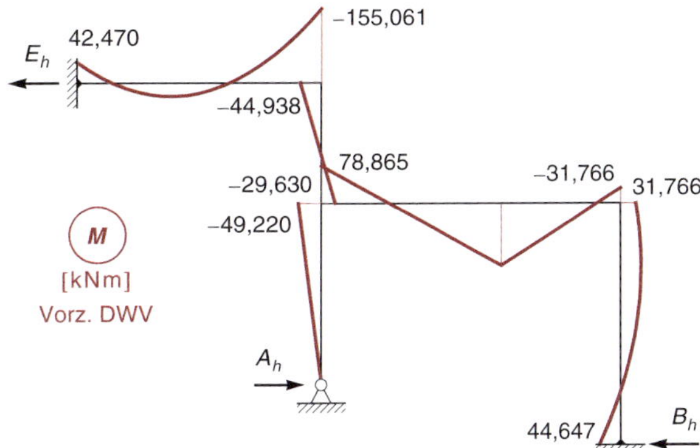

Bild 3.57 Endgültige Momentenlinie für Lastfall 1

Gleichgewichtskontrollen

- $\sum M_f = 0\,?$

$$-155{,}061 - 44{,}938 + 200 = -199{,}999 + 200 = 0{,}001$$

Die Abweichung beträgt:

$$\frac{0{,}001}{200} \cdot 100\ \% = 0{,}0005\ \%$$

- $\sum M_c = 0\,?$

$$-49{,}220 - 29{,}630 + 78{,}865 = -78{,}85 + 78{,}865 = 0{,}015$$

Die Abweichung beträgt:

$$\frac{0{,}015}{78{,}865} \cdot 100\ \% = 0{,}019\ \%$$

- $\sum M_d = 0\,?$

$$-31{,}766 + 31{,}766 = 0$$

- $\sum H = 0\,?$

Ermittlung der horizontalen Auflagerkräfte:

Die horizontalen Auflagerkräfte ergeben sich aus den Querkräften der Stiele. Die Richtung kann anschaulich dem Knick in der Momentenlinie entnommen werden.

$$E_h = (44{,}938 + 29{,}630)/2 = 37{,}284$$

$$A_h = 49{,}220/3 = 16{,}407$$

$$B_h = 20 \cdot 4/2 + (31{,}766 + 44{,}647)/4 = 59{,}103$$

$$\sum H = 20 \cdot 4 - 37{,}284 + 16{,}407 - 59{,}103$$

$$= 96{,}407 - 96{,}387 = 0{,}02$$

Die Abweichung beträgt:

$$\frac{0{,}02}{96{,}407} \cdot 100\ \% = 0{,}021\ \%$$

Lastfall 2: Auflagerverschiebung und Temperaturdifferenz

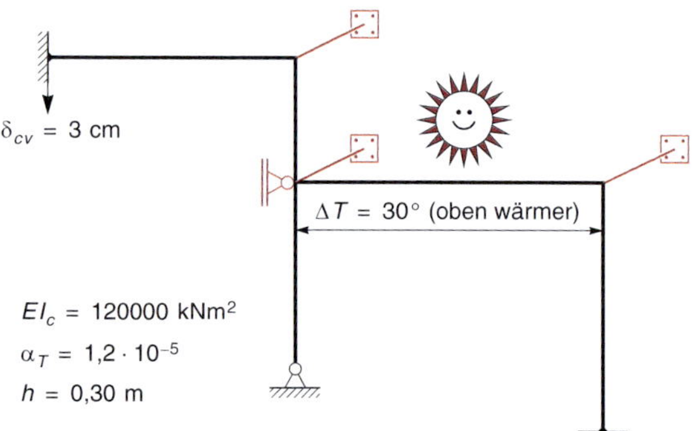

Bild 3.58 Kinematisch bestimmtes Hauptsystem mit Einwirkungen des Lastfalls 2

Für die Berechnung dieses Lastfalls werden die Größe der Biegesteifigkeit, der Temperaturausdehnungskoeffizient sowie die Querschnittshöhe benötigt, diese Werte sind in *Bild 3.58* angegeben.

Die Einheitsverformungszustände bleiben erhalten. Der Lastverformungszustand ist neu zu ermitteln.

Lastverformungszustand

Die Stabendmomente infolge der eingeprägten Auflagerverschiebung werden nach *Tafel A8* ermittelt. Die dort angegebenen Momente für einen Winkel $1/EI_c$ sind mit $\psi \cdot EI_c$ zu multiplizieren. Der Winkel ψ ergibt sich aus der vorgegebenen Auflagerverschiebung von 3 cm, wie in *Bild 3.59* angegeben ist.

Die Temperaturdifferenz erzeugt am kinematisch bestimmten Hauptsystem keine Verformung, jedoch den angegebenen konstanten Momentenverlauf. Vergleiche hierzu das Beispiel 2.10 in Kapitel 2. Die Stabendmomente folgen nach *Tafel A9*, Zeile 26. Da die obere Seite des Stabes wärmer ist, ist ΔT negativ einzusetzen.

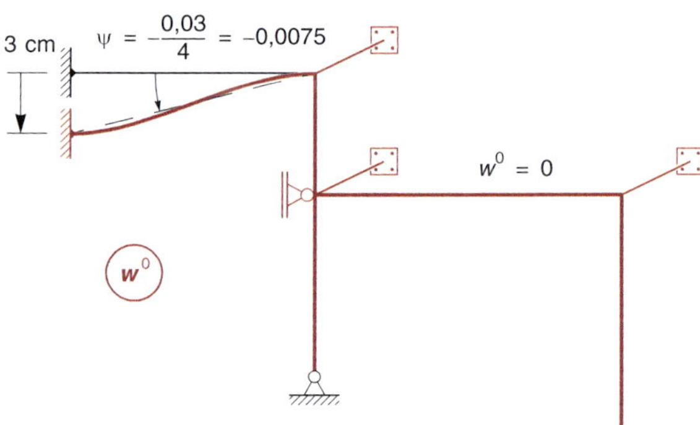

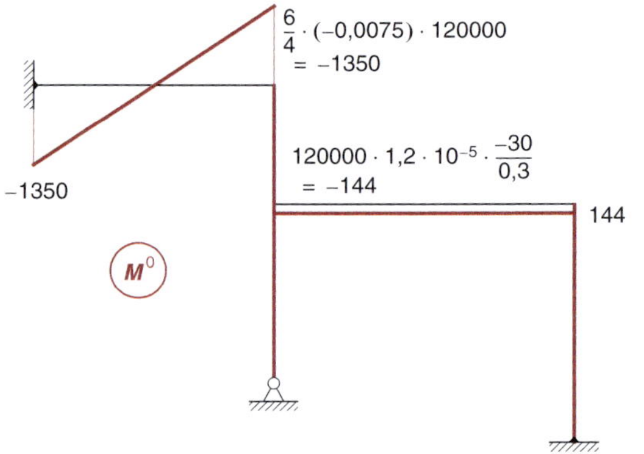

Bild 3.59 Verformungen und Momente infolge Lastfall 2 am kinematisch bestimmten Hauptsystem

Gleichgewichtsbedingungen

Bei der Formulierung der Gleichgewichtsbedingungen ändern sich nur die Anteile des Lastverformungszustands. In den ersten drei Gleichungen ergeben sich andere Momente an den Knoten. Die Arbeit des Lastverformungszustands auf der virtuellen Verschiebung in *Bild 3.56* ist gleich null, da keine äußeren Kräfte wirken und in den Stielen keine Momente vorhanden sind.

Gleichungssystem und Lösung

$$\begin{bmatrix} 2{,}333 & 0{,}6667 & 0 & -3{,}0 \\ 0{,}6667 & 2{,}7333 & 0{,}4 & -2{,}4 \\ 0 & 0{,}4 & 1{,}4667 & 0{,}75 \\ -3{,}0 & -2{,}4 & 0{,}75 & 10{,}725 \end{bmatrix} \begin{bmatrix} Y_1 \\ Y_2 \\ Y_3 \\ Y_4 \end{bmatrix} = \begin{bmatrix} 1350 \\ 144 \\ -144 \\ 0 \end{bmatrix}$$

$$\Rightarrow \begin{bmatrix} Y_1 \\ Y_2 \\ Y_3 \\ Y_4 \end{bmatrix} = \begin{bmatrix} 946{,}367 \\ 145{,}262 \\ -300{,}528 \\ 318{,}240 \end{bmatrix}$$

Endgültige Momentenlinie durch Superposition

$$M = M^0 + \sum M^i \cdot Y_i$$

$$\begin{bmatrix} M_{ef} \\ M_{fe} \\ M_{fc} \\ M_{cf} \\ M_{ca} \\ M_{cd} \\ M_{dc} \\ M_{db} \\ M_{bd} \end{bmatrix} = \begin{bmatrix} -1350 & 0{,}5 & 0 & 0 & 0 \\ -1350 & 1{,}0 & 0 & 0 & 0 \\ 0 & 1{,}333 & 0{,}6667 & 0 & -3{,}0 \\ 0 & 0{,}6667 & 1{,}333 & 0 & -3{,}0 \\ 0 & 0 & 0{,}6 & 0 & 0{,}6 \\ -144 & 0 & 0{,}8 & 0{,}4 & 0 \\ 144 & 0 & 0{,}4 & 0{,}8 & 0 \\ 0 & 0 & 0 & 0{,}6667 & 0{,}75 \\ 0 & 0 & 0 & 0{,}3333 & 0{,}75 \end{bmatrix} \begin{bmatrix} 1 \\ 946{,}367 \\ 145{,}262 \\ -300{,}528 \\ 318{,}240 \end{bmatrix}$$

$$\begin{bmatrix} M_{ef} \\ M_{fe} \\ M_{fc} \\ M_{cf} \\ M_{ca} \\ M_{cd} \\ M_{dc} \\ M_{db} \\ M_{bd} \end{bmatrix} = \begin{bmatrix} -876{,}817 \\ -403{,}633 \\ 403{,}633 \\ -130{,}143 \\ 278{,}101 \\ -148{,}002 \\ -38{,}318 \\ 38{,}318 \\ 138{,}514 \end{bmatrix}$$

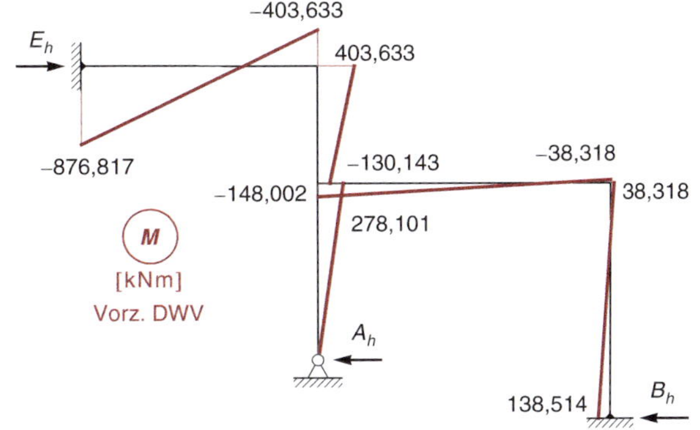

Bild 3.60 Endgültige Momentenlinie infolge Auflagersenkung und Temperaturdifferenz

Gleichgewichtskontrollen

- $\sum M_f = 0\,?$

$$-403{,}633 + 403{,}633 = 0$$

- $\sum M_c = 0\,?$

$$-130{,}143 - 148{,}002 + 278{,}101$$
$$= -278{,}145 + 278{,}101 = -0{,}044$$

Die Abweichung beträgt:

$$\frac{0{,}044}{278{,}101} \cdot 100\ \% = 0{,}016\ \%$$

- $\sum M_d = 0\,?$

$$-38{,}318 + 38{,}318 = 0$$

- $\sum H = 0\,?$

Ermittlung der horizontalen Auflagerkräfte:

$$E_h = (403{,}633 - 130{,}143)/2 = 136{,}745$$
$$A_h = 278{,}101/3 = 92{,}700$$
$$B_h = (38{,}318 + 138{,}514)/4 = 44{,}208$$

$$\sum H = 136{,}745 - 92{,}700 - 44{,}208$$
$$= 136{,}745 - 136{,}908 = -0{,}163$$

Die Abweichung beträgt:

$$\frac{0{,}163}{136{,}745} \cdot 100\ \% = 0{,}12\ \%$$

Beispiel 3.5

Für das in *Bild 3.61* dargestellte Rahmentragwerk sind die Zustandslinien *M*, *V* und *N* infolge der angegebenen Belastung nach dem Drehwinkelverfahren zu berechnen.

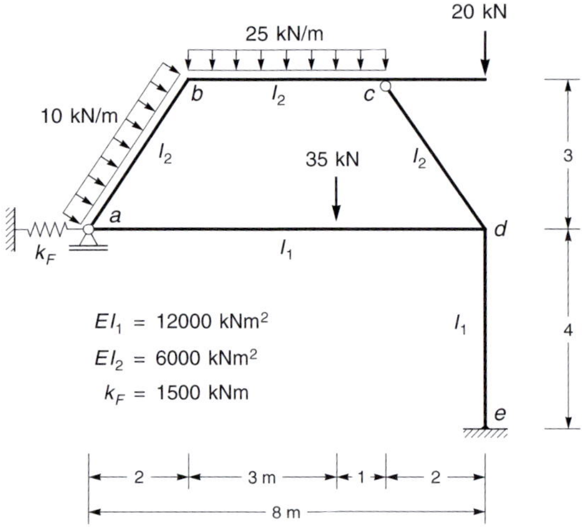

Bild 3.61 System und Belastung

Die Schnittgrößen des Kragarms können ohne weiteres sofort ermittelt werden. Zur Vereinfachung der Berechnung ist es daher sinnvoll, den Kragarm wegzulassen und die Schnittgrößen im Punkt *c* als äußere Belastung anzusetzen, wie in *Bild 3.62* dargestellt ist. Es wird im Folgenden das vereinfachte System ohne Kragarm betrachtet.

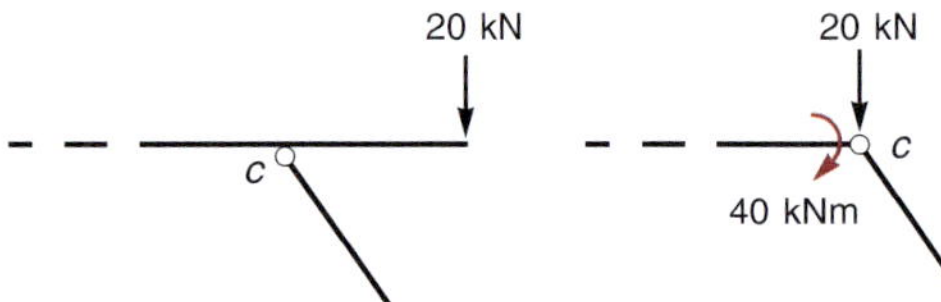

Bild 3.62 Abtrennung des statisch bestimmten Tragwerkteils

Kinematisch bestimmtes Hauptsystem

In den biegesteifen Knoten *b* und *d* sind Drehfesthaltungen hinzuzufügen. Die zur Bildung des Hauptsystems benötigten Verschiebungsfesthaltungen werden wieder mithilfe einer Gelenkfigur ermittelt, die durch das Einlegen von Vollgelenken in allen Knoten gebildet wird. Sie ist in *Bild 3.63* dargestellt.

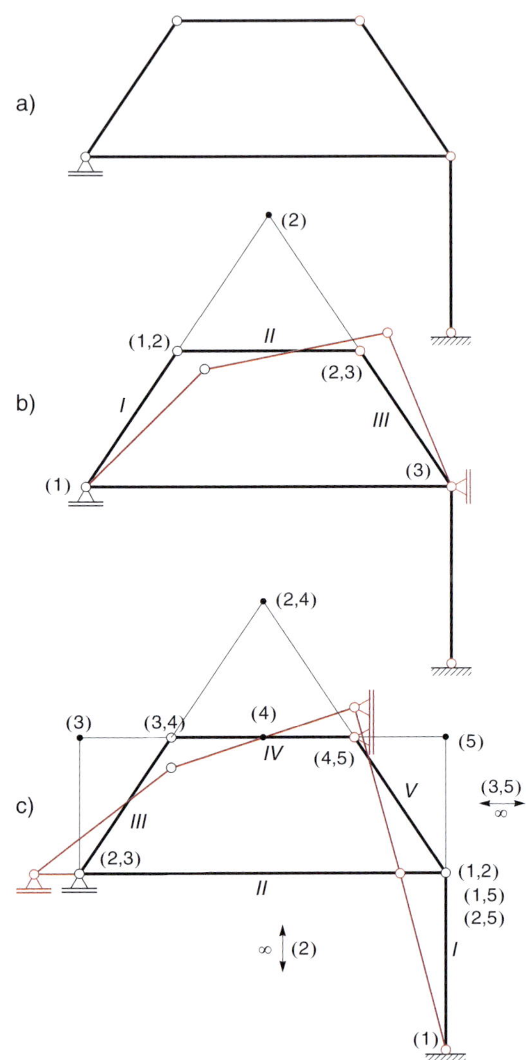

Bild 3.63 Gelenkfigur mit kinematischen Beziehungen

Die Feder stellt kein starres Auflager dar, somit ist die horizontale Verschiebung des Knotens *a* unbekannt. Für die Ermittlung der Verschiebungsfesthaltungen ist die Feder ohne Bedeutung und daher nicht dargestellt. Das System hat zwei Freiheitsgrade. Wird der untere Riegel horizontal festgehalten, ist der untere Teil des Systems fest und es ergibt sich die lokale zwangläufige kinematische Kette des oberen Stockwerks, die in *Bild 3.63b* dargestellt ist. Ebenfalls dargestellt sind der Polplan und die mögliche Verschiebungsfigur. Aufgrund der geometrischen Beziehungen sind die Drehwinkel aller drei Stäbe betragsmäßig gleich.

Es wird nun die Kinematik des Systems betrachtet, wenn der obere Riegel in horizontaler Richtung festgehalten ist. Die Ermittlung des Polplans ist nachfolgend angegeben.

- Polplan:

$(1)\ [\ \ ]$

(1,2), (1,5), (2,5), (2,3), (3,4), (4,5): Gelenke zwischen den Scheiben,

$(3{,}5)\ \begin{bmatrix}(2{,}3)-(2{,}5)\\(3{,}4)-(4{,}5)\end{bmatrix},\quad (2{,}4)\ \begin{bmatrix}(2{,}3)-(3{,}4)\\(2{,}5)-(4{,}5)\end{bmatrix},$

$(5)\ \begin{bmatrix}(1)-(1{,}5)\\ \ \end{bmatrix},\quad (2)\ \begin{bmatrix}(1)-(1{,}2)\\ \ \end{bmatrix},$

$(3)\ \begin{bmatrix}(5)-(3{,}5)\\ \ \end{bmatrix},\quad (4)\ \begin{bmatrix}(2)-(2{,}4)\\(3)-(3{,}4)\end{bmatrix}$

Das kinematisch bestimmte Hauptsystem mit den elastischen Längen zeigt *Bild 3.64*.

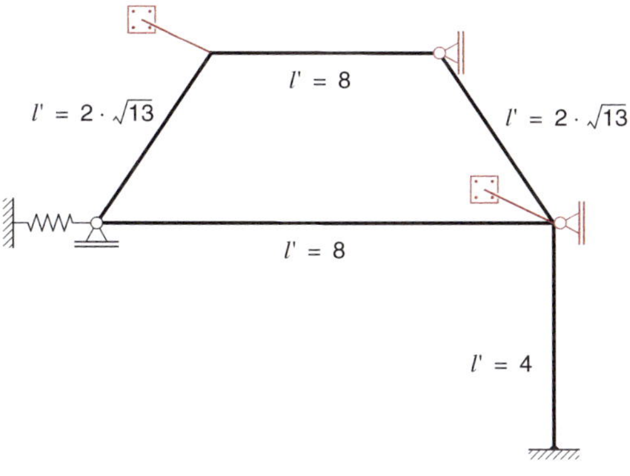

Bild 3.64 Kinematisch bestimmtes Hauptsystem

Lastverformungszustand

Die Berechnung der Momente an den Grundelementen infolge der Belastung erfolgt nach *Tafel A9*. Das Einzelmoment am Knoten *c* ist als Stabbelastung aufzufassen, das am gelenkigen Ende des Stabes *b* – *c* wirkt. Es bewirkt nach Zeile 24 der *Tafel A9* im Punkt *b* ein Stabendmoment von $-40/2$, das zu dem Stabendmoment infolge der Streckenlast zu addieren ist. Bei der Ermittlung des Momentes M^0_{ad} ist wieder der Abstand der Kraft vom gelenkigen Auflager zu beachten.

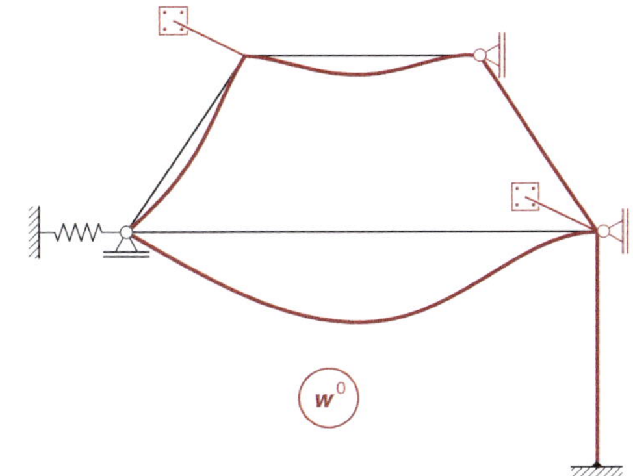

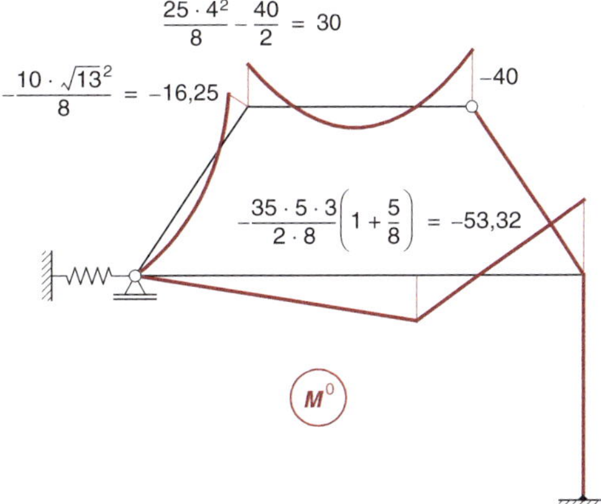

Bild 3.65 Momente und Verformung am kinematisch bestimmten Hauptsystem

Die Einheitsverformungszustände sind in *Bild 3.66* bis *Bild 3.69* dargestellt. Während der erste Verschiebungszustand in *Bild 3.68* sich nur auf das obere Stockwerk auswirkt, werden im zweiten Verschiebungszustand alle Stäbe bis auf den unteren Riegel beansprucht. Bei diesem Verschiebungszustand wird die Feder im Punkt gestaucht und es folgt die in *Bild 3.69* angegebene entgegen wirkende Federkraft.

Einheitsverformungszustände

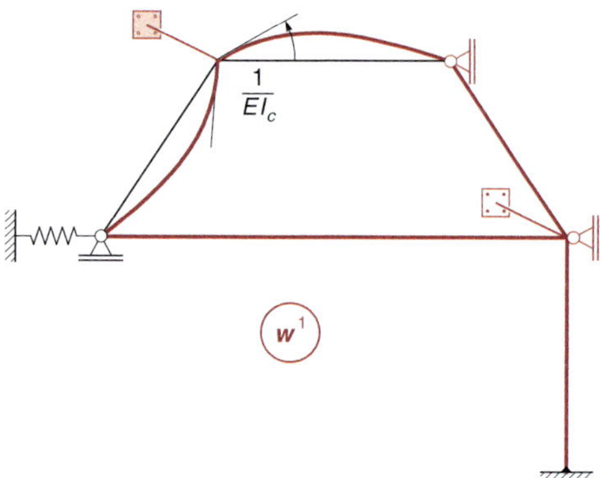

$\frac{3}{8} = 0{,}375$

$\frac{3}{2 \cdot \sqrt{13}} = 0{,}4160$

M^1

Bild 3.66 Einheitsdrehung am Knoten *b*

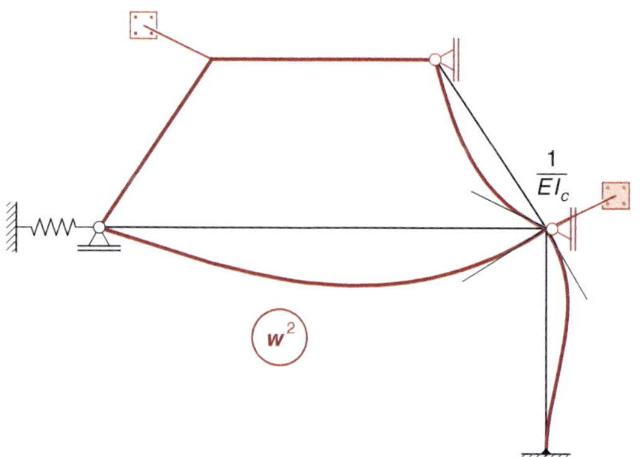

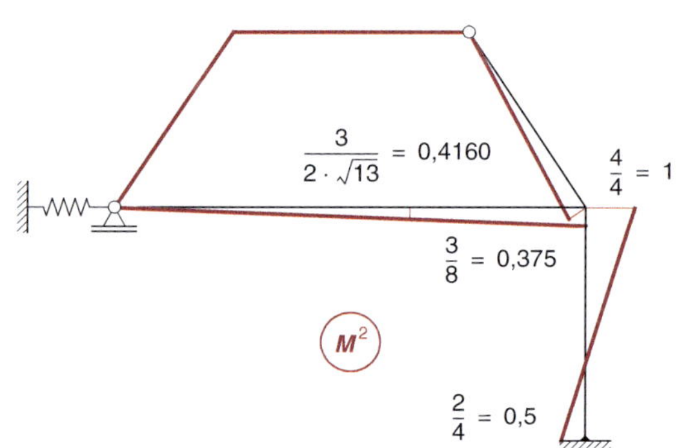

Bild 3.67 Einheitsdrehung am Knoten *d*

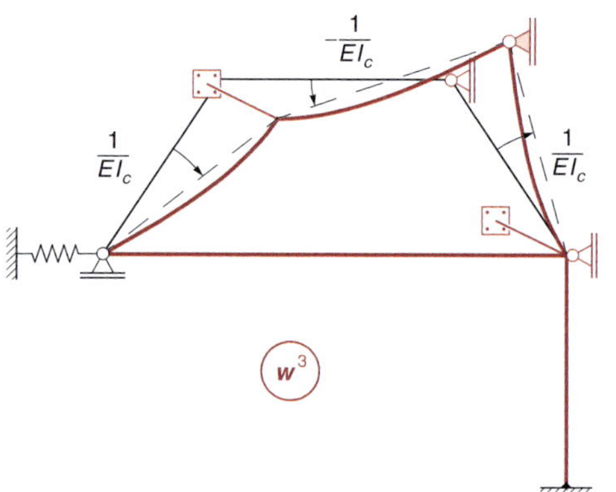

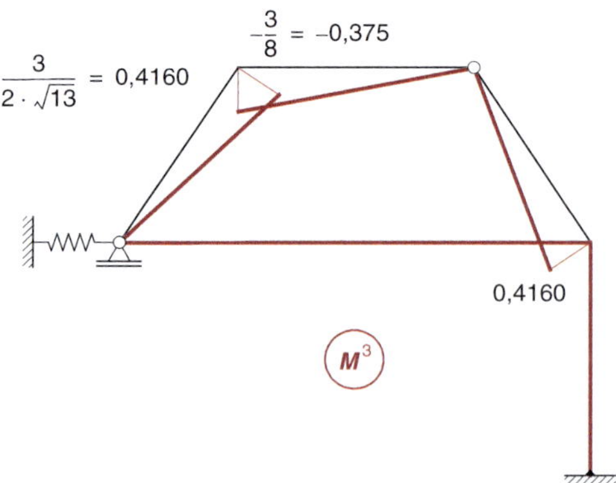

Bild 3.68 Erster Einheitsverschiebungszustand

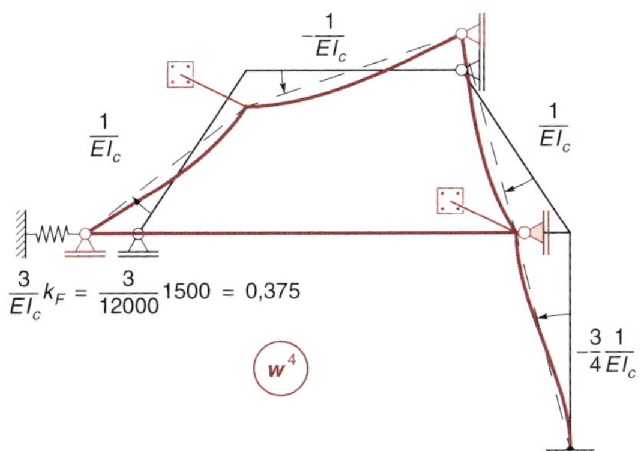

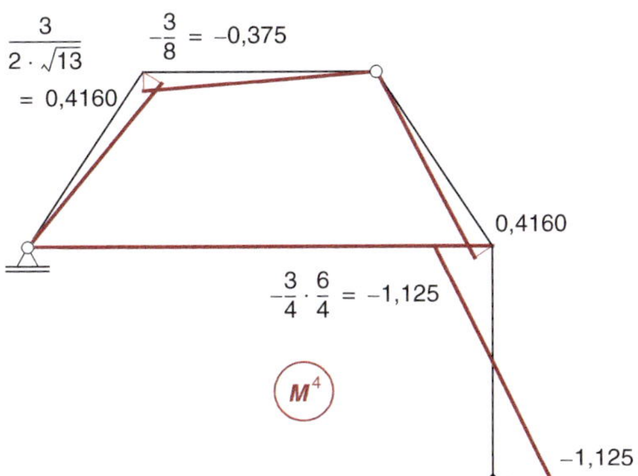

Bild 3.69 Zweiter Einheitsverschiebungszustand

Gleichgewichtsbedingungen

- $\sum M_b = 0$

$$(0{,}4160 + 0{,}375) \cdot Y_1 + (0{,}4160 - 0{,}375) \cdot Y_3 + (0{,}4160 - 0{,}375) \cdot Y_4 + 30 - 16{,}25 = 0$$

- $\sum M_d = 0$

$$(1 + 0{,}4160 + 0{,}375) \cdot Y_2 + 0{,}4160 \cdot Y_3 + (0{,}4160 - 1{,}125) \cdot Y_4 - 53{,}32 = 0$$

- Verschiebungsgleichgewicht mit dem Prinzip der virtuellen Verschiebungen

Für die Formulierung des Verschiebungsgleichgewichts werden die virtuellen Zustände in *Bild 3.70* und *Bild 3.71* benötigt.

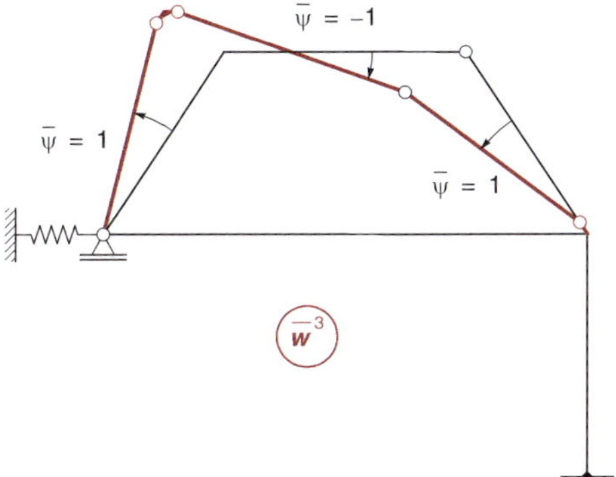

Bild 3.70 Erster virtueller Zustand

Sie werden entgegen der Richtung der Einheitsverformungszustände aufgebracht. Aufgrund der durchgeführten Lagrangeschen Befreiung können die zuvor festgehaltenen Knoten spannungsfrei verschoben werden. Im virtuellen Zustand in *Bild 3.71* ist die Lagrangesche Befreiung auch für die Feder durchzuführen. Das bedeutet, dass die Feder geschnitten wird und die Wirkung durch die von außen wirkende Federkraft ersetzt wird.

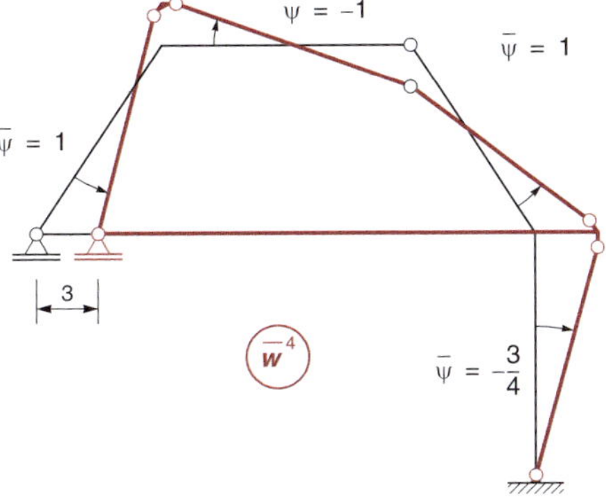

Bild 3.71 Zweiter virtueller Zustand

Die Arbeit auf der virtuellen Verschiebung in *Bild 3.70* entspricht der Gleichgewichtsbedingung $\sum H = 0$ für einen horizontalen Schnitt durch das obere Stockwerk. Für die Berechnung der äußeren Arbeit der Streckenlast des schrägen Stiels ist es zweckmäßig, die Resultierende durch ihre Komponenten in horizontaler und vertikaler Richtung zu ersetzen, wie in *Bild 3.72* dargestellt ist.

3

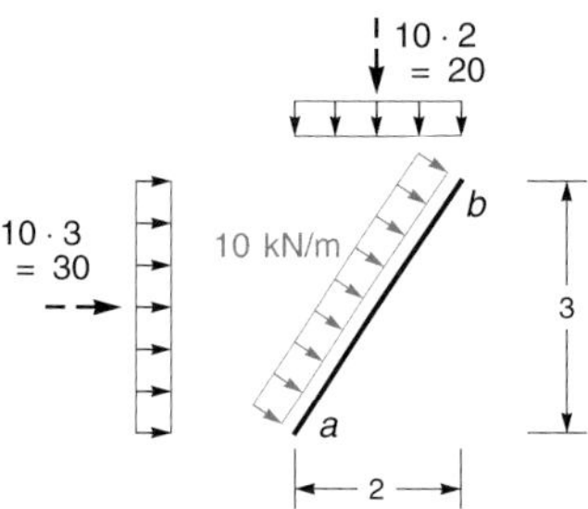

Bild 3.72 Ersetzen der Streckenlast des geneigten Stiels

Das Moment aus dem Kragarm im Punkt *c* leistet positive äußere Arbeit auf dem virtuellen Drehwinkel des oberen Riegels, da Moment und Winkel denselben Drehsinn haben. Es ergibt sich:

$$\begin{aligned}\sum \overline{W}^1 &= [0{,}4160 \cdot 1 + 0{,}375 \cdot (-1)] \cdot Y_1 + 0{,}4160 \cdot 1 \cdot Y_2 \\ &+ [0{,}4160 \cdot 1 + (-0{,}375) \cdot (-1) + 0{,}4160 \cdot 1] \cdot Y_3 \\ &+ [0{,}4160 \cdot 1 + (-0{,}375) \cdot (-1) + 0{,}4160 \cdot 1] \cdot Y_4 \\ &+ 30 \cdot (-1) + (-16{,}25) \cdot 1 \\ &- 30 \cdot 1{,}5 - 20 \cdot 1 + 20 \cdot 2 + 40 \cdot 1 = 0\end{aligned}$$

Die letzte Zeile dieser Gleichung enthält die äußere Arbeit. Die ersten beiden Terme folgen aus der Streckenlast nach *Bild 3.72*, die beiden anderen Terme aus den Schnittgrößen des abgetrennten Kragarms im Punkt *c*. Die Streckenlast des oberen Riegels leistet keine Arbeit, weil die vertikale Verschiebung im Angriffspunkt der Resultierenden gleich null ist

Die Arbeit auf der virtuellen Verschiebung in *Bild 3.71* entspricht der Gleichgewichtsbedingung $\sum H = 0$ für den freigeschnittenen unteren Riegel. In dieser Gleichung ist die Arbeit der Federkraft des zweiten Einheitsverschiebungszustands zu berücksichtigen. Es folgt:

$$\begin{aligned}\sum \overline{W}^2 &= [0{,}4160 \cdot 1 + 0{,}375 \cdot (-1)] \cdot Y_1 \\ &+ [0{,}4160 \cdot 1 + 1 \cdot (-0{,}75) + 0{,}5 \cdot (-0{,}75)] \cdot Y_2 \\ &+ [0{,}4160 \cdot 1 + (-0{,}375) \cdot (-1) + 0{,}4160 \cdot 1] \cdot Y_3 \\ &+ [0{,}4160 \cdot 1 + (-0{,}375) \cdot (-1) + 0{,}4160 \cdot 1 \\ &+ 2 \cdot (-1{,}125) \cdot (-0{,}75) + 0{,}375 \cdot 3] \cdot Y_4 \\ &+ 30 \cdot (-1) + (-16{,}25) \cdot 1 \\ &+ 30 \cdot 1{,}5 - 20 \cdot 1 + 20 \cdot 2 + 40 \cdot 1 = 0\end{aligned}$$

Gleichungssystem und Lösung

$$\begin{bmatrix} 0{,}791 & 0 & 0{,}041 & 0{,}041 \\ 0 & 1{,}791 & 0{,}4160 & -0{,}709 \\ 0{,}041 & 0{,}4160 & 1{,}207 & 1{,}207 \\ 0{,}041 & -0{,}709 & 1{,}207 & 4{,}0195 \end{bmatrix} \begin{bmatrix} Y_1 \\ Y_2 \\ Y_3 \\ Y_4 \end{bmatrix} = \begin{bmatrix} -13{,}75 \\ 53{,}32 \\ 31{,}25 \\ -58{,}75 \end{bmatrix}$$

$$\Rightarrow \begin{bmatrix} Y_1 \\ Y_2 \\ Y_3 \\ Y_4 \end{bmatrix} = \begin{bmatrix} -18{,}664 \\ 5{,}2485 \\ 54{,}616 \\ -29{,}901 \end{bmatrix}$$

Endgültige Momentenlinie durch Superposition

$$M = M^0 + \sum M^i \cdot Y_i$$

$$\begin{bmatrix} M_{ba} \\ M_{bc} \\ M_{da} \\ M_{dc} \\ M_{de} \\ M_{ed} \end{bmatrix} = \begin{bmatrix} -16{,}25 & 0{,}4160 & 0 & 0{,}4160 & 0{,}4160 \\ 30 & 0{,}375 & 0 & -0{,}375 & -0{,}375 \\ -53{,}32 & 0 & 0{,}375 & 0 & 0 \\ 0 & 0 & 0{,}4160 & 0{,}4160 & 0{,}4160 \\ 0 & 0 & 1 & 0 & -1{,}125 \\ 0 & 0 & 0{,}5 & 0 & -1{,}125 \end{bmatrix} \begin{bmatrix} 1 \\ -18{,}664 \\ 5{,}2485 \\ 54{,}616 \\ -29{,}901 \end{bmatrix}$$

$$\begin{bmatrix} M_{ba} \\ M_{bc} \\ M_{da} \\ M_{dc} \\ M_{de} \\ M_{ed} \end{bmatrix} = \begin{bmatrix} -13{,}733 \\ 13{,}733 \\ -51{,}352 \\ 12{,}465 \\ 38{,}887 \\ 36{,}263 \end{bmatrix}$$

Die Darstellung der Momentenlinie erfolgt später.

Die horizontalen Verschiebungen der Riegel ergeben sich wieder aus den bekannten Skalierungsfaktoren Y_3 und Y_4 für die Einheitsverschiebungszustände.

$$\delta_{b,h} = \frac{1}{EI_c} \cdot h \cdot Y_3 = \frac{54{,}616}{12000} \cdot 3 = 0{,}0137 \text{ m}$$

$$\delta_{d,h} = \frac{1}{EI_c} \cdot h \cdot Y_4 = \frac{29{,}901}{12000} \cdot 3 = 0{,}0075 \text{ m}$$

Alternativer Verschiebungszustand

Eine wesentlich einfachere Berechnungsvariante ergibt sich für dieses System, wenn der zweite Einheitsverschiebungszustand so gewählt wird, dass Stabdrehungen nur im unteren Stockwerk des Rahmens auftreten. Dabei werden beide Festhaltungen gleichzeitig verschoben. Der Verschiebungszustand in *Bild 3.73* entspricht einer Kombination aus den beiden Verschiebungszuständen der vorherigen Berechnung. Bei diesem Zustand entstehen nur Momente im unteren Stiel.

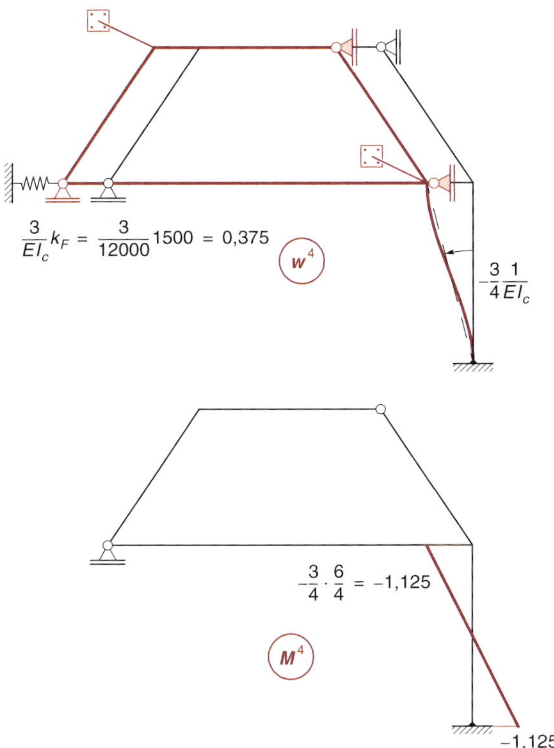

Bild 3.73 Einheitsverschiebungszustand

Gleichgewichtsbedingungen

Bei den Gleichgewichtsbedingungen $\sum M = 0$ und bei der Arbeit auf der ersten virtuellen Verschiebung in *Bild 3.70* ändert sich gegenüber der vorherigen Berechnung der Anteil der Momente aus dem zweiten Verschiebungszustand. Da in diesem Zustand nur Momente im rechten unteren Stiel vorhanden sind, geht dieser Zustand nur noch in die Momentensumme am Knoten *d* mit einer Ordinate ein.

- $\sum M_b = 0$

$$(0,4160 + 0,375) \cdot Y_1 + (0,4160 - 0,375) \cdot Y_3 + 30 - 16,25 = 0$$

- $\sum M_d = 0$

$$(1 + 0,4160 + 0,375) \cdot Y_2 + 0,4160 \cdot Y_3 + (-1,125) \cdot Y_4 - 53,32 = 0$$

- Verschiebungsgleichgewicht mit dem Prinzip der virtuellen Verschiebungen

$$\sum \overline{W}^1 = [0,4160 \cdot 1 + 0,375 \cdot (-1)] \cdot Y_1 + 0,4160 \cdot 1 \cdot Y_2 + [0,4160 \cdot 1 + (-0,375) \cdot (-1) + 0,4160 \cdot 1] \cdot Y_3 + 30 \cdot (-1) + (-16,25) \cdot 1 + 40 \cdot 1 - 30 \cdot 1,5 - 20 \cdot 1 + 20 \cdot 2 = 0$$

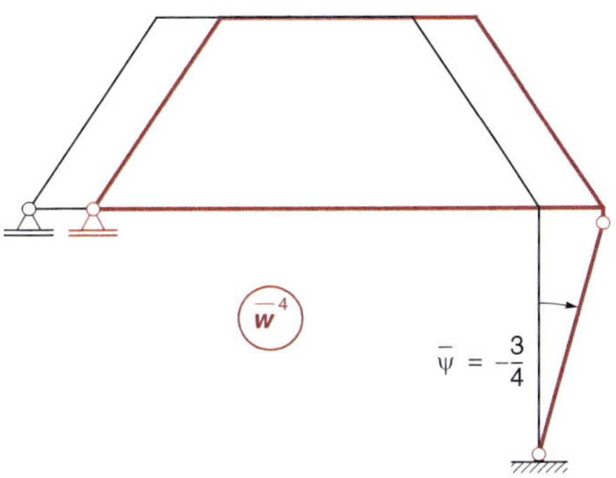

Bild 3.74 Virtueller Verschiebungszustand

Die Arbeit auf der zweiten virtuellen Verschiebung vereinfacht sich gegenüber der vorherigen Berechnung erheblich, da sich nur der rechte untere Stiel verdreht. Von den Momenten und äußeren Kräften des oberen Stockwerks leisten nur die äußeren Horizontalkräfte Arbeit.

$$\sum \overline{W}^2 = [1 \cdot (-0,75) + 0,5 \cdot (-0,75)] \cdot Y_2 + 2 \cdot (-1,125) \cdot (-0,75) + 0,375 \cdot 3] \cdot Y_4 + 30 \cdot 3 = 0$$

Gleichungssystem und Lösung

$$\begin{bmatrix} 0,791 & 0 & 0,041 & 0 \\ 0 & 1,791 & 0,4160 & -1,125 \\ 0,041 & 0,4160 & 1,207 & 0 \\ 0 & -1,125 & 0 & 2,8125 \end{bmatrix} \begin{bmatrix} Y_1 \\ Y_2 \\ Y_3 \\ Y_4 \end{bmatrix} = \begin{bmatrix} -13,75 \\ 53,32 \\ 31,25 \\ -90 \end{bmatrix}$$

3

$$\Rightarrow \begin{bmatrix} Y_1 \\ Y_2 \\ Y_3 \\ Y_4 \end{bmatrix} = \begin{bmatrix} -18{,}664 \\ 5{,}2485 \\ 24{,}716 \\ -29{,}901 \end{bmatrix} \qquad \begin{bmatrix} Y_1 \\ Y_2 \\ Y_3 \\ Y_4 \end{bmatrix} = \begin{bmatrix} -18{,}664 \\ 5{,}2485 \\ 54{,}616 \\ -29{,}901 \end{bmatrix}$$

Die vorherige Lösung ist in der oberen Gleichung in grau angegeben. Ein Vergleich zeigt, dass sich beide Lösungen nur durch den Faktor Y_3 unterscheiden. Dieser Faktor gibt in diesem Fall die Stabdrehung des oberen Stockwerks an, da sich das obere Stockwerk im zweiten Einheitsverschiebungszustand nur translatorisch bewegt. Bei der vorherigen Lösung setzte sich die Stabdrehung des oberen Stockwerks aus beiden Verschiebungszuständen zusammen:

$$Y_3 = Y_3 + Y_4 = 54{,}616 - 29{,}901 = 24{,}715$$

Entsprechendes gilt für das Gleichungssystem. Die vierte Spalte der neuen Koeffizientenmatrix ist die Differenz aus dritter und vierter Spalte der alten Matrix. Der Zusammenhang zwischen den Einheitsverschiebungszuständen gilt auch für die virtuellen Verschiebungszustände. Aus diesem Grund ergibt sich die vierte Zeile der neuen Matrix aus der Differenz der dritten und vierten Zeile der alten Matrix. Dies gilt auch für die rechte Seite des Gleichungssystems. Es handelt sich bei den dargestellten Zusammenhängen mathematisch betrachtet um identische Umformungen des Gleichungssystems.

Endgültige Momentenlinie durch Superposition

$$M = M^0 + \sum M^i \cdot Y_i$$

$$\begin{bmatrix} M_{ba} \\ M_{bc} \\ M_{da} \\ M_{dc} \\ M_{de} \\ M_{ed} \end{bmatrix} = \begin{bmatrix} -16{,}25 & 0{,}4160 & 0 & 0{,}4160 & 0 \\ 30 & 0{,}375 & 0 & -0{,}375 & 0 \\ -53{,}32 & 0 & 0{,}375 & 0 & 0 \\ 0 & 0 & 0{,}4160 & 0{,}4160 & 0 \\ 0 & 0 & 1 & 0 & -1{,}125 \\ 0 & 0 & 0{,}5 & 0 & -1{,}125 \end{bmatrix} \begin{bmatrix} 1 \\ -18{,}664 \\ 5{,}2485 \\ 24{,}716 \\ -29{,}901 \end{bmatrix}$$

$$\begin{bmatrix} M_{ba} \\ M_{bc} \\ M_{da} \\ M_{dc} \\ M_{de} \\ M_{ed} \end{bmatrix} = \begin{bmatrix} -13{,}733 \\ 13{,}733 \\ -51{,}352 \\ 12{,}465 \\ 38{,}887 \\ 36{,}263 \end{bmatrix}$$

Die Kraft in der Feder folgt aus der Verschiebung des unteren Riegels. Eine Horizontalverschiebung im Punkt *a* entsteht nur infolge des vierten Einheitszustands. Die Federkraft beträgt somit: $0{,}375 \cdot 29{,}901 = 11{,}213$ kN. Da Y_4 negativ ist, verschiebt sich der Punkt *a* nach rechts und die Feder wird gedehnt. Die Federkraft ist also eine Zugkraft.

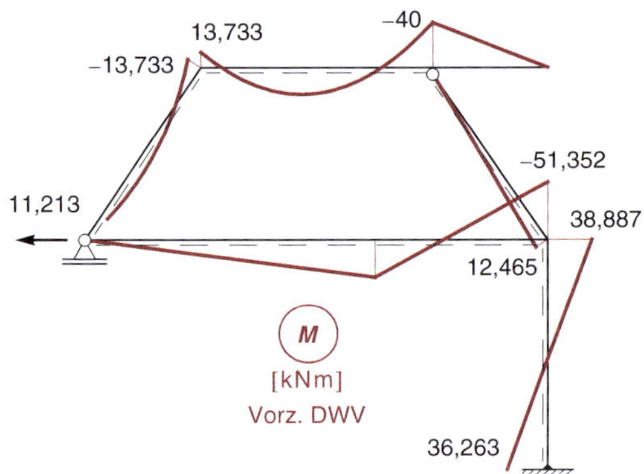

Bild 3.75 Endgültige Momentenlinie

Berechnung der Querkräfte

Die Berechnung der Querkräfte erfolgt als Nachlaufrechnung aus der bekannten Momentenlinie, vergleiche Abschnitt 3.1.8. Die Querkräfte folgen aus der Beziehung:

$$V = V^0 + \frac{M_{re} - M_{li}}{l}$$

Es ist unbedingt zu beachten, dass die Momente mit den Vorzeichen der Baustatik einzusetzen sind!

Aus diesem Grund ist bei der Darstellung der Momentenlinie in *Bild 3.75* eine Bezugslinie eingetragen. In Bezug auf diese Linie ist das Vorzeichen nach der Regel des Drehwinkelverfahrens auf der linken Seite umzukehren.

- Stab *a* – *b*

$$V_{ab} = \pm\frac{10 \cdot \sqrt{13}}{2} + \frac{-13{,}733 - 0}{\sqrt{13}} = \pm 18{,}028 - 3{,}809$$

$$V_a = 18{,}028 - 3{,}809 = 14{,}219$$

$$V_b = -18{,}028 - 3{,}809 = -21{,}837$$

- Stab $b-c$

$$V_{bc} = \pm\frac{25\cdot 4}{2} + \frac{-40-(-13{,}733)}{4} = \pm 50 - 6{,}567$$

$$V_b = 50 - 6{,}567 = 43{,}433$$

$$V_c = -50 - 6{,}567 = -56{,}567$$

- Kragarm

$$V = 20$$

- Stab $c-d$

$$V_{cd} = \frac{12{,}465 - 0}{\sqrt{13}} = 3{,}457$$

- Stab $a-d$

$$V_{ad} = V^0 + \frac{-51{,}352 - 0}{8} = V^0 - 6{,}419$$

$$V_a = 35\cdot\frac{3}{8} - 6{,}419 = 6{,}706$$

$$V_c = -35\cdot\frac{5}{8} - 6{,}419 = -28{,}294$$

- Stab $d-e$

$$V_{de} = \frac{36{,}263 - (-38{,}887)}{4} = 18{,}788$$

Die Querkraftlinie ist in *Bild 3.76* dargestellt. Bei der Darstellung wurde von der Bezugslinie ausgegangen, die auch für das Vorzeichen der Momente nach der Regel der Baustatik in der obigen Berechnung zugrunde gelegt wurde.

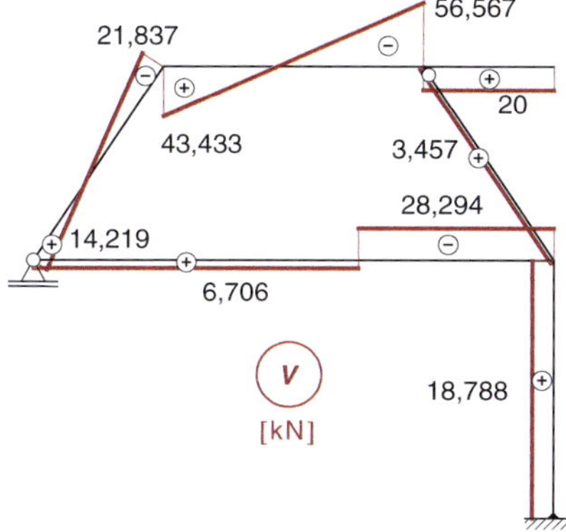

Bild 3.76 Endgültige Querkraftlinie

Berechnung der Normalkräfte

Die Normalkräfte werden mit den bekannten Querkräften durch Kräftegleichgewichtsbedingungen an den freigeschnittenen Knoten ermittelt.

- Knoten b

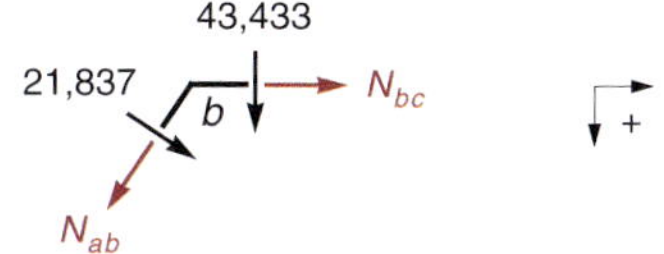

Bild 3.77 Freigeschnittener Knoten *b*

Die Kräftegleichgewichtsbedingungen werden als Vektorgleichung geschrieben. Die beiden Zeilen der Gleichung entsprechen den Bedingungen $\sum H = 0$ und $\sum V = 0$. Die unbekannten Normalkräfte werden durch Einheitsrichtungsvektoren dargestellt. Da nur zwei Gleichungen zur Verfügung stehen, muss an einem Knoten begonnen werden, an dem nur zwei Normalkräfte unbekannt sind. Es ergeben sich zwei Gleichungen mit zwei Unbekannten. In diesem Fall ist das Gleichungssystem entkoppelt. Die Unbekannte N_{ab} kann sofort aus der zweiten Zeile berechnet werden. Anschaulich bedeutet dies, dass die horizontal wirkende Normalkraft N_{bc} in die Bedingung $\sum V = 0$ nicht eingeht. Mit der bekannten Normalkraft N_{ab} ergibt sich aus der ersten Zeile, also aus der Bedingung $\sum H = 0$, die Normalkraft N_{bc}.

$$N_{ab}\cdot\frac{1}{\sqrt{13}}\begin{bmatrix}-2\\3\end{bmatrix} + N_{bc}\cdot\begin{bmatrix}1\\0\end{bmatrix}$$

$$+\,43{,}433\cdot\begin{bmatrix}0\\1\end{bmatrix} + 21{,}837\cdot\frac{1}{\sqrt{13}}\begin{bmatrix}3\\2\end{bmatrix} = \begin{bmatrix}0\\0\end{bmatrix}$$

$$N_{ab} = -66{,}758$$

$$N_{bc} = -55{,}200$$

- Knoten c

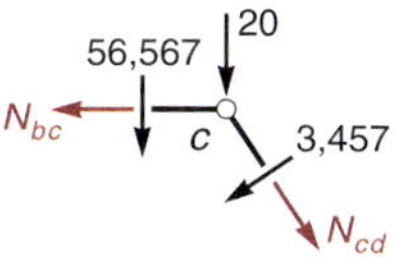

Bild 3.78 Freigeschnittener Knoten *c*

Obwohl die Normalkraft N_{bc} schon am Knoten b berechnet wurde, wird sie an diesen Knoten als Kontrolle nochmals unabhängig ermittelt.

$$N_{cd} \cdot \frac{1}{\sqrt{13}}\begin{bmatrix}2\\3\end{bmatrix} + N_{bc} \cdot \begin{bmatrix}-1\\0\end{bmatrix} + 56{,}567 \cdot \begin{bmatrix}0\\1\end{bmatrix}$$

$$+\,3{,}457 \cdot \frac{1}{\sqrt{13}}\begin{bmatrix}-3\\2\end{bmatrix} + 20 \cdot \begin{bmatrix}0\\1\end{bmatrix} = \begin{bmatrix}0\\0\end{bmatrix}$$

$$N_{cd} = -94{,}327$$

$$N_{bc} = -55{,}199$$

- Knoten *a*

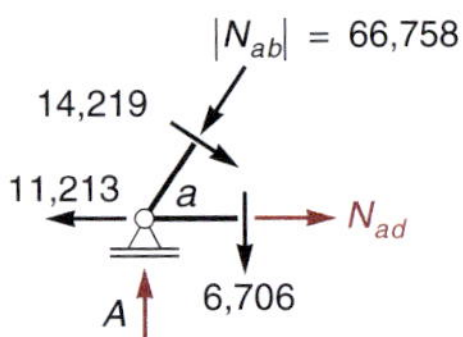

Bild 3.79 Freigeschnittener Knoten a

An diesem Knoten wird die bereits am Knoten *b* ermittelte Normalkraft N_{ab} als bekannte Größe angesetzt. Damit kann die unbekannte Auflagerkraft *A* sowie die Normalkraft N_{ad} mit den beiden Kräftegleichgewichtsbedingungen berechnet werden.

$$N_{ad} \cdot \begin{bmatrix}1\\0\end{bmatrix} + A \cdot \begin{bmatrix}0\\-1\end{bmatrix} + 14{,}219 \cdot \frac{1}{\sqrt{13}}\begin{bmatrix}3\\2\end{bmatrix}$$

$$+\,66{,}758 \cdot \frac{1}{\sqrt{13}}\begin{bmatrix}-2\\3\end{bmatrix} + 11{,}213 \cdot \begin{bmatrix}-1\\0\end{bmatrix} + 6{,}706 \cdot \begin{bmatrix}0\\1\end{bmatrix} = \begin{bmatrix}0\\0\end{bmatrix}$$

$$N_{ad} = (-14{,}219)\frac{3}{\sqrt{13}} + 66{,}758\frac{2}{\sqrt{13}} + 11{,}213$$

$$= 25{,}200 + 11{,}213 = 36{,}413$$

$$A = 14{,}219\frac{2}{\sqrt{13}} + 66{,}758\frac{3}{\sqrt{13}} + 6{,}706 = 70{,}139$$

Alternativ kann die Auflagerkraft *A* auch durch die Bedingung $\sum M = 0$ bezüglich des Punktes *e* am Gesamtsystem ermittelt werden, weil das Auflagermoment M_e aus der Momentenlinie bekannt ist. Es wird hier nochmals zur Kontrolle berechnet. Die Momente werden im Gegenuhrzeigersinn positiv angesetzt.

$$\sum M_e = 0:$$

$$-A \cdot 8 + 11{,}213 \cdot 4 + 36{,}263 + 25 \cdot 4 \cdot 4 + 10 \cdot 2 \cdot 7$$

$$-\,10 \cdot 3 \cdot 5{,}5 + 35 \cdot 3 = 0 \Rightarrow A = 70{,}139$$

Es besteht Übereinstimmung mit der vorherigen Berechnung.

- Knoten *d*

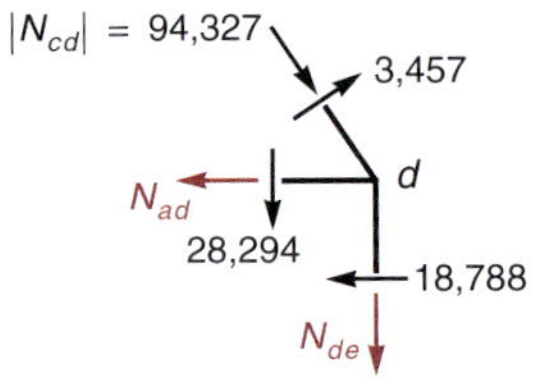

Bild 3.80 Freigeschnittener Knoten *d*

$$N_{ad} \cdot \begin{bmatrix}-1\\0\end{bmatrix} + N_{de} \cdot \begin{bmatrix}0\\1\end{bmatrix} + 3{,}457 \cdot \frac{1}{\sqrt{13}}\begin{bmatrix}3\\-2\end{bmatrix}$$

$$+\,94{,}327 \cdot \frac{1}{\sqrt{13}}\begin{bmatrix}2\\3\end{bmatrix} + 28{,}294 \cdot \begin{bmatrix}0\\1\end{bmatrix} + 18{,}788 \cdot \begin{bmatrix}-1\\0\end{bmatrix} = \begin{bmatrix}0\\0\end{bmatrix}$$

$$N_{ad} = 3{,}457\frac{3}{\sqrt{13}} + 94{,}327\frac{2}{\sqrt{13}} - 18{,}788$$

$$= 55{,}200 - 18{,}788 = 36{,}412$$

$$N_{de} = 3{,}457\frac{2}{\sqrt{13}} - 94{,}327\frac{3}{\sqrt{13}} - 28{,}294 = -104{,}861$$

Die ermittelten Normalkräfte sind in *Bild 3.81* dargestellt.

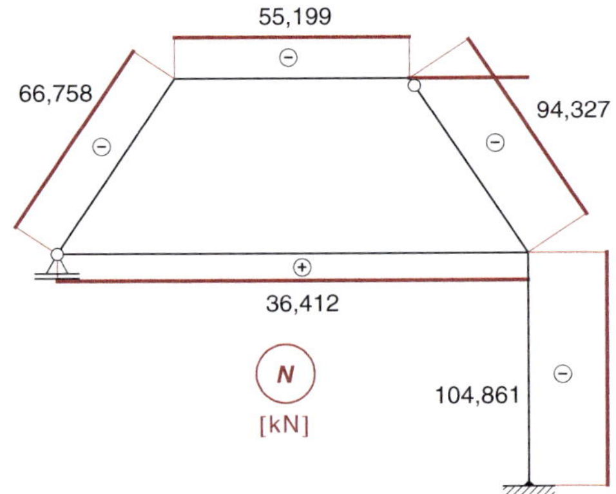

Bild 3.81 Endgültige Normalkraftlinie

Gleichgewichtskontrollen:

$$\sum M_b = -13{,}733 + 13{,}733 = 0$$

$$\sum M_d = -51{,}352 + 38{,}887 + 12{,}465 = 0$$

$$\sum H = 0\,?$$

Die Kontrolle des Kräftegleichgewichts erfolgt an den freigeschnittenen Riegeln in *Bild 3.82*. Die angetragenen Horizontalkräfte wurden bereits bei der Berechnung der Normalkräfte an den Knoten ermittelt. Sie sind in den Gleichungen farbig hervorgehoben und entsprechen der Summe der Horizontalkomponenten der an den Knoten wirkenden Quer- und Normalkräfte.

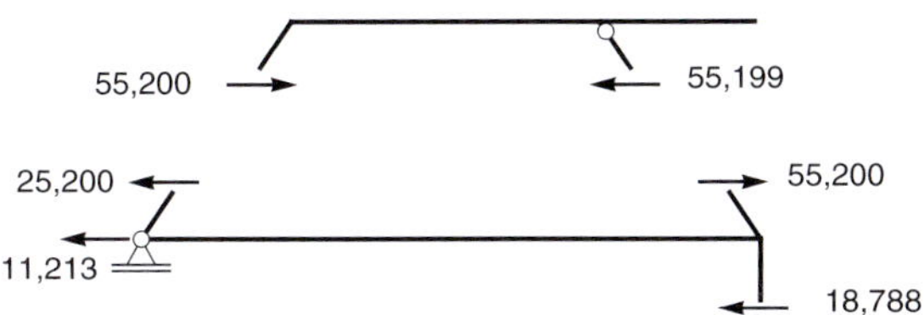

Bild 3.82 Freigeschnittene Riegel mit Horizontalkräften

- Oberer Riegel

$$\sum H = 55{,}200 - 55{,}199 = 0{,}001$$

- Unterer Riegel

$$\sum H = 55{,}200 - 25{,}200 - 11{,}213 - 18{,}788 = -0{,}001$$

3.3 Vergleich von Drehwinkel- und Kraftgrößenverfahren

In diesem Abschnitt werden die beiden Methoden zur Berechnung statisch unbestimmter Systeme gegenübergestellt. Der endgültige Kraftgrößen- und Verformungszustand eines Tragwerks muss sowohl die Gleichgewichts- als auch die Verformungsbedingungen erfüllen. Bei beiden Verfahren wird zunächst nur eine der beiden Bedingungen an dem zugrunde gelegten Hauptsystem erfüllt. Die am Hauptsystem zu null gesetzten Größen werden dann zunächst als Einheitsgrößen angesetzt und so ermittelt, dass die andere Bedingung ebenfalls erfüllt wird. Wie aus *Tabelle 3.1* deutlich wird, besteht eine vollständige Analogie in der Methodik beider Verfahren. Es sind jeweils nur die Begriffe auszutauschen, die im Sinne des Arbeitsbegriffes zusammengehören, wie z. B. „Kraft" und „Weg".

Tabelle 3.1 Gegenüberstellung von Kraft- und Weggrößenverfahren

	Kraftgrößenverfahren	**Weggrößenverfahren**
Das wirkliche System wird ersetzt durch ein:	statisch bestimmtes Hauptsystem	kinematisch bestimmtes Hauptsystem
Das Hauptsystem wird gebildet durch:	Lösen von Bindungen, d. h. Nullsetzen von Kraftgrößen $M = 0$	Hinzufügen von Bindungen, d. h. Nullsetzen von Weggrößen $\varphi = 0$
Am Hauptsystem werden erfüllt:	Gleichgewichtsbedingungen	Verformungsbedingungen
Am Hauptsystem werden verletzt:	Verformungsbedingungen $\Delta\varphi \neq 0$	Gleichgewichtsbedingungen $M \neq 0$
Die Unbekannten des Verfahrens sind:	Kraftgrößen $M = 1$	Weggrößen $\varphi = 1$
Die Gleichungen zur Bestimmung der Unbekannten sind:	Verformungsbedingungen $\delta'_{11} \cdot X_1 + \delta'_{10} = 0$	Gleichgewichtsbedingungen $(M^1_{b,\mathrm{li}} + M^1_{b,\mathrm{re}}) \cdot Y_1 + M^0_b = 0$
Die Koeffizienten des Gleichungssystems sind:	Verformungen infolge von Einheitskraftgrößen (Nachgiebigkeiten)	Kraftgrößen infolge von Einheitsverformungen (Steifigkeiten)
Die Lösung ergibt sich aus:	Lastspannungszustand und *n* Einheitsspannungszuständen	Lastverformungszustand und *m* Einheitsverformungszuständen

Aufgaben

Für die nachfolgenden Systeme sind die angegebenen Zustandsgrößen zu berechnen.

Aufgabe 3.1

1. Die Momentenlinie infolge der angegebenen Belastung.
2. Die Momentenlinie infolge einer Absenkung des rechten Auflagers um 3 cm.
3. Die Momentenlinie infolge einer Temperaturdifferenz von $\Delta T = 40°$ (oben wärmer) im linken Feld.

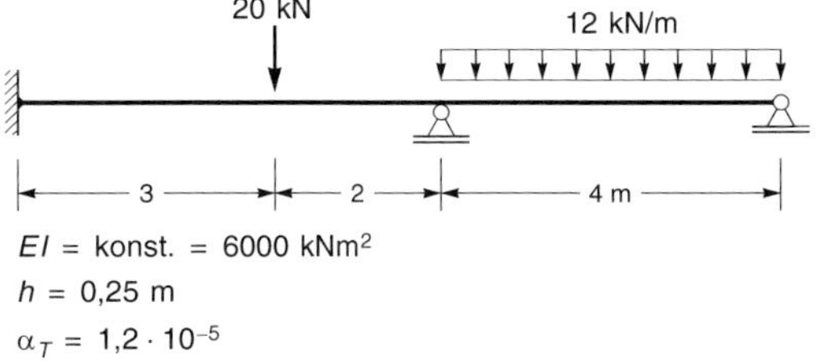

Aufgabe 3.2

Die Momentenlinie infolge der angegebenen Belastung.

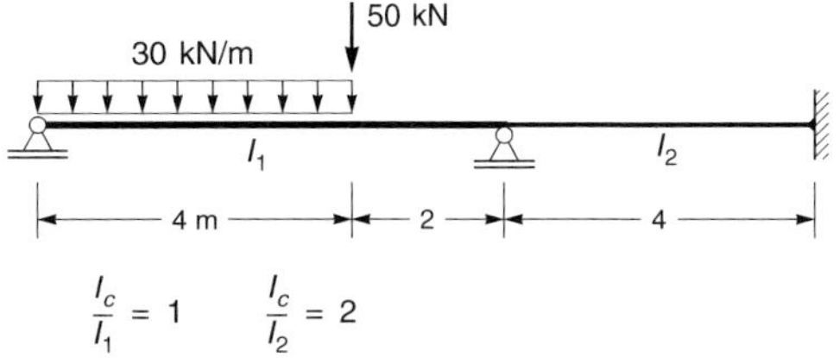

Aufgabe 3.3

1. Die Momentenlinie infolge der angegebenen Belastung.
2. Die Verschiebung des Gelenkpunktes.

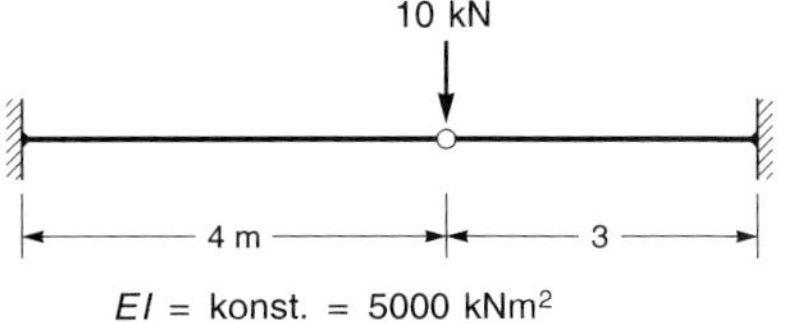

Aufgabe 3.4

Die Momentenlinie infolge der angegebenen Belastung.

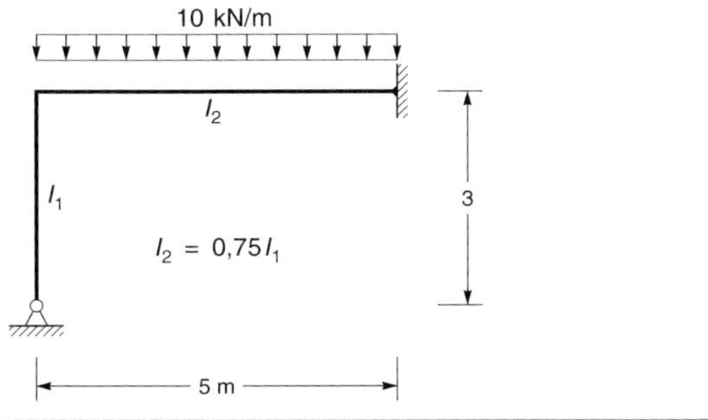

Aufgabe 3.5

1. Die Momentenlinie infolge der angegebenen Belastung.
2. Die Momentenlinie infolge einer gleichmäßigen Erwärmung des Stiels um $T_0 = 35°$.

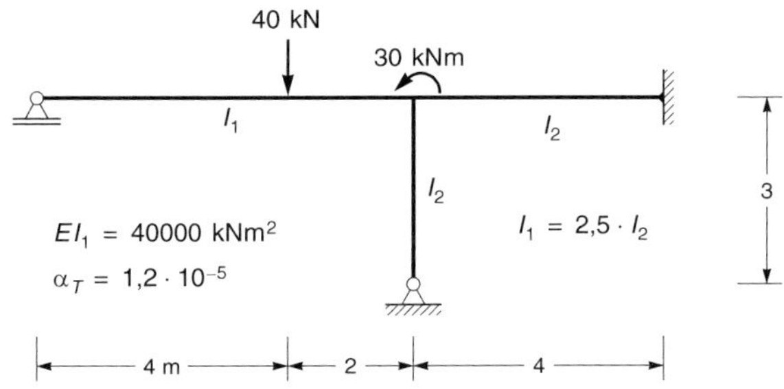

Aufgabe 3.6

Die Momentenlinie infolge der angegebenen Belastung.

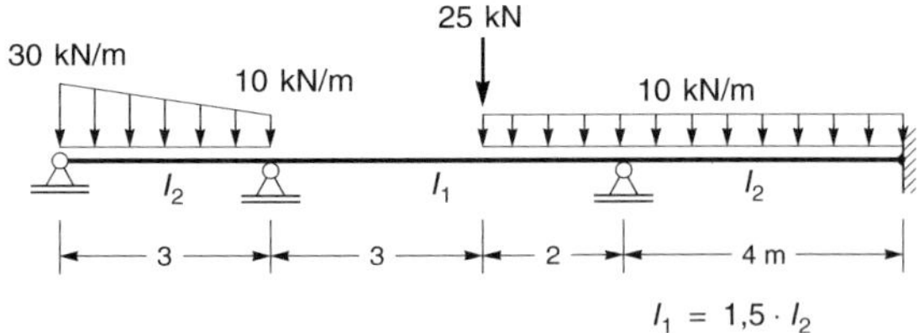

Aufgabe 3.7

1. Die Momentenlinie infolge der angegebenen Belastung.
2. Die Momentenlinie infolge einer Temperaturdifferenz von $\Delta T = 30°$ (oben wärmer) im mittleren Feld sowie einer eingeprägten Drehung des linken Auflagers um $\varphi = 0{,}02$.

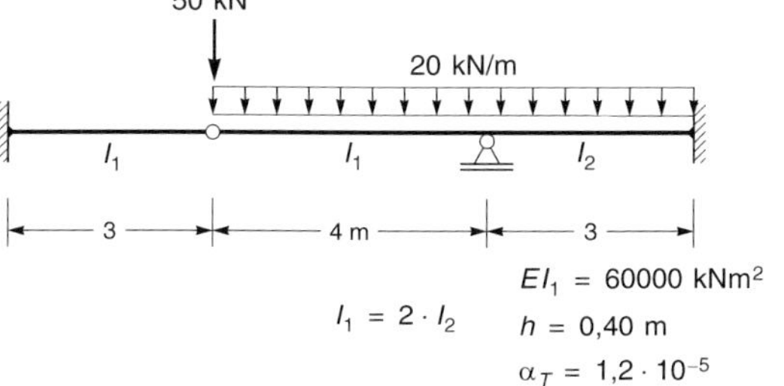

Aufgabe 3.8

Die Momentenlinie infolge der angegebenen Belastung.

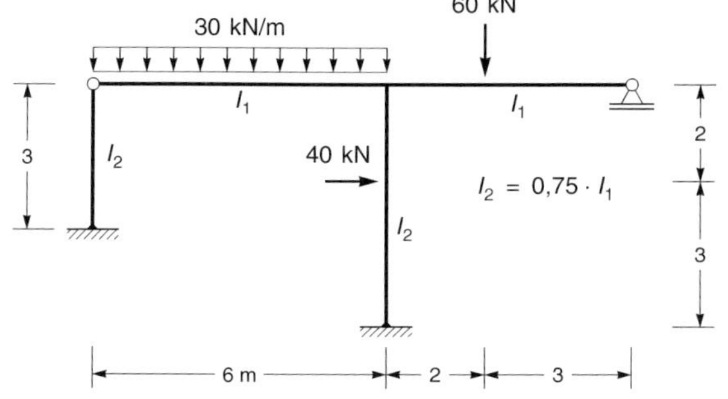

Aufgabe 3.9

Die Momentenlinie infolge der angegebenen Belastung.

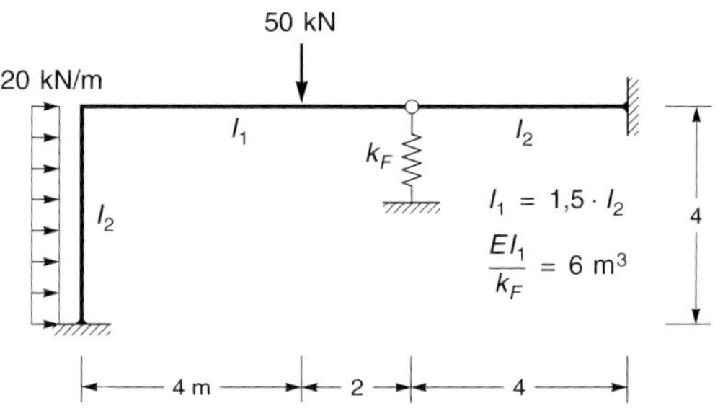

Aufgabe 3.10

Die Momentenlinie infolge der angegebenen Belastung.

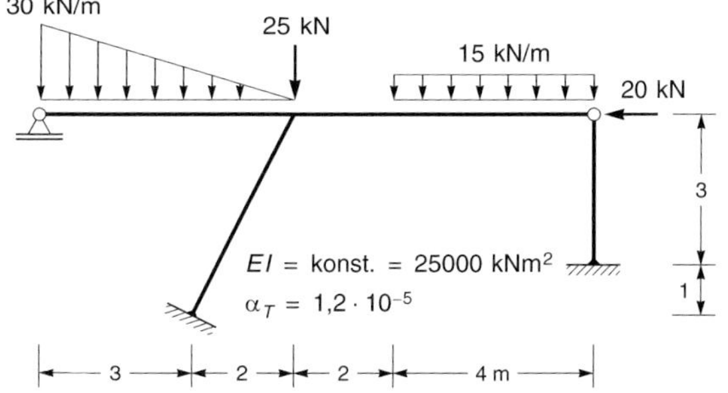

4 Einflusslinien statisch unbestimmter Systeme

4.1 Einflusslinien für Schnittgrößen

4.1.1 Einführung

Die Grundlage der Ermittlung von Einflusslinien für Schnittgrößen ist wie bei statisch bestimmten Systemen die kinematische Methode, d. h. die Anwendung des Prinzips der virtuellen Verschiebungen.

Bei statisch bestimmten Tragwerken entsteht durch die Lagrangesche Befreiung, also durch Lösen einer Bindung, aus dem statisch bestimmten System eine kinematische Kette, die sich spannungsfrei bewegen kann.

Ein *n*-fach statisch unbestimmtes System wird durch Lösen einer Bindung zu einem $(n-1)$-fach unbestimmten System, das nicht kinematisch verschieblich ist.

Soll für das dargestellte einfach statisch unbestimmte System in *Bild 4.1* die Einflusslinie für das Moment im Punkt *i* ermittelt werden, so ist in diesem Punkt ein Momentengelenk einzufügen und M_i als äußere Doppelgröße anzusetzen.

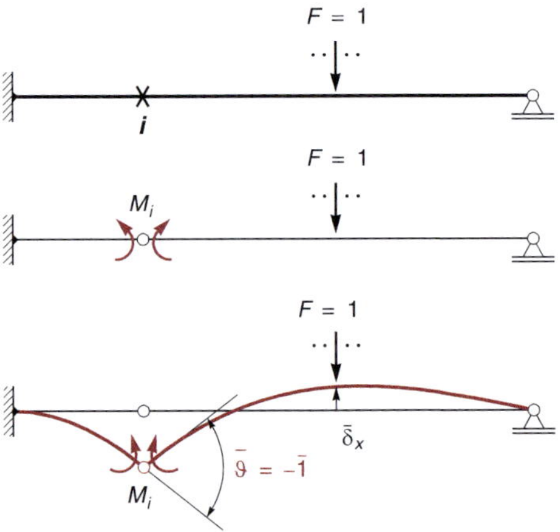

Bild 4.1 Einflusslinienermittlung am statisch unbestimmten System

Um das Prinzip der virtuellen Verschiebungen anzuwenden, wird nun ein virtueller Verschiebungszustand benötigt, der so gewählt werden muss, dass das Moment M_i Arbeit leistet. Dies ist dann der Fall, wenn im Punkt *i* ein Knick vorhanden ist. Durch das eingefügte Gelenk ist in diesem Fall ein statisch bestimmtes System entstanden, das nur unter Krafteinwirkung verformbar ist. Dies gilt natürlich auch, wenn das System statisch unbestimmt ist. Um im Gelenkpunkt einen virtuellen Knick einzuprägen, wird ein virtuelles Doppelmoment angesetzt, das die Momentenlinie in *Bild 4.2a* erzeugt. Infolge dieser Beanspruchung verformt sich das System. Die in *Bild 4.2b* dargestellte Verformung folgt aus den Krümmungen infolge der Momente und den Auflagerbedingungen.

Im nächsten Schritt wird das Gelenk im verformten Zustand geschlossen, der Knick somit „eingefroren". Der Punkt *i* ist nun mit dem vorhandenen, eingeprägten Knick völlig biegesteif, sodass das äußere Doppelmoment nicht mehr benötigt wird, um die vorhandene Verformung zu erhalten. Diese Biegelinie in *Bild 4.2c* ist der virtuelle Verschiebungszustand, der in *Bild 4.1* unten dargestellt ist.

Durch das Schließen des Gelenks ist das virtuelle Moment M_i, das infolge der Lagrangeschen Befreiung als äußere Größe angesetzt wurde, wieder zu einer inneren Größe, einer Schnittgröße geworden. Es ist das Schnittmoment, das infolge des eingeprägten Knicks im Punkt *i* vorhanden ist.

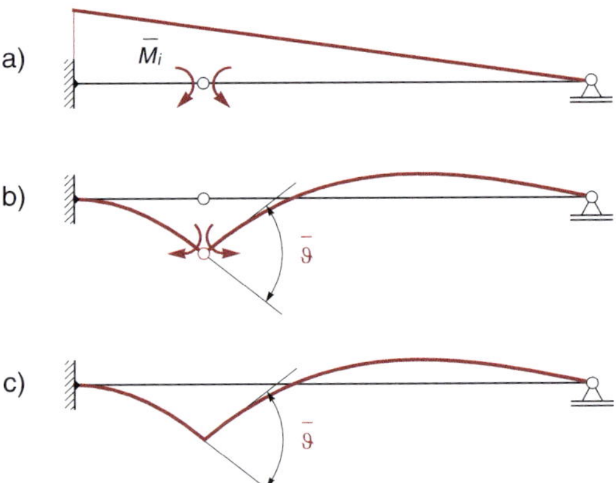

Bild 4.2 Einprägen eines Knicks

Es sind folgende Schritte durchzuführen, um die Einflusslinie nach der kinematischen Methode zu ermitteln:

1. Durchführung der Lagrangeschen Befreiung. Es wird ein Gelenk im Punkt *i* eingelegt und das befreite innere Moment als äußere Kraftgröße angesetzt.
2. Aufbringen einer virtuellen Verschiebung infolge eines Knicks „–1" im Punkt *i*.
3. Formulierung der Arbeitsgleichung des Prinzips der virtuellen Verschiebungen, wobei nun auch innere Arbeiten zu berücksichtigen sind.

$$\sum \overline{W} = \overline{W}_a + \overline{W}_i = 0$$

Äußere virtuelle Verschiebungsarbeit wird von der Wanderlast F auf der Verschiebung $\bar{\delta}_x$ und dem Doppelmoment M_i auf dem virtuellen Knick $\bar{\vartheta}$ im Gelenk geleistet.

$$\overline{W}_a = F \cdot \bar{\delta}_x + M_i \cdot \bar{\vartheta}$$

Infolge der eingeprägten Weggröße $\bar{\vartheta}$ entstehen am statisch unbestimmten System virtuelle Krümmungen $\bar{\kappa}$, auf denen die Momente infolge der Wanderlast F innere virtuelle Verschiebungsarbeit leisten.

Mit $\bar{\kappa} = \dfrac{M}{EI}$ folgt die negative innere Arbeit:

$$-\overline{W}_i = \int \frac{1}{EI} M(F) \cdot \overline{M}(\bar{\vartheta})\,dx$$

$M(F)$ ist die Momentenlinie am statisch unbestimmten System infolge der Wanderlast F.

$\overline{M}(\bar{\vartheta})$ ist die Momentenlinie am statisch unbestimmten System infolge des virtuellen Knicks $\bar{\vartheta}$ im Punkt *i*.

Die Momentenlinie $\overline{M}(\bar{\vartheta})$ ergibt sich bei einer Berechnung nach dem Kraftgrößenverfahren aus der Superpositionsgleichung:

$$\overline{M}(\bar{\vartheta}) = \overline{M}_0 + \sum \overline{X}_k(\bar{\vartheta}) \cdot M_k$$

Der eingeprägte Knick $\bar{\vartheta}$ stellt einen Verformungslastfall dar, der am statisch bestimmten Hauptsystem keine Schnittgrößen erzeugt, d. h. $\overline{M}_0$ ist gleich null.

Die innere Arbeit ergibt sich damit zu:

$$-\overline{W}_i = \int \frac{1}{EI} M(F) \cdot \sum \overline{X}_k(\bar{\vartheta}) \cdot M_k\,dx$$

Das Integral $\int M M_k dx$ ist gleich null, wenn der endgültige Zustand infolge $\bar{\vartheta}$ die Verformungsbedingungen erfüllt, dies ist die Verformungsbedingung des Kraftgrößenverfahrens. Daraus folgt, dass die innere Arbeit gleich null ist:

$$\overline{W}_i = 0$$

Damit gilt:

$$\overline{W} = F \cdot \bar{\delta}_x + M_i \cdot \bar{\vartheta} = 0$$

mit $F = 1$ und $\bar{\vartheta} = -1$ folgt:

$$\bar{\delta}_x = M_i = \eta$$

Es gilt also derselbe Satz wie bei statisch bestimmten Systemen:

Die Einflusslinie für eine Kraftgröße entspricht der Biegelinie infolge der konjugierten Weggröße „–1" (gilt für alle Berechnungsmethoden).

Die Biegelinie, die die Einflusslinie darstellt, ist eine virtuelle Verformung infolge einer virtuellen Relativweggröße. Es wird im Folgenden darauf verzichtet, den virtuellen Charakter dieser Verformungen durch den Querstrich zu kennzeichnen.

4.1.2 Berechnung nach dem Kraftgrößenverfahren

Die Ermittlung einer Einflusslinie für eine Schnittgröße ist auf die Berechnung einer Biegelinie infolge einer speziellen Beanspruchung zurückgeführt.

Um zu erläutern, wie eine Einflusslinie nach dem Kraftgrößenverfahren berechnet wird, wird das einfach statisch unbestimmte Systems in *Bild 4.3* betrachtet. Es soll die Einflusslinie für das Biegemoment im Punkt *i* ermittelt werden.

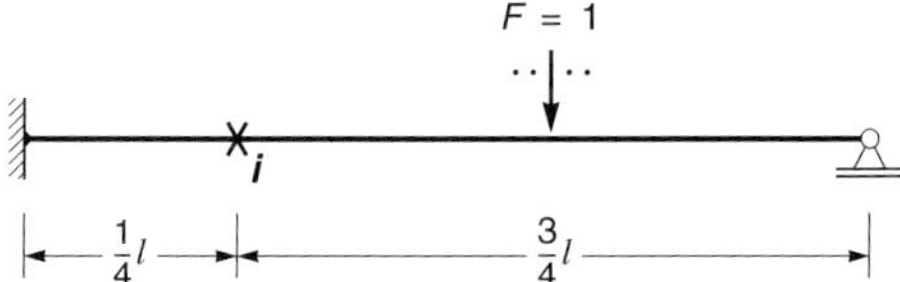

Bild 4.3 Einseitig eingespannter Balken mit Wanderlast

4

Die Einflusslinie für M_i entspricht der Biegelinie infolge des eingeprägten Knicks „–1" im Punkt *i*. Die Berechnung einer Einflusslinie unterscheidet sich von der Berechnung einer Zustandslinie nur hinsichtlich der Beanspruchung. Bei einer Berechnung nach Kraftgrößenverfahren ergibt sich daher ein spezieller Lastspannungszustand.

Als statisch bestimmtes Hauptsystem wird der beidseitig gelenkige Balken gewählt, es wird also am dreiwertigen Auflager ein Gelenk eingelegt.

Lastspannungszustand

Die Beanspruchung ist der Verformungslastfall Knick „–1" im Punkt *i*. Da ein Verformungslastfall am statisch bestimmten Hauptsystem keine Schnittgrößen erzeugt, ist M_0 gleich null. Zur Veranschaulichung ist die Verformung des Systems infolge des Knicks in *Bild 4.4* dargestellt, für die Berechnung wird sie nicht benötigt. Diese Verformung entspricht der Einflusslinie für das Moment M_i am statisch bestimmten Hauptsystem.

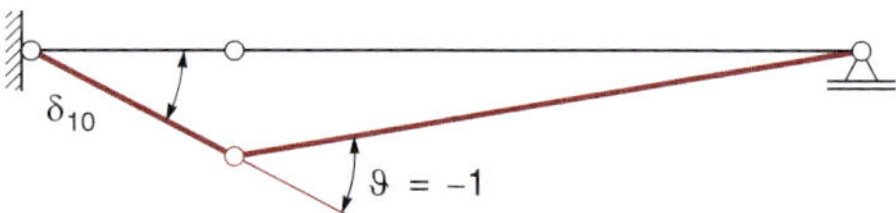

Bild 4.4 Verformung infolge Knick „–1" am statisch bestimmten Hauptsystem

Einheitsspannungszustand

Der Einheitszustand in *Bild 4.5* ergibt sich aus dem Doppelmoment an der gelösten Bindung, er ist von der Beanspruchung unabhängig.

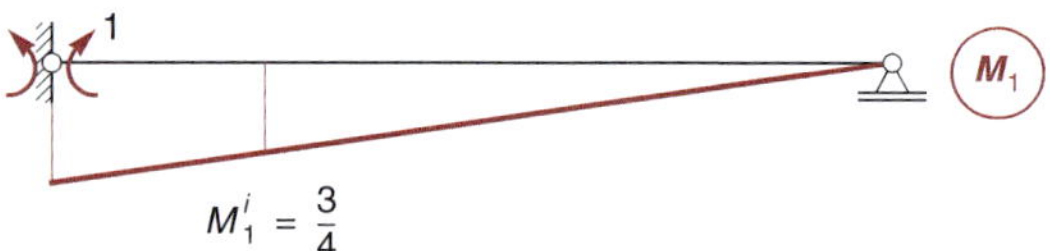

Bild 4.5 Momentenlinie infolge Einheitsdoppelmoment

Berechnung der δ'-Werte

Die Berechnung von δ'_{11} bietet keine Besonderheiten.

$$\delta'_{11} = l \cdot \frac{1}{3} \cdot 1^2 = \frac{l}{3}$$

Das Spezifische der Einflusslinienberechnung besteht in der Ermittlung von δ'_{10}. Für dieses einfache Beispiel kann δ'_{10} in *Bild 4.4* problemlos geometrisch bestimmt werden. Im Allgemeinen muss der Wert jedoch durch Auswertung der Arbeitsgleichung formal ermittelt werden. Da der Verformungslastfall keine Schnittgrößen am Hauptsystem erzeugt, verbleibt aus der Arbeitsgleichung (1.44) nur der Term der äußeren Arbeit, der eingeprägte Verformungen berücksichtigt:

$$\bar{1} \cdot \delta' = -EI_c \cdot \bar{C}c$$

Das Summenzeichen wurde hier weggelassen, da nur eine eingeprägte Weggröße vorhanden ist. In der Arbeitsgleichung gilt dieser Term für Auflagerverschiebungen, in diesem Zusammenhang ist er allgemein für eingeprägte Weggrößen aufzufassen. $\bar{C}$ steht für die virtuelle Schnittgröße, die auf der tatsächlichen eingeprägten Weggröße c Arbeit leistet.

Die eingeprägte Weggröße ist die eingeprägte Weggröße „–1" im Punkt *i*, in diesem Fall hat die Weggröße die Bedeutung eines Knicks, da das Moment M_i darauf Arbeit leistet.

Bei der Berechnung nach dem Kraftgrößenverfahren sind die Einheitsspannungszustände gleichzeitig virtuelle Zustände zur Berechnung der an den gelösten Bindungen auftretenden Relativverformungen. Für die Größe $\bar{C}$ ist daher die Schnittgröße aus dem entsprechenden Einheitszustand an der Stelle *i* einzusetzen, für die die Einflusslinie ermittelt werden soll. In diesem Fall also das Moment M_i. Damit folgt:

$$\delta'_{10} = -EI_c M_1^i \cdot (-1) = EI_c M_1^i = EI_c \cdot \frac{3}{4}$$

Aus der Verformungsbedingung, dass der Knick an der Einspannung im endgültigen Zustand null sein muss, folgt der Skalierungsfaktor X_1.

$$X_1 \cdot \delta'_{11} + \delta'_{10} = 0 \Rightarrow X_1 = -\frac{\delta'_{10}}{\delta'_{11}} = -\frac{EI_c \cdot \frac{3}{4}}{\frac{l}{3}} = -\frac{9EI_c}{4l}$$

Die endgültige Momentenlinie ergibt sich aus der Superpositionsgleichung:

$$M = M_0 + X_1 \cdot M_1 = X_1 \cdot M_1$$

Der Anteil M_0 entfällt, da eine Verformungsbeanspruchung am statisch bestimmten Hauptsystem keine Schnittgrößen erzeugt.

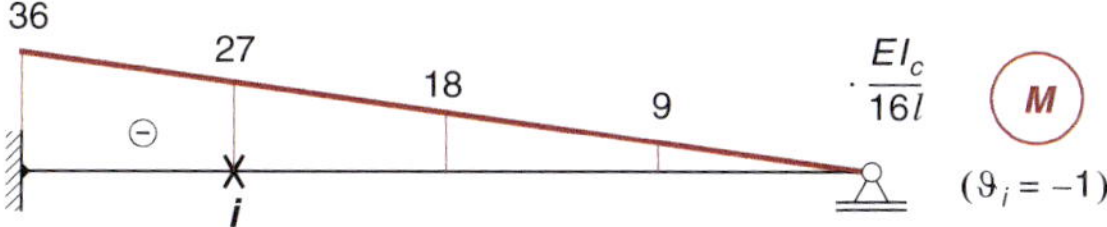

Bild 4.6 Momentenlinie infolge Knick „–1" im Punkt *i*

Die in *Bild 4.6* dargestellte Momentenlinie ist nur ein Zwischenergebnis, um die Biegelinie bzw. die Einflusslinie zu ermitteln. Die angegebenen Ordinaten im Abstand von $l/4$ werden für die nachfolgende Berechnung benötigt.

Es werden zunächst einzelne Ordinaten der Biegelinie infolge $\vartheta = -1$, also der Einflusslinie für M_i mit dem Prinzip der virtuellen Kräfte ermittelt. Um das grundsätzliche Vorgehen zu zeigen, beschränken wir uns auf eine Unterteilung des Systems in vier Abschnitte, wie in *Bild 4.7* dargestellt ist.

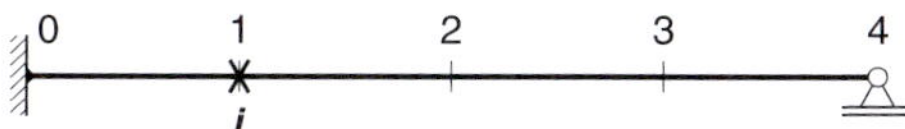

Bild 4.7 Unterteilung des Balkens

Da das System statisch unbestimmt ist, erfolgt die Berechnung mithilfe des Reduktionssatzes. Um einen möglichst einfachen virtuellen Zustand zu erhalten, wird als statisch bestimmtes Hauptsystem der Kragträger gewählt.

- Punkt 1

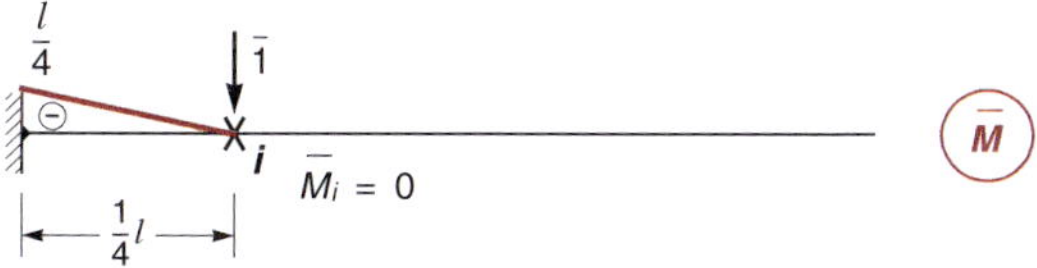

Bild 4.8 Virtuelle Momentenlinie zur Ermittlung von η_1

Um die Verformung zu berechnen, ist die Arbeitsgleichung des Prinzips der virtuellen Kräfte für den virtuellen Zustand in *Bild 4.8* auszuwerten. Es ist unbedingt zu beachten, dass ein Verformungslastfall vorliegt, d. h. im Punkt *i* ist die tatsächliche Weggröße „–1" eingeprägt. Existiert im virtuellen Zustand im Punkt *i* eine virtuelle Schnittgröße, die auf dieser Weggröße Arbeit leistet, so ist der Term für eingeprägte Weggrößen in der Arbeitsgleichung zu berücksichtigen, er ist nachfolgend farbig gekennzeichnet. Die vollständige Gleichung lautet in diesem Fall:

$$EI_c \cdot \eta_1 = \eta'_1 = \frac{I_c}{I}\int \bar{M} \cdot M_{(\vartheta_i = -1)} dx - EI_c \cdot \bar{M}_i \cdot \vartheta_i$$

Da das Trägheitsmoment konstant ist, ist der Faktor I_c/I gleich eins und kann daher entfallen. Die virtuelle Kraft $\bar{1}$ wirkt am Kragträger im Punkt *i*, daher ist das virtuelle Moment $\bar{M}_i$ gleich null. Es ergibt sich:

$$\eta'_1 = \frac{l}{4} \cdot \frac{1}{6} \cdot \left(-\frac{l}{4}\right) \cdot \left(2 \cdot \left(-\frac{36\,EI_c}{16l}\right) - \frac{27\,EI_c}{16l}\right) - EI_c \cdot 0 \cdot (-1)$$

$$= EI_c \cdot l \cdot 0{,}064453$$

$$\eta_1 = 0{,}064453 \cdot l$$

Die Berechnung der Ordinaten in den Punkten 2 und 3 erfolgt analog. Es ist jeweils ein Produkt aus Dreieck und Trapez zu integrieren. Der Term infolge der eingeprägten Weggröße „–1" ergibt einen Wert ungleich null, da nun das virtuelle Moment im Punkt *i* nicht mehr gleich null ist.

- Punkt 2

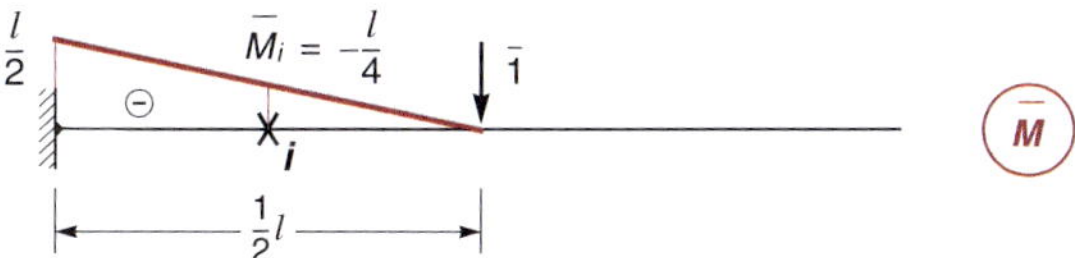

Bild 4.9 Virtuelle Momentenlinie zur Ermittlung von η_2

$$EI_c \cdot \eta_2 = \eta'_2 = \frac{I_c}{I}\int \bar{M} \cdot M_{(\vartheta_i = -1)} dx - EI_c \cdot \bar{M}_i \cdot \vartheta_i$$

$$\eta'_2 = \frac{l}{2} \cdot \frac{1}{6} \cdot \left(-\frac{l}{2}\right) \cdot \left(2 \cdot \left(-\frac{36\,EI_c}{16l}\right) - \frac{18\,EI_c}{16l}\right)$$

$$- EI_c \cdot \left(-\frac{l}{4}\right) \cdot (-1)$$

$$= -EI_c \cdot l \cdot 0{,}0156250$$

$$\eta_2 = -0{,}0156250 \cdot l$$

- Punkt 3

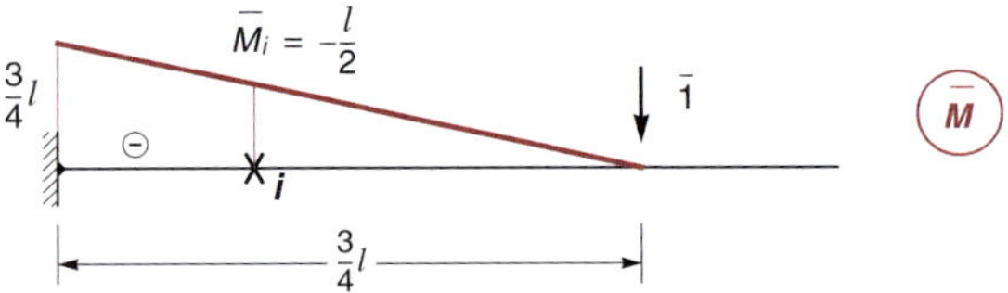

Bild 4.10 Virtuelle Momentenlinie zur Ermittlung von η_3

$$EI_c \cdot \eta_3 = \eta'_3 = \frac{l_c}{l}\int \bar{M} \cdot M_{(\vartheta_i = -1)}\,dx - EI_c \cdot \bar{M}_i \cdot \vartheta_i$$

$$\eta'_3 = \frac{3}{4}l \cdot \frac{1}{6} \cdot \left(-\frac{3}{4}l\right) \cdot \left(2 \cdot \left(-\frac{36\,EI_c}{16\,l}\right) - \frac{9\,EI_c}{16\,l}\right)$$

$$- EI_c \cdot \left(-\frac{l}{2}\right) \cdot (-1)$$

$$= -EI_c \cdot l \cdot 0{,}025391$$

$$\eta_3 = -0{,}025391 \cdot l$$

Ermittlung der Einflusslinienordinaten mithilfe der ω-Zahlen

Die Berechnung der Einflusslinienordinaten als Einzelverformung mit dem Prinzip der virtuellen Kräfte ist sehr aufwändig, wenn nicht nur wenige Werte ermittelt werden sollen. In Abschnitt 1.7.2 haben wir mit der Anwendung der ω-Zahlen eine Methode zur Ermittlung von Biegelinien kennen gelernt, bei der die gesamte Verformung aus zwei Anteilen zusammengesetzt wird.

$$w = w_E + w_M$$

Der Anteil w_E berücksichtigt die Verformung infolge der Verschiebung der Endpunkte des Balkens. Die Krümmungs infolge der Momente wird durch den Anteil w_M berechnet. Die eingeprägte Weggröße „–1“ stellt einen Verformungssprung dar. Bei einer Momenteneinflusslinie ist dies z. B. ein Knick, also eine sprunghafte Änderung des Drehwinkels. Dieser Anteil ist dann zusätzlich zu berücksichtigen, wenn der Punkt *i* im betrachteten Stababschnitt liegt. Die vollständige Gleichung lautet dann:

$$\eta = w = w_E + w_M + w_0^* \tag{4.1}$$

Die Krümmungsanteile, die mithilfe der ω-Funktionen beschrieben werden, sind durch Anpassung an die Randbedingungen des beidseitig gelagerten Balkens ermittelt worden. Der zusätzliche Anteil w_0^* ist daher auch als Verformung infolge der Weggröße „–1“ für den beidseitig gelagerten Balken zu bestimmen.

Es handelt sich dabei im Allgemeinen **nicht** um die Verformung w_0 des Lastspannungszustands. Zur Unterscheidung wird daher die Bezeichnung w_0^* gewählt. w_0^* ist nichts anderes als die Einflusslinie am beidseitig gelenkigen Einfeldbalken.

Da in diesem Beispiel als Hauptsystem ein beidseitig gelagerter Balken gewählt wurde, ist in diesem Fall w_0^* gleich w_0.

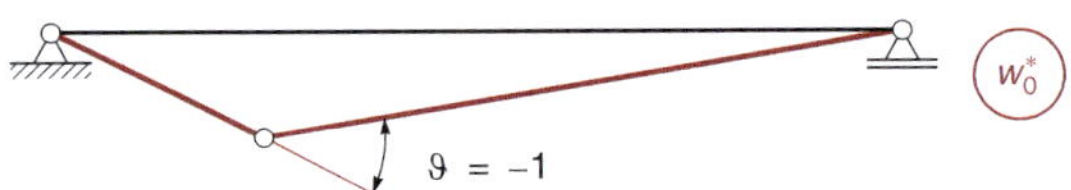

Bild 4.11 Verformung des einfachen Balkens infolge Knick „–1“ im Punkt *i*

Zur Ermittlung der Einflusslinie mithilfe der ω-Zahlen wählen wir eine Unterteilung des Balkens in acht Abschnitte, siehe *Bild 4.12*.

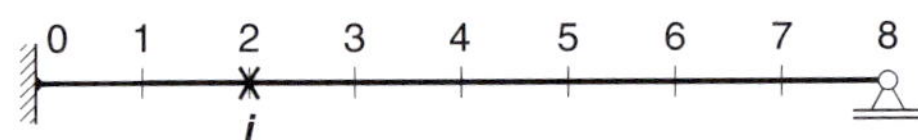

Bild 4.12 Unterteilung des Balkens

Die beiden Anteile der Verformung sind in *Bild 4.13* dargestellt. Da die Endpunkte des Balkens gelagert sind, ist w_E gleich null. Infolge der Momente nach *Bild 4.6* krümmt sich der Balken nach oben. Diese Ordinaten werden mit den ω-Zahlen berechnet. Die Werte infolge des Knicks in *i* ergeben sich aus den geometrischen Beziehungen, sie sind in *Bild 4.13* angegeben.

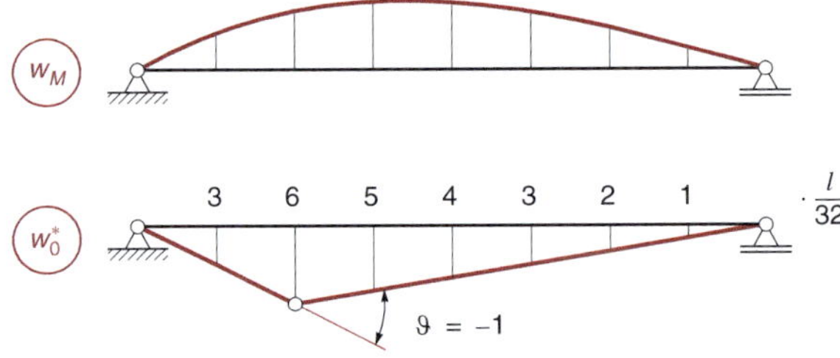

Bild 4.13 Verformungsanteile zur Berechnung der Einflusslinie

Tabelle 4.1 Ermittlung der Einflusslinienordinaten

	0	1	2	3	4	5	6	7	8
$\omega'_D \cdot 10^4$	0	2051	3281	3809	3750	3223	2344	1230	0
w_M	0	−0,07691	−0,12304	−0,14284	−0,14063	−0,12086	−0,08790	−0,04613	0
w_0^*	0	3/32	6/32	5/32	4/32	3/32	2/32	1/32	0
$\sum = w = \eta$	0	0,01684	0,06446	0,01341	−0,01563	−0,02711	−0,02540	−0,01488	0

- Ermittlung von w_M mit den ω -Zahlen

$$EI_c \cdot w_M = \frac{1}{6} \cdot M \cdot l^2 \cdot \frac{I_c}{I} \cdot \omega'_D$$

$$w_M = \frac{1}{EI_c} \cdot \frac{1}{6} \cdot \left(-\frac{9EI_c}{4l}\right) \cdot l^2 \cdot 1 \cdot \omega'_D = -\frac{9}{24} \cdot l \cdot \omega'_D$$

Die Auswertung der Verformungsanteile w_M und w_0^* erfolgt in *Tabelle 4.1*. Die in der Tabelle angegebenen Werte sind mit der Länge des Balkens zu multiplizieren. Die Einflusslinie ist in *Bild 4.14* maßstäblich dargestellt.

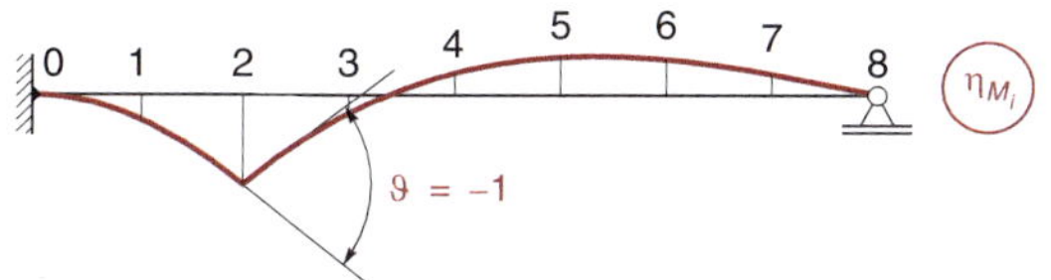

Bild 4.14 Einflusslinie für das Moment im Punkt *i*

Ermittlung der Einflusslinie für die Querkraft im Punkt *i*

Um die Einflusslinie für die Querkraft zu berechnen, wird als Hauptsystem ein Kragträger gewählt, um den Einfluss der Wahl des Hauptsystems zu zeigen.

Lastspannungszustand

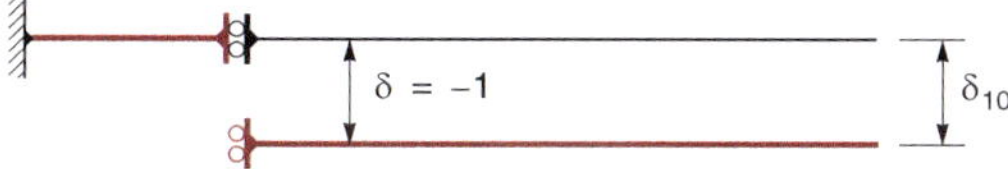

Bild 4.15 Verformung infolge Klaffung „−1“ am statisch bestimmten Hauptsystem

Einheitsspannungszustand

Der Einheitszustand in *Bild 4.16* unterscheidet sich von dem vorherigen nur um den Faktor *l*.

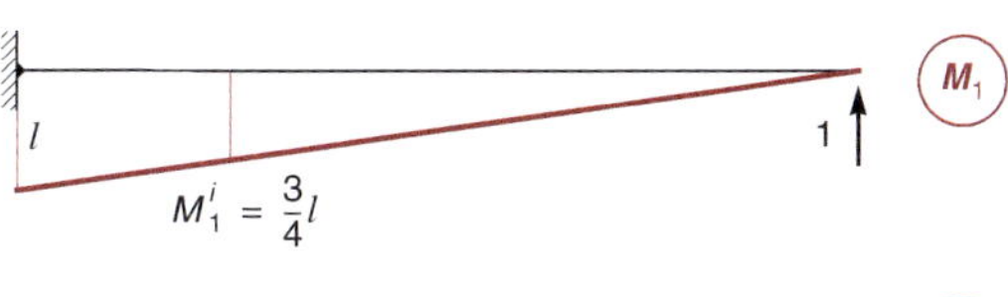

Bild 4.16 Momenten- und Querkraftverlauf infolge Einheitskraft

Berechnung der δ'-Werte

$$\delta'_{11} = l \cdot \frac{1}{3} \cdot l^2 = \frac{1}{3} l^3$$

$$\delta'_{10} = -EI_c V_1^i \cdot \delta_i = -EI_c(-1) \cdot (-1) = -EI_c$$

$$X_1 = -\frac{\delta'_{10}}{\delta'_{11}} = \frac{3EI_c}{l^3}$$

Endgültige Momentenlinie

$$M = X_1 \cdot M_1$$

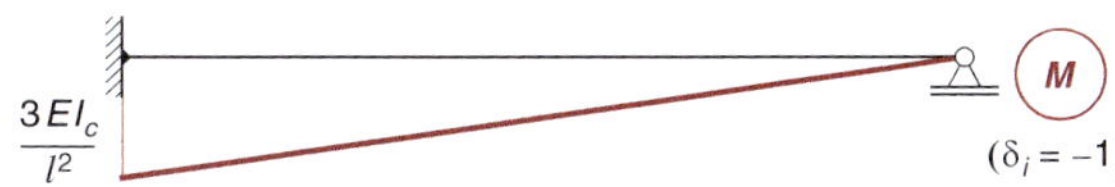

Bild 4.17 Momentenlinie infolge Klaffung „−1“ im Punkt *i*

Berechnung der Einflusslinienordinaten

Die Einflusslinie für V_i entspricht der Biegelinie infolge der Klaffung $\delta_i = -1$. Die Biegelinie wird mit den ω-Zahlen ermittelt.

$$\eta = w = w_E + w_M + w_0^*$$

Der Verformungsanteil w_E entfällt auch hier, weil sich die Endpunkte des Balkens nicht verschieben können. Die Verformungsanteile zeigt *Bild 4.18*.

Tabelle 4.2 Ermittlung der Einflusslinienordinaten

	0	1	2	3	4	5	6	7	8
$\omega'_D \cdot 10^4$	0	2051	3281	3809	3750	3223	2344	1230	0
w_M	0	0,10255	0,16405	0,19045	0,18750	0,16115	0,11720	0,06150	0
w_0^*	0	−1/8	−1/4 li 3/4 re	5/8	1/2	3/8	1/4	1/8	0
$\sum = w = \eta$	0	−0,02245	−0,08595 0,91405	0,81545	0,68750	0,53615	0,36720	0,18650	0

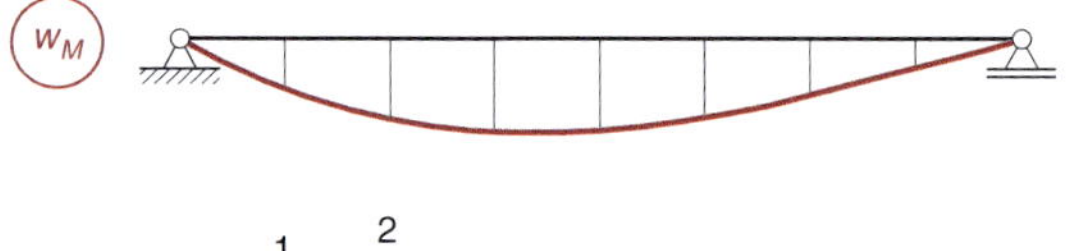

Bild 4.18 Verformungsanteile zur Berechnung der Einflusslinie

- Ermittlung von w_M mit den ω-Zahlen

$$EI_c \cdot w_M = \frac{1}{6} \cdot M \cdot l^2 \cdot \frac{l_c}{l} \cdot \omega'_D$$

$$w_M = \frac{1}{EI_c} \cdot \frac{1}{6} \cdot \frac{3EI_c}{l^2} \cdot l^2 \cdot 1 \cdot \omega'_D = \frac{1}{2} \cdot \omega'_D$$

Das Ergebnis der Auswertung in *Tabelle 4.2* ist in *Bild 4.19* dargestellt.

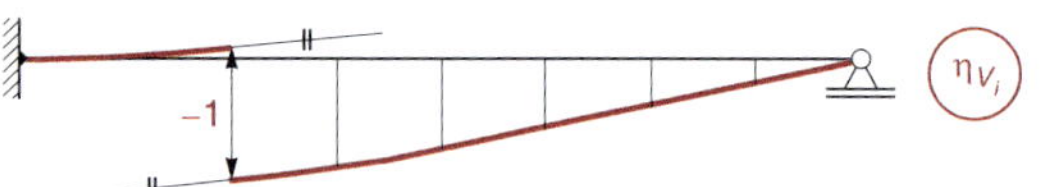

Bild 4.19 Einflusslinie für die Querkraft im Punkt *i*

4.1.3 Auswertung der Einflusslinien

Die Auswertung der Einflusslinien statisch unbestimmter Systeme erfolgt grundsätzlich genau so wie bei Einflusslinien statisch bestimmter Systeme. Die Auswertungsgleichung nach Kapitel 9 in Baustatik 1 lautet:

$$S = \sum F_i \cdot \eta_i + \int q(x) \cdot \eta(x)\,dx$$

Da die Einflusslinien bei statisch unbestimmten Systemen nicht geradlinig verlaufen, kann das Integral nicht mehr einfach ermittelt werden.

4.1.3.1 Analytische Integration

Eine analytische Auswertung des Integrals ist nur möglich, wenn der Funktionsverlauf $\eta(x)$ vorliegt. Wir gehen im Folgenden davon aus, dass die Streckenlast konstant ist. Damit ergibt sich für den Anteil der verteilten Belastung:

$$S = q\int \eta(x)\,dx$$

Nach Gl. (4.1) setzt sich die Einflusslinie aus folgenden Anteilen zusammen:

$$\eta = w = w_E + w_M + w_0^*$$

Die Anteile w_E und w_0^* verlaufen geradlinig, daher ist der Flächeninhalt problemlos zu ermitteln. Der Flächeninhalt infolge des Verformungsanteils w_E in *Bild 4.20* ergibt:

$$\int w_E\,dx = \frac{l}{2}(\eta_1 + \eta_2) \tag{4.2}$$

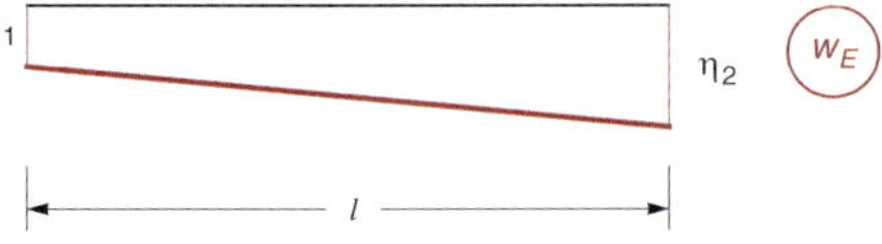

Bild 4.20 Verformungsanteile infolge w_E

Die Verformungsanteile w_0^* sind für eine Momenten- und eine Querkrafteinflusslinie in *Bild 4.21* dargestellt.

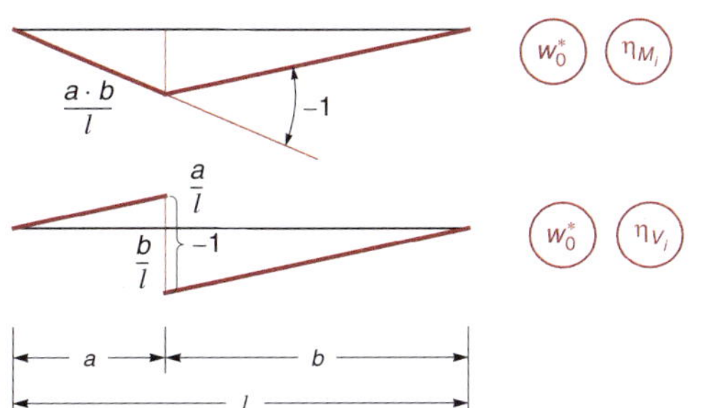

Bild 4.21 Verformungsanteile infolge w_0^*

Der Flächeninhalt ergibt für eine Momenteneinflusslinie:

$$\int w_0^* \mathrm{d}x = \frac{l}{2}\frac{a \cdot b}{l} = \frac{a \cdot b}{2} \tag{4.3}$$

Für eine Querkrafteinflusslinie gilt:

$$\int w_0^* \mathrm{d}x = \frac{b}{2} \cdot \frac{b}{l} - \frac{a}{2} \cdot \frac{a}{l} = \frac{b^2 - a^2}{2l} \tag{4.4}$$

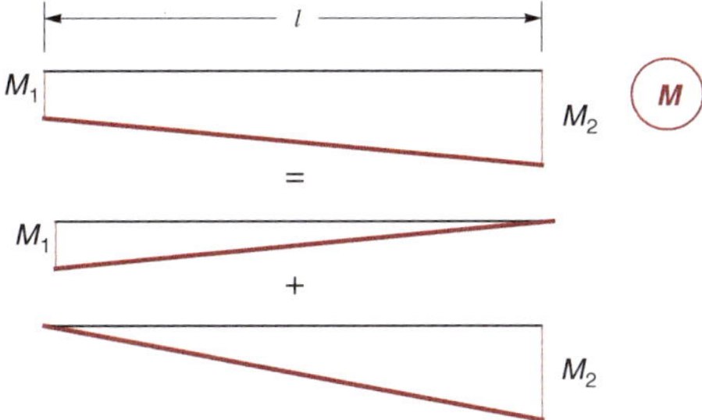

Bild 4.22 Zerlegung des linearen Momentenverlaufs

Der Momentenverlauf infolge der eingeprägten Weggröße „−1" ist immer geradlinig. Der allgemeine geradlinige Verlauf wird nach *Bild 4.22* in zwei Dreiecke zerlegt. Damit kann die daraus folgende Biegelinie mithilfe der ω-Funktionen ausgedrückt werden.

$$\begin{aligned} EI_c w_M(\xi) &= \frac{1}{6} M_1 l^2 \frac{I_c}{I} \omega'_D + \frac{1}{6} M_2 l^2 \frac{I_c}{I} \omega_D \\ &= \frac{l^2}{6}\frac{I_c}{I}(M_1 \omega'_D + M_2 \omega_D) \\ w_M(\xi) &= \frac{1}{EI_c}\frac{l^2}{6}\frac{I_c}{I}(M_1 \omega'_D + M_2 \omega_D) \end{aligned}$$

Die Funktionen ω_D und ω'_D sind grundsätzlich gleich. Sie beschreiben denselben Funktionsverlauf in unterschiedlicher Richtung. Es ist also ausreichend, eine der beiden Funktionen zu integrieren. Da die ω-Funktionen von der dimensionslosen Variable ξ abhängen, ist für die Integration der folgende Zusammenhang zu beachten:

$$\xi = \frac{x}{l} \Rightarrow \frac{\mathrm{d}\xi}{\mathrm{d}x} = \frac{1}{l} \Rightarrow \mathrm{d}x = l \cdot \mathrm{d}\xi \Rightarrow \int_0^l f(x)\,\mathrm{d}x = l\int_0^1 f(\xi)\,\mathrm{d}\xi$$

Das bestimmte Integral ergibt:

$$l\int_0^1 \omega_D \mathrm{d}\xi = l\int_0^1 (\xi - \xi^3)\,\mathrm{d}\xi = l\left[\frac{1}{2}\xi^2 - \frac{1}{4}\xi^4\right]_0^1 = \frac{l}{4}$$

$$\begin{aligned} \int w_M \mathrm{d}x &= \frac{1}{EI_c}\frac{l^2}{6}\frac{I_c}{I}\left(M_1 \frac{l}{4} + M_2 \frac{l}{4}\right) \\ &= \frac{1}{EI_c}\frac{l^3}{24}\frac{I_c}{I}(M_1 + M_2) \end{aligned} \tag{4.5}$$

Damit kann der Flächeninhalt des gekrümmten Teils der Einflusslinie ermittelt werden, wenn die Momentenlinie infolge der Weggröße „−1" bekannt ist. Das Vergleichsträgheitsmoment I_c in Gl. (4.5) wurde nicht gekürzt, da die Momentenordinaten als Vielfaches der Vergleichssteifigkeit EI_c vorliegen und sich diese Vergleichssteifigkeit beim Einsetzen der Momentenordinaten herauskürzt.

4.1.3.2 Numerische Integration

Sind jedoch nur die Ordinaten der Einflusslinie in bestimmten Abständen bekannt, so muss das Integral numerisch ermittelt werden. Eine einfache Form der numerischen Integration ist die Anwendung der Trapezregel. Bei einer konstanten Streckenlast lautet die Auswertungsformel für den Anteil aus verteilter Belastung:

$$S = q\int \eta(x)\,\mathrm{d}x$$

Das Integral $\int \eta(x)\,\mathrm{d}x$ ergibt sich nach der Trapezregel zu:

$$\int \eta(x)\,\mathrm{d}x \approx h\left(\frac{1}{2}\eta_0 + \eta_1 + \eta_2 + \ldots + \eta_{n-1} + \frac{1}{2}\eta_n\right)$$

In dieser Gleichung ist h die Breite eines Intervalls der äquidistant verteilten Einflusslinienordinaten.

Beispiel 4.1

Die Einflusslinie nach *Bild 4.19* ist für eine konstante Streckenlast q auszuwerten.

- Analytische Integration

Aus dem Anteil w_0^* ergibt sich nach Gl. (4.4):

$$\frac{b^2 - a^2}{2l} = \frac{\left(\frac{3}{4}l\right)^2 - \left(\frac{l}{4}\right)^2}{2l} = \frac{l}{4}$$

Der Anteil w_M ergibt nach Gl. (4.5):

$$\frac{l^3}{24}\frac{I_c}{I}(M_1 + M_2) = \frac{l^3}{24}\frac{I_c}{I}\left(\frac{3EI_c}{l^2} + 0\right) = \frac{l}{8}$$

Es folgt die Querkraft V_i mit:

$$V_i = q\left(\frac{l}{4} + \frac{l}{8}\right) = \frac{3}{8}ql$$

In Abschnitt 2.1.1 ergab sich für die rechte Auflagerkraft des einseitig eingespannten Balkens:

$$B = \frac{3}{8}ql$$

Daraus folgt die Querkraft im Punkt *i:*

$$V_i = -\frac{3}{8}ql + q \cdot \frac{3}{4}l = \frac{3}{8}ql = 0{,}375\,ql$$

Damit ist das Ergebnis der analytischen Auswertung der Einflusslinie bestätigt.

- Numerische Integration

Die Ordinaten der Einflusslinie sind in *Tabelle 4.2* angegeben. Es liegt eine Unterteilung in acht Abschnitte vor, die Intervallbreite beträgt also $l/8$. Aufgrund der Klaffung an der Stelle i ist die Trapezformel für die Bereiche links und rechts von i getrennt anzuwenden. Damit folgt für den Flächeninhalt unter der Einflusslinie:

$$\int \eta(x)\,dx \approx \frac{l}{8}\left[\frac{1}{2}0 - 0{,}02245 + \frac{1}{2}(-0{,}08595)\right]$$
$$+ \frac{l}{8}\left[\frac{1}{2}0{,}91405 + 0{,}81545 + 0{,}68750 + 0{,}53615\right.$$
$$\left. + 0{,}36720 + 0{,}18650 + \frac{1}{2}0\right]$$

Die Querkraft V_i beträgt:

$$\frac{ql}{8}2{,}9844 = 0{,}37305\,ql$$

Die Abweichung des durch die Einflusslinienermittlung berechneten Wertes vom exakten Wert beträgt:

$$\frac{0{,}375 - 0{,}37305}{0{,}375} \cdot 100\ \% = 0{,}52\ \%$$

Diese Abweichung resultiert aus dem Fehler bei der näherungsweisen Berechnung des Integrals durch die Trapezregel. Da die Einflusslinie innerhalb eines Intervalls geradlinig angenähert wird, ist der Fehler um so größer, je stärker die Kurve gekrümmt ist. Aus dem Krümmungssinn der Einflusslinie kann auch oft abgeschätzt werden, ob der Betrag des Näherungswertes unter oder über dem Betrag des exakten Wertes liegen muss.

Wie in *Bild 4.19* erkennbar ist, überwiegt in diesem Beispiel eindeutig der Anteil der positiven Ordinaten. In diesem Bereich ist die Einflusslinie nach unten gekrümmt. Durch die abschnittsweise geradlinige Annäherung wird daher im gesamten positiven Bereich die Fläche unter der Kurve durch die Trapezfläche zu gering berechnet. Der Betrag des Näherungswertes **muss** daher kleiner sein als der exakte Wert.

Beispiel 4.2

Gegeben ist das in *Bild 4.23* dargestellte System. Gesucht werden:

- Die Einflusslinie für die Auflagerkraft im Punkt c
- Die Einflusslinie für das Biegemoment im Punkt c

Im Bereich $b - c$ sind die Einflusslinienordinaten im Abstand von 1 m mithilfe der ω-Zahlen zu berechnen.

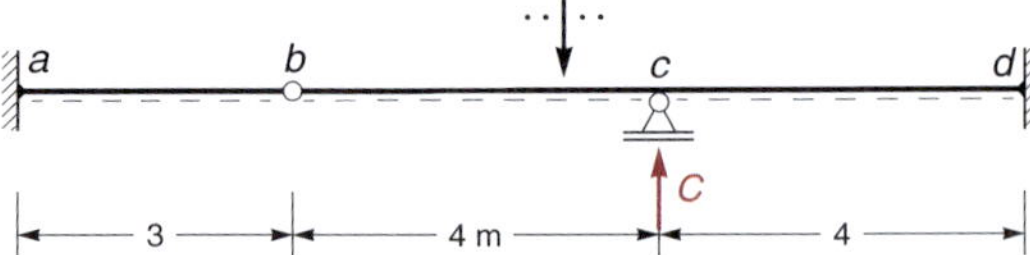

Bild 4.23 System mit Wanderlast

Das System ist zweifach statisch unbestimmt. Zur Bildung des statisch bestimmten Hauptsystems werden in den Punkten a und d Gelenke eingelegt. Es werden zunächst die Einheitsspannungszustände ermittelt, da diese für beide Einflusslinien gleich sind.

Einheitsspannungszustände

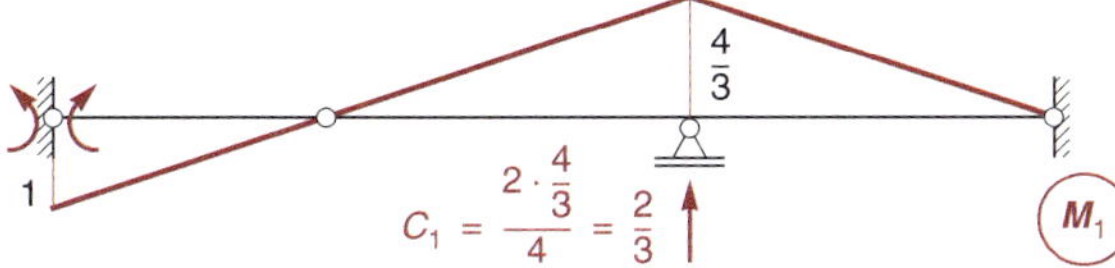

Bild 4.24 Momentenlinie infolge Einheitsdoppelmoment im Punkt *a*

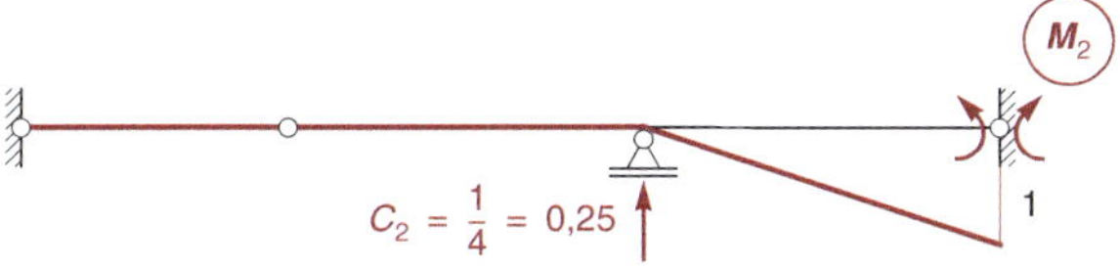

Bild 4.25 Momentenlinie infolge Einheitsdoppelmoment im Punkt *d*

Ermittlung der δ_{jk}-Werte

$$\delta'_{11} = 3 \cdot \frac{1}{3} \cdot 1^2 + 8 \cdot \frac{1}{3} \cdot \left(\frac{4}{3}\right)^2 = 5{,}741$$

$$\delta'_{12} = 4 \cdot \frac{1}{6} \cdot 1 \cdot \left(-\frac{4}{3}\right) = -\frac{8}{9} = -0{,}8889$$

$$\delta'_{22} = 4 \cdot \frac{1}{3} \cdot 1^2 = \frac{4}{3} = 1{,}333$$

Ermittlung der Einflusslinie für die Auflagerkraft im Punkt *c*

Lastspannungszustand

Die Einflusslinie für die Auflagerkraft *C* entspricht der Biegelinie infolge einer Verschiebung des Auflagerpunktes *c* um den Betrag eins entgegen der positiven Richtung der Auflagerkraft, also nach unten. Die Verformung infolge der Auflagersenkung zeigt *Bild 4.26*. Die Momentenlinie ist gleich null, da ein Verformungslastfall vorliegt.

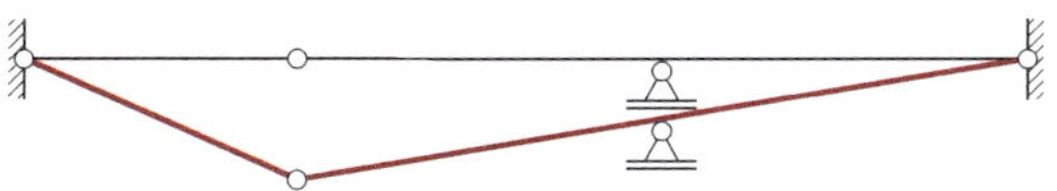

Bild 4.26 Verformung am Hauptsystem infolge Auflagersenkung

Ermittlung der δ_{j0}-Werte

$$\delta'_{10} = -EI_c \cdot C_1 \cdot \delta_c = -EI_c \cdot \frac{2}{3} \cdot (-1) = \frac{2}{3} EI_c$$

$$\delta'_{20} = -EI_c \cdot C_2 \cdot \delta_c = -EI_c \cdot \frac{1}{4} \cdot (-1) = \frac{1}{4} EI_c$$

Gleichungssystem und Lösung

Das Gleichungssystem folgt aus den Verformungsbedingungen, dass die Knicke in den Punkten *a* und *d* gleich null sein müssen.

$$\begin{bmatrix} \delta'_{11} & \delta'_{12} \\ \delta'_{21} & \delta'_{22} \end{bmatrix} \begin{bmatrix} X_1 \\ X_2 \end{bmatrix} = \begin{bmatrix} -\delta'_{10} \\ -\delta'_{20} \end{bmatrix}$$

$$\begin{bmatrix} 5{,}741 & -0{,}8889 \\ -0{,}8889 & 1{,}333 \end{bmatrix} \begin{bmatrix} X_1 \\ X_2 \end{bmatrix} = \begin{bmatrix} -0{,}6667 \\ -0{,}25 \end{bmatrix}$$

$$\begin{bmatrix} X_1 \\ X_2 \end{bmatrix} = \begin{bmatrix} -0{,}1619 \\ -0{,}2954 \end{bmatrix}$$

Endgültige Momentenlinie aus Superposition

Der Anteil M_0 entfällt, da eine Verformungsbeanspruchung am statisch bestimmten Hauptsystem keine Schnittgrößen erzeugt.

$$M = \sum M_i \cdot X_i = M_1 \cdot X_1 + M_2 \cdot X_2$$

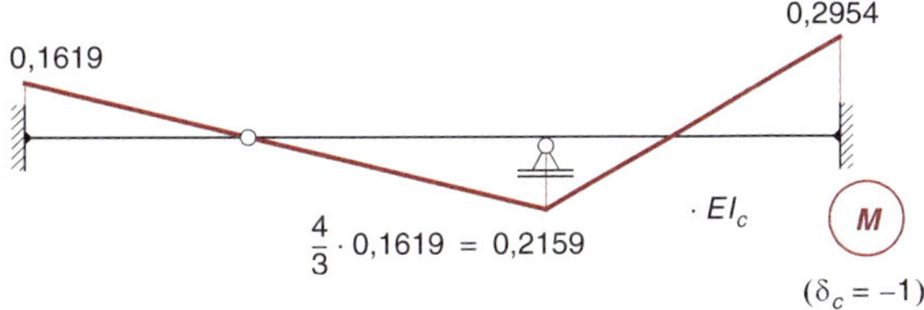

Bild 4.27 Momentenlinie infolge Verschiebung „–1" im Punkt *c*

Berechnung der Einflusslinienordinaten

$$\eta = w = w_E + w_M + w_0^*$$

- Bereich $b - c$

Der Verformungsanteil w_0^* ist gleich null, da die Weggröße „–1" eine Auflagerverschiebung darstellt, die im Anteil w_E berücksichtigt wird.

4

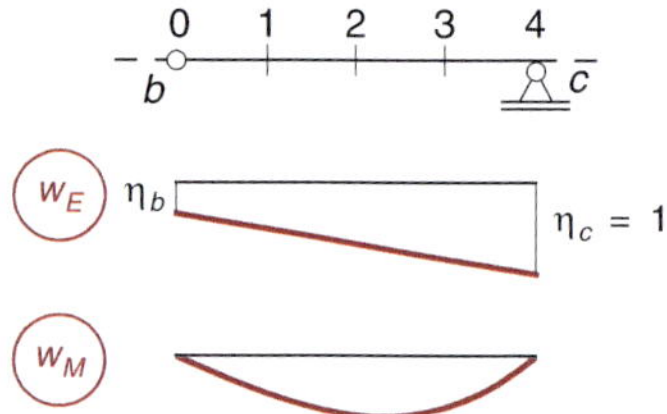

Bild 4.28 Verformungsanteile zur Berechnung der Einflusslinie

Für die Berechnung der Einzelverformung im Punkt *b* mithilfe des Reduktionssatzes wird ein anderes statisch bestimmtes Hauptsystem zugrunde gelegt als für die vorherige Berechnung.

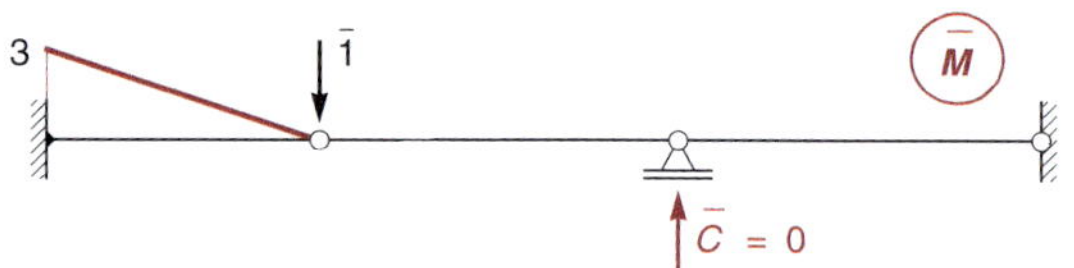

Bild 4.29 Virtuelle Momentenlinie zur Ermittlung von η_b

$$EI_c \cdot \eta_b = \eta'_b = \frac{I_c}{I} \int \bar{M} \cdot M_{(\delta_c = -1)} \mathrm{d}x - EI_c \cdot \bar{C} \cdot \delta_c$$

$$\eta'_b = 3 \cdot \frac{1}{3} \cdot 3 \cdot 0{,}1618705 \cdot EI_c - EI_c \cdot 0 \cdot \delta_c$$

$$= 0{,}4856 \cdot EI_c$$

$$\eta_b = 0{,}4856$$

Der geradlinige Verlauf von w_E in *Bild 4.28* wird zur Interpolation als Geradengleichung formuliert.

$$w_E = \frac{1 - 0{,}4856}{4} x + 0{,}4856 = 0{,}128575 x + 0{,}4856$$

- Ermittlung von w_M mit den ω-Zahlen

$$EI_c \cdot w_M = \frac{1}{6} \cdot M \cdot l^2 \cdot \frac{I_c}{I} \cdot \omega_D$$

$$w_M = \frac{1}{EI_c} \cdot \frac{1}{6} \cdot 0{,}2159 \cdot EI_c \cdot 4^2 \cdot 1 \cdot \omega_D$$

$$= 0{,}57573 \cdot \omega_D$$

Die Auswertung der Verformungsanteile erfolgt in *Tabelle 4.3*. Die Einflusslinie ist in *Bild 4.30* dargestellt. Der Verlauf in den äußeren Bereichen wurde qualitativ ergänzt.

Tabelle 4.3 Ermittlung der Einflusslinienordinaten

	0	1	2	3	4
w_E	0,4856	0,6143	0,7429	0,8714	1
$\omega_D \cdot 10^4$	0	2344	3750	3281	0
w_M	0	0,1349	0,2159	0,1889	0
$\sum = w = \eta$	0,4856	0,7492	0,9588	1,0603	1

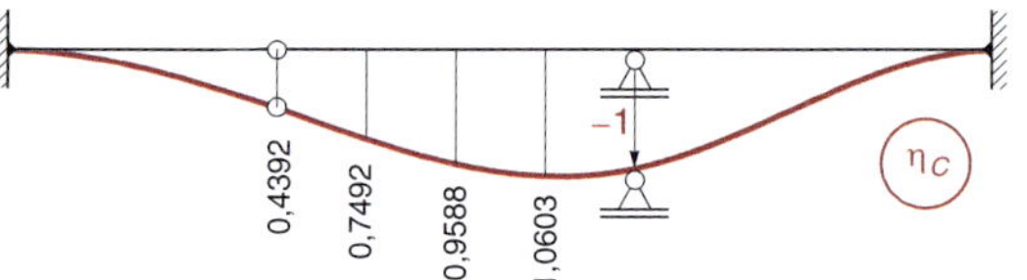

Bild 4.30 Einflusslinie für die Auflagerkraft im Punkt *c*

Ermittlung der Einflusslinie für das Moment im Punkt *c*

Lastspannungszustand

Die Einflusslinie für das Moment M_c entspricht der Biegelinie infolge eines Knicks „–1“ im Punkt *c*. Die Verformung infolge des Knicks am statisch bestimmten Hauptsystem zeigt *Bild 4.31*. Die Momentenlinie ist gleich null, da ein Verformungslastfall vorliegt.

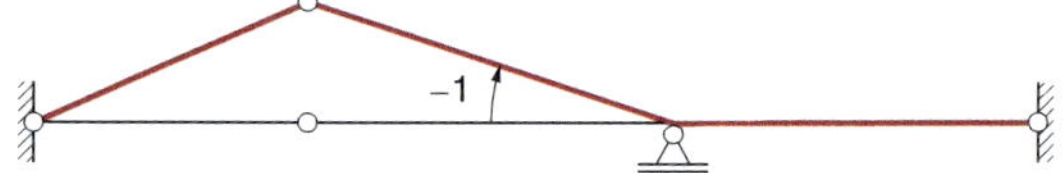

Bild 4.31 Verformung am Hauptsystem infolge Knick „–1“ im Punkt *c*

Ermittlung der δ_{j0}-Werte

$$\delta'_{10} = -EI_c \cdot M_{c1} \cdot \vartheta_c = -EI_c \cdot \left(-\frac{4}{3}\right) \cdot (-1) = -\frac{4}{3} EI_c$$

$$\delta'_{20} = -EI_c \cdot M_{c2} \cdot \vartheta_c = 0$$

Gleichungssystem und Lösung

$$\begin{bmatrix} 5{,}741 & -0{,}8889 \\ -0{,}8889 & 1{,}333 \end{bmatrix} \begin{bmatrix} X_1 \\ X_2 \end{bmatrix} = \begin{bmatrix} 1{,}333 \\ 0 \end{bmatrix} EI_c$$

$$\begin{bmatrix} X_1 \\ X_2 \end{bmatrix} = \begin{bmatrix} 0{,}2590 \\ 0{,}1727 \end{bmatrix} EI_c$$

Endgültige Momentenlinie aus Superposition

$$M = \sum M_i \cdot X_i = M_1 \cdot X_1 + M_2 \cdot X_2$$

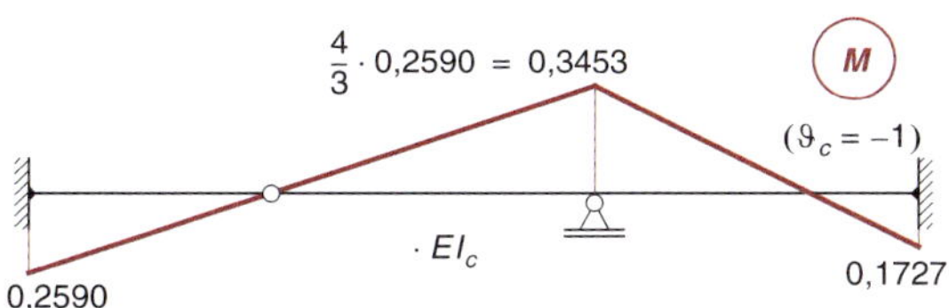

Bild 4.32 Momentenlinie infolge Knick „–1" im Punkt c

Berechnung der Einflusslinienordinaten im Bereich $b - c$

$$\eta = w = w_E + w_M + w_0^*$$

Der Verformungsanteil w_0^* ist wieder gleich null. Wie aus *Bild 4.21* hervorgeht, verschwindet dieser Anteil bei einer Einflusslinie für ein Moment, wenn der Punkt, an dem der Knick „–1" aufgebracht wird, am Ende des Bereiches liegt.

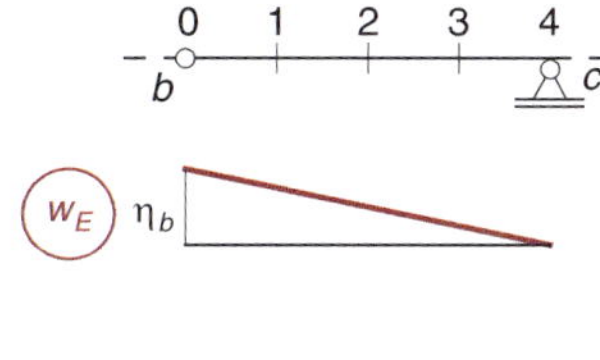

Bild 4.33 Verformungsanteile zur Berechnung der Einflusslinie

Die Berechnung der Einzelverformung für den Verformungsanteil w_E erfolgt durch Auswertung der Arbeitsgleichung des virtuellen Zustands in *Bild 4.29* mit der Momentenlinie infolge des Knicks „–1" im Punkt c in *Bild 4.32.*

$$EI_c \cdot \eta_b = \eta'_b = \frac{I_c}{I}\int \bar{M} \cdot M_{(\delta_c = -1)} dx - EI_c \cdot \bar{M}_c \cdot \vartheta_c$$

$$\eta'_b = -3 \cdot \frac{1}{3} \cdot 3 \cdot 0{,}2590 \cdot EI_c - EI_c \cdot 0 \cdot \vartheta_c$$

$$= -0{,}7770 \cdot EI_c$$

$$\eta_b = -0{,}7770$$

- Ermittlung von w_M mit den ω-Zahlen

$$EI_c \cdot w_M = \frac{1}{6} \cdot M \cdot l^2 \cdot \frac{I_c}{I} \cdot \omega_D$$

$$w_M = \frac{1}{EI_c} \cdot \frac{1}{6} \cdot (-0{,}3453) \cdot EI_c \cdot 4^2 \cdot 1 \cdot \omega_D$$

$$= -0{,}9208 \cdot \omega_D$$

In *Tabelle 4.4* ist die Auswertung der Verformungsanteile angegeben. Die Einflusslinie ist in *Bild 4.34* dargestellt. In den äußeren Bereichen wurde der Verlauf wieder qualitativ ergänzt.

Tabelle 4.4 Ermittlung der Einflusslinienordinaten

	0	1	2	3	4
w_E	–0,7770	–0,5828	–0,3885	–0,1943	0
$\omega_D \cdot 10^4$	0	2344	3750	3281	0
w_M	0	–0,2158	–0,3453	–0,3021	0
$\sum = w = \eta$	–0,7770	–0,7986	–0,7338	–0,4964	0

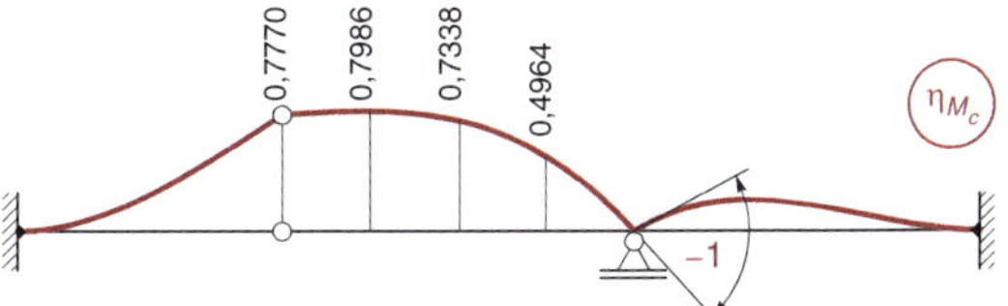

Bild 4.34 Einflusslinie für das Moment im Punkt c

4.1.4 Einflusslinien bei Durchlaufträgern

Ein insbesondere im Hochbau häufig auftretendes statisches System ist der Durchlaufträger. Bei der Berechnung ist zu berücksichtigen, dass die Nutzlasten feldweise variiert werden müssen, damit für die Bemessung die ungünstigste Beanspruchung zugrunde gelegt wird. Wirkt sich die Belastung in einem Feld auf einen Punkt des Systems günstig aus, so ist diese Belastung bei der Berechnung wegzulassen. Welche Kombinationen der feldweisen Lastanordnung für eine Schnittgröße maßgeblich sind, ist aus der Einflusslinie für eine Schnittgröße erkennbar. Um die maximale Schnittgröße in einem Punkt zu erhalten, ist in den Feldern eine Belastung anzuordnen, in denen die Einflusslinienordinaten positiv sind. Alle Felder, in denen die Einflusslinienordinaten negativ sind, müssen unbelastet bleiben. Für die Ermittlung minimaler Schnittgrößen gilt genau das Entgegengesetzte. *Bild 4.35* zeigt die qualitativen Verläufe der Einflusslinien einiger Schnittgrößen. Die zugehörigen Momentenverläufe infolge der eingeprägten Weggröße „–1" sind grau eingetragen, um den Zusammenhang mit der Krümmung der Einflusslinie zu zeigen. An den Nullstellen der Momentenlinien haben die Einflusslinien Wendepunkte, da die Krümmung das Vorzeichen wechselt.

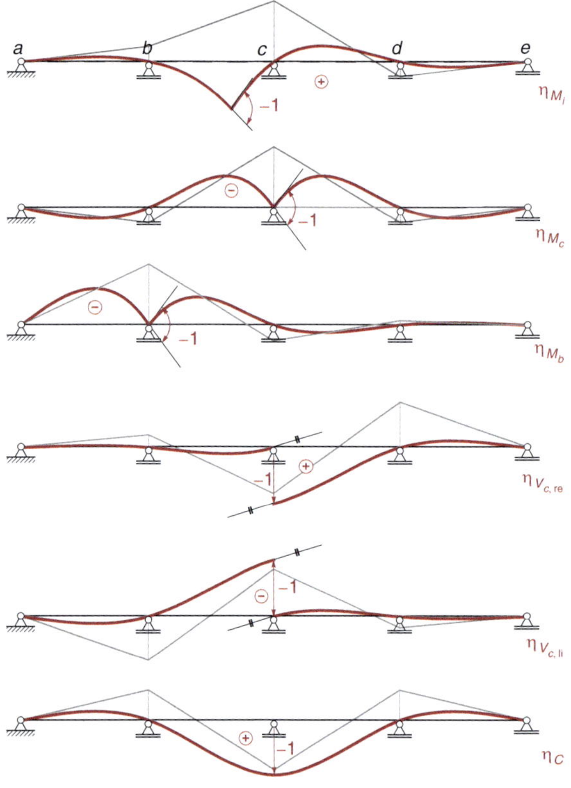

Bild 4.35 Charakteristische Einflusslinienverläufe beim Durchlaufträger

In *Bild 4.36* sind exemplarisch drei Laststellungen für eine feldweise variable Streckenlast dargestellt, die zu den angegebenen extremalen Schnittgrößen führen.

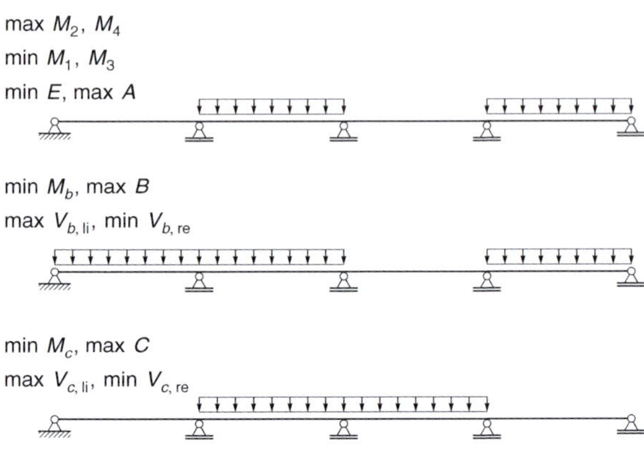

Bild 4.36 Laststellungen für extremale Schnittgrößen

4.1.5 Einflusslinien bei verzweigten Systemen

Grundlage der Einflusslinienermittlung nach der kinematischen Methode ist die Arbeitsgleichung des Prinzips der virtuellen Verschiebungen. Da Arbeit ein Skalarprodukt ist, ist die Einflusslinienordinate die Komponente der Verschiebung in Richtung der Wanderlast. Von der gesamten Verformung eines Tragwerks wird daher die Projektion der Verformung in Richtung der Wanderlast benötigt. Dabei sind nur die Stäbe zu berücksichtigen, über die die Last wandert.

Beispiel 4.3

Gegeben ist das in *Bild 4.37* dargestellte System. Gesucht werden:

- Die Einflusslinie für das Biegemoment im Punkt *c*
- Die Einflusslinie für die Querkraft rechts von Punkt *b*

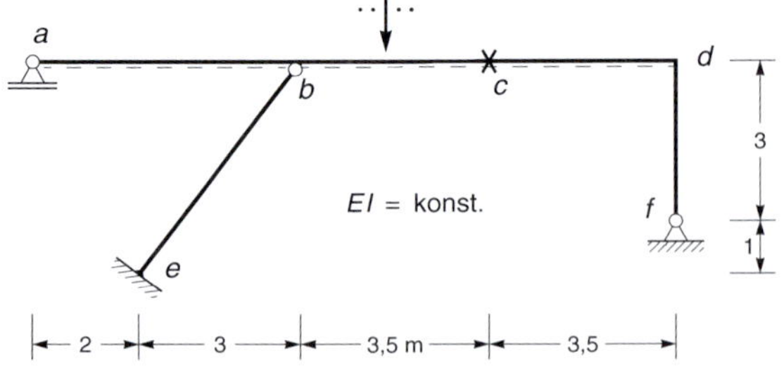

Bild 4.37 System und Wanderlast

Statisch bestimmtes Hauptsystem

Das System wird durch einen Schnitt durch den Gelenkpunkt *b* in zwei einfach zusammenhängende Scheiben ohne Gelenke zerlegt. Durch den Schnitt werden zwei Zwischenreaktionen freigelegt.

Das Abzählkriterium ergibt:

$$n = a + z - 3p = 6 + 2 - 3 \cdot 2 = 2$$

Das System ist zweifach statisch unbestimmt. Das in *Bild 4.38* dargestellte Hauptsystem wird durch Einlegen je eines Momentengelenks in den Punkten *b* und *d* gebildet.

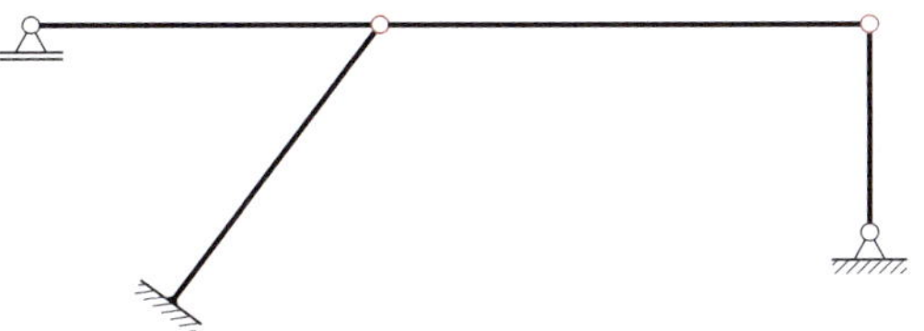

Bild 4.38 Statisch bestimmtes Hauptsystem

Lastspannungszustand

$M_0 \equiv 0$

Einheitsspannungszustände

Die Einheitszustände folgen aus den Doppelmomenten an den eingefügten Gelenken. Aus den Momentenverläufen des Riegels ergeben sich die vertikalen Auflagerkräfte. Die horizontalen Auflagerkräfte sind im ersten Einheitszustand gleich null, da rechts ein unbelasteter Pendelstab vorliegt und keine äußere Horizontalbelastung vorhanden ist. Im zweiten Einheitszustand ergeben sich die horizontalen Auflagerkräfte aus der Querkraft des rechten Stiels. Das Auflagermoment folgt aus dem Momentengleichgewicht am freigeschnittenen Stiel *e* – *b* mit den bekannten Auflager- und Gelenkkräften, wie in *Bild 4.39* und *Bild 4.40* dargestellt ist.

Berechnung der δ'-Werte

Es erfolgt zunächst die Berechnung der Einflusslinie für das Moment im Punkt *c*. Diese Einflusslinie entspricht der Biegelinie des Systems infolge des einprägten Knicks „–1“ im Punkt *c*. Die Momente des Einheitszustands in diesem Punkt leisten äußere Arbeit auf dem dort vorhandenen Knick „–1“.

$$\delta'_{10} = -EI \cdot M_{c1} \cdot \vartheta_c = -EI \cdot 0{,}5 \cdot (-1) = 0{,}5 \cdot EI$$

$$\delta'_{20} = -EI \cdot M_{c2} \cdot \vartheta_c = -EI \cdot 0{,}5 \cdot (-1) = 0{,}5 \cdot EI$$

$$\delta'_{11} = 12 \cdot \frac{1}{3} \cdot 1^2 + 5 \cdot \frac{1}{3} \cdot 1{,}0286^2 = 5{,}7633$$

$$\delta'_{12} = \delta'_{21} = 7 \cdot \frac{1}{6} \cdot 1 \cdot 1 - 5 \cdot \frac{1}{3} \cdot 1{,}0286 \cdot 1{,}7619$$

$$= -1{,}8538$$

$$\delta'_{22} = 7 \cdot \frac{1}{3} \cdot 1^2 + 3 \cdot \frac{1}{3} \cdot 1^2 + 5 \cdot \frac{1}{3} \cdot 1{,}7619^2 = 8{,}5072$$

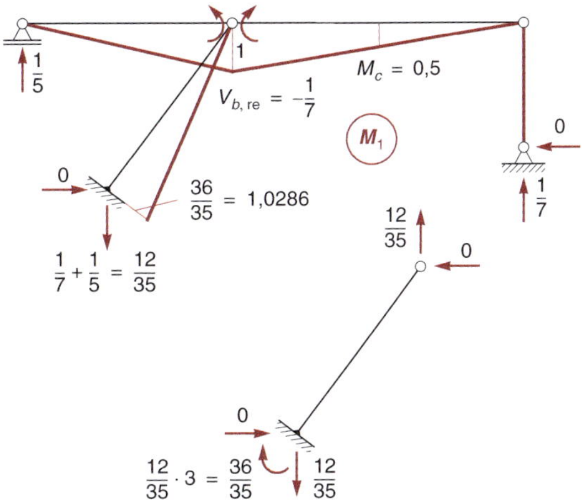

Bild 4.39 1. Einheitsspannungszustand

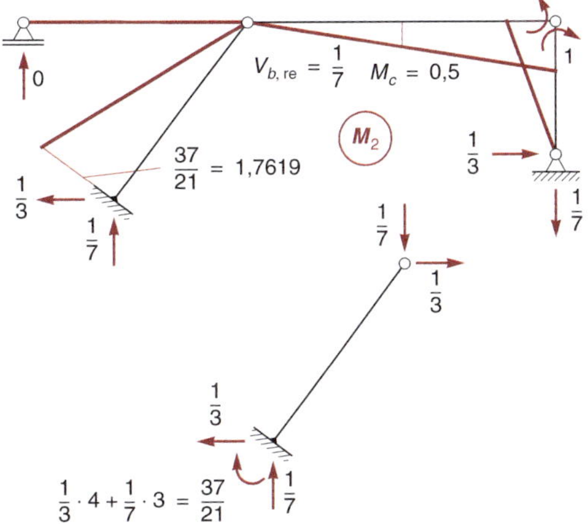

Bild 4.40 2. Einheitsspannungszustand

Gleichungssystem und Lösung

$$\begin{bmatrix} 5{,}7633 & -1{,}8538 \\ -1{,}8538 & 8{,}5072 \end{bmatrix} \begin{bmatrix} X_1 \\ X_2 \end{bmatrix} + \begin{bmatrix} 0{,}5 \\ 0{,}5 \end{bmatrix} \cdot EI = \begin{bmatrix} 0 \\ 0 \end{bmatrix}$$

$$\begin{bmatrix} X_1 \\ X_2 \end{bmatrix} = \begin{bmatrix} -0{,}11363 \\ -0{,}08353 \end{bmatrix} \cdot EI$$

Endgültige Momentenlinie aus Superposition

$$M = \sum M_i \cdot X_i = M_1 \cdot X_1 + M_2 \cdot X_2$$

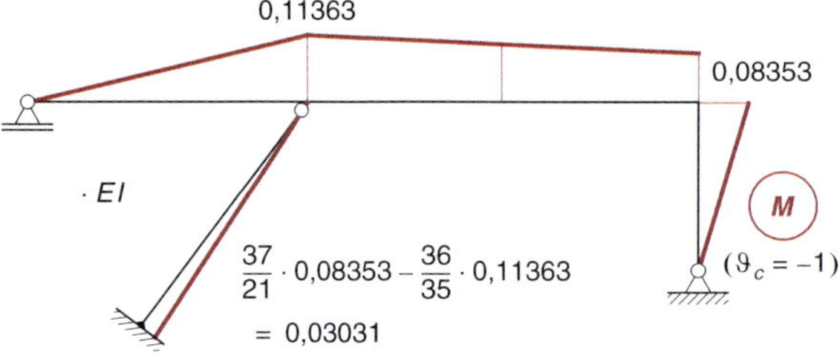

Bild 4.41 Momentenlinie infolge Knick „–1" im Punkt *c*

Um die Einflusslinie skizzieren zu können, erfolgt zunächst die Berechnung einzelner Ordinaten mit dem Prinzip der virtuellen Kräfte.

- Vertikale Verschiebung des Punktes *b*

Die Berechnung erfolgt unter Anwendung des Reduktionssatzes. Es wird dasselbe statisch bestimmte Hauptsystem wie für die vorherige Berechnung zugrunde gelegt.

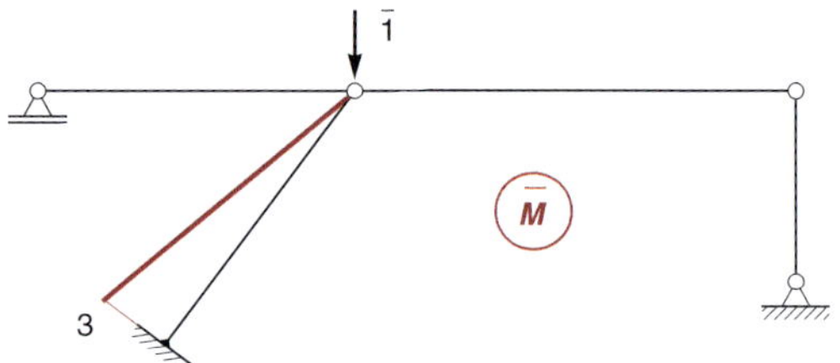

Bild 4.42 Virtuelle Momentenlinie zur Berechnung der Einflusslinienordinate im Punkt *b*

Für die Ermittlung der Ordinate ist die Arbeitsgleichung nur im Bereich des geneigten Stiels auszuwerten, da die virtuelle Momentenlinie im restlichen Bereich gleich null ist, wie in *Bild 4.42* dargestellt.

$$\eta'_b = \int \bar{M} \cdot M_{(\vartheta_c = -1)} dx - EI \cdot \bar{M}_C \cdot \vartheta_c$$

$$\eta'_b = -5 \cdot \frac{1}{3} \cdot 3 \cdot 0{,}03031 \cdot EI - EI \cdot 0 \cdot \vartheta_c$$

$$= -0{,}1515 \cdot EI$$

$$\eta_b = -0{,}1515$$

Das für die obige Berechnung verwendete Hauptsystem ist sehr günstig. Um den Einfluss der Wahl des Hauptsystems für die Anwendung des Reduktionssatzes zu zeigen, erfolgt dieselbe Berechnung alternativ an dem Hauptsystem in *Bild 4.43*. Da rechts ein vertikaler Pendelstab vorliegt, ist die horizontale Auflagerkraft im Punkt *f* gleich null. Da keine weitere Horizontalkraft wirkt, muss auch die horizontale Auflagerkraft im Punkt *e* gleich null sein. Daraus folgt, dass auch die vertikale Auflagerkraft im Punkt *e* gleich null ist, da die Momentensumme am freigeschnittenen schrägen Pendelstab verschwinden muss. Der gesamte Riegel trägt demnach wie ein Balken auf zwei Stützen.

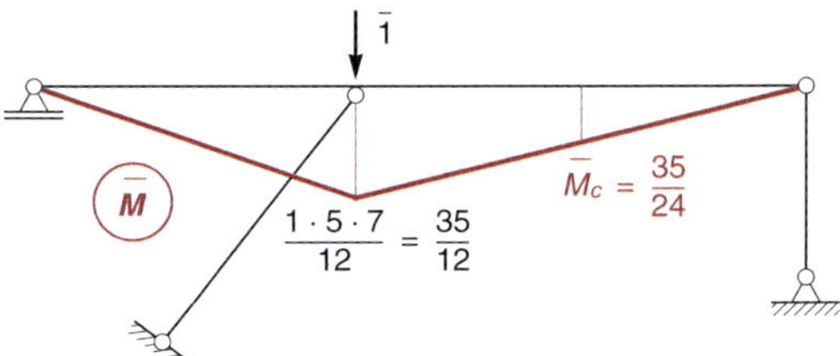

Bild 4.43 Virtuelle Momentenlinie an alternativem Hauptsystem

Bei der Auswertung der Arbeitsgleichung ist zu beachten, dass im virtuellen Zustand im Punkt *c* nun ein Moment vorhanden ist, das auf dem Knick „–1" äußere Arbeit leistet.

$$\eta'_b = \int \bar{M} \cdot M_{(\vartheta_c = -1)} dx - EI \cdot \bar{M}_C \cdot \vartheta_c$$

$$\eta'_b = -5 \cdot \frac{1}{3} \cdot \frac{35}{12} \cdot 0{,}11363 \cdot EI$$

$$-7 \cdot \frac{1}{6} \cdot \frac{35}{12} \cdot (2 \cdot 0{,}11363 + 0{,}08353) \cdot EI$$

$$-EI \cdot \frac{35}{24} \cdot (-1) = -0{,}1515 \cdot EI$$

$$\eta_b = -0{,}1515$$

Wie aus der Berechnung deutlich wird, ist der Aufwand deutlich größer als bei Verwendung des ersten Hauptsystems.

Ist die vertikale Verschiebung des Punktes *b* bekannt, so liegt auch die horizontale Verschiebung fest, da aufgrund der Dehnstarrheit der Stäbe die resultierende Verschiebung senkrecht zur Stabachse des schrägen Stieles ist. Das Verhältnis der Verschiebungskomponenten entspricht also dem Verhältnis der Abmessungen des Stabes. Damit folgt:

$$\eta_b^h = 0{,}1515 \cdot \frac{4}{3} = 0{,}2020$$

- Vertikale Verschiebung des Punktes *c*

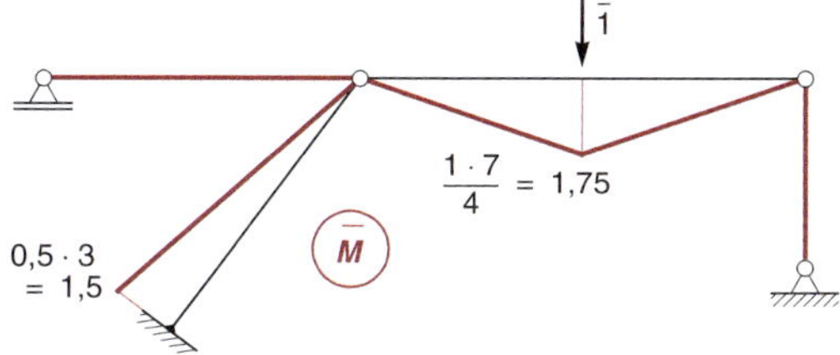

Bild 4.44 Virtuelle Momentenlinie zur Berechnung der Einflusslinienordinate im Punkt *c*

$$\eta'_c = \int \overline{M} \cdot M_{(\vartheta_c = -1)} \mathrm{d}x - EI \cdot \overline{M}_C \cdot \vartheta_c$$

$$\eta'_c = -7 \cdot \frac{1}{4} \cdot 1{,}75 \cdot (0{,}11363 + 0{,}08353) \cdot EI$$

$$-5 \cdot \frac{1}{3} \cdot 1{,}5 \cdot 0{,}03031 \cdot EI$$

$$-EI \cdot 1{,}75 \cdot (-1) = 1{,}0704 \cdot EI$$

$$\eta_c = 1{,}0704$$

- Darstellung der Einflusslinie

Die Einflusslinie ist die Projektion der Biegelinie des Riegels in Richtung der Wanderlast. Da die Last vertikal wirkt und nur über den Riegel wandert, sind die vertikalen Komponenten der Riegelverschiebungen die Einflusslinienordinaten.

Um die Einflusslinie zu skizzieren, ist es jedoch oft vorteilhaft, die gesamte Verformungsfigur des Systems zu zeichnen, da dabei die Berücksichtigung des Zusammenhangs der einzelnen Tragwerksteile für die korrekte Darstellung hilfreich ist.

In *Bild 4.45* ist zunächst die Verformung des gesamten Systems infolge des Knicks im Punkt *c* dargestellt. Aufgrund der berechneten Einzelverformungen ist die Lage aller Punkte bekannt. Mit den durch die Momentenlinie bekannten Krümmungen und den Auflagerbedingungen kann die Verformung skizziert werden. In der Skizze einer Einflusslinie als Verformungsfigur ist immer eine Relativweggröße „–1“ vorhanden. In diesem Beispiel ist es der Knick im Punkt *c*.

Der untere Teil von *Bild 4.45* zeigt die eigentliche Einflusslinie als Projektion der Riegelverschiebung. Sie unterscheidet sich von der Darstellung am Gesamtsystem nur durch die horizontale Verschiebung des Riegels.

4

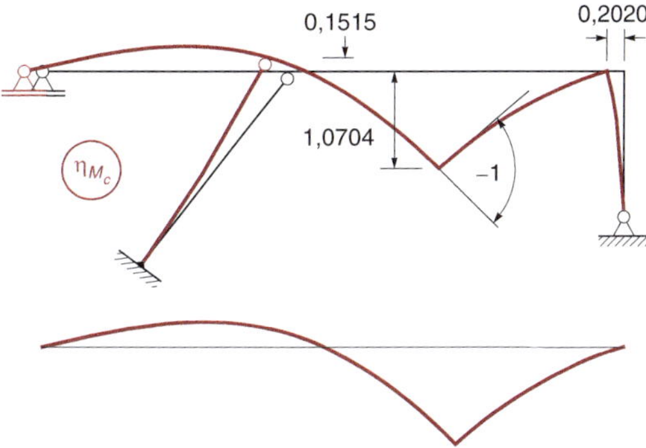

Bild 4.45 Einflusslinie für das Moment im Punkt *c*

- Auswertung der Einflusslinie für eine konstante Streckenlast im gesamten Riegelbereich

Aus der Einzelverformung des Punktes *b* ergibt sich ein dreieckförmiger Anteil. Daraus folgt der Flächeninhalt infolge w_E mit:

$$\int w_E \,\mathrm{d}x = -\frac{1}{2} \cdot 12 \cdot 0{,}1515 = -0{,}909$$

Im Bereich $b - c - d$ ist der Anteil w_0^* zu berücksichtigen. Nach Gl. (4.3) ergibt sich:

$$\int w_0^* \,\mathrm{d}x = \frac{3{,}5 \cdot 3{,}5}{2} = 6{,}125$$

Der Krümmungsanteil folgt nach Gl. (4.5). Für den Bereich $a - b$ erhalten wir:

$$\int w_M \mathrm{d}x = \frac{1}{EI_c}\frac{l^3}{24}\frac{I_c}{I}(M_1 + M_2)$$
$$= \frac{5^3}{24}(0 - 0{,}11363) = -0{,}59182$$

und für den Bereich $b - c - d$:

$$\int w_M \mathrm{d}x = \frac{1}{EI_c}\frac{l^3}{24}\frac{I_c}{I}(M_1 + M_2)$$
$$= \frac{7^3}{24}(-0{,}11363 - 0{,}08353) = -2{,}81775$$

Der gesamte Flächeninhalt ist die Summe aller Anteile:

$$\int \eta \mathrm{d}x = -0{,}909 + 6{,}125 - 0{,}59182 - 2{,}81775$$
$$= 1{,}80643$$

Das Moment M_c infolge einer konstanten Streckenlast q im gesamten Riegelbereich ergibt sich damit zu:

$$M_c = q\int \eta \mathrm{d}x = 1{,}80643 \cdot q$$

Ermittlung der Einflusslinie für die Querkraft rechts von Punkt *b*

Berechnung der δ'_{j0}-Werte

Die Einflusslinie für $V_{b,\text{re}}$ entspricht der Biegelinie des Systems infolge der einprägten Klaffung „–1" rechts vom Punkt *b*. Die Querkräfte des Einheitszustands an dieser Stelle leisten äußere Arbeit auf der dort vorhandenen Klaffung „–1 ".

$$\delta'_{10} = -EI \cdot V_{b1}^{\text{re}} \cdot \delta_{b,\text{re}} = -EI \cdot \left(-\frac{1}{7}\right) \cdot (-1)$$
$$= -\frac{1}{7} \cdot EI = -0{,}1429 \cdot EI$$
$$\delta'_{20} = -EI \cdot V_{b2}^{\text{re}} \cdot \delta_{b,\text{re}} = -EI \cdot \frac{1}{7} \cdot (-1) = 0{,}5 \cdot EI$$
$$= \frac{1}{7} \cdot EI = 0{,}1429 \cdot EI$$

Gleichungssystem und Lösung

$$\begin{bmatrix} 5{,}7633 & -1{,}8538 \\ -1{,}8538 & 8{,}5072 \end{bmatrix}\begin{bmatrix} X_1 \\ X_2 \end{bmatrix} + \begin{bmatrix} -0{,}1429 \\ 0{,}1429 \end{bmatrix} \cdot EI = \begin{bmatrix} 0 \\ 0 \end{bmatrix}$$

$$\begin{bmatrix} X_1 \\ X_2 \end{bmatrix} = \begin{bmatrix} 0{,}020847 \\ -0{,}012250 \end{bmatrix} EI$$

Endgültige Momentenlinie

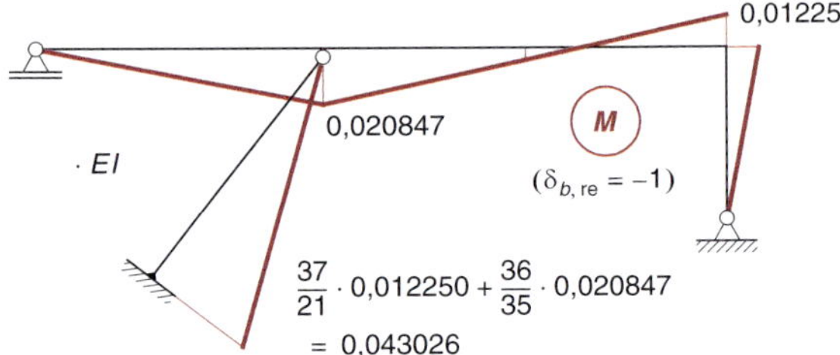

Bild 4.46 Momentenlinie infolge Klaffung „–1" rechts von Punkt *b*

- Vertikale Verschiebung des Punktes *b*

Die Berechnung erfolgt unter Anwendung des Reduktionssatzes durch Auswertung der Arbeitsgleichung für den virtuellen Zustand in *Bild 4.42*.

$$\eta_b = -5 \cdot \frac{1}{3} \cdot 0{,}043026 \cdot 3 = -0{,}2151$$

Aufgrund der Dehnstarrheit des schrägen Stiels folgt die horizontale Verschiebung geometrisch:

$$\eta_b^h = 0{,}2151 \cdot \frac{4}{3} = 0{,}2868$$

- Darstellung der Einflusslinie

Die Verschiebung rechts vom Punkt *b* folgt aus der Differenz aus der Klaffung mit dem Betrag eins und der Verschiebung des Punktes *b*. Mit den aus der Momentenlinie bekannten Krümmungen und den berechneten Einzelverformungen kann die Einflusslinie skizziert werden.

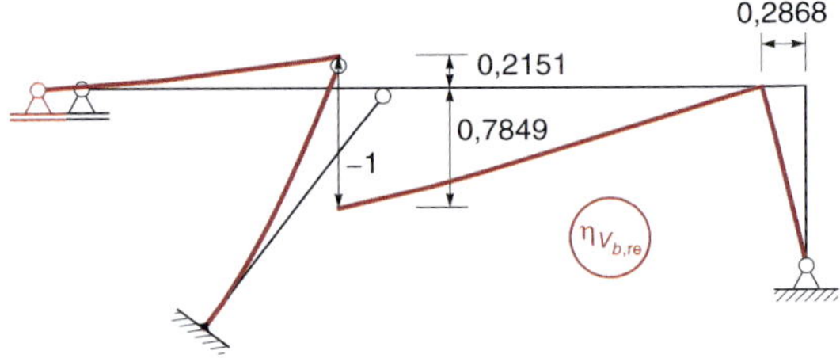

Bild 4.47 Einflusslinie für die Querkraft rechts von Punkt *b*

4.1.6 Berechnung nach dem Drehwinkelverfahren

Um eine Einflusslinie nach dem Drehwinkelverfahren zu ermitteln, ist der Verformungslastfall „Weggröße –1“ zu berechnen. Die Biegelinie infolge dieses Lastfalls ist die Einflusslinie. Um den Verformungslastfall zu berechnen, wird die Lösung infolge der eingeprägten Weggröße für die Grundelemente des kinematisch bestimmten Hauptsystems benötigt. Es wird exemplarisch der Lastfall Knick „–1“ im Punkt *i* am beidseitig eingespannten Balken in *Bild 4.48* betrachtet.

Wird der Knick am beidseitig gelenkigen Balken aufgebracht (*Bild 4.48b*), so entstehen an den Endpunkten Drehwinkel, die die Verformungsbedingung verletzen. Um die horizontalen Tangenten wieder herzustellen, werden die Endpunkte um die entsprechenden Winkel zurückgedreht (*Bild 4.48c* und *d*). Die angegebenen Momentenlinien folgen dabei aus den Einheitsdrehungen der *Tafel A8*. Die endgültige Lösung ist die Summe aller Anteile. Für das Moment im Punkt *a* folgt z. B.:

$$M = \frac{4}{l'} \cdot EI_c \cdot \beta - \frac{2}{l'} \cdot EI_c \cdot \alpha = (4 \cdot \beta - 2 \cdot \alpha)\frac{EI_c}{l'}$$

Mit $\alpha + \beta = 1$ bzw. $\alpha = 1 - \beta$ und $l' = l \cdot \frac{I_c}{I}$ ergibt sich:

$$M = (4 \cdot \beta - 2 \cdot (1 - \beta))\frac{EI}{l} = \frac{2EI}{l}(3\beta - 1)$$

Die Berechnung der Momente für den Verformungslastfall Knick „–1“ kann natürlich auch durch Anwendung des Kraftgrößenverfahrens erfolgen. Für die beiden beim Drehwinkelverfahren verwendeten Grundelemente sind die Stabendmomente infolge eingeprägter Einheitsrelativverformungen in *Tafel A9* angegeben.

Damit kann der Lastverformungszustand zur Einflusslinienermittlung am kinematisch bestimmten Hauptsystem angegeben werden. Ist die Berechnung nach dem Drehwinkelverfahren durchgeführt worden, so ist der gesamte Verformungszustand des Tragwerks bekannt.

Für die Ermittlung der Biegelinie bei einer Berechnung nach dem Drehwinkelverfahren gibt es zwei Möglichkeiten, die nachfolgend erläutert werden.

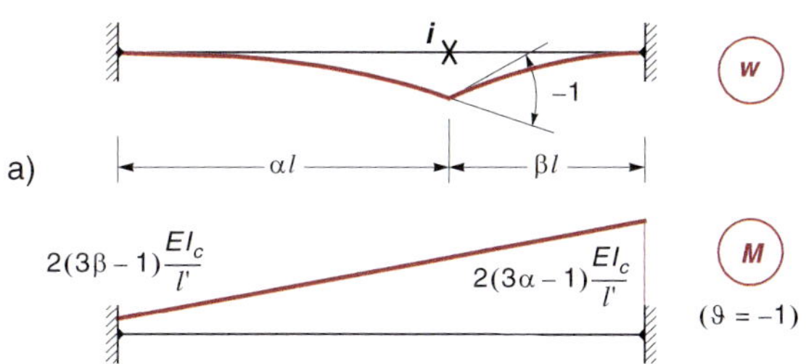

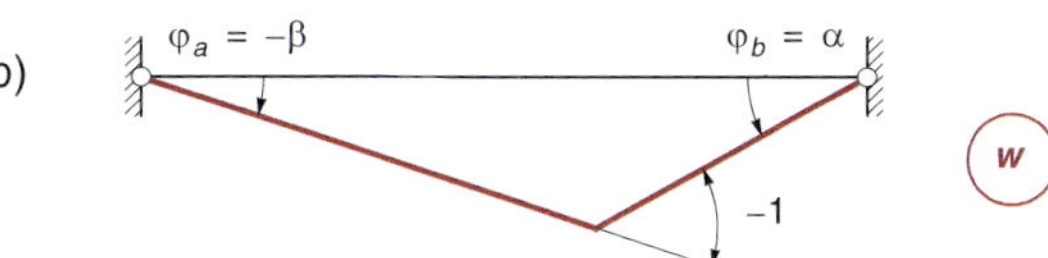

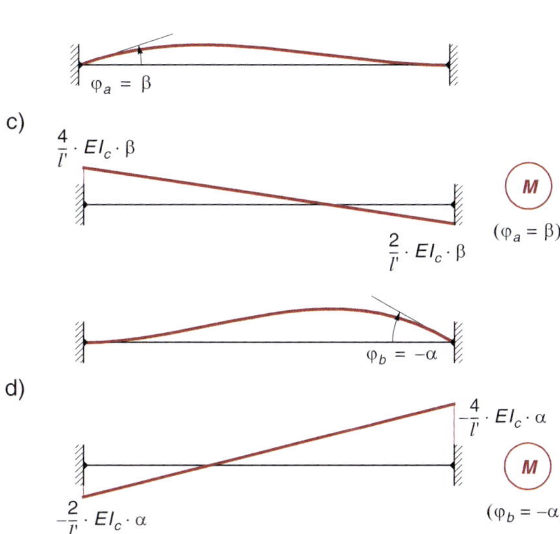

Bild 4.48 Beanspruchung infolge Knick „–1“ am beidseitig eingespannten Grundelement

- Aus der Superposition der Verformungen

$$\eta = w = w^0 + \sum w^i \cdot Y_i$$

Dieser Weg erfordert es, die Biegelinien der einzelnen Stäbe in Abhängigkeit von den Knoten- und Stabdrehwinkeln angeben zu können. Außerdem ist in dem Stab, der die Weggröße „–1“ enthält, zusätzlich der Anteil w^0

zu berücksichtigen, der wie in *Bild 4.48* aus mehreren Anteilen besteht. Da diese Vorgehensweise keine Vorteile gegenüber der nächsten Möglichkeit hat, wird sie nachfolgend nicht weiter betrachtet.

- Aus der endgültigen Momentenlinie und der Relativweggröße „–1“

Wie bei einer Berechnung nach dem Kraftgrößenverfahren kann die Ermittlung der Einflusslinie, also der Biegelinie, auf Grundlage der endgültigen Momentenlinie mit dem Verfahren der ω-Zahlen durchgeführt werden. Der Unterschied zum Kraftgrößenverfahren besteht nur in der Ermittlung der Momentenlinie.

Vorteilhaft kann bei der Berechnung nach dem Drehwinkelverfahren ausgenutzt werden, dass die Verformungen der Knoten nach Lösung des Gleichungssystems bekannt sind, sodass eine Berechnung von Einzelverformungen nach dem Prinzip der virtuellen Kräfte zur Berücksichtigung des Anteils w_E nicht notwendig ist.

Beispiel 4.4

Für das in *Bild 4.49* dargestellte System ist die Einflusslinie für das Biegemoment im Punkt *b* mit dem Drehwinkelverfahren zu berechnen. Im Bereich *a – c* sind die Einflusslinienordinaten im Abstand von 1 m mithilfe der ω -Zahlen zu berechnen.

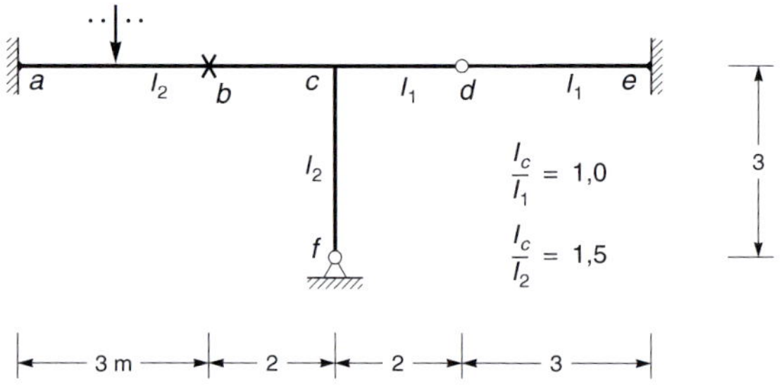

Bild 4.49 System mit Wanderlast

Kinematisch bestimmtes Hauptsystem

Das System ist zweifach kinematisch unbestimmt. Zur Bildung des kinematisch bestimmten Hauptsystems ist im Punkt *c* eine Drehfesthaltung erforderlich, im Punkt *d* ist ein vertikales Auflager hinzuzufügen.

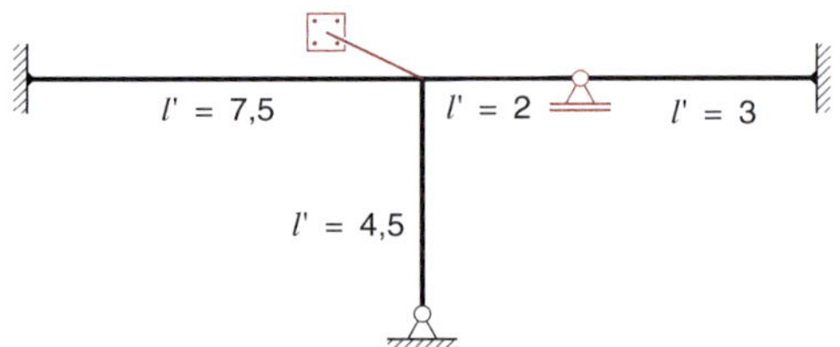

Bild 4.50 Kinematisch bestimmtes Hauptsystem

Lastverformungszustand

Die Einflusslinie für das Moment im Punkt *b* entspricht der Verformung des Systems infolge eines Knicks „–1“ in diesem Punkt. Die Momente am beidseitig eingespannten Grundelement folgen aus *Tafel A9,* Zeile 24 mit:

$$M_a = \frac{2EI}{l}(3\beta - 1) = \frac{2EI_c}{l}(3\beta - 1)$$

$$= \frac{2EI_c}{7{,}5}\left(3\left(\frac{2}{5}\right) - 1\right) = 0{,}05333 \cdot EI_c$$

$$M_c = -\frac{2EI}{l}(3\alpha - 1) = -\frac{2EI_c}{l}(3\alpha - 1)$$

$$= -\frac{2EI_c}{7{,}5}\left(3\left(\frac{3}{5}\right) - 1\right) = -0{,}21333 \cdot EI_c$$

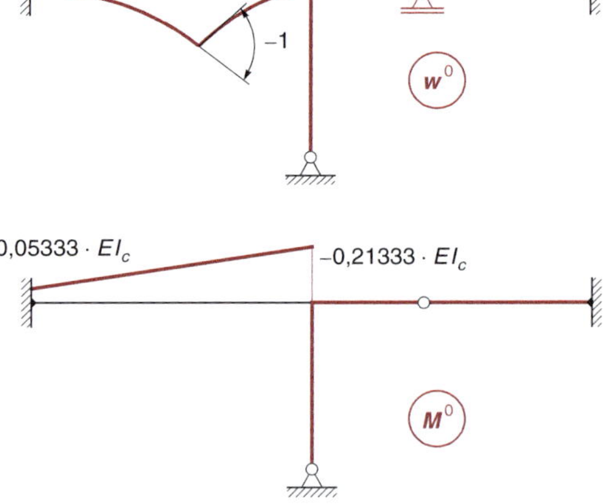

Bild 4.51 Verformung und Momente am kinematisch bestimmten Hauptsystem infolge Knick „–1“ im Punkt *b*

Einheitsverformungszustände

Die am Hauptsystem gleich null gesetzten Verformungen werden als Einheitsgrößen vorgegeben, wie in *Bild 4.52* und *Bild 4.53* dargestellt ist. Beim Verschiebungszustand ist zu beachten, dass beide Stabdrehwinkel unterschiedliche Größe und Vorzeichen haben.

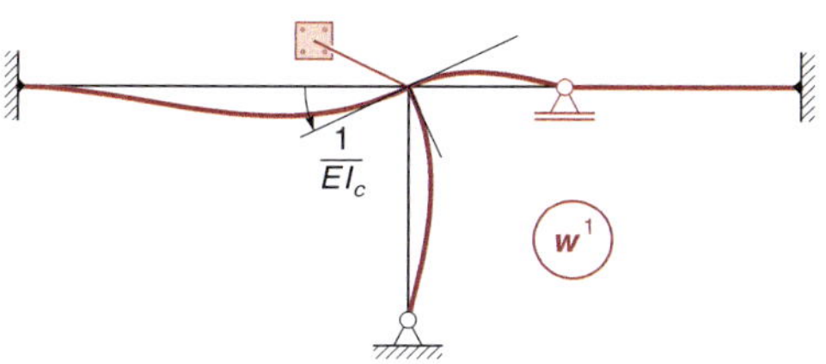

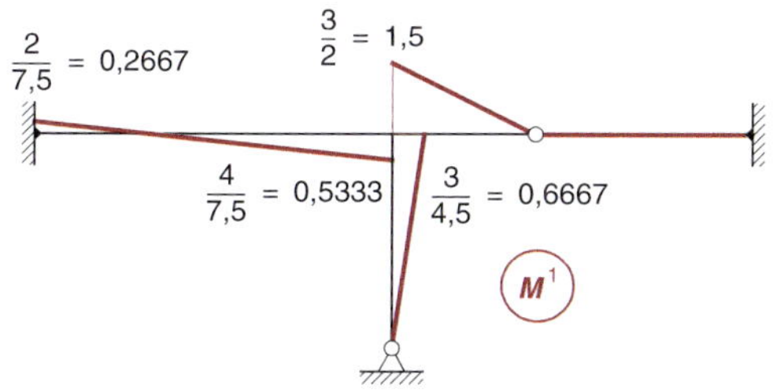

Bild 4.52 Einheitsdrehung am Knoten *c*

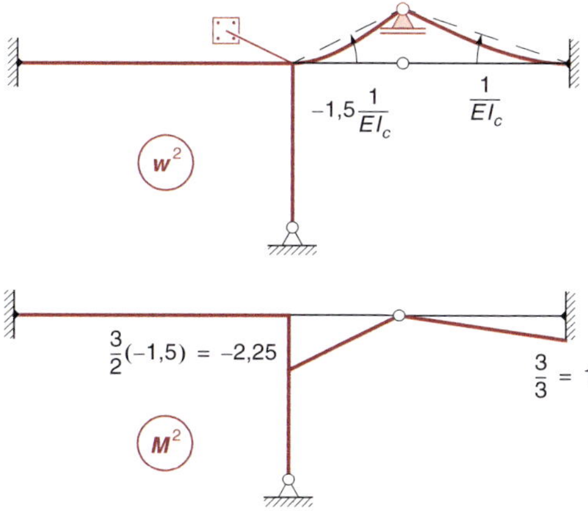

Bild 4.53 2. Einheitsverformungszustand

Der für die Formulierung des Verschiebungsgleichgewichts erforderliche Zustand ist in *Bild 4.54* dargestellt. Dieser besteht nur aus der lokalen kinematischen Kette im rechten Riegelbereich.

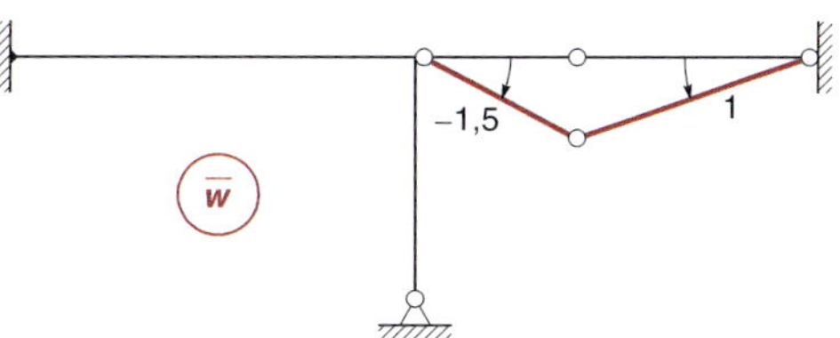

Bild 4.54 Virtueller Zustand

Gleichgewichtsbedingungen

- $\sum M_b = 0$

$$(1{,}5 + 0{,}6667 + 0{,}5333) \cdot Y_1 - 2{,}25 \cdot Y_2$$
$$-0{,}21333 \cdot EI_c = 0$$

- Verschiebungsgleichgewicht mit dem Prinzip der virtuellen Verschiebungen

$$\sum \overline{W} = 1{,}5 \cdot (-1{,}5) \cdot Y_1$$
$$+ [(-2{,}25) \cdot (-1{,}5) + 1 \cdot 1] \cdot Y_2 = 0$$

Gleichungssystem und Lösung

$$\begin{bmatrix} 2{,}7 & -2{,}25 \\ -2{,}25 & 4{,}375 \end{bmatrix} \begin{bmatrix} Y_1 \\ Y_2 \end{bmatrix} = \begin{bmatrix} 0{,}21333 \\ 0 \end{bmatrix} EI_c$$

$$\begin{bmatrix} Y_1 \\ Y_2 \end{bmatrix} = \begin{bmatrix} 0{,}13827 \\ 0{,}07111 \end{bmatrix} EI_c$$

Endgültige Momentenlinie durch Superposition

$$M = M^0 + \sum M^i \cdot Y_i$$

$$\begin{bmatrix} M_{ac} \\ M_{ca} \\ M_{cd} \\ M_{cf} \\ M_{ed} \end{bmatrix} = \begin{bmatrix} 0{,}05333 & 0{,}2667 & 0 \\ -0{,}21333 & 0{,}5333 & 0 \\ 0 & 1{,}5 & -2{,}25 \\ 0 & 0{,}6667 & 0 \\ 0 & 0 & 1 \end{bmatrix} \begin{bmatrix} 1 \\ 0{,}13827 \\ 0{,}07111 \end{bmatrix} EI_c$$

$$\begin{bmatrix} M_{ac} \\ M_{ca} \\ M_{cd} \\ M_{cf} \\ M_{ed} \end{bmatrix} = \begin{bmatrix} 0{,}09021 \\ -0{,}13959 \\ 0{,}04741 \\ 0{,}09218 \\ 0{,}07111 \end{bmatrix} EI_c$$

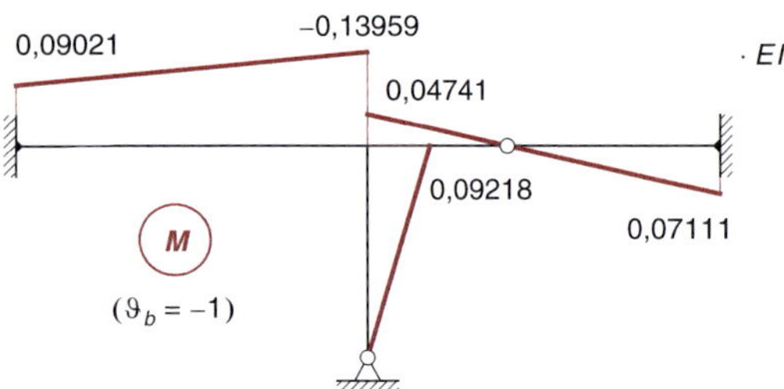

Bild 4.55 Endgültige Momentenlinie infolge Knick „–1“ im Punkt *b*

Berechnung der Einflusslinienordinaten im Bereich *a – c*

$$\eta = w = w_E + w_M + w_0^*$$

Der Anteil w_E entfällt, weil sich die Punkte *a* und *c* nicht verschieben können.

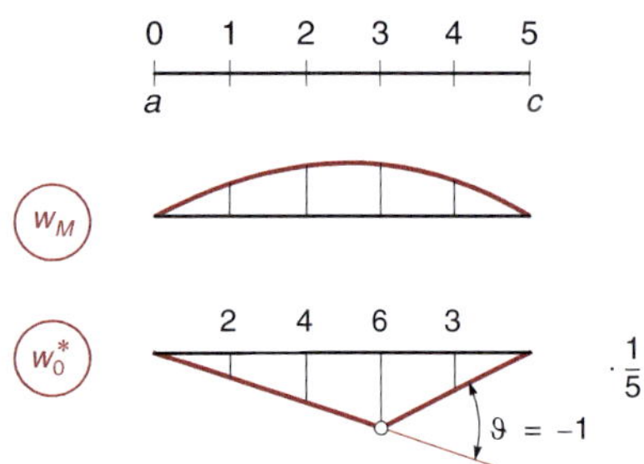

Bild 4.56 Verformungsanteile zur Berechnung der Einflusslinie

- Ermittlung von w_M mit den ω-Zahlen

Der trapezförmige Momentenverlauf im Bereich *a – c* aus *Bild 4.55* wird für die Anwendung der ω-Zahlen in zwei Teildreiecke zerlegt, wie in *Bild 4.57* dargestellt ist.

0,09021 ⊖ 0,13959

=

⊖ 0,13959

+

0,09021 ⊖

Bild 4.57 Zerlegung der Momentenlinie

$$w_M^{D1} = \frac{1}{EI_c} \cdot \frac{1}{6} \cdot M \cdot l^2 \cdot \frac{I_c}{I} \cdot \omega_D$$

$$= \frac{1}{EI_c} \cdot \frac{1}{6} \cdot (-0{,}13959 \cdot EI_c) \cdot 5^2 \cdot 1{,}5 \cdot \omega_D$$

$$= -0{,}87244\omega_D$$

$$w_M^{D2} = \frac{1}{EI_c} \cdot \frac{1}{6} \cdot M \cdot l^2 \cdot \frac{I_c}{I} \cdot \omega'_D$$

$$= \frac{1}{EI_c} \cdot \frac{1}{6} \cdot (-0{,}09021 \cdot EI_c) \cdot 5^2 \cdot 1{,}5 \cdot \omega'_D$$

$$= -0{,}56380\omega'_D$$

Tabelle 4.5 Ermittlung der Einflusslinienordinaten

	0	1	2	3	4	5
w_E	0	0,4000	0,8000	1,2000	0,6000	0
$\omega_D \cdot 10^4$	0	1920	3360	3840	2880	0
$w_M^{D1} = -0{,}87244\omega_D$	0	-0,1675	-0,2931	-0,3350	-0,2513	0
$\omega'_D \cdot 10^4$	0	2880	3840	3360	1920	0
$w_M^{D2} = -0{,}56380\omega'_D$	0	-0,1624	-0,2165	-0,1894	-0,1082	0
	0	0,0701	0,2904	0,6756	0,2405	0

In den weiteren Bereichen des Systems kann die Einflusslinie mithilfe der durch die Momentenlinie bekannten Krümmungen und den Auflagerbedingungen qualitativ skizziert werden. Die Ordinate im Punkt *d* ist aus der Lösung des Gleichungssystems bekannt. Sie folgt aus dem zweiten Einheitsverformungszustand mit dem nun bekannten Faktor Y_2:

$$\eta_d = 0{,}07111 \cdot EI_c \cdot \frac{3}{EI_c} = 0{,}21333$$

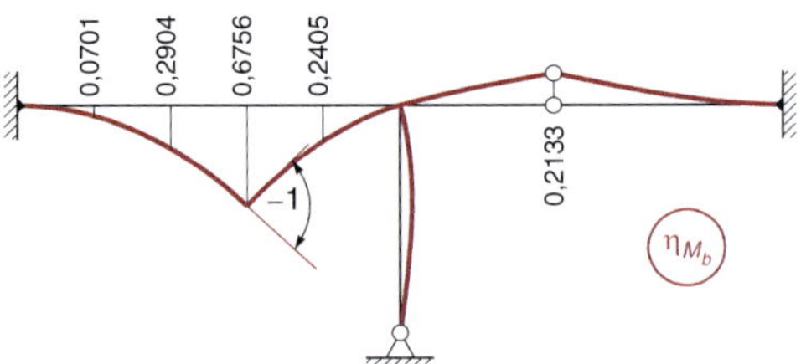

Bild 4.58 Einflusslinie für das Moment im Punkt *b*

4.2 Einflusslinien für Weggrößen

Die Grundlage zur Ermittlung von Einflusslinien für Weggrößen ist der *Satz von Maxwell.* Wir betrachten exemplarisch die Ermittlung der Einflusslinie für die Durchbiegung des Punktes *i* am System in *Bild 4.59.*

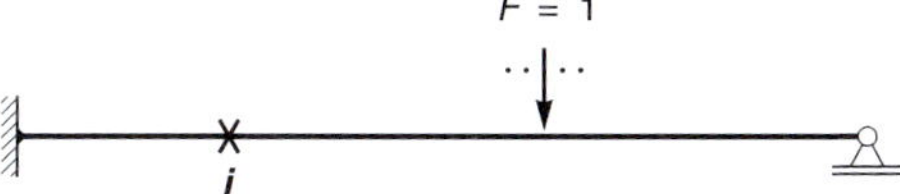

Bild 4.59 System mit Wanderlast

Gesucht ist die Einflusslinie für δ_i, d. h. die Durchbiegung am festen Ort *i* infolge einer Einheitslast am variablen Ort *j*:

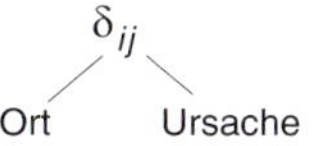

Nach dem Satz von Maxwell gilt, dass Ort und Ursache vertauscht werden können: $\delta_{ij} = \delta_{ji}$

Welche Bedeutung hat die Verformung δ_{ji}?

δ_{ji}

Ort Ursache

δ_{ji} ist die Durchbiegung am variablen Ort *j* infolge einer Einheitslast am festen Ort *i*, d. h. eine Biegelinie.

Damit ist die Ermittlung einer Einflusslinie für eine Verformung zurückgeführt auf die Ermittlung einer Biegelinie infolge der zugehörigen Kraftgröße mit dem Betrag eins.

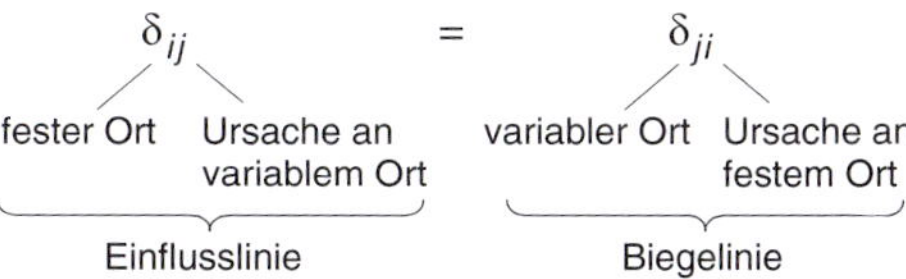

Die Einflusslinie für eine Weggröße im Punkt *i* ist gleich der Biegelinie infolge der zugehörigen Einheitskraftgröße im Punkt *i*.

Dieser Satz gilt sowohl für statisch bestimmte als auch für statisch unbestimmte Systeme.

Damit ergibt sich folgende Vorgehensweise:

1. Am Ort und in Richtung der gesuchten Weggröße die zugehörige Kraftgröße „1" ansetzen.
2. Ermittlung der zugehörigen Biegelinie, z. B. mithilfe der ω-Zahlen, ergibt die Einflusslinie für die gesuchte Weggröße.

Die für die Ermittlung der Biegelinie benötigte Momentenlinie kann entweder mit dem Kraftgrößen- oder dem Drehwinkelverfahren berechnet werden.

Beispiel 4.5

Für den in *Bild 4.60* dargestellten Zweifeldträger ist die Einflusslinie für die Drehung der Tangente im Punkt *c* zu berechnen. Im Bereich *b* – *c* sind die Einflusslinienordinaten im Abstand von 1 m mithilfe der ω -Zahlen zu berechnen.

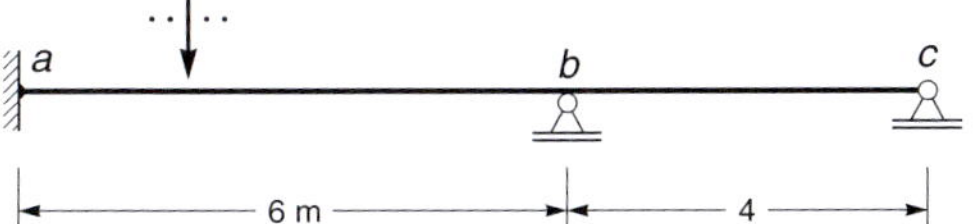

Bild 4.60 System mit Wanderlast

Am Ort und in Richtung der gesuchten Weggröße ist die zugehörige Kraftgröße „1" anzusetzen. Die anzusetzende Kraftgröße ist ein Einzelmoment, da dieses auf der Drehung der Tangente Arbeit leistet.

Für die Ermittlung der Biegelinie wird die Momentenlinie infolge des Einzelmoments benötigt. Die Berechnung erfolgt mit dem Drehwinkelverfahren.

Kinematisch bestimmtes Hauptsystem und Lastverformungszustand

Das System ist einfach kinematisch unbestimmt. Zur Bildung des kinematisch bestimmten Hauptsystems ist im Punkt *b* eine Drehfesthaltung anzuordnen. Das Stabendmoment folgt aus *Tafel A9*, Zeile 23 mit $\beta = 0$.

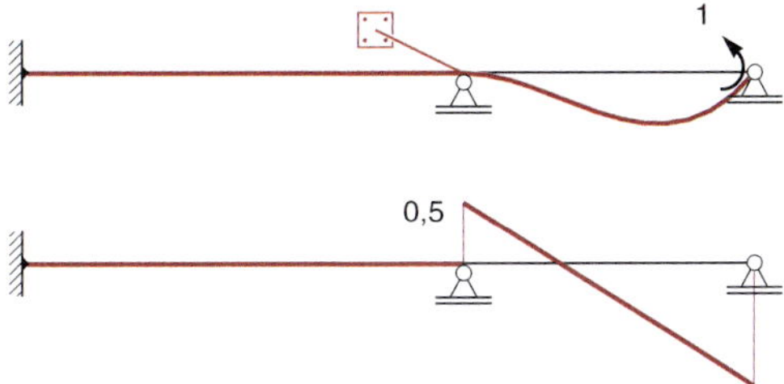

Bild 4.61 Kinematisch bestimmtes Hauptsystem und Lastverformungszustand

Einheitsverformungszustand

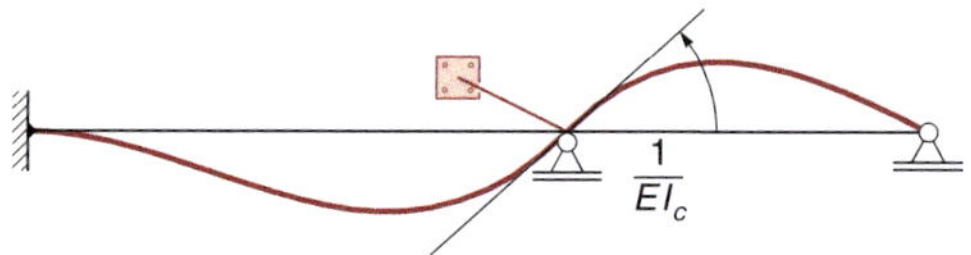

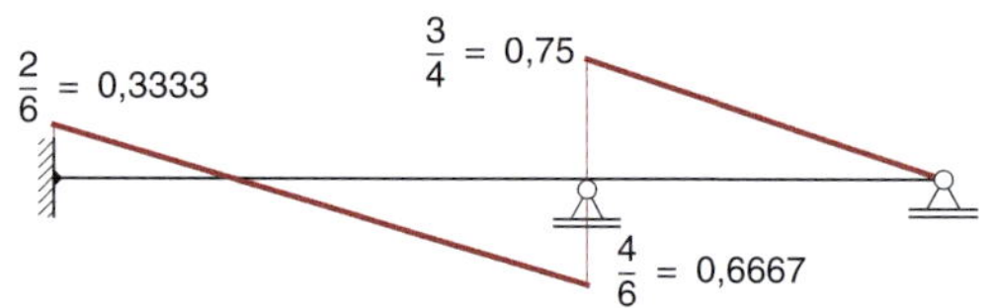

Bild 4.62 Einheitsdrehung am Knoten *b*

Gleichgewichtsbedingung und Lösung

$$\sum M_b = 0$$

$$(0{,}75 + 0{,}6667) \cdot Y_1 + 0{,}5 = 0$$

$$Y_1 = -0{,}3529$$

Endgültige Momentenlinie durch Superposition

$$M = M^0 + M^1 \cdot Y_i$$

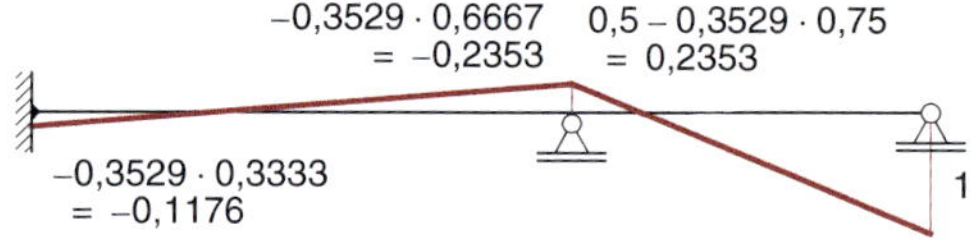

Bild 4.63 Endgültige Momentenlinie

Berechnung der Einflusslinienordinaten im Bereich *b* – *c*

Die Biegelinie ergibt sich nur aus dem Verformungsanteil infolge der Krümmungen, da sich die Punkte *b* und *c* nicht verschieben können.

- Ermittlung von w_M mit den ω-Zahlen

Die Zerlegung der Momentenlinie ist in *Bild 4.64* dargestellt.

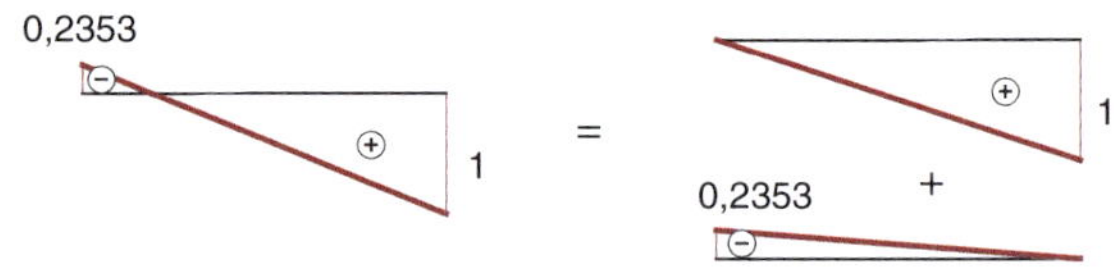

Bild 4.64 Zerlegung der Momentenlinie

$$EI_c \cdot w_M^{D1} = \frac{1}{6} \cdot M \cdot l^2 \cdot \frac{l_c}{l} \cdot \omega_D$$

$$= \frac{1}{6} \cdot 1 \cdot 4^2 \cdot 1 \cdot \omega_D = 2{,}6667\omega_D$$

$$EI_c \cdot w_M^{D2} = \frac{1}{6} \cdot M \cdot l^2 \cdot \frac{l_c}{l} \cdot \omega'_D$$

$$= \frac{1}{6} \cdot (-0{,}2353) \cdot 4^2 \cdot 1 \cdot \omega'_D = -0{,}62747\omega'_D$$

Tabelle 4.6 Ermittlung der Einflusslinienordinaten

	0	1	2	3	4
$\omega_D \cdot 10^4$	0	2344	3750	3281	0
$w_M^{D1} = 2{,}6667\omega_D$	0	0,6250	1,0000	0,8750	0
$\omega'_D \cdot 10^4$	0	3281	3750	2344	0
$w_M^{D2} = -0{,}62747\omega'_D$	0	-0,1471	-0,2353	-0,2059	0
	0	0,4779	0,7647	0,6691	0

Im Bereich *a* – *b* wird der Verlauf der Einflusslinie qualitativ ergänzt.

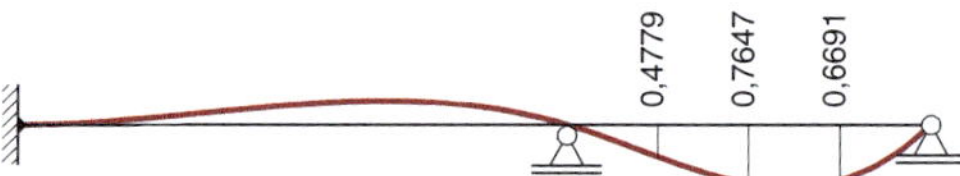

Bild 4.65 Einflusslinie für die Drehung der Tangente im Punkt *c*

Aufgaben

Für die nachfolgend dargestellten Systeme sind die Einflusslinien für die angegebenen Schnittgrößen zu ermitteln und zu skizzieren. Die Einflusslinien sind am Gesamtsystem darzustellen. Es sind die angegebenen Ordinaten η zu berechnen. Der Index h bedeutet, dass die Ordinate für eine horizontale Wanderlast gilt.

Aufgabe 4.1

1. M_c, η im Abstand von 1 m.
2. V_c, $\eta_{c,\,li}$
3. M_b, η_c
4. $V_{b,\,re}$, η_c

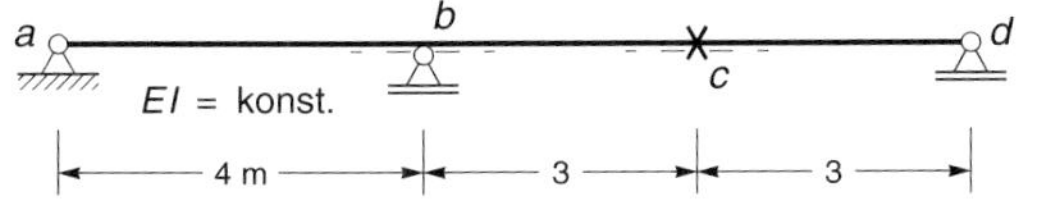

Aufgabe 4.2

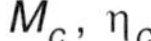

M_c, η_c

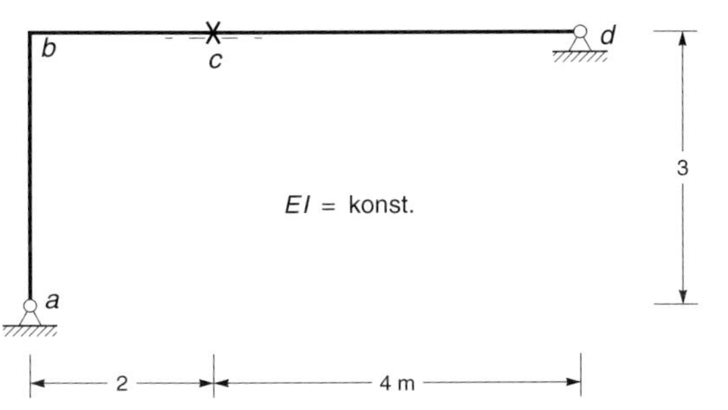

Aufgabe 4.3

M_d, $\eta_{b,h}$, η_c

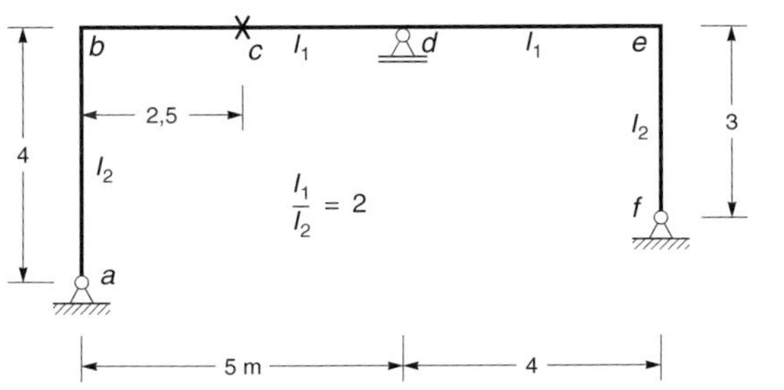

Aufgabe 4.4

1. N_{eb}, η_c
2. $V_{c,\,re}$, $\eta_{c,\,li}$

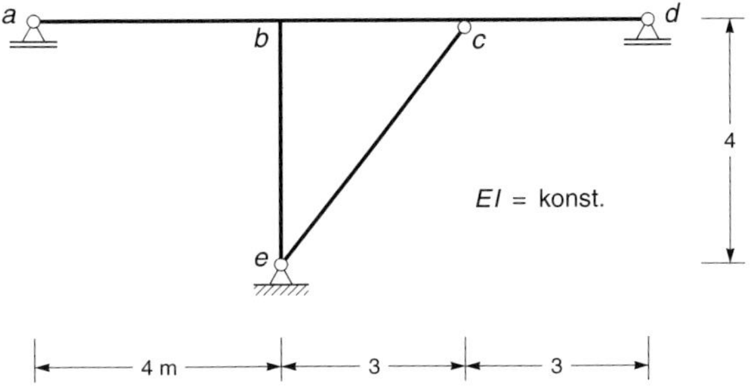

Aufgabe 4.5

M_d, η_a, η_c, η_d

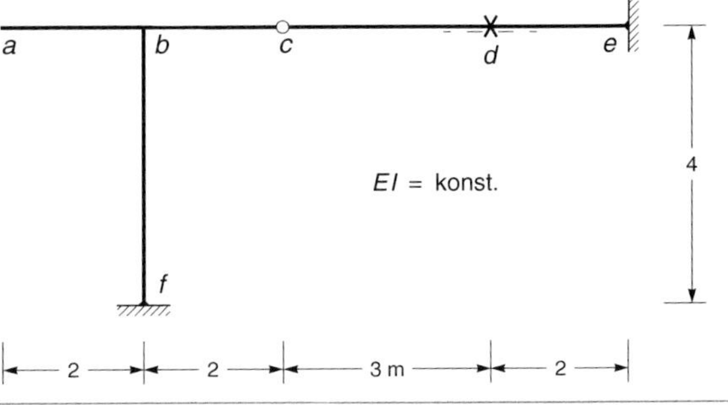

Aufgabe 4.6

M_c, η_b

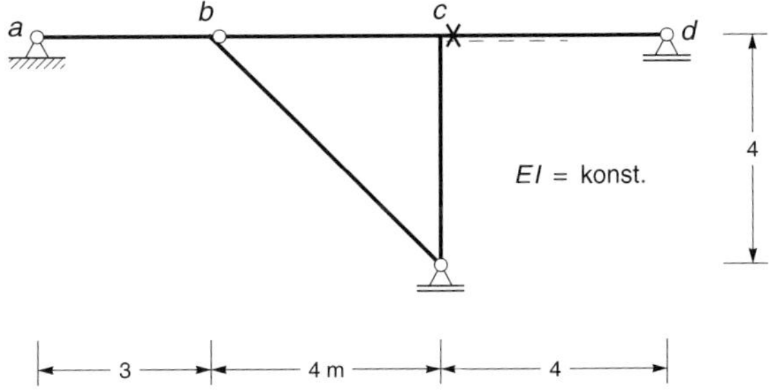

Lösungen

Nachfolgend sind die Lösungen für die am Ende der Kapitel gestellten Aufgaben angegeben. Sofern nicht anders angegeben, haben die Zahlenwerte ihrer mechnischen Bedeutung entsprechend die Einheiten kN und m. Ausführlichere Darstellungen unter Angabe des Lösungsweges sind im Internet unter *http://www.bau.hs-wismar.de/Dallmann* oder unter *https://plus.hanser-fachbuch.de/* verfügbar.

1.1

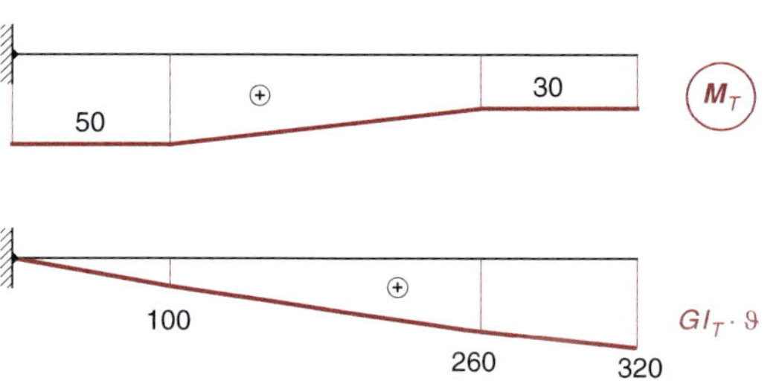

1.2

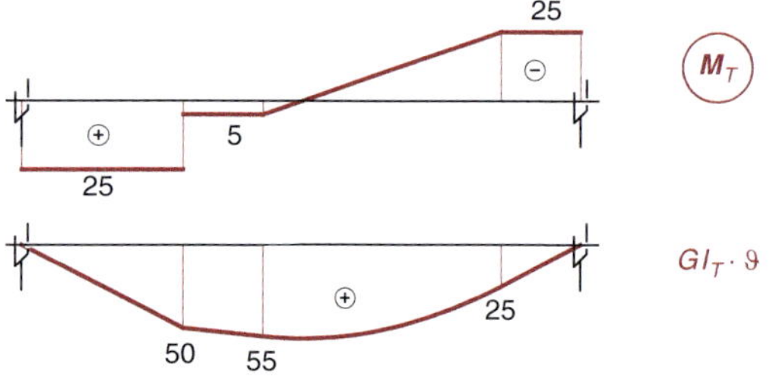

1.3

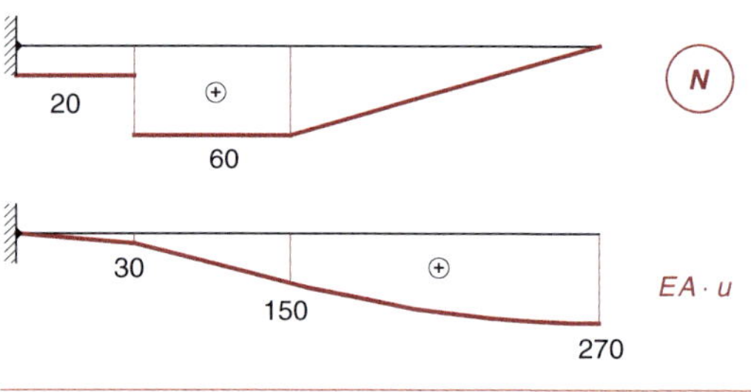

1.4

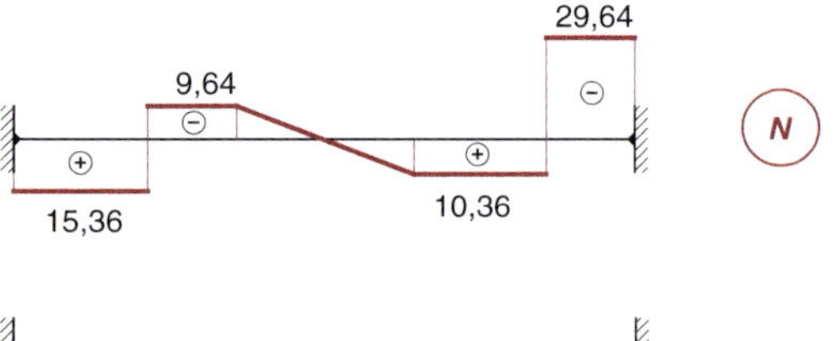

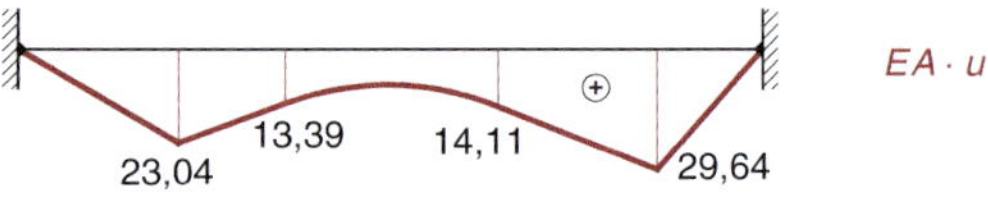

1.5

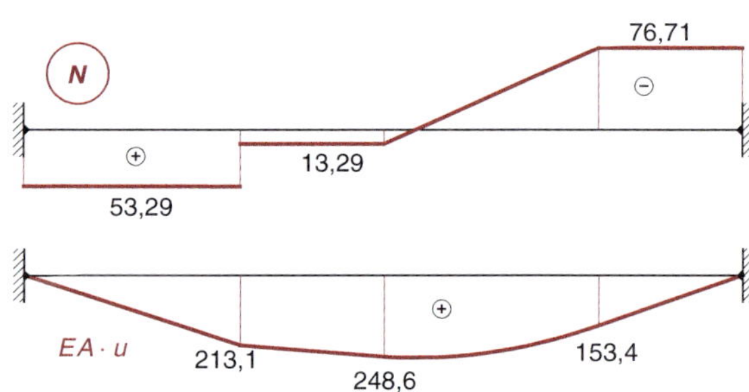

1.6

$EI \cdot \delta_b = 817{,}5$

$EI \cdot \delta_c = 622{,}5$

1.7

$EI \cdot \delta_b = 320{,}0$

1.8

$EI \cdot \delta_b = 540{,}0$

$EI \cdot \delta_c = 1953{,}33$

1.9

$EI \cdot \delta_b = -52{,}267$

$EI \cdot \delta_c = 134{,}04$

1.10

1. $\delta_b = 11{,}0$ mm

2. $\delta_b = 3{,}2$ mm

3. $\delta_c = 10{,}5$ mm

4. $\varphi_{b,\,re} = 1{,}25 \cdot 10^{-3}$ rad

5. $\varphi_{b,\,li} = 8{,}0 \cdot 10^{-3}$ rad

6. $\Delta\varphi_b = 6{,}75 \cdot 10^{-3}$ rad

7. $\varphi_d = 0{,}01$ rad

8. $\Delta\varphi_b = -0{,}03$ rad

9.

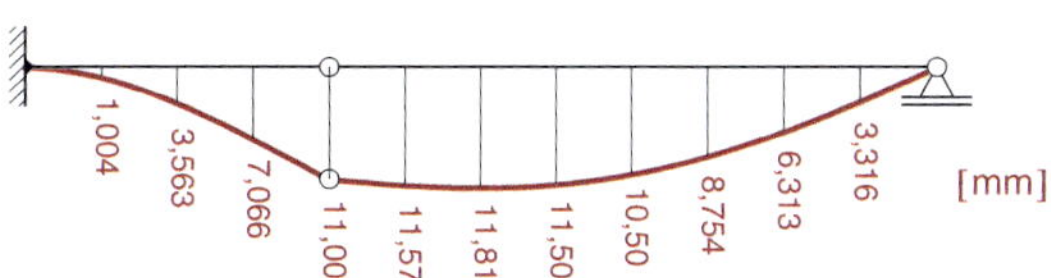

1.11

1. $\delta_{d,\,h} = 0{,}009$ m

2. $\delta_{d,\,h} = 0{,}00108$ m

1.12

1. $\delta_h = 0{,}02083$ m

2.

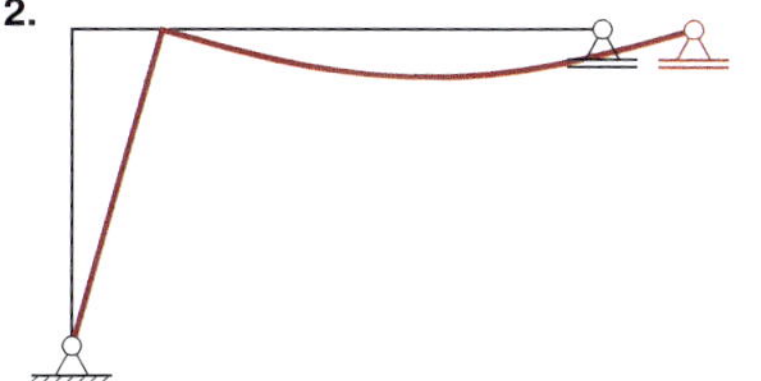

3. $\delta_h = 0{,}024$ m

1.13

1.

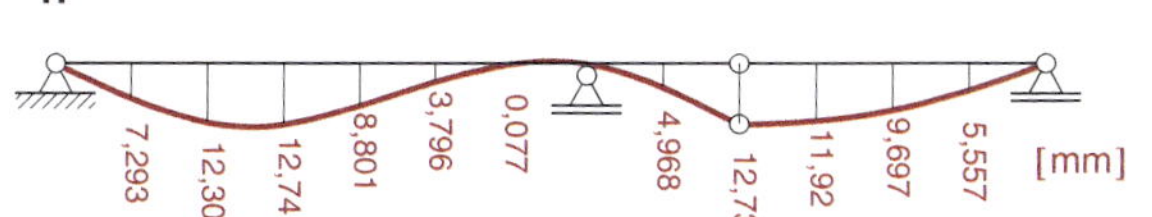

2. $\Delta\varphi_d = 0{,}0087125$ rad

2.1

1.

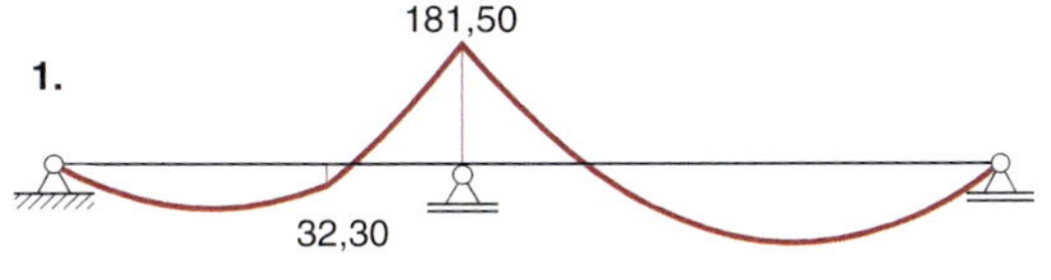

2.

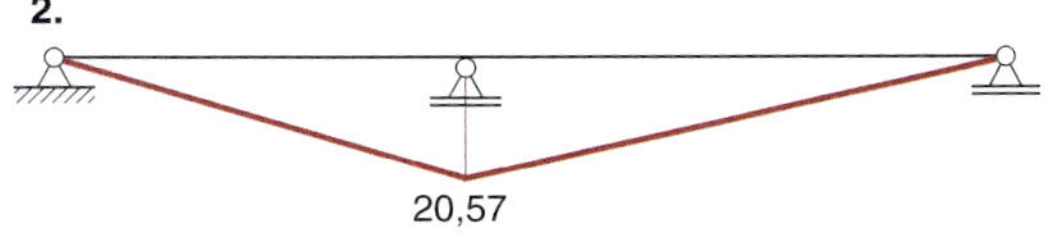

2.2

1.

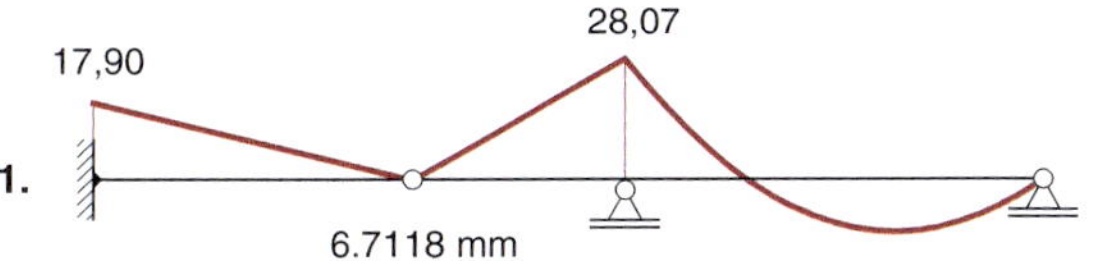

2.

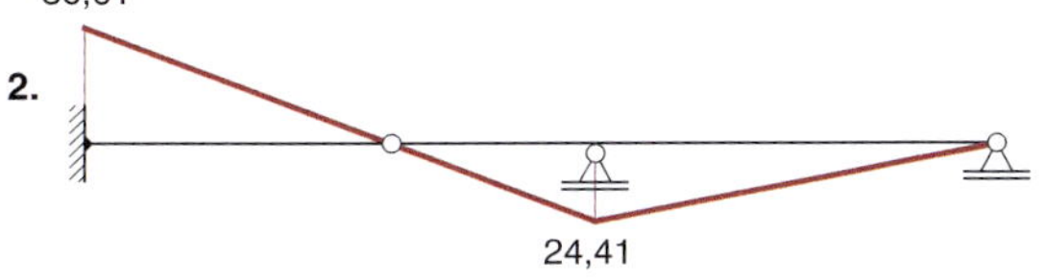

2.3

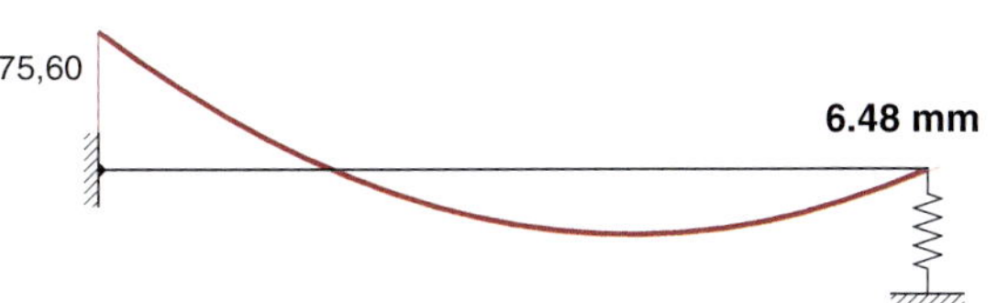

2.4

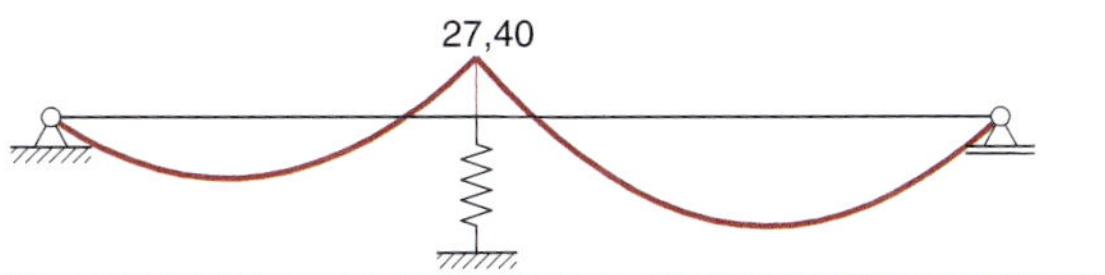

2.5

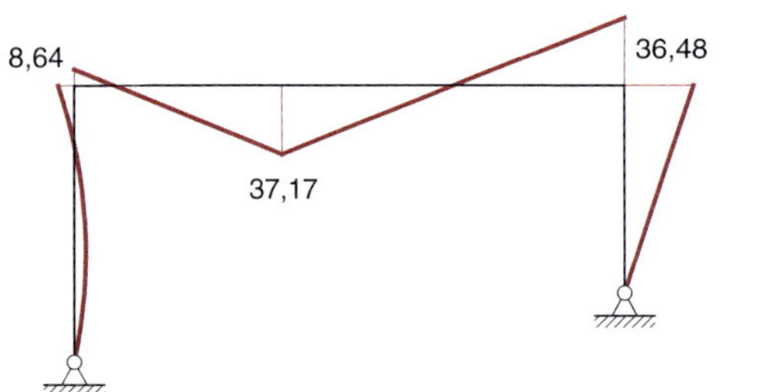

2.6

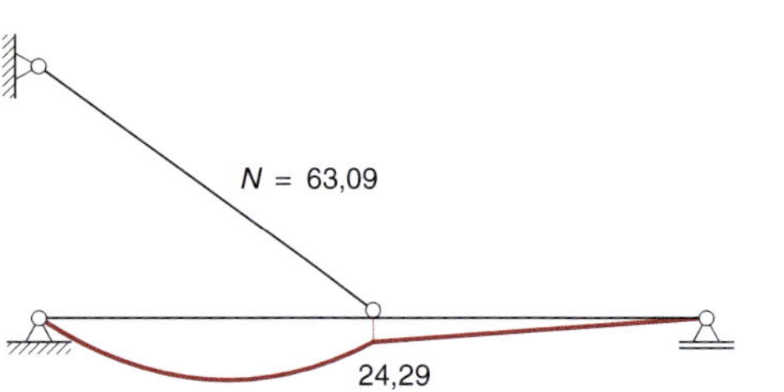

2.7

1.

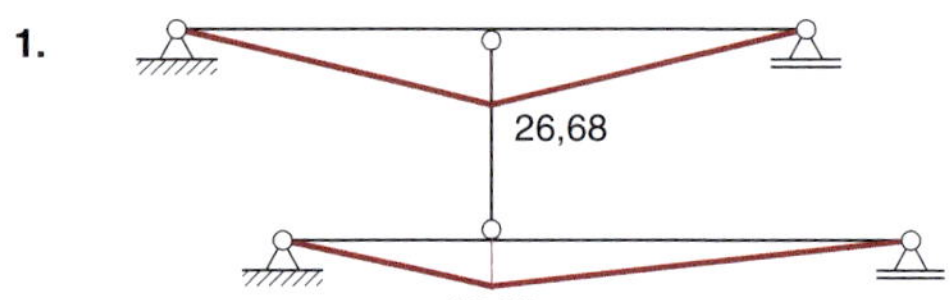

2.

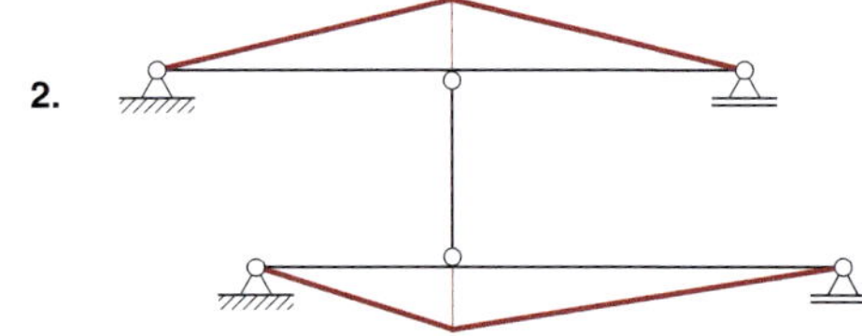

2.8

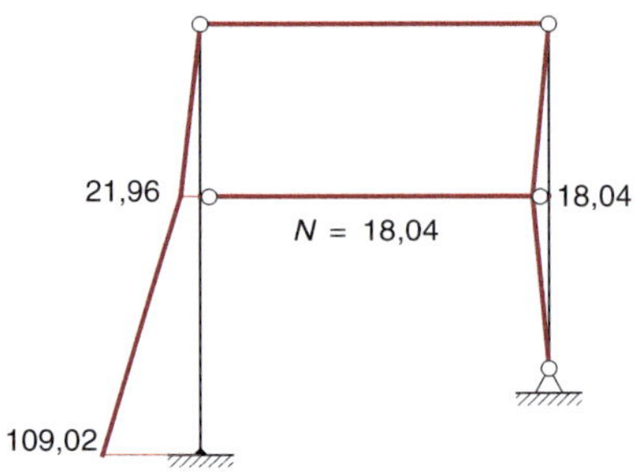

2.9

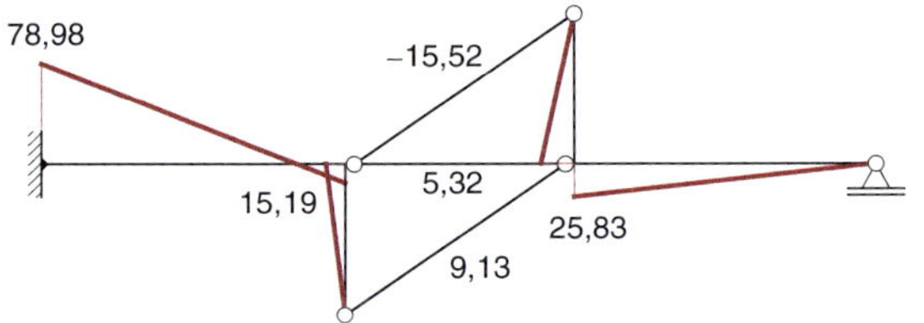

2.10

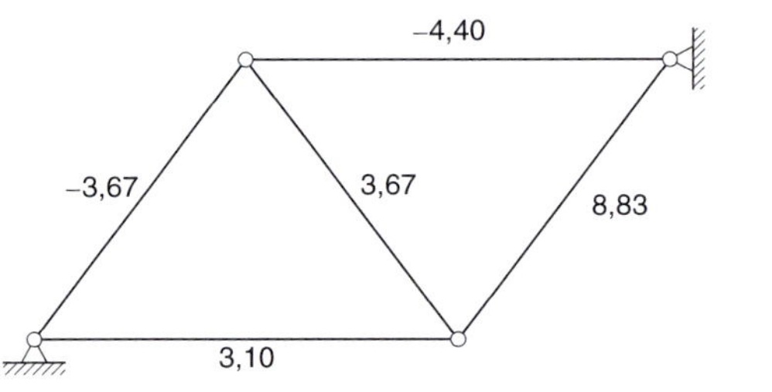

2.11

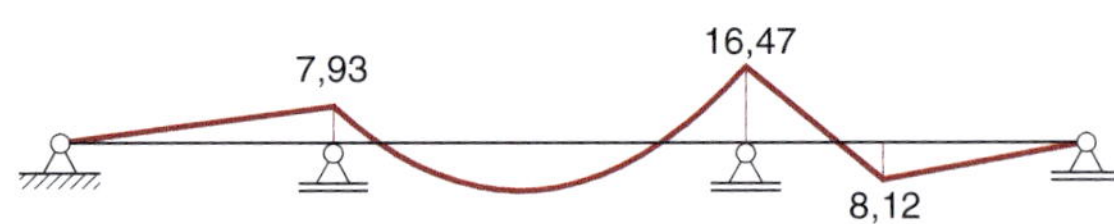

2.12

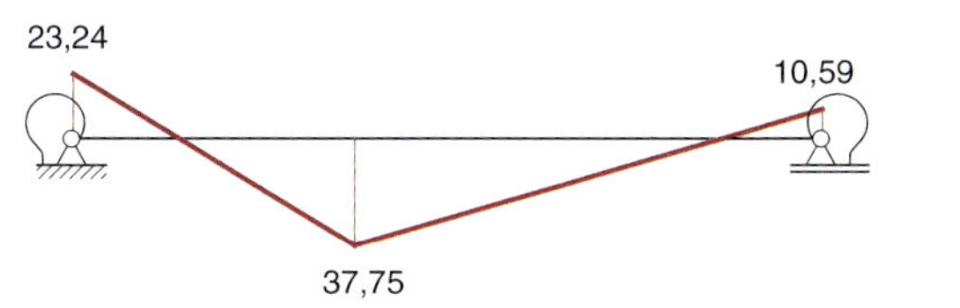

2.13

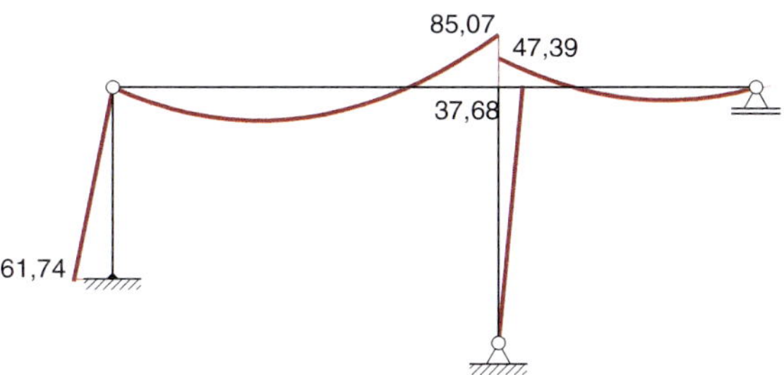

2.14

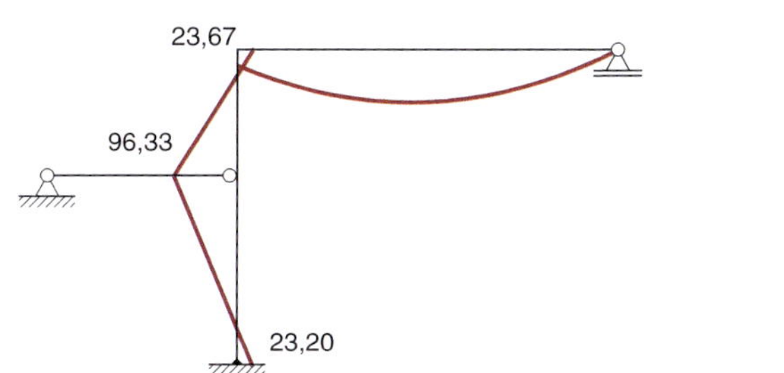

2.15

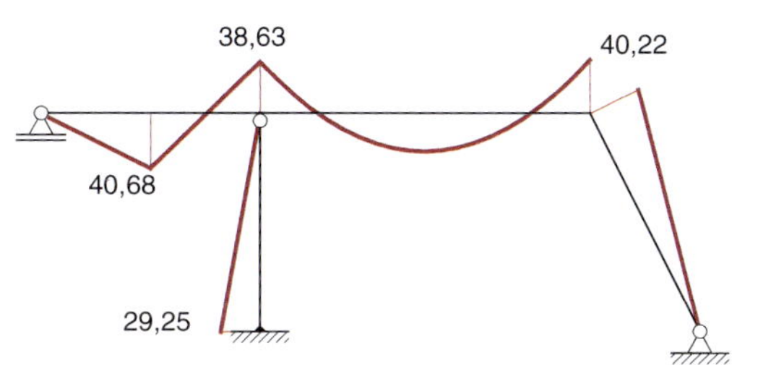

2.16

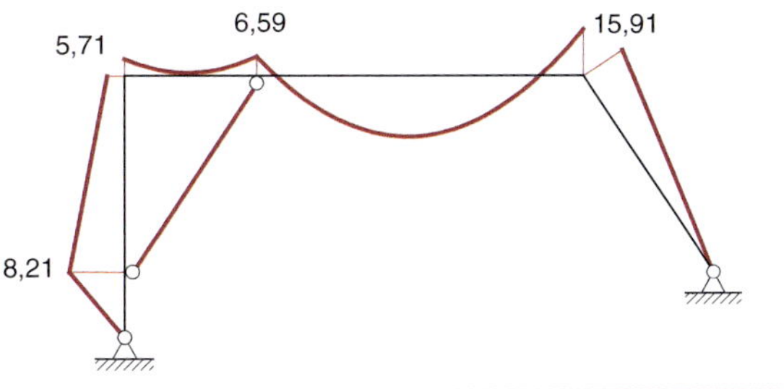

3.1

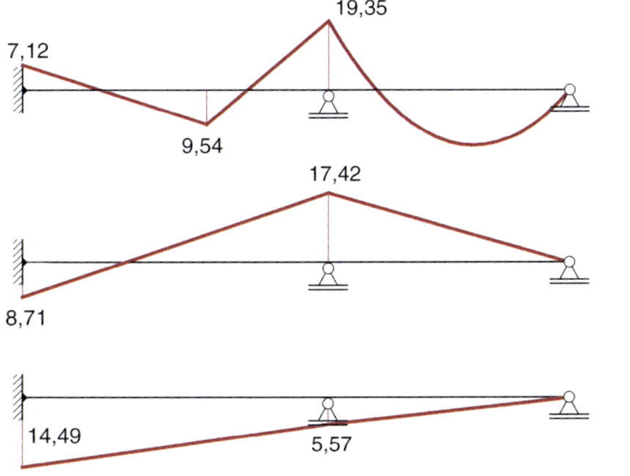

3.2

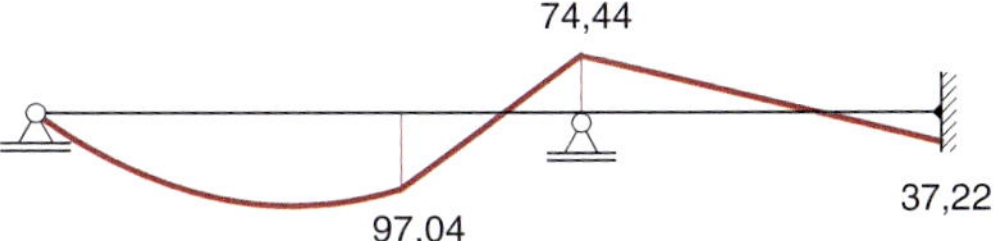

3.3

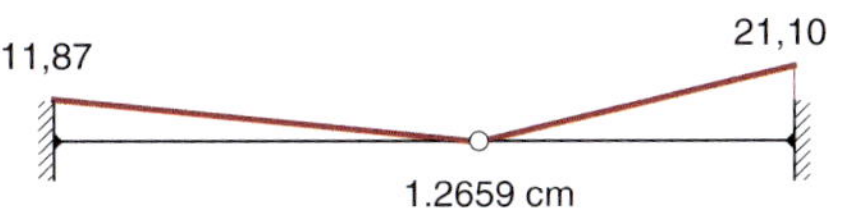

Lö

3.4

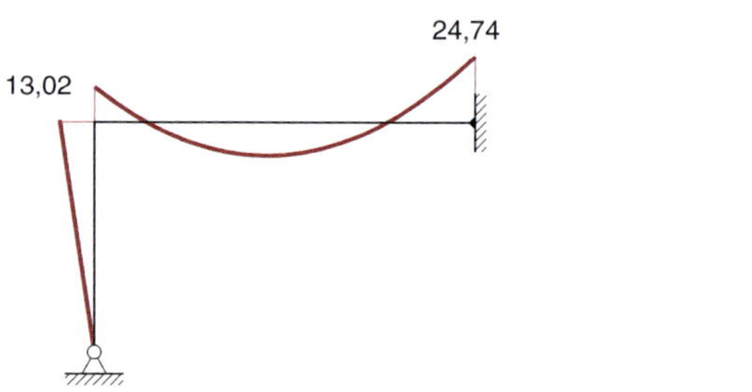

3.5

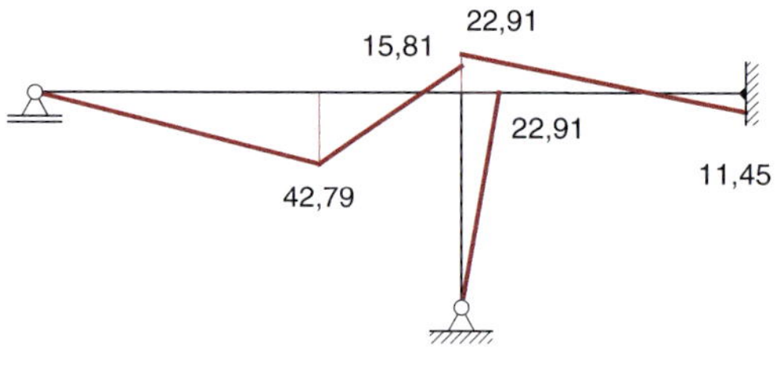

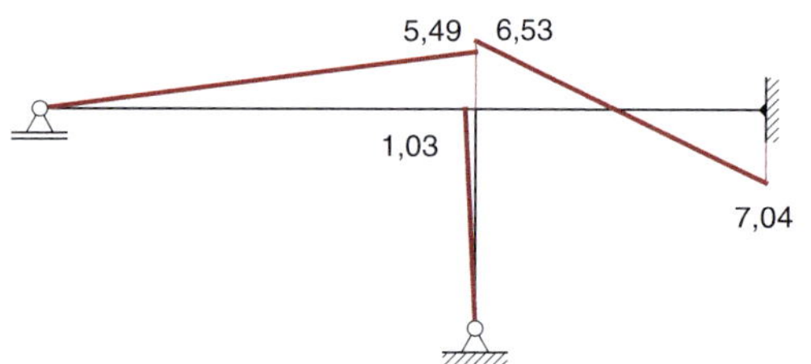

3.6

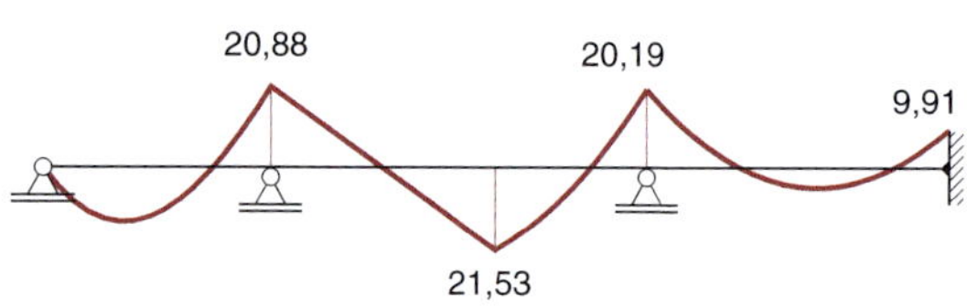

3.7

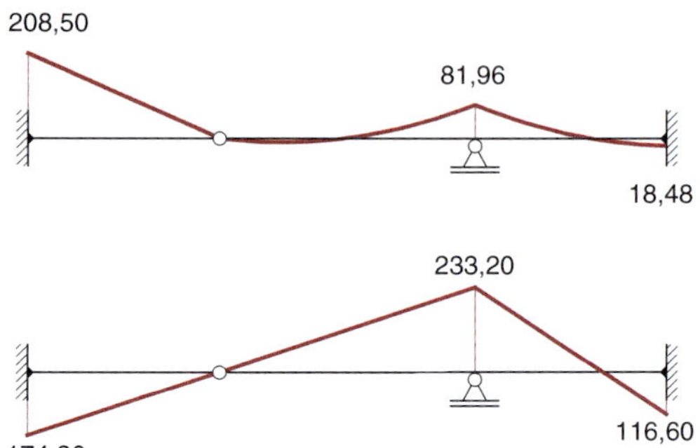

3.8

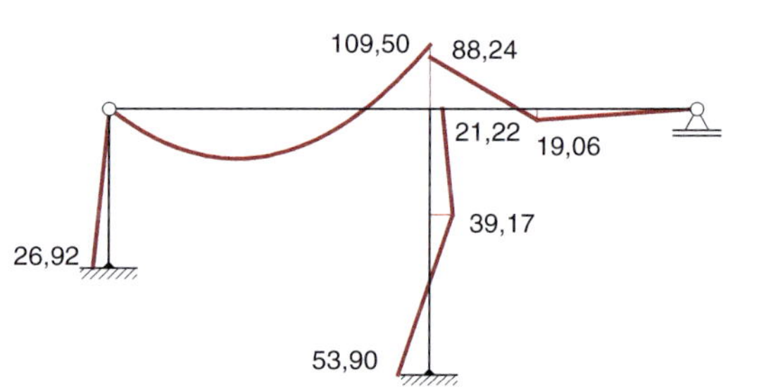

3.9

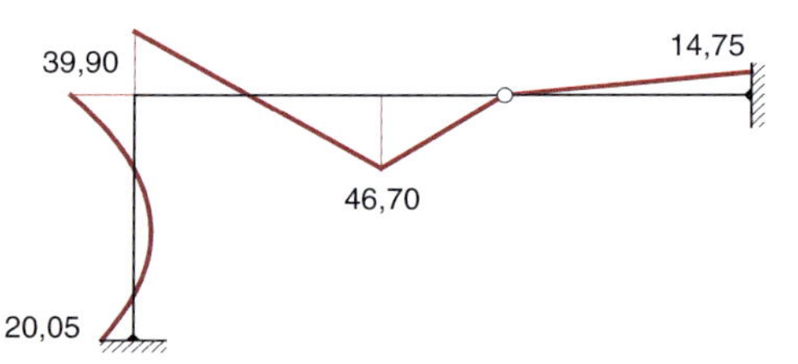

3.10

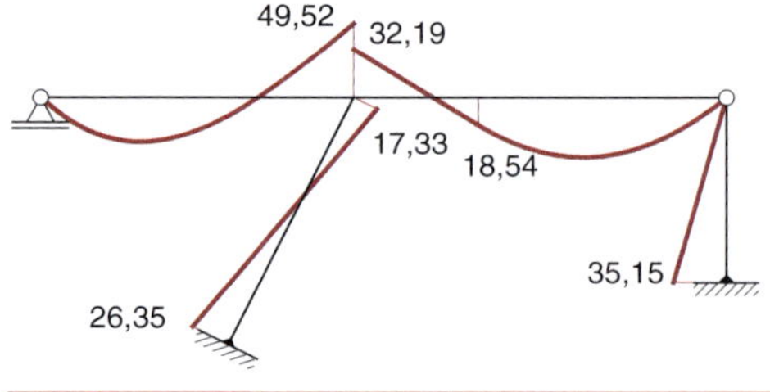

4.1

1.

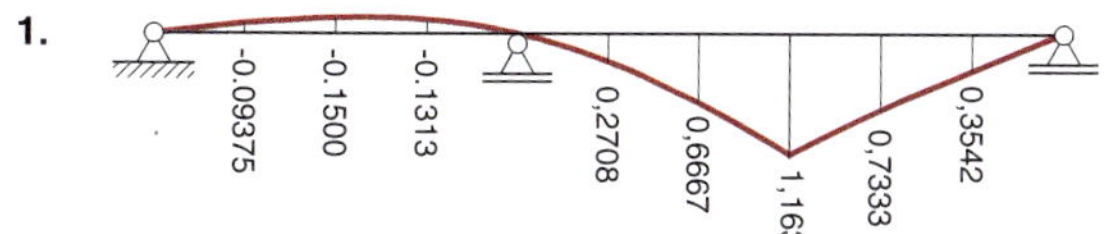

2.

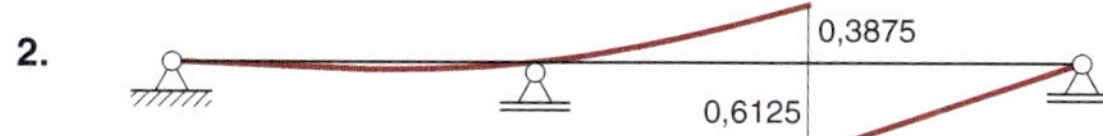

3.

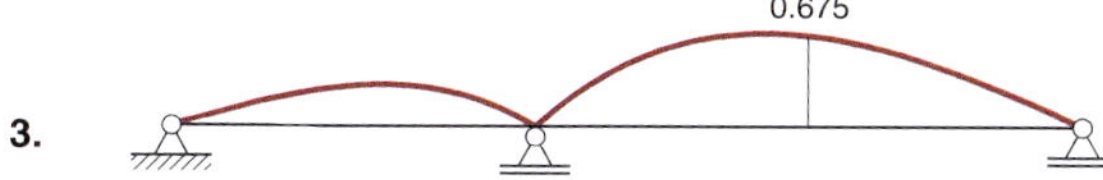

4.

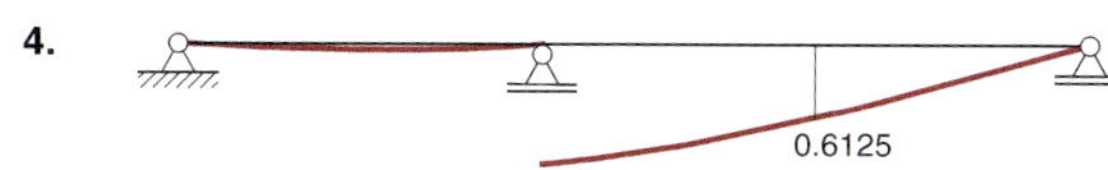

4.2

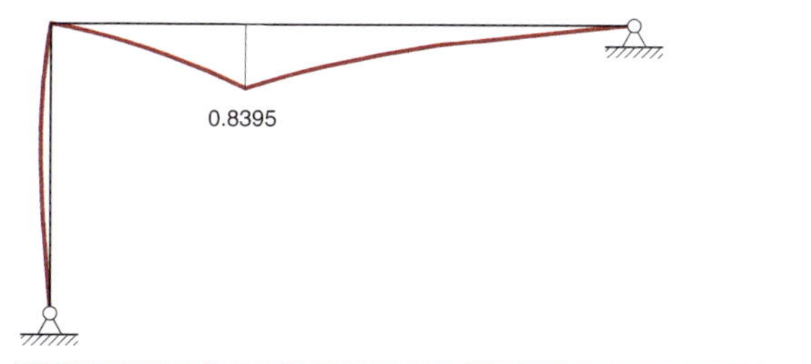

4.3

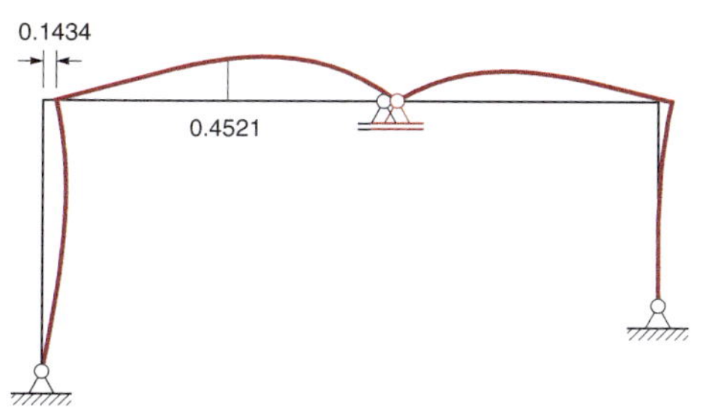

4.4

1.

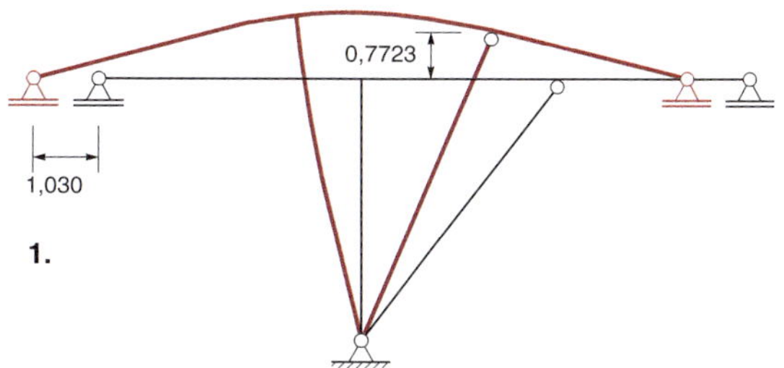

2.

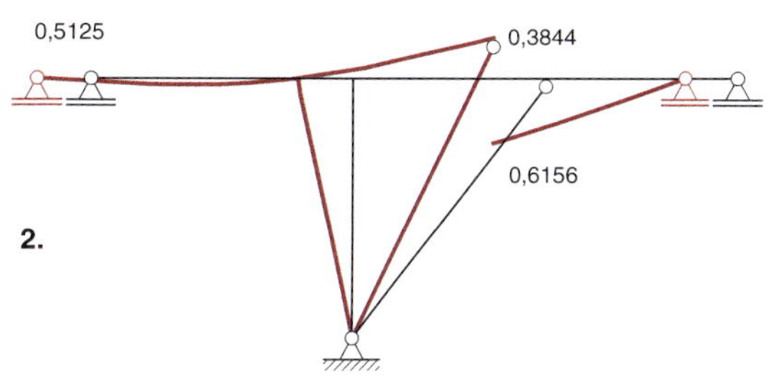

4.5

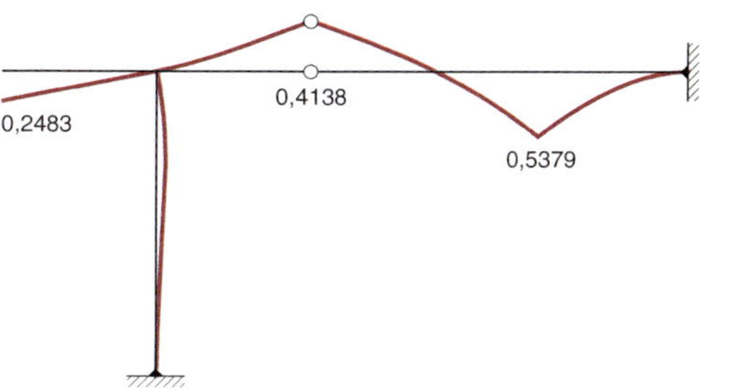

4.6

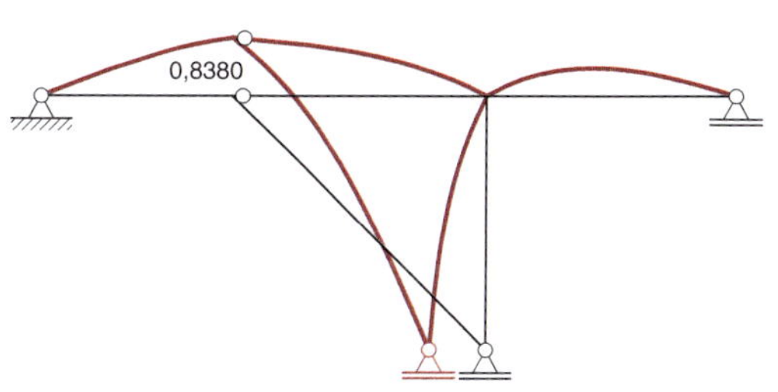

Lö

Anhang: Tafeln

Tafel A1 ω-Funktionen

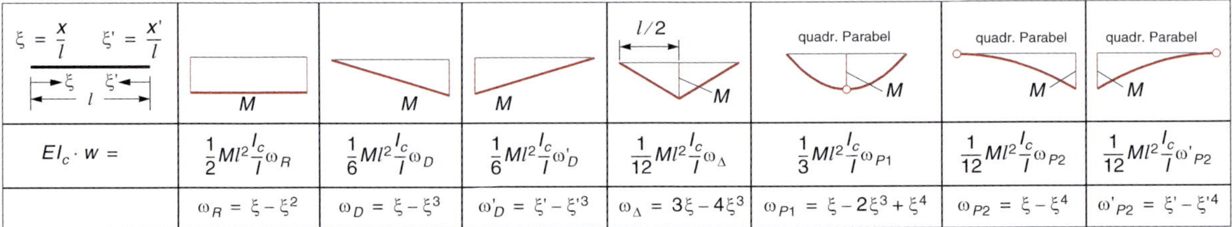

$\xi = \frac{x}{l}$ $\xi' = \frac{x'}{l}$	M	M	M	$l/2$, M	quadr. Parabel, M	quadr. Parabel, M	quadr. Parabel, M
$EI_c \cdot w =$	$\frac{1}{2} Ml^2 \frac{I_c}{I} \omega_R$	$\frac{1}{6} Ml^2 \frac{I_c}{I} \omega_D$	$\frac{1}{6} Ml^2 \frac{I_c}{I} \omega'_D$	$\frac{1}{12} Ml^2 \frac{I_c}{I} \omega_\Delta$	$\frac{1}{3} Ml^2 \frac{I_c}{I} \omega_{P1}$	$\frac{1}{12} Ml^2 \frac{I_c}{I} \omega_{P2}$	$\frac{1}{12} Ml^2 \frac{I_c}{I} \omega'_{P2}$
	$\omega_R = \xi - \xi^2$	$\omega_D = \xi - \xi^3$	$\omega'_D = \xi' - \xi'^3$	$\omega_\Delta = 3\xi - 4\xi^3$	$\omega_{P1} = \xi - 2\xi^3 + \xi^4$	$\omega_{P2} = \xi - \xi^4$	$\omega'_{P2} = \xi' - \xi'^4$

An den mit einem Kreis (○) gekennzeichneten Punkten muss eine horizontale Tangente vorliegen ($V = 0$)!

In den nachfolgenden Tafeln sind die ω -Funktionen für unterschiedliche äquidistante Teilungen ausgewertet.

Tafel A2 Rechteck, 10^4 – fache ω_R – Werte

	1	2	3	4	5	6	7	8	9	10	11	12	13	14
2	2500													
3	2222	2222												
4	1875	2500	1875											
5	1600	2400	2400	1600										
6	1389	2222	2500	2222	1389									
7	1224	2041	2449	2449	2041	1224								
8	1094	1875	2344	2500	2344	1875	1094							
9	988	1728	2222	2469	2469	2222	1728	988						
10	900	1600	2100	2400	2500	2400	2100	1600	900					
11	826	1488	1983	2314	2479	2479	2314	1983	1488	826				
12	764	1389	1875	2222	2431	2500	2431	2222	1875	1389	764			
13	710	1302	1775	2130	2367	2485	2485	2367	2130	1775	1302	710		
14	663	1224	1684	2041	2296	2449	2500	2449	2296	2041	1684	1224	663	
15	622	1156	1600	1956	2222	2400	2489	2489	2400	2222	1956	1600	1156	622

M

$\frac{1}{2} Ml^2 \frac{I_c}{I} \omega_R$

$\omega_R = \xi - \xi^2$

Tafel A3 Dreieck 1, 10^4 – fache ω_D – Werte

	1	2	3	4	5	6	7	8	9	10	11	12	13	14
2	3750													
3	2963	3704												
4	2344	3750	3281											
5	1920	3360	3840	2880										
6	1620	2963	3750	3704	2546									
7	1399	2624	3499	3848	3499	2274								
8	1230	2344	3223	3750	3809	3281	2051							
9	1097	2112	2963	3567	3841	3704	3073	1866						
10	990	1920	2730	3360	3750	3840	3570	2880	1710					
11	902	1758	2524	3156	3606	3832	3787	3426	2705	1578				
12	828	1620	2344	2963	3443	3750	3848	3704	3281	2546	1464			
13	765	1502	2185	2786	3277	3632	3823	3823	3605	3141	2403	1365		
14	711	1399	2044	2624	3116	3499	3750	3848	3772	3499	3007	2274	1279	
15	664	1310	1920	2477	2963	3360	3650	3816	3840	3704	3390	2880	2157	1203

M

$\frac{1}{6} M l^2 \frac{l_c}{l} \omega_D$

$\omega_D = \xi - \xi^3$

Die ω'_D-Werte ergeben sich, indem die Zeilen der *Tafel A3* von rechts nach links abgelesen werden.

Tafel A4 Dreieck 2, 10^4 – fache ω_Δ – Werte

	1	2	3	4	5	6	7	8	9	10	11	12	13	14
2	10000													
3	8519	8519												
4	6875	10000	6875											
5	5680	9440	9440	5680										
6	4815	8519	10000	8519	4815									
7	4169	7638	9708	9708	7638	4169								
8	3672	6875	9141	10000	9141	6875	3672							
9	3278	6228	8519	9822	9822	8519	6228	3278						
10	2960	5680	7920	9440	10000	9440	7920	5680	2960					
11	2697	5214	7370	8986	9880	9880	8986	7370	5214	2697				
12	2477	4815	6875	8519	9606	10000	9606	8519	6875	4815	2477			
13	2289	4470	6431	8066	9263	9914	9914	9263	8066	6431	4470	2289		
14	2128	4169	6035	7638	8892	9708	10000	9708	8892	7638	6035	4169	2128	
15	1988	3905	5680	7241	8519	9440	9935	9935	9440	8519	7241	5680	3905	1988

$l/2$

M

$\frac{1}{12} M l^2 \frac{l_c}{l} \omega_\Delta$

$\omega_\Delta = 3\xi - 4\xi^3$

Tafel A5 Parabel 1, 10^4 – fache ω_{P1} – Werte

	1	2	3	4	5	6	7	8	9	10	11	12	13	14
2	3125													
3	2716	2716												
4	2227	3125	2227											
5	1856	2976	2976	1856										
6	1582	2716	3125	2716	1582									
7	1374	2457	3049	3049	2457	1374								
8	1213	2227	2893	3125	2893	2227	1213							
9	1085	2027	2716	3079	3079	2716	2027	1085						
10	981	1856	2541	2976	3125	2976	2541	1856	981					
11	895	1709	2377	2850	3094	3094	2850	2377	1709	895				
12	822	1582	2227	2716	3021	3125	3021	2716	2227	1582	822			
13	760	1471	2090	2584	2927	3103	3103	2927	2584	2090	1471	760		
14	707	1374	1967	2457	2823	3049	3125	3049	2823	2457	1967	1374	707	
15	661	1289	1856	2338	2716	2976	3108	3108	2976	2716	2338	1856	1289	661

quadr. Parabel

M

$\frac{1}{3} M l^2 \frac{l_c}{I} \omega_{P1}$

$\omega_{P1} = \xi - 2\xi^3 + \xi^4$

Tafel A6 Parabel 2, 10^4 – fache ω_{P2} – Werte

	1	2	3	4	5	6	7	8	9	10	11	12	13	14
2	4375													
3	3210	4691												
4	2461	4375	4336											
5	1984	3744	4704	3904										
6	1659	3210	4375	4691	3511									
7	1424	2791	3948	4648	4540	3174								
8	1248	2461	3552	4375	4724	4336	2888							
9	1110	2198	3210	4054	4603	4691	4118	2646						
10	999	1984	2919	3744	4375	4704	4599	3904	2439					
11	908	1807	2672	3462	4119	4569	4724	4475	3701	2261				
12	833	1659	2461	3210	3865	4375	4675	4691	4336	3511	2106			
13	769	1533	2279	2987	3627	4162	4544	4720	4626	4191	3335	1971		
14	714	1424	2122	2791	3409	3948	4375	4648	4721	4540	4046	3174	1851	
15	666	1330	1984	2616	3210	3744	4192	4524	4704	4691	4441	3904	3025	1745

quadr. Parabel

M

$\frac{1}{12} M l^2 \frac{l_c}{I} \omega_{P2}$

$\omega_{P2} = \xi - \xi^4$

Die ω'_{P2}-Werte ergeben sich, indem die Zeilen der *Tafel A6* von rechts nach links abgelesen werden.

Tafel A7 Werte der Integrale $\int M_j M_k dx = l \cdot$ Tafelwert

		1	2	3	4	5
		k k	 k	 k_1 k_2	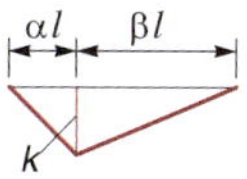 αl βl k	$\int j^2 dx$
1	j j	jk	$\frac{1}{2}jk$	$\frac{1}{2}j(k_1+k_2)$	$\frac{1}{2}jk$	j^2
2	 j	$\frac{1}{2}jk$	$\frac{1}{3}jk$	$\frac{1}{6}j(k_1+2k_2)$	$\frac{1}{6}jk(1+\alpha)$	$\frac{1}{3}j^2$
3	 j	$\frac{1}{2}jk$	$\frac{1}{6}jk$	$\frac{1}{6}j(2k_1+k_2)$	$\frac{1}{6}jk(1+\beta)$	$\frac{1}{3}j^2$
4	 j_1 j_2	$\frac{1}{2}k(j_1+j_2)$	$\frac{1}{6}k(j_1+2j_2)$	$\frac{1}{6}\left[j_1(2k_1+k_2) + j_2(k_1+2k_2)\right]$	$\frac{1}{6}k\left[j_1(1+\beta) + j_2(1+\alpha)\right]$	$\frac{1}{3}(j_1^2+j_1j_2+j_2^2)$
5	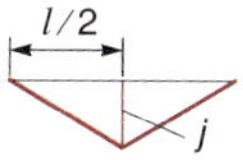 $l/2$ j	$\frac{1}{2}jk$	$\frac{1}{4}jk$	$\frac{1}{4}j(k_1+k_2)$	$\frac{jk}{12\beta}(3-4\alpha^2)$ $\beta \geq \alpha$	$\frac{1}{3}j^2$
6	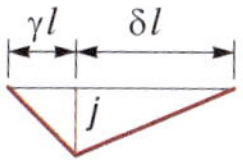 γl δl j	$\frac{1}{2}jk$	$\frac{1}{6}jk(1+\gamma)$	$\frac{1}{6}j\left[k_1(1+\delta) + k_2(1+\gamma)\right]$	$\frac{jk}{6\beta\gamma}(2\gamma-\gamma^2-\alpha^2)$ $\gamma \geq \alpha$	$\frac{1}{3}j^2$
7	 j Quadr. Parabel	$\frac{2}{3}jk$	$\frac{1}{3}jk$	$\frac{1}{3}j(k_1+k_2)$	$\frac{1}{3}jk(1+\alpha\beta)$	$\frac{8}{15}j^2$
8	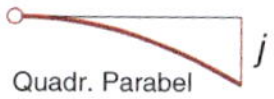 j Quadr. Parabel	$\frac{1}{3}jk$	$\frac{1}{4}jk$	$\frac{1}{12}j(k_1+3k_2)$	$\frac{1}{12}jk(1+\alpha+\alpha^2)$	$\frac{1}{5}j^2$
9	 j Quadr. Parabel	$\frac{1}{3}jk$	$\frac{1}{12}jk$	$\frac{1}{12}j(3k_1+k_2)$	$\frac{1}{12}jk(1+\beta+\beta^2)$	$\frac{1}{5}j^2$
10	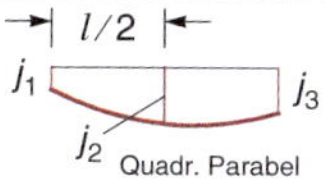 $l/2$ j_1 j_2 j_3 Quadr. Parabel	$\frac{1}{6}k(j_1+4j_2+j_3)$	$\frac{1}{6}k(2j_2+j_3)$	$\frac{1}{6}\left[j_1k_1+2j_2(k_1+k_2) + j_3k_2\right]$	$\frac{1}{6}k\left[j_1\beta+2j_2+j_3\alpha - \alpha\beta(j_1-2j_2+j_3)\right]$	$\frac{1}{15}\left[2(j_1^2+4j_2^2+j_1^2) + 2j_1j_2+2j_2j_3-j_1j_3\right]$
11	 Kub. Parabel j	$\frac{1}{4}jk$	$\frac{1}{5}jk$	$\frac{1}{20}j(k_1+4k_2)$	$\frac{1}{20}jk(1+\alpha)(1+\alpha^2)$	$\frac{1}{7}j^2$
12	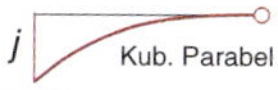 j Kub. Parabel	$\frac{1}{4}jk$	$\frac{1}{20}jk$	$\frac{1}{20}j(4k_1+k_2)$	$\frac{1}{20}jk(1+\beta)(1+\beta^2)$	$\frac{1}{7}j^2$
13	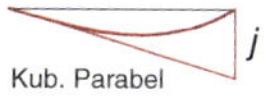 Kub. Parabel j	$\frac{1}{4}jk$	$\frac{2}{15}jk$	$\frac{1}{60}j(7k_1+8k_2)$	$\frac{1}{20}jk(1+\alpha)\left(\frac{7}{3}-\alpha^2\right)$	$\frac{8}{105}j^2$
14	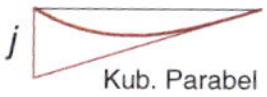 j Kub. Parabel	$\frac{1}{4}jk$	$\frac{7}{60}jk$	$\frac{1}{60}j(8k_1+7k_2)$	$\frac{1}{20}jk(1+\beta)\left(\frac{7}{3}-\beta^2\right)$	$\frac{8}{105}j^2$

An den mit einem Kreis (○) gekennzeichneten Punkten muss eine horizontale Tangente vorliegen ($V = 0$)!

Tafel A8 Einheitsverformungszustände des Drehwinkelverfahrens

	Grundelement	Verformungszustand	Stabendmomente
1	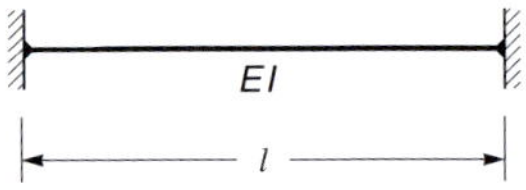 EI; l; $l' = l \cdot \frac{I_c}{I}$	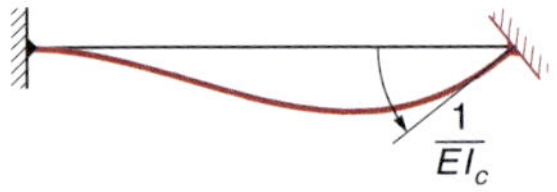 $\frac{1}{EI_c}$	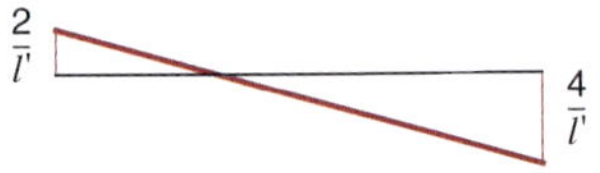 $\frac{2}{l'}$; $\frac{4}{l'}$
2		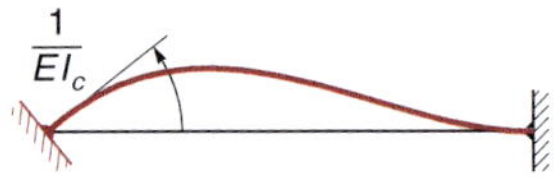 $\frac{1}{EI_c}$	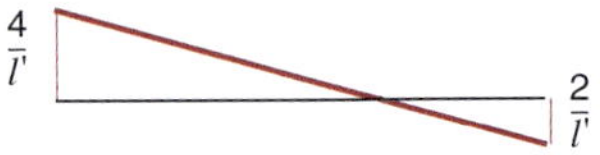 $\frac{4}{l'}$; $\frac{2}{l'}$
3		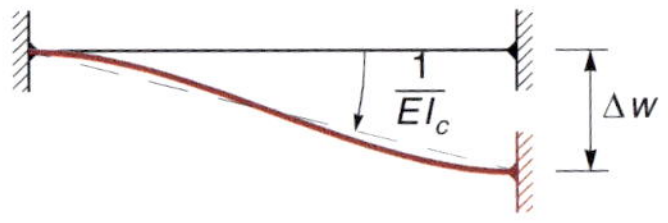 $\frac{1}{EI_c}$; Δw	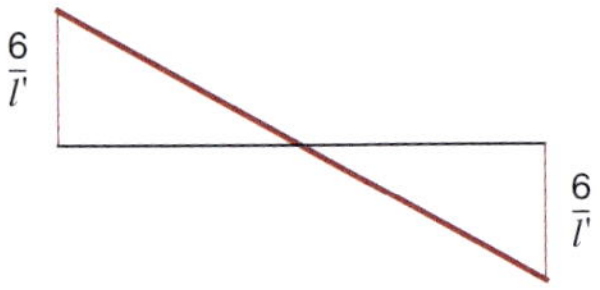 $\frac{6}{l'}$; $\frac{6}{l'}$
4		 $\frac{1}{EI_c}$	 $\frac{3}{l'}$
5		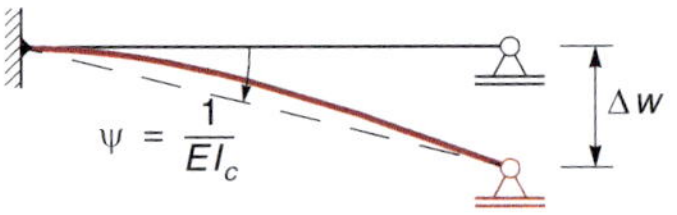 $\psi = \frac{1}{EI_c}$; Δw	 $\frac{3}{l'}$
6		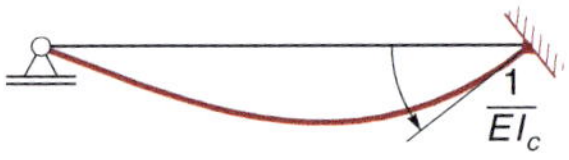 $\frac{1}{EI_c}$	 $\frac{3}{l'}$
7		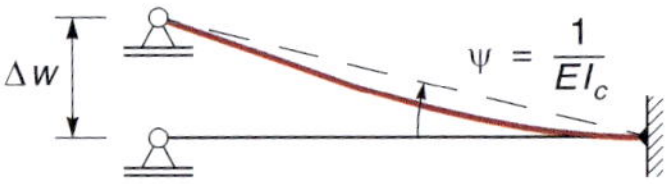 Δw; $\psi = \frac{1}{EI_c}$	 $\frac{3}{l'}$

Tafel A9 Volleinspannmomente

$\alpha = \frac{a}{l} \qquad \beta = \frac{b}{l} \qquad \gamma = \frac{c}{l}$

	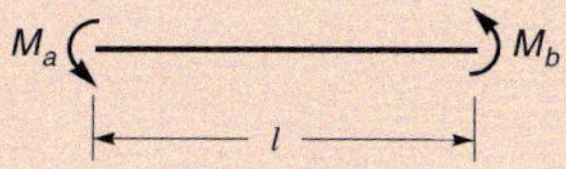 M_a, M_b, l	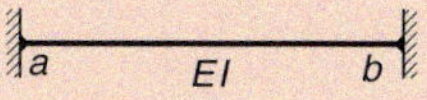 a EI b		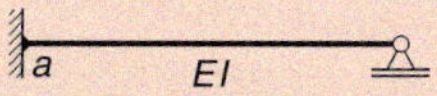 a EI
	Lastfall	M_a	M_b	M_a
1	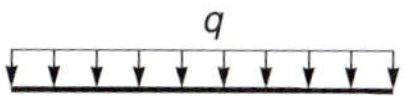 q	$\frac{ql^2}{12}$	$-\frac{ql^2}{12}$	$\frac{ql^2}{8}$
2	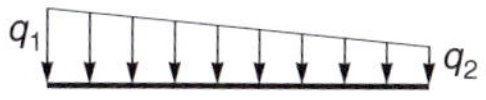 q_1, q_2	$\frac{l^2}{60}(3q_1+2q_2)$	$-\frac{l^2}{60}(2q_1+3q_2)$	$\frac{l^2}{120}(8q_1+7q_2)$
3	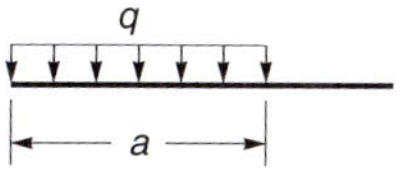 q, a	$\frac{qa^2}{3}(1{,}5-2\alpha+0{,}75\alpha^2)$	$-\frac{qa^2}{3}\alpha(1-0{,}75\alpha)$	$\frac{qa^2}{8}(2-\alpha)^2$
4	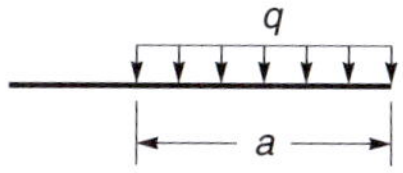 q, a	$\frac{qa^2}{3}\alpha(1-0{,}75\alpha)$	$-\frac{qa^2}{3}(1{,}5-2\alpha+0{,}75\alpha^2)$	$\frac{qa^2}{8}(2-\alpha^2)$
5	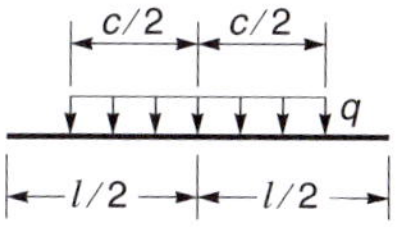 $c/2$, $c/2$, q, $l/2$, $l/2$	$\frac{qlc}{24}(3-\gamma^2)$	$-\frac{qlc}{24}(3-\gamma^2)$	$\frac{qlc}{16}(3-\gamma^2)$
6	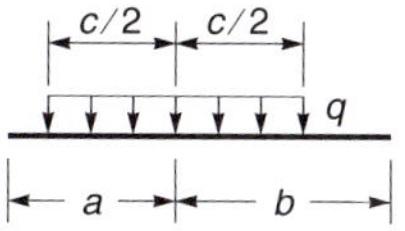 $c/2$, $c/2$, q, a, b	$qc\left[a\beta^2+\frac{\gamma^2}{12}(l-3b)\right]$	$-qc\left[b\alpha^2+\frac{\gamma^2}{12}(l-3a)\right]$	$\frac{qbc}{2}(1-\beta^2-0{,}25\gamma^2)$
7	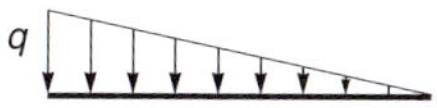 q	$\frac{ql^2}{20}$	$-\frac{ql^2}{30}$	$\frac{ql^2}{15}$
8	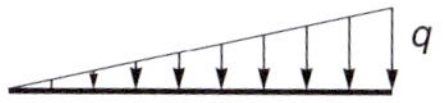 q	$\frac{ql^2}{30}$	$-\frac{ql^2}{20}$	$\frac{7}{120}ql^2$
9	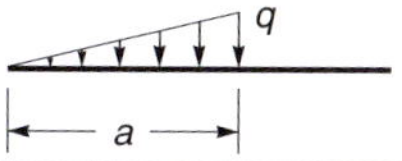 q, a	$\frac{qa^2}{3}(1-1{,}5\alpha+0{,}6\alpha^2)$	$-\frac{qa^2}{4}\alpha(1-0{,}8\alpha)$	$\frac{qa^2}{6}(2-2{,}25\alpha+0{,}6\alpha^2)$
10	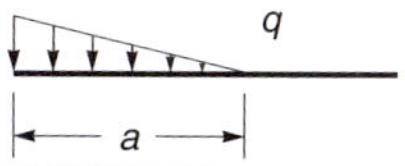 q, a	$\frac{qa^2}{6}(1-\alpha+0{,}3\alpha^2)$	$-\frac{qa^2}{12}\alpha(1-0{,}6\alpha)$	$\frac{qa^2}{6}(1-0{,}75\alpha+0{,}15\alpha^2)$
11	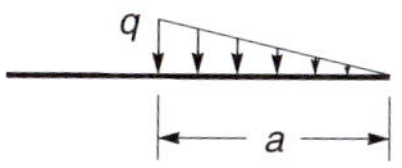 q, a	$\frac{qa^2}{4}\alpha(1-0{,}8\alpha)$	$-\frac{qa^2}{3}(1-1{,}5\alpha+0{,}6\alpha^2)$	$\frac{qa^2}{6}(1-0{,}6\alpha^2)$

Tafel A9 Volleinspannmomente (Fortsetzung) $\alpha = \frac{a}{l}$ $\beta = \frac{b}{l}$ $\gamma = \frac{c}{l}$

	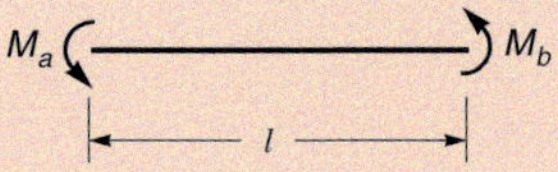 M_a, M_b, l	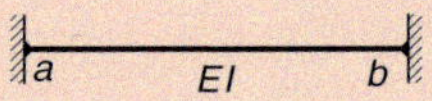 a EI b (beidseitig eingespannt)		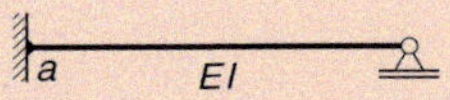 a EI (eingespannt – gelenkig)
	Lastfall	M_a	M_b	M_a
12	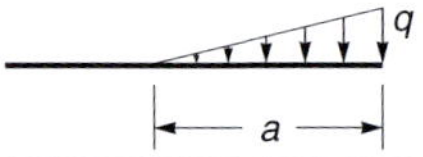 Dreieckslast q über Länge a am rechten Ende	$\frac{qa^2}{12}\alpha(1-0{,}6\alpha)$	$-\frac{qa^2}{6}(1-\alpha+0{,}3\alpha^2)$	$\frac{qa^2}{12}(1-0{,}3\alpha^2)$
13	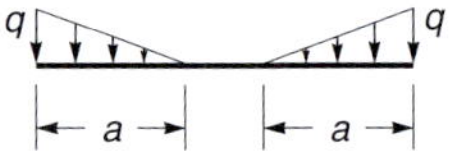 Dreieckslasten q über a an beiden Enden	$\frac{qa^2}{6}(1-0{,}5\alpha)$	$-\frac{qa^2}{6}(1-0{,}5\alpha)$	$\frac{qa^2}{4}(1-0{,}5\alpha)$
14	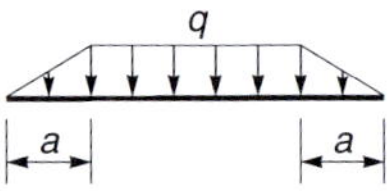 Trapezlast q, Anstieg über a an beiden Enden	$\frac{ql^2}{12}[1-\alpha^2(2-\alpha)]$	$-\frac{ql^2}{12}[1-\alpha^2(2-\alpha)]$	$\frac{ql^2}{8}[1-\alpha^2(2-\alpha)]$
15	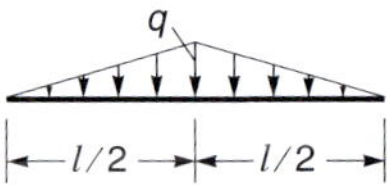 Dreieckslast q, Spitze in Mitte, $l/2$ – $l/2$	$\frac{5}{96}ql^2$	$-\frac{5}{96}ql^2$	$\frac{5}{64}ql^2$
16	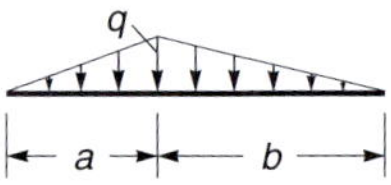 Dreieckslast q, Spitze bei a, a – b	$\frac{ql^2}{30}(1+\beta+\beta^2-1{,}5\beta^3)$	$-\frac{ql^2}{30}(1+\alpha+\alpha^2-1{,}5\alpha^3)$	$\frac{ql^2}{120}(1+\beta)(7-3\beta^2)$
17	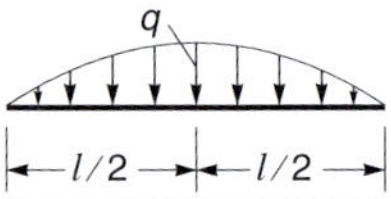 Parabellast q, $l/2$ – $l/2$	$\frac{ql^2}{15}$	$-\frac{ql^2}{15}$	$\frac{ql^2}{10}$
18	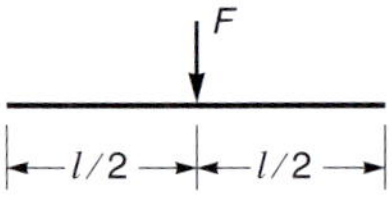 Einzellast F in Mitte, $l/2$ – $l/2$	$\frac{F\cdot l}{8}$	$-\frac{F\cdot l}{8}$	$\frac{3}{16}F\cdot l$
19	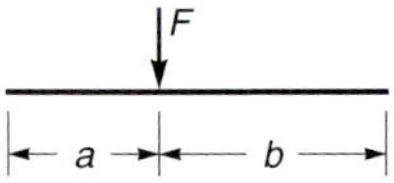 Einzellast F, a – b	$F\cdot a\cdot\beta^2$	$-F\cdot b\cdot\alpha^2$	$\frac{F\cdot a\cdot b}{2\cdot l}(1+\beta)$
20	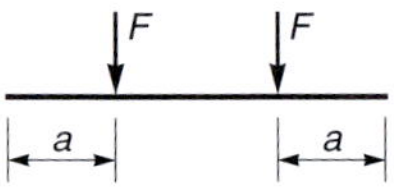 Zwei Lasten F im Abstand a von den Enden	$F\cdot a(1-\alpha)$	$-F\cdot a(1-\alpha)$	$\frac{3}{2}F\cdot a(1-\alpha)$
21	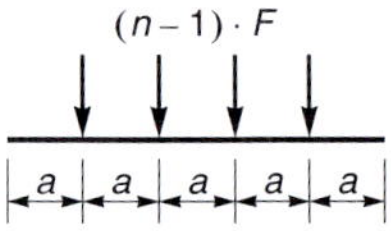 $(n-1)\cdot F$, Abstände a, a, a, a, a	$\frac{Fl}{12}\cdot\frac{n^2-1}{n}$	$-\frac{Fl}{12}\cdot\frac{n^2-1}{n}$	$\frac{Fl}{8}\cdot\frac{n^2-1}{n}$

Tafel A9 Volleinspannmomente (Fortsetzung) $\alpha = \frac{a}{l}$ $\beta = \frac{b}{l}$ $\gamma = \frac{c}{l}$

	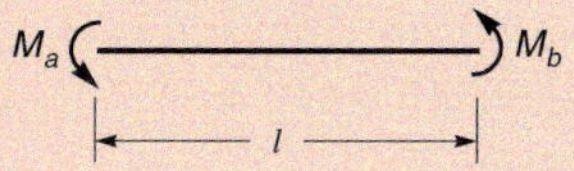 M_a ↶ — ↷ M_b, l	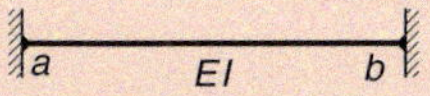 a — EI — b (beidseitig eingespannt)		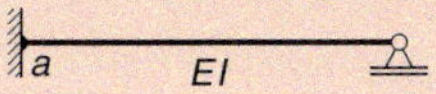 a — EI — (eingespannt / gelenkig)
	Lastfall	M_a	M_b	M_a
22	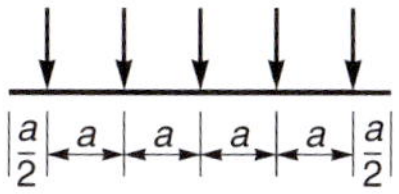 $n \cdot F$; $\frac{a}{2}$, a, a, a, a, $\frac{a}{2}$	$\frac{Fl}{24} \cdot \frac{2n^2+1}{n}$	$-\frac{Fl}{24} \cdot \frac{2n^2+1}{n}$	$\frac{Fl}{16} \cdot \frac{2n^2+1}{n}$
23	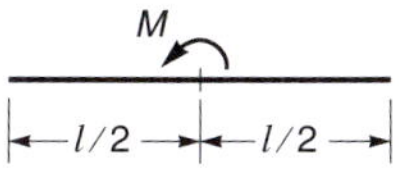 M; $l/2$, $l/2$	$\frac{M}{4}$	$\frac{M}{4}$	$\frac{M}{8}$
24	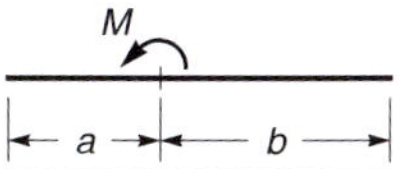 M; a, b	$M \cdot \beta(3\alpha - 1)$	$M \cdot \alpha(3\beta - 1)$	$\frac{M}{2} \cdot (1 - 3\beta^2)$
25	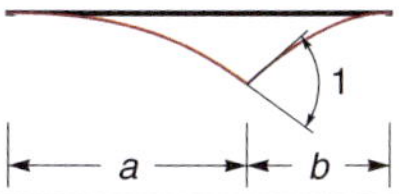 1; a, b	$\frac{2EI}{l}(3\beta - 1)$	$-\frac{2EI}{l}(3\alpha - 1)$	$\frac{3EI}{l}\beta$
26	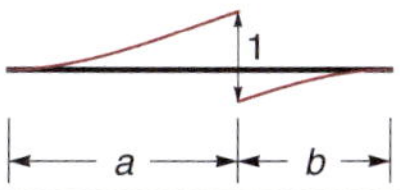 1; a, b	$-\frac{6EI}{l^2}$	$-\frac{6EI}{l^2}$	$-\frac{3EI}{l^2}$
27	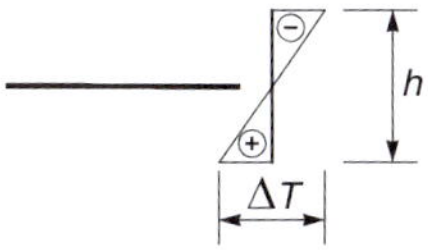 ⊖, ⊕, h, ΔT	$EI \cdot \alpha_T \cdot \frac{\Delta T}{h}$	$-EI \cdot \alpha_T \cdot \frac{\Delta T}{h}$	$\frac{3}{2} \cdot EI \cdot \alpha_T \cdot \frac{\Delta T}{h}$
28	 Δw	$\frac{6EI}{l^2} \cdot \Delta w$	$\frac{6EI}{l^2} \cdot \Delta w$	$\frac{3EI}{l^2} \cdot \Delta w$

A

Literaturverzeichnis

Dallmann, R.: Baustatik 1, Berechnung statisch bestimmter Tragwerke. Carl Hanser Verlag, München 2020

Duddeck, H., Ahrens, H.: Statik der Stabtragwerke. In: Betonkalender. Ernst & Sohn, Berlin 1991, 1994, 1998

Hirschfeld, K.: Baustatik, Theorie und Beispiele, 4. Aufl., Springer-Verlag, Berlin 1998

Krätzig, W.: Tragwerke 2 - Theorie und Berechnungsmethoden statisch unbestimmter Stabtragwerke, 4. Aufl., Springer-Verlag, Berlin 2005

Meskouris, K., Hake, E.: Statik der Stabtragwerke - Einführung in die Tragwerkslehre, 2. Aufl., Springer-Verlag, Berlin, 2009

Wunderlich, W., Kiener, G.: Statik der Stabtragwerke, B.G. Teubner Verlag, Wiesbaden 2004

Sachwortverzeichnis

A
Abzählkriterium 63
Adjungiertes System 25
Analoge Randbedingungen 25
Analogien 24
Analytische Integration 158
Arbeitsgleichung 32, 35, 36
Auflagerdrehung 33
Auflagerverschiebung 33
Äußere Arbeiten 28
Äußere Verschiebungsarbeit 28
Äußere Weggrößen 12
Auswertung der Einflusslinien 158
Axialverschiebung 12

B
Bandstruktur 93
Bernoulli-Hypothese 15, 16
Biegelinien 51
Biegesteifigkeit 17
Biegung 15

D
Dehnstarrheit 116
Dehnung 12
Drehfeder 82
Drehfedersteifigkeit 82
Drehfesthaltung 114, 117
Drehwinkelverfahren 114, 116
δ-Werte 67

E
Eigenarbeiten 28
Einflusslinien 152
Einflusslinien für Schnittgrößen 152
Einflusslinien für Weggrößen 173
Eingeprägte Auflagerdrehung 71, 96
Eingeprägte Auflagersenkung 96
Eingeprägte Auflagerverformungen 33
Eingeprägte Auflagerverschiebung 69
Einheiten 37, 68
Einheitsdoppelgrößen 67
Einheitskraftgröße 64
Einheitsspannungszustand 64, 67, 73
Einheitsverdrehung 115
Einheitsverformungszustand 115, 118
Einzelverformungsberechnung 37
Elastische Einspannung 82
Elastische Länge 119
Elastizitätsgleichungen 68
Elastizitätsmodul 12, 18
Energiesatz 29
Ersatzfedern 80

F
Fachwerksystem 85, 86
Federn 33
Federsteifigkeit 82, 84
Festhaltung 116, 117
Formänderungen 12
Formänderungsarbeit 28
Formänderungsenergie 30

G
Gebrauchstauglichkeit 11
Gelenkfigur 118
Gelenksystem 118
Gleichgewichtsbedingung 115, 119
Gleichmäßige Erwärmung 96
Grundelement 114, 116

H
Hauptachsensystem 16, 31
Hauptsystem 93
Hookesches Gesetz 12, 16, 23
Hypothesen 12

I
Innere Arbeiten 28
Innere Eigenarbeit 32
Innere Verschiebungsarbeit 29, 30
Innere Weggrößen 12

K
Kinematisch bestimmt 114, 116
Kinematisch bestimmtes Hauptsystem 114, 116
Kinematisch unbestimmt 114
Kinematische Kette 120, 152
Kinematische Methode 152
Knotendrehungen 118
Knotenmoment 119
Koeffizientenmatrix 93
Konjugierte Größen 31
Kontrollen 68, 122
Kraftgrößenverfahren 63
Krümmung 15, 16
Krümmungskreis 15
Krümmungsradius 16

L
Lagrangesche Befreiung 120, 152
Lastspannungszustand 63, 67, 73
Lastverformungszustand 115, 118

M
Materialgesetz 17
Mohrsche Analogie 26

N
Numerische Integration 159

P
Polplan 130
Prinzip der virtuellen Kräfte 32
Prinzip der virtuellen Verschiebungen 120, 152

Q
Querkraftverformung 21

R
Reduktionssatz 94, 95
Relativverformung 66, 67, 68

S
Satz von Betti 59
Satz von Maxwell 60, 173
Schubdeformation 31
Schubgleitung 21
Schubmodul 18
Schubverformung 18, 19, 21
Schubverzerrung 18, 19, 22
St. Venantsche Torsion 22
Stabendmomente 115
Stabsehnendrehung 119
Stabsehnendrehwinkel 119
Statisch bestimmtes Hauptsystem 63, 66, 73
Statisch unbestimmt 63
Steifigkeiten 80
Stoffgesetz 12, 16
Superposition 68, 121

T
Temperaturänderung 13
Temperaturausdehnungskoeffizient 13
Temperaturdifferenz 15, 17, 72
Temperaturverlauf 17
Theorie I. Ordnung 11
Theorie II. Ordnung 11
Torsion 22

Trapezregel 159

U
Überlagerung 37

V
Verdrillung 23
Verformungsbeanspruchungen 69
Verformungsbedingung 63, 64, 66, 68
Verformungskontrollen 69
Vergleichssteifigkeit 36
Verschiebungsarbeit 28, 29
Verschiebungsfesthaltung 116, 117
Verwölbung 18
Verzerrungen 12
Virtuell 32
Virtuelle Arbeit 120
Virtuelle Stabdrehung 120

W
ω - Zahlen 53
Wanderlast 153
Weggrößen 12
Weggrößenverfahren 116
Werkstoffgesetz 12
Wölbkrafttorsion 22